国外计算机科学经典教材

算法概论

Sanjoy Dasgupta
[美] Christos Papadimitriou 著
Umesh Vazirani
王沛 唐扬斌 刘齐军 译

清华大学出版社

北 京

Sanjoy Dasgupta, Christos Papadimitriou, Umesh Vazirani
Algorithms
EISBN: 978-007-125975-0

图书在版编目(CIP)数据

算法概论/(美)达斯格普特(Dasgupta, S.)，(美)帕帕迪米特(Papadimitriou, C.)，(美)沃兹内尼(Vazirani, U.)著；王沛，唐扬斌，刘齐军 译.—北京：清华大学出版社，2008.7 (2020.9重印)

书名原文：Algorithms
(国外计算机科学经典教材)
ISBN 978-7-302-17939-9

I. 算…　II.①达…②帕…③沃…④王…⑤唐…⑥刘…　III.算法理论　IV. O241

中国版本图书馆 CIP 数据核字(2008)第 092280 号

责任编辑：王　军　于　平
装帧设计：孔祥峰
责任校对：成凤进
责任印制：杨　艳

出版发行：清华大学出版社
网　　址：http://www.tup.com.cn, http://www.wqbook.com
地　　址：北京清华大学学研大厦 A 座　**邮　　编：**100084
社 总 机：010-62770175　**邮　　购：**010-62786544
投稿与读者服务：010-62776969，c-service@tup.tsinghua.edu.cn
质 量 反 馈：010-62772015，zhiliang@tup.tsinghua.edu.cn
印 装 者：北京国马印刷厂
经　　销：全国新华书店
开　　本：185mm×230mm　**印　张：**22.75　**字　数：**406 千字
版　　次：2008 年 7 月第 1 版　**印　次：**2020 年 9 月第 9 次印刷
定　　价：69.80 元

产品编号：025485-02

出版说明

近年来，我国的高等教育特别是计算机学科教育，进行了一系列大的调整和改革，亟需一批门类齐全、具有国际先进水平的计算机经典教材，以适应我国当前计算机科学的教学需要。通过使用国外优秀的计算机科学经典教材，可以了解并吸收国际先进的教学思想和教学方法，使我国的计算机科学教育能够跟上国际计算机教育发展的步伐，从而培养出更多具有国际水准的计算机专业人才，增强我国计算机产业的核心竞争力。为此，我们从国外多家知名的出版机构 Pearson、McGraw-Hill、John Wiley & Sons、Springer、Cengage Learning 等精选、引进了这套“国外计算机科学经典教材”。

作为世界级的图书出版机构，Pearson、McGraw-Hill、John Wiley & Sons、Springer、Cengage Learning 通过与世界级的计算机教育大师携手，每年都为全球的计算机高等教育奉献大量的优秀教材。清华大学出版社和这些世界知名的出版机构长期保持着紧密友好的合作关系，这次引进的“国外计算机科学经典教材”便全是出自上述这些出版机构。同时，为了组织该套教材的出版，我们在国内聘请了一批知名的专家和教授，成立了专门的教材编审委员会。

教材编审委员会的运作从教材的选题阶段即开始启动，各位委员根据国内外高等院校计算机科学及相关专业的现有课程体系，并结合各个专业的培养方向，从上述这些出版机构出版的计算机系列教材中精心挑选针对性强的题材，以保证该套教材的优秀性和领先性，避免出现“低质重复引进”或“高质消化不良”的现象。

为了保证出版质量，我们为该套教材配备了一批经验丰富的编辑、排版、校对人员，制定了更加严格的出版流程。本套教材的译者，全部由对应专业的高校教师或拥有相关经验的 IT 专家担任。每本教材的责编在翻译伊始，就定期不间断地与该书的译者进行交流与反馈。为了尽可能地保留与发扬教材原著的精华，在经过翻译、排版和传统的三审三校之后，我们还请编审委员或相关的专家教授对文稿进行审读，以最大程度地弥补和修正在前面一系列加工过程中对教材造成的误差和瑕疵。

由于时间紧迫和受全体制作人员自身能力所限，该套教材在出版过程中很可能还存在一些遗憾，欢迎广大师生来电来信批评指正。同时，也欢迎读者朋友积极向我们推荐各类优秀的国外计算机教材，共同为我国高等院校计算机教育事业贡献力量。

清华大学出版社

国外计算机科学经典教材

译者序

算法是当代信息技术的重要基石，同时也是计算科学研究的一项永恒主题。

早在许多世纪以前，算法研究就已经从数学，特别是算术研究中崭露头角。在人类近代和当代文明的发展过程中，即使是在计算机这一自动化的电子工具诞生之前，算法已经成为了数学研究的一个重要分支。然而，当代计算机硬件体系架构的确立和以 Moore 定律为指引的硬件水平的飞速发展，真正使算法技术成为了现代信息科学的支柱之一。

作为一本介绍算法技术和思想的书籍，本书不仅可以面向信息学科大学生作为基本的教材(或参考书)，更是将任何具有初等数学基础的人引入算法应用与研究殿堂的一块引路石。本书循序渐进、深入浅出，展示了算法研究与应用中，从模型分析、算法构造到复杂性分析和算法优化的方方面面。涉及的内容从古老的算术算法、排序算法、简单图论到近现代出现的计算图论、贪心算法、分治算法、线性规划、动态规划、随机算法以及 NP 复杂性理论，甚至是尚未完全显现全貌的量子计算，覆盖了经典、现代和未来算法发展的众多代表性工作。套用作者自己的话，“不求把本书编成一本算法百科全书，但它却涵盖了大多数传统算法书籍未曾强调或忽略的主题”。虽然说仅凭这样一本书恐怕不能展现出当代算法技术的全貌，但它无疑能对所有初窥算法技术的人获得一个较为全景和完整的认识，对引导算法设计的“门外汉”成为算法技术的受益者甚至探索者提供非常有力的帮助。

本书的几位作者都是从事算法理论和技术研究的专业人员，同时具备该领域多年的教学经验。因此，本书的一大特点，就是在介绍算法设计思想时，突出了讲述的“故事情节”，强调对读者的启发和引导，从始至终体现了一种“学以致用”的精神。其中一个亮点是每章正文之后的习题，其中不仅仅提供了章节内容的练习，更强调了对相关研究和应用的引介。这里有一个简单的统计数据，在本书原稿正文的 300 多页中，仅习题所占篇幅就达到了其中的约 30%，涉及的应用领域包括经济、社会、生物、科学等的许多方面。可以相信，对于任何有志于算法研究与应用的读者，在浏览章节内容的基础上，籍此进行更进一步的思考，都将会使自身对算法思想的领悟和视野的拓展获得极大的提升。

翻译的过程对于每位译者也是一次学习和再思的历程。作为译者，我们不敢妄称精通算法分析与设计领域，通过对本书的翻译，更使我们深深感到算法领域的博大精深，及其在计算机科学技术中的核心地位。从初稿的形成，到交叉阅稿，最终审定，过程虽然不短暂，却无过多艰辛之感，原因无外乎自己已在这次“工作”中得到了很好的熏陶和锻炼。

最后，限于译者自身的水平及经验，错漏和不足在所难免。恳请读者批评指正。

1 为了更好地理解指数算法和多项式算法这一分类的重要性，读者可提前参阅第 8 章中 Sissa 和 Moore 的故事。

前　言

本书是在加州大学 Berkeley 分校和 San Diego 分校本科生算法课程讲义的基础上，历经十年，逐渐整理、日益完善而成的。我们教授此门课程的方法在过去几年间经历了巨大变革，它一方面照顾到了学生的背景(学生们除编程之外并不具备正式而完善的应用技巧)，一方面反映了算法领域总体上走向成熟的趋势，正如过去数十年我们已经见证了的。随着当初的教学讲义被逐渐提炼成娓娓道来的文字，我们也逐渐调整着课程的结构，以突出教学材料编排中蕴含的“故事情节”。因此，本书的内容经过仔细选择后才得以结集成篇。我们不求把此书编成一本算法百科全书，这使我们可以自由地把大多数传统算法书籍未曾强调或忽略的主题包含进来。

我们根据学生的特点(这些特点也是当今计算机科学专业的大多数本科生所共有的)，提炼出能使每个算法运转下去的简洁数学思想，而不是沉湎于正式而冗长的理论证明。换言之，我们在活力和刻板之间，更强调前者。我们发现，学生更能接受这种形式带来的数学的生命力。正是在这些简洁有力的数学思想的推动下，我们才得以展开我们的阐述。

一旦按照这种方式来理解算法，那么从它的历史本源开始研究就显得很有意义，并且，对于今天的我们来说，一方面，历史的主题看似那样的熟悉，另一方面，其与今天的对比却又是那样的显著：数论、素性测试和因子分解。这就是本书第一部分的主题，此外它还包括 RSA 密码系统、整数乘法的分治算法、排序与寻找中项以及快速 Fourier 变换。本书还包含其他三个部分：其中第二部分堪称本书内容最传统的章节，主要围绕数据结构和图论展开。这一部分中，错综复杂的问题结构和用于解决问题的简洁明快的伪代码形成了鲜明对比。如果希望以传统的方式进行讲授，可以直接从本书的第二部分开始，这部分自成体系(在序言之后)，如有需要，可再跳回第一部分。在本书的第一和第二部分，我们介绍了某些用于解决特定问题的技术(例如贪心算法和分治技术)；第三部分介绍一些强有力的算法设计技术，它们被广泛地用于解决实际问题：如动态规划技术(一种新颖的可用于清除学生的传统学习障碍的方法)和线性规划技术(一种简洁而直观地处理单纯形法、对偶问题以及原问题的简化问题的技术)。本书最后的第四部分介绍了对付困难问题的方法：NP 完全性、各种启发式算法以及量子算法，后者或许是当今最前沿的课题。碰巧的是，我们关于算法的讲述在本书的末尾又回到了最初讨论的问题：针对因子分解问题的 Shor 量子算法。

本书包含了三个附加的脉络。为了保持全书的可读性(兼顾学生的不同需求和兴趣)和逻辑的完整性，它们以三组自成系列的"灰色方框"形式出现，分别对应于一些算法技术的历史背景、对所介绍算法如何在实际中应用(突出了互联网应用)的描述，以及对相关数学知识的简要阐释。

我们的很多同事为此书的出版做出了重要贡献。在此对 Dimitris Achlioptas、Dorit Aharanov、Mike Clancy、Jim Demmel、Monika Henzinger、Mike Jordan、Milena Mihail、Gene Myers、Dana Randall、Satish Rao、Tim Roughgarden、Jonathan Shewchuk、Martha Sideri、Alistair Sinclair，以及 David Wagner 表示由衷的感谢，他们均对本书提出了宝贵意见，并对本书的初稿作了校对。Satish Rao、Leonard Schulman 和 Vijay Vazirani 对本书几个核心章节的内容给出了重要建议。Gene Myers、Satish Rao、Luca Trevisan、Vijay Vazirani 和 Lofti Zadeh 提供了本书的习题。最后，向加州大学 Berkeley 分校和 San Diego 分校的同学们表示感谢，是他们推动了本书的出版工作，并参与审阅本书的手稿。

目　录

chapter0

序　　言

如果您环视左右，就会发现电脑与网络在生活中无处不在。它们织就了一张复杂的网，人类的各种活动都蕴含其中：教育、商业、娱乐、研究、制造、医疗管理、人际交往，甚至包括战争。如今，有两项技术可以用日新月异这个词来形容，其中之一就是硬件速度的飞速提升，这得益于微电子业和芯片制造业惊人的发展速度。

然而本书将讲述另一项技术的发展历程，它在推动计算机业的变革方面起到了举足轻重的作用，这项技术就是：**高效的算法技术**(efficient algorithm)。您会发现，它是多么引人入胜。

现在就让我们一起来探讨算法技术吧。

0.1　书籍和算法

有两个想法改变了整个世界。1448 年，在德国城市 Mainz，有一位名叫 Johann Gutenberg 的金匠发明了一种印制书籍的方法，该方法通过适当搭配可移动的金属块来进行排版，从而印制书籍。自此，文明逐渐开始传播，中世纪的黑暗慢慢终结，人类的智力得到了解放，科学和技术日渐崛起，工业革命开始萌芽。很多史学家将这一切都归功于印刷术的出现。如若不然，设想一下，只有少数精英才能够阅读文字的世界将会是什么样子！然而另一些人坚持认为：影响上述这一切的关键并不是印刷术，而是算法(algorithms)的发展。

Johann Gutenberg
1398–1468

© Corbis

如今，人们早已习惯了以十进制来书写数字，也早已忘记了 Gutenberg 将数字 1448 写成 MCDXLVIII 的情形。您是否知道应该如何将两个罗马数字相加？您又是否知道 MCDXLVIII+DCCCXII 会得到什么结果？(您也可以试试将它们相乘)。即使是像 Gutenberg 一样聪明的人很可能也只知道如何借助手指来进行一些小规模数字的加减；而对于其他一些更加复杂的计算，他就不得不去咨询算盘专家了。

十进制系统是人类定量推理方面的一项重大变革，发源于约公元 600 年的印度。别看这个系统虽然仅仅使用了 10 个字符，按照该系统的规则，即使再大的数字也都能够以很紧凑的方式书写出来，而且只需遵循一些基本的步骤，算术就能够在十进制的数字上得以有效实施。然而，由于语言、地理距离和愚昧无知等传统因素的障碍，十进制思想的传播过程十分漫长。关于十进制最有影响力的传播媒介竟是一本书，该书由阿拉伯语写成，其作者是 9 世纪一名居住在 Baghdad 的人，名叫 Al Khwarizmi。他在书中罗列了加法、乘法和除法的基本步骤——甚至还给出了如何求取平方根和计算 π 数值的方法。这些步骤十分精准，没有歧义，简便易行，高效准确——简而言之，它们就可称作为算法。算法作为一个术语，出现在十进制系统在欧洲最终得到应用，即几个世纪之后，algorithms 同时也表达了对作者 Al Khwarizmi 的敬意。

从那以后，十进制进位系统及其数值算法在西方文明中扮演着举足轻重的角色。它们推动了科学和技术的发展，加速了工业化和商业化的脚步。很多年以后，当计算机登上人类历史的舞台，其数位、字长和算术单元的设计无不体现着十进制思想的光芒。世界各地的科学家针对各种各样的问题，不断地开发出越来越多的复杂算法，并开拓着算法的应用领域——进而不断地改变世界。

0.2 从 Fibonacci 数列开始

如果没有了某个人的努力，Al Khwarizmi 的工作在西方将难觅立足之地，这个人就是 13 世纪意大利的数学家 Leonardo Fibonacci，他预见了进位系统的巨大潜力，并且为了它的进一步发展和传播而不懈努力。

但是今天 Fibonacci 的著名却更多地归功于以他的名字命名的著名数列

$$0,1,1,2,3,5,8,16,21,34,\cdots$$

数列中的每个数都是其两个直接前项的和。我们以一种更形式化的方式给出 Fibonacci 数 F_n 生成的规则

$$F_n = \begin{cases} F_{n-1} + F_{n-2} & \text{如果} n > 1 \\ 1 & \text{如果} n = 1 \\ 0 & \text{如果} n = 0 \end{cases}$$

其他任何数列都比不上 Fibonacci 数列研究的范围之广，或者应用领域之多。这个数列如今已经应用于生物学、人口统计学、艺术、建筑和音乐等众多领域，而这些也还只是冰山一角。Fibonacci 数列与 2 的幂组成的数列一起，都是计算机科学中最常用的数列。

实际上，Fibonacci 数增长的速度几乎与 2 的幂增长的速度相当：例如，F_{30} 超过了 100 万，而 F_{100} 已经达到 21 位数字！一般而言，$F_n \approx 2^{0.694n}$(参见习题 0.3)。

但是 F_{100}、甚至 F_{200} 的精确数值是多少？Fibonacci 本人一定也十分想知道答案。为了回答这个问题，我们需要一个计算 Fibonacci 数列中第 n 个数的算法。

Leonardo of Pisa (Fibonacci)
1170–1250

一个指数算法

有一种解决方法就是死板地严格执行 F_n 的递归定义。以下是相应的算法，以"伪代码"的方式书写，这种方式将贯穿本书：

```
function fib1(n)
if n=0: return 0
if n=1: return 1
return fib1(n-1) + fib1(n-2)
```

一旦我们拥有了一个算法，就必须考虑以下三个问题：

1. 它是正确的吗？
2. 它将耗费多少时间，其时间耗费关于 n 是一个什么样的函数？
3. 我们能够改进它吗？

此处第一个问题没有什么意义，因为该算法严格地遵循着 Fibonacci 对于 F_n 的定义。但是第二个问题需要解决。令函数 $T(n)$表示计算 fib1(n)所需的基本操作次数；对于这个函数我们有何结论？首先，如果 n 小于 2，程序将很快结束，仅仅执行了很少的几次操作。从而有

$$\text{当 } n \leqslant 1 \text{ 时，} T(n) \leqslant 2$$

当 n 的数值逐渐增大，fib1 将被递归调用两次，运行时间分别是 $T(n\text{-}1)$和 $T(n\text{-}2)$，另外还有 3 次基本操作(检查 n 的值和一个最终的加法操作)。从而有

$$\text{当 } n > 1 \text{ 时，} T(n) = T(n-1) + T(n-2) + 3$$

将该式与 F_n 的递推关系式相比较：我们很快发现 $T(n) \geqslant F_n$。

这是一个坏消息：该算法运行时间增长的速度跟 Fibonacci 数增长的速度一样快！$T(n)$关于 n 是指数级的，这意味着除了 n 取一些很小的数值之外，算法将很慢，并不实用。

让我们以一个实际的小例子来说明指数时间的问题在哪里。如果要计算 F_{200}，fib1 算法执行了 $T(200)$次基本操作，其中 $T(200) \geqslant F_{200} \geqslant 2^{138}$。它的实际运行时间当然依赖于所使用的计算机。现今世界上最快的计算机是 NEC Earth Simulator，它的时钟频率是每秒 40 万亿次基本操作。即使在这台机器上，fib1(200)最少也要耗时 2^{92} 秒。这意味着如果我们从今天开始计算，那么直到太阳变成一个红色巨型星球，计算仍将继续。

但是科技的脚步日新月异——计算机的运算速度一直以每 18 个月翻一番的速度迅猛提升，这种现象有人称其为摩尔定律(Moore's law)。有了这种惊人的增长速

度，或许 fib1 算法在来年的计算机上将运行得更快。我们发现 fib1(n)的运行时间正比于 $2^{0.694n} \approx (1.6)^n$，因而计算 F_{n+1} 的时间要比 F_n 长 1.6 倍。而遵循摩尔定律，计算机的运算速度每年大约要增长 1.6 倍。因此如果我们能利用今年的技术合理地计算出 F_{100}，那么明年将计算出 F_{101}，下一年 F_{102}，以此类推：仅仅是每年多算出一个 Fibonacci 数！这简直是指数时间的噩梦！

简言之，这个简单的递归算法虽然正确，但是却毫无效率，令人失望。我们能做出改进吗？

一个多项式算法

让我们试着理解为什么 fib1 算法会如此之慢。图 0-1 揭示了由一个单独的 fib1(n)调用过程触发的一连串递归操作。请注意其中有很多计算步骤都是重复的！

一种更合理的机制是随时存储中间计算结果——$F_0, F_1, \ldots, F_{n-1}$ 的值。

```
function fib2(n)
if n=0: return 0
create an array f[0...n]
f[0] =0, f[1] =1
for i=2...n:
  f[i] = f[i-1] + f[i-2]
return f[n]
```

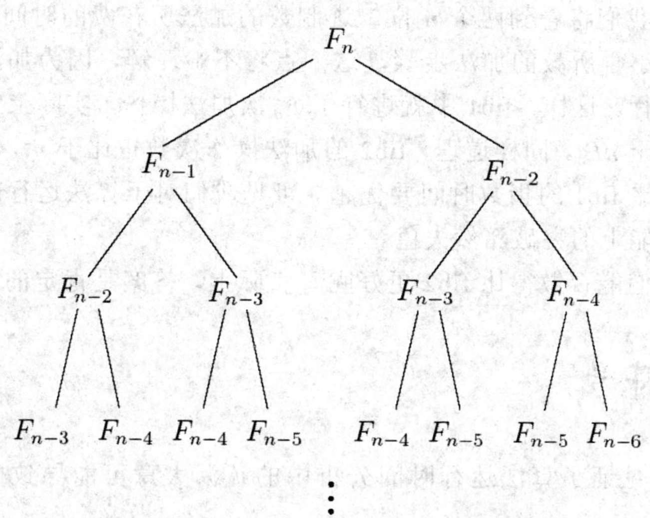

图 0-1 fib1 中递归调用方法的扩张过程

与 fib1 算法一样，由于该算法思想直接采用了 F_n 的定义，所以其正确性是显而易见的。那么它的执行时间怎样？其内层循环包含一个单独的操作，并且执行了 n-1 次。因此 fib2 中的基本操作次数关于 n 是线性的。从 fib1 的指数时间降至 fib2 的多项式时间，我们在运算时间上取得了巨大突破。现在我们完全可以在可接受的时间内计算 F_{200}，甚至是 $F_{200,000}$[1]了。

我们将在本书中不断见证这样一个道理：正确的算法将让一切变得不同。

更仔细的分析

在迄今为止的讨论中，我们一直在计算每个算法执行的基本操作次数，并且认为这些基本操作的时间耗费为一个常量。这是一个十分有用的简化。毕竟，一个处理器的指令集具有一系列的基本指令单元：分支、存入内存、比较数值、简单算术等——与其在这些基本操作间进行区分，不如将它们归为一类来得方便。

但是当我们回顾 Fibonacci 算法思想，将会发现基本操作的范畴太宽泛了。当进行小规模数字的加法操作时，将加法看作是一个基本操作是合理的，这里的小规模数字指可以用 32 位二进制表示的数字。然而第 n 个 Fibonacci 数的长度大约是 $0.694n$ 位，随着 n 的增加，该长度将很快超过 32。而任意大数字上的算术操作不可能也被视为是能在常量时间内完成的基本操作。我们需要修正早先对于算法运行时间的估计，使其变得更加切合实际。

在第 1 章中我们将看到两个 n 位二进制数的加法所花费的时间大约正比于 n；如果您回忆一下小学所教的加法步骤，这一点将不难理解，因为加法操作每次只在一个数字位上进行。这样，fib1 中就进行了 F_n 次加法操作，实际上它的基本加法操作次数大约正比于 nF_n。同样道理，fib2 的加法操作次数正比于 n^2，它仍然是关于 n 的多项式，仍然比 fib1 的指数时间要优越。可见我们对于算法运行时间分析的修正并没有让算法性能上的突破黯然失色。

而问题是我们能否做得比 fib2 更好呢？实际上，答案是肯定的。请看习题 0.4。

0.3 大 O 符号

大我们刚刚见证了算法运行时间分析中的疏漏大意可能导致分析结果的不精

---

1 为了更好地理解指数算法和多项式算法这一分类的重要性，读者可提前参阅第 8 章中 Sissa 和 Moore 的故事。

确，而这种不精确可能会让我们无法接受。但是如果走向另一个极端，又会暴露另一个问题：分析很可能太过精细。明智的分析策略应该基于适当的简化。

以基本操作次数来表征算法的运行时间，这本身就是一种简化。毕竟这样的一次操作所耗费的时间主要依赖于特定的处理器，还可能依赖于缓存策略这样的细节(不同的缓存策略将导致一次运行和下次运行的运行时间的细微差异)。而解决与特定体系结构相关的细节问题是一项噩梦般复杂的任务，即使能够得到结果，它也无法从一台计算机推广到另一台计算机。于是，寻求一种简洁的、与机器无关的刻画算法性能的标准将更有意义。为了这个目的，我们通常采用对算法的基本操作次数进行计数的方式来表征算法的运行时间，而基本操作次数是算法输入规模的函数。

同时这一简化还引发了另一种处理方式。我们不会说当输入规模是 n 时，算法执行了 $5n^3 + 4n + 3$ 次基本操作，因为将该多项式中的低次项，诸如 $4n$ 和 3，去除之后(这些项随着 n 的增长将变得无足轻重)，对于算法运行时间的估计将变得更加简洁，甚至首项系数 5 也可以去除(毕竟经过几年，计算机运行速度增加 5 倍总是容易达到的)，所以我们只需说算法运行时间为 $O(n^3)$(读作大 O n 立方)。

下面我们给出大 O 符号的精确定义。假设当算法输入规模是 n 时，两个算法的运行时间分别为 $f(n)$和 $g(n)$。

令 $f(n)$和 $g(n)$均为从正整数到正实数的函数。如果存在一个常数 $c > 0$，使得 $f(n) \leqslant c \cdot g(n)$成立，则我们称 $f = O(g)$(这意味着"f 增长的速度慢于 g")。

$f = O(g)$类似于 $f \leqslant g$。但是它又不同于通常意义下的"≤"，主要是因为存在常数 c 的某些取值，使得等号可以成立，例如 $10n = O(n)$。这一常数也允许我们可以忽略 n 比较小的情况。例如，假定针对某一特殊的计算任务，我们不得不在两个算法之间做出抉择。其中一个算法执行了 $f_1(n) = n^2$ 次基本操作，而另一个执行了 $f_2(n) = 2n + 20$ 次基本操作(如图 0-2 所示)。哪个算法更优？这取决于 n 的取值。当 $n \leqslant 5$ 时，n^2 更小；而其后 $2n + 20$ 的值大。在 $n \leqslant 5$ 的情况下，随着 n 的增大，f_2 增长的幅度更缓慢，因此 f_2 更加优越。

这一优越性可以由大 O 符号来体现：$f_2 = O(f_1)$，因为

$$\frac{f_2(n)}{f_1(n)} = \frac{2n+20}{n^2} \leq 22$$

上式对所有的 n 均成立；另一方面，$f_1 \neq O(f_2)$，由于比率 $f_1(n)/f_2(n) = n^2/(2n + 20)$ 可以变得任意大，因此不存在常数 c，使得大 O 符号的定义成立。

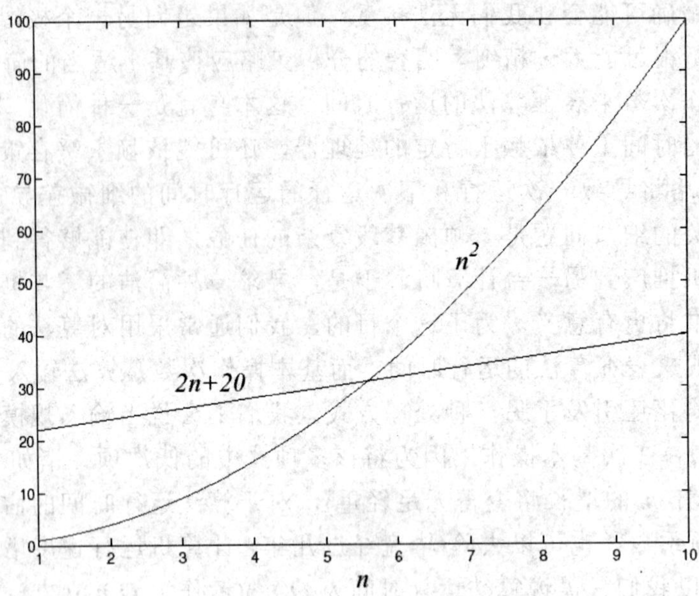

图 0-2 哪个算法的运行时间更短

假定还有另外一个算法，它执行了 $f_3(n) = n + 1$ 次基本操作。它比 f_2 更好吗？结果当然是肯定的，但是其优越性只是体现在一个常数上。$2n + 20$ 与 $n + 1$ 之间的差异很小，与 n^2 和 $2n + 20$ 之间的巨大差异相比简直是小巫见大巫。为了抓住算法分析中的主要矛盾，如果两个函数只是相差一个常数，我们就将它们视为相等。

让我们回到大 O 符号的定义，我们发现 $f_2 = O(f_3)$：

$$\frac{f_2(n)}{f_3(n)} = \frac{2n+20}{n+1} \leq 20$$

同时，显然有 $f_3 = O(f_2)$，这时 $c = 1$。

正如 $O(\cdot)$类似于≤，我们同样可以如下分别定义与≥和=的相似的符号：

$$f = \Omega(g)\text{意味着 } g = O(f)$$
$$f = \Theta(g)\text{意味着 } f = O(g)\text{和 } f = \Omega(g)\text{同时成立。}$$

在前述的例子中，有 $f_2 = \Theta(f_3)$以及 $f_1 = \Omega(f_3)$成立。

大 O 符号让我们得以从更高的高度来关注算法分析。当面对一个复杂的函数，如 $3n^2 + 4n + 5$，我们只需将它用 $O(f(n))$替换，其中的 $f(n)$要尽可能的简单。在这个特例中，我们使用 $O(n^2)$，因为与多项式中的其他项相比，二次项处于支配地位。以下是一些经验规则，通过忽略低次项，以简化算法运行时间的函数表示：

1. 常系数可以忽略：$14n^2$ 可以变为 n^2。
2. 当 $a>b$ 时，n^a 支配 n^b：例如，n^2 支配 n。
3. 任何指数项支配任何多项式项：3^n 支配 n^5(它甚至支配 2^n)。
4. 同理，任何多项式项支配对数项：n 支配$(\log n)^3$。进一步的，例如，n^2 支配 $n\log n$。

请不要误解这种忽略常系数的态度。编程人员和算法设计者们通常对常量都非常感兴趣，即使只是为了让算法的运行时间减少二分之一，他们也会乐此不疲、挑灯夜战的。但是如果没有大 O 符号带来的简化，根据本书内容理解算法思想几乎是不可能的。

习题

0.1　考虑下面的问题，指出 $f=O(g)$成立、还是 $f=\Omega(g)$成立、或者两者同时成立(这时 $f=\Theta(g)$)。

	$f(n)$	$g(n)$
(a)	$n-100$	$n-200$
(b)	$n^{1/2}$	$n^{2/3}$
(c)	$100n+\log n$	$n+(\log n)^2$
(d)	$n\log n$	$10n\log 10n$
(e)	$\log 2n$	$\log 3n$
(f)	$10\log n$	$\log(n^2)$
(g)	$n^{1.01}$	$n\log^2 n$
(h)	$n^2/\log n$	$n(\log n)^2$
(i)	$n^{0.1}$	$(\log n)^{10}$
(j)	$(\log n)^{\log n}$	$n/\log n$
(k)	$\sqrt{n}$	$(\log n)^3$
(l)	$n^{1/2}$	$5^{\log_2 n}$
(m)	$n2^n$	3^n
(n)	2^n	2^{n+1}
(o)	$n!$	2^n
(p)	$(\log n)^{\log n}$	$2^{(\log_2 n)^2}$
(q)	$\sum_{i=1}^{n} i^k$	n^{k+1}

0.2 当 c 是一个正实数时，证明 $g(n) = 1 + c + c^2 + \ldots + c^n$ 是

(a) $\Theta(1)$，当 $c < 1$。

(b) $\Theta(n)$，当 $c = 1$。

(c) $\Theta(c^n)$，当 $c > 1$。

一个事实：在大Θ符号意义下，当几何级数严格递减时，几何级数的和可以简化为首项；当级数严格递增时，几何级数的和可以简化为末项；当级数保持不变时，几何级数的和可以简化为项数。

0.3 Fibonacci 数 $F_0,F_1,F_2,\ldots$,按照如下的规则定义

$$F_0 = 0,\ F_1 = 1,\ F_n = F_{n-1} + F_{n-2}$$

在本题中,我们将证明该序列的增长速度是指数级的,并将求出该序列增长的界。

(a) 通过归纳法证明，当 $n \geqslant 6$ 时，$F_n \geqslant 2^{0.5n}$。

(b) 求出一个常数 $c < 1$，使得当 $n \geqslant 0$ 时有 $F_n \leqslant 2^{cn}$ 成立。并简要说明理由。

(c) 求出 c 的最大值，使得 $F_n = \Omega(2^{cn})$成立。

0.4 是否存在一种比本章 0.2 节中提供的 fib2 算法更快的算法，以求出第 n 个 Fibonacci 数？以下算法思想包含矩阵知识。

我们先给出矩阵运算中的若干符号，如等式 $F_1 = F_1$ 和 $F_2 = F_0 + F_1$ 对应于以下矩阵运算：

$$\begin{pmatrix} F_1 \\ F_2 \end{pmatrix} = \begin{pmatrix} 0 & 1 \\ 1 & 1 \end{pmatrix} \cdot \begin{pmatrix} F_0 \\ F_1 \end{pmatrix}$$

同样地，有

$$\begin{pmatrix} F_2 \\ F_3 \end{pmatrix} = \begin{pmatrix} 0 & 1 \\ 1 & 1 \end{pmatrix} \cdot \begin{pmatrix} F_1 \\ F_2 \end{pmatrix} = \begin{pmatrix} 0 & 1 \\ 1 & 1 \end{pmatrix}^2 \cdot \begin{pmatrix} F_0 \\ F_1 \end{pmatrix}$$

以及一般式

$$\begin{pmatrix} F_n \\ F_{n+1} \end{pmatrix} = \begin{pmatrix} 0 & 1 \\ 1 & 1 \end{pmatrix}^n \cdot \begin{pmatrix} F_0 \\ F_1 \end{pmatrix}$$

因此，如果要计算 F_n，需要将此 2×2 矩阵称为 X，自乘，得到它的 n 次幂。

(a) 证明 2 个 2×2 矩阵的乘法需要 4 次加法和 8 次乘法。

但是为了计算 X^n，需要多少次矩阵乘法？

(b) 证明 $O(\log n)$次矩阵乘法足以计算出 X^n。(提示：考虑计算 X^8)。

综上，我们基于矩阵的算法 fib3 所需的算术操作的次数只是 $O(\log n)$，而 fib2 则需要 $O(n)$次。那我们岂不是打破了另一个指数级时间的障碍？

这一算法性能提升的原因在于新算法中包含了乘法，并不仅仅包含加法；同时，大数的乘法操作要慢于大数的加法操作。我们发现，当考虑了算术操作的复杂性后，fib2 的运行时间将变为 $O(n^2)$。

(c) 证明 fib3 算法的所有中间结果的二进制长度都是 $O(n)$位。

(d) 令 $M(n)$表示对两个 n 位二进制数相乘的某一算法的运行时间，并假定 $M(n) = O(n^2)$(小学教过的乘法保证了这一点，本书第一章内容也将对此进行回顾)。证明 fib3 算法的运行时间为 $O(M(n)\log n)$。

(e) 您能证明 fib3 算法的运行时间是 $O(M(n))$吗？假定当 $1 \leqslant a \leqslant 2$ 时，有 $M(n) = \Theta(n^a)$成立。(提示：经过每次平方操作，相乘的数字长度加倍)。

我们给出结论：fib3 能否比 fib2 更快，取决于我们能否以少于 $O(n^2)$次操作来对两个 n 位二进制数相乘。您认为这可能吗？(答案将在第 2 章中给出)。

最后，我们给出一个计算 Fibonacci 数的公式：

$$F_n = \frac{1}{\sqrt{5}}\left(\frac{1+\sqrt{5}}{2}\right)^n - \frac{1}{\sqrt{5}}\left(\frac{1-\sqrt{5}}{2}\right)^n$$

从该式可以看出，要想计算 F_n，我们只需对一对数分别进行自乘操作，以得到它们的 n 次幂。问题在于这些数是无理数，想要以足够的精度计算它们可不是件容易的事。实际上，基于矩阵的算法 fib3 可以视为是计算无理数 n 次幂的一种间接方法。如果您掌握了一定的线性代数知识，您就能明白其中的原因(提示：请回顾矩阵 X 的特征值的定义)。

chapter 1

数字的算法

本章的主要议题之一是对两个古老的问题进行比较，其比较的结果形成强烈反差，尽管乍看上去，这两个问题似乎十分相似：

- 因子分解：给定数字 N，将它表示成其素因子的乘积形式。
- 素性测试：给定数字 N，判定其是否为素数。

因子分解是很困难的。尽管几个世纪以来，全世界最优秀的数学家和计算机科学家为此都付出了巨大的努力，但是，迄今为止，分解整数 N 的最快方法所耗费的时间随着 N 的位数的增加而呈指数增长。

然而，对于另一个问题，我们很快就能发现，我们可以快捷地测试出一个数 N 是否为素数！同时，更为有趣的是，两个如此紧密联系的问题之间竟存在着如此奇怪的差异：一个十分困难，而另一个却异常简单。这种差异存在于技术的核心部分，该技术保证了当今世界全球范围内通信环境的安全。

在洞察此类问题的过程中，我们需要针对数值领域中各种各样的计算任务来开发算法。我们将从基本的算术开始，这是一个合适的起点，因为，众所周知，算法这个词最初就仅仅应用于这些数值问题。

1.1 基本算术

1.1.1 加法

学习加法运算最基本的规则时，我们年纪都还太小，很少会去想为什么加法能够这样运作。但如今，我们有必要回过头来仔细地看个究竟。

十进制数有如下一个基本属性：

任意三个一位数相加，和最多只有两位。

针对上述结论，我们可以做一个快速的检验：三个一位数相加，和最大的情况是 $9+9+9=27$，它显然是一个两位数。实际上，这一规则并不只适用于十进制数，它同样适用于任何基数 $b\geqslant 2$ 的情况(参见习题 1.1)。比如在二进制中，3 个单位数字的和最大只可能是 3，它只占 2 个位。

基数和对数

其实，数字 10 并没有任何特别之处——只是我们碰巧都有 10 个手指，以至于 10 自然而然成为计数过程中一个很容易想到的停顿点，数过 10，稍事休息，再继续数下去。Maya 人曾发明过一种基于数字 20 的类似的进位系统(那时候人们还没有发明鞋子，知道选择 20 的原因了吧)。那么现今的计算机采用二进制来表示数，这也是理所当然的。

如果以 b 为基数来表示数 $N\geqslant 0$，需要多少位数字？让我们算算——k 位数字，以 b 为基数，可以表示的最大的数是 b^k-1；例如，在十进制的情况下，3 位数字，可以表示的最大的数是 $999=10^3-1$。以 b 为基数，要表示 N，一共需要 $\lceil \log_b(N+1) \rceil$ 位数字(可以理解为在 $\log_b N$ 位数字的基础上，再加上或减去 1)。

当我们改变基数时，可表示的数字的范围会发生怎样的变化？回顾一下对数的换底规则，从基数 a 换到基数 b，将有下式成立：$\log_b N = (\log_a N)/(\log_a b)$。所以以 a 为基数表示的最大的数 N 与以 b 为基数表示的最大整数之间，两者只是相差一个常数 $\log_a b$。在大 O 符号下，基数是可以忽略的，所以我们可以把表示数的范围记为 $O(\log N)$。当没有指定基数时(通常情况下也不会指定基数)，$\log N$ 即指 $\log_2 N$。

顺便指出的是，函数 $\log N$ 经常以各种各样的形式在我们的算法讨论中出现。以下为几个例子:

1. $\log N$ 显然是为了达到(不小于)N，需要对 2 进行自乘的乘幂数。

2. 另一方面，它可被视为数 N 减小到 1 所需要的折半操作的次数。(更精确地说，这个次数应该是 $\lceil \log N \rceil$)。明确这一点是非常有用的，尤其是在一个算法中的每次迭代都包含针对一个数的折半操作的情况之下。本章后面的一些例子将对此作进一步说明。

3. $\log N$ 是以二进制表示数 N 的位数。(更精确地说，是 $\lceil \log(N+1) \rceil$。)

4. $\log N$ 同时还是拥有 N 个节点的完全二叉树的深度。(更精确地说，是 $\lfloor \log N \rfloor$。)

5. $\log N$ 甚至还等于和 $1+\frac{1}{2}+\frac{1}{3}+\dots+\frac{1}{N}$，两者只是相差一个常数(参见习题 1.5)。

以下的简单规则为我们提供了一种将两个以任何数为基数的数相加的方法：对齐它们的右端，然后顺次地从右至左执行加法操作，加法是逐位进行的，并始终维护一个进位，其中记录可能的溢出值。因为每个单独的和都是一个两位数，而进位总是只有一位，所以加法的任意中间步骤其实都是三个一位数相加。以下给出了一个二进制加法的例子：53 + 35。

进位：	1			1	1	1		
		1	1	0	1	0	1	(53)
		1	0	0	0	1	1	(35)
	1	0	1	1	0	0	0	(88)

通常我们会以伪代码的方式写出算法，但此处这个例子我们已经太熟悉，就不再重复了。我们将直接着手分析它的效率。

给定两个二进制数 x 和 y，并使用该算法对其相加，将耗时多少？此类运算耗时的问题将一直在本书中受到关注。我们希望算法的运行时间能表示成输入规模的函数。所谓输入规模就是 x 和 y 对应的位数，或者说输入它们所需的击键次数。

假定 x 和 y 均为 n 位——本章中我们将一直使用字母 n 表示数字的规模。这样的话，x 和 y 的和最多有 n+1 位长，同时该和的每个单独的数位的计算时间是固定的。从而整个加法算法的运行时间的函数形式是 $c_0 + c_1n$，其中 c_0 和 c_1 是常数；换言之，算法运行时间的函数是线性的。无须关心 c_0 和 c_1 的具体取值，我们将专注于算法运行时间的上界，即 $O(n)$。

既然已经得到了一个有效算法，并且其运行时间已知，那么下一步我们将考虑能否做得更好。

是否存在一个更快的算法？(这是另一个经常被问及的问题)。对于加法算法而言，答案很简单：为了对两个 n 位长的数字相加，最起码我们先要读取它们，并将加法的结果记录下来，即使是这些工作也需要 n 次操作。因此，这个加法算法在忽略常系数的情况下是最优的！

一些读者可能会对以下问题感到困惑：为什么是进行 $O(n)$次操作？二进制的加法运算对于当今的计算机来说，一条指令不就够了吗？答案有两条。第一，我们当然可以在一条指令中对两个整数相加，但前提是，它们的位长在当今计算机能够处理的字长范围内——很可能是 32 位。但是，正如本章后面所要讨论的那样，在实际应用中，常常会对那些计算机字长范围无法容纳的数进行处理，虽然这些数可能会有几千位长，但现实中还是经常会有处理它们的需求。在真实的计算机上进行这些大数的加法和乘法运算，一般都是逐位进行操作。第二，如果我们想要理解一个算法，那么对已经编码到当今计算机硬件内部的基本算法进行研究同样也是很有意义的。正因为如此，我们专注于考察算法的位复杂度，即：单个位上的基本操作次数。而这将反映出实现该算法所需的硬件、晶体管和线路等资源的水平。

1.1.2 乘法和除法

接下来我们对乘法进行讨论。在小学中我们所学的两个数 x 和 y 相乘的算法思想是：创建中间和的一个数组，数组中的每个元素代表 x 和 y 的单个位的乘积，对这些数值进行相应的左移操作，然后再相加。假定我们想要做乘法 13×11，先写出它们的二进制表示，$x = 1101, y = 1011$。乘法运算进行如下：

```
            1 1 0 1
          × 1 0 1 1
  ------------------
            1 1 0 1      1101 乘以 1
          1 1 0 1        1101 乘以 1，左移操作 1 次
        0 0 0 0          1101 乘以 0，左移操作 2 次
  +   1 1 0 1            1101 乘以 1，左移操作 3 次
  ------------------
    1 0 0 0 1 1 1 1      143 的二进制表示
```

对于二进制运算来说，这个过程相当简单，因为如果以行来表示中间结果，那么该行要么是 0，要么是 x 本身，只是左移操作耗费了一定的时间。同时需要注意的是，左移操作是原数乘以基数的一种快捷方式，本例中的一次左移，相当于乘 2 操作(同理，右移操作的效果是原数除以基数，并作必要的舍入)。

习题 1.6 将讨论这一乘法运算过程的正确性。现在我们来计算它的运行时间。如果 x 和 y 都为 n 位长，那么将有 n 行中间结果，它们的总长度将达到 $2n$ 位(其中考虑了移位)。将这些行相加的总时间是 $O(n^2)$，是输入规模的平方函数，其中每次对两个数相加。

$$\underbrace{O(n) + O(n) + \cdots + O(n)}_{n-1 \text{ 次加法}}$$

可见，乘法的运行时间仍是多项式时间，只是比加法要慢得多(关于这一点，我们小学时就产生过怀疑)。

而 Al Khwarizmi 给出了另一种乘法规则，这种方法至今仍在欧洲的一些国家使用。对两个十进制数 x 和 y 进行乘法运算，将它们按照下图所示并排写在一起。接着重复以下步骤：将第一个数字除以 2，舍去结果的小数部分(即当其为奇数时，舍去它除以 2 之后结果中的 0.5)，同时将第二个数字加倍。重复这样的操作，直到第一个数字减小到 1。然后排除掉第一个数字为偶数时对应的行，同时将第二列中剩下的数字累加起来。

11	13	
5	26	
2	52	排除此行
1	104	
	143	最终答案

虽然这两个算法看上去迥然不同，但是当我们仔细比较这两个算法，一个是二进制乘法，一个通过重复对乘数进行折半操作来做乘法，我们就会发现，它们实际上做的是同一件事！在第二个算法中相加的三个数，恰恰就是在二进制乘法中做加法的 2 的幂与 13 的乘积。只是在第二个算法中，11 没有被显式地表示为二进制形式，而是通过不断地对 11 除以 2 的操作，查看每次结果的奇偶性，以另一种方式提取出其二进制表示信息。Al Khwarizmi 提出的第二种乘法算法可谓是十进制和二进制的完美结合！

这一算法可以被包装成不同的形式。为了不拘一格，我们采用第三种公式，即图 1-1 所示的递归算法，它直接实现了以下规则：

$$x\cdot y=\begin{cases}2(x\cdot\lfloor y/2\rfloor) & \text{当y为偶数时}\\ x+2(x\cdot\lfloor y/2\rfloor) & \text{当y为奇数时}\end{cases}$$

该算法正确吗？上述的递归规则显然是正确的。因此检查该算法的正确性就只需验证它是否模拟了这一规则，以及是否恰当处理了初始情况(y=0)。

该算法的执行时间如何？它一定会在 n 次递归调用后终止，因为在每次递归中 y 将被折半一次，即位数逐一递减。而每次递归调用都执行了以下操作：一次除以 2 的操作(相当于右移操作)；一次奇偶性测试(判断最后一位的数值)；一次乘 2 操作(相当于左移操作)；可能还有一次加法，总共有 $O(n)$次位操作。因此总的运行时间为

$O(n^2)$，与前一个算法相同。

```
function multiply(x, y)
Input: Two n-bit integers x and y, where y ≥ 0
Output: Their product

if y = 0: return 0
z = multiply(x, ⌊y/2⌋)
if y is even:
    return 2z
else:
    return x + 2z
```

图 1-1 à la Français 乘法

能否改进？感觉似乎 n^2 次位操作是难免的，因为乘法需要对输入中的某个乘数的 n 个倍数相加，而每次加法操作的运行时间又都是线性的。然而令人惊讶的是，在第 2 章我们将发现，我们完全可以做的更好！

接下来我们讨论除法运算。一个整数 x 除以另一个整数 $y \neq 0$，意味着需要找到一个商数 q 和一个余数 r，使得 $x = yq + r$，同时 $r < y$。我们在图 1-2 中给出了除法运算的递归版本；跟乘法一样，它的运行时间也是输入的平方函数。对这一算法的分析见习题 1.8。

```
function divide(x, y)
Input: Two n-bit integers x and y, where y ≥ 1
Output: The quotient and remainder of x divided by y

if x = 0: return (q, r) = (0, 0)
(q, r) = divide(⌊x/2⌋, y)
q = 2·q, r = 2·r
if x is odd: r = r + 1
if r ≥ y: r = r − y, q = q + 1
return (q, r)
```

图 1-2 除法

1.2 模运算

重复的加法和乘法会让计算结果变得非常大。而生活中，每当时钟走过 24 小时，我们就可以把时间重新置 0；每当连续度过 12 个月，我们又可以重新从 1 月开始，这样的处理为我们带来了很多方便。同样的，对于内置于计算机处理器内部的算法操作而言，其能够处理的数值也被限定在一定的范围内，比如 32 位，这已经足够大，能够对付大多数应用了。

而对于我们将要研究的主题——素性测试和密码学而言，具备处理超过 32 位的大数的能力将是很有必要的，不过，这些数再大，归根结底也是有限的。

模运算(modular arithmetic)是一整套处理受限整数的方法。我们将 x 模 N(x modulo N)的结果定义为 x 除以 N 的余数，即就是说，如果 $x = qN + r$ 且 $0 \leqslant r < N$，则 x 模 N 等于 r。它强调了数与数之间的一个等价概念：我们说 x 与 y 模 N 同余(congruent modulo)，当且仅当它们相差 N 的倍数。如果以数学语言表示这一结论，则如下所示

$$x \equiv y \pmod N \iff N \text{ 整除 } (x-y)$$

例如，$253 \equiv 13 \pmod{60}$，因为 253−13 是 60 的倍数。打个更形象的比方，253 分钟就是 4 小时又 13 分钟。参与模运算的数也可以是负数，如 $59 \equiv -1 \pmod{60}$，可以解释为：当现在时间是某点过 59 分，那么也可以说是下一点差 1 分。

理解模运算的一种方法是认为模运算将所有的整数限定在一个预先定义好的范围$\{0,1,\ldots,N-1\}$内，一旦离开这个范围时，您会发现您又绕了回来——跟表盘上的指针很相似(如图 1-3 所示)。

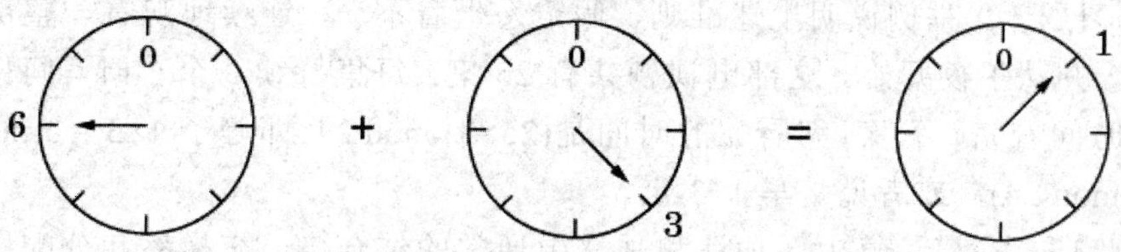

图 1-3　加法模 8 运算

模运算的另一种解释是模运算虽然处理所有的整数，但却将它们划分成 N 个等价类(equivalence class)，每个等价类的形式是$\{i + kN : k \in \mathbb{Z}\}$，其中 i 在 0 到 $N-1$ 之间取值。例如，模 3 运算就有 3 个等价类：

$$\begin{array}{ccccccccc}
\cdots & -9 & -6 & -3 & 0 & 3 & 6 & 9 & \cdots \\
\cdots & -8 & -5 & -2 & 1 & 4 & 7 & 10 & \cdots \\
\cdots & -7 & -4 & -1 & 2 & 5 & 8 & 11 & \cdots
\end{array}$$

一个等价类中的任一元素都可被该等价类中的其他元素替代，在模 3 运算的意

义下，5 和 11 是没有区别的。在这种替代意义下，加法和乘法保持了良好的定义：

二进制补码

模运算在二进制补码(two's complement)中得到了完美的诠释，二进制补码是存储符号整数的最常见形式。它使用了 n 位来表示在$[-2^{n-1}, 2^{n-1}-1]$之间的数字，其表示规则通常被描述成以下两点：

- 在 0 到 $2^{n-1}-1$ 范围内的正整数被存储为常见的二进制形式，同时在首位上取值为 0。
- 负整数$-x$，$1 \leqslant x \leqslant 2^{n-1}$，它的存储方式是，首先将 x 表示成二进制形式，然后按位取反，最后在末位加 1。负数补码表示的首位是 1。

(您会发现，以二进制补码形式进行的常规加法和乘法将变得不可思议！)

有一种更简单的方式来理解二进制补码表示：任何在-2^{n-1}到 $2^{n-1}-1$ 范围内的整数都被存储为其模 2^n 的结果。从而负数$-x$ 的二进制补码表示，除去首位的符号位，后面各位与 2^n-x 的补码表示完全相同。像加法和减法这些算术操作都可以用二进制补码表示直接进行，操作中忽略任何可能的溢出位。

替代准则 如果有 $x \equiv x' \pmod N$和 $y \equiv y' \pmod N$成立，则有以下两式成立：

$x + y \equiv x' + y' \pmod N$和 $xy \equiv x'y' \pmod N$。

(参见习题 1.9)举例说明上述准则，假定您坐着不动，连续地观看一整部您喜欢的电视剧，并从午夜开始。这部电视剧共有 25 集，每集持续 3 个小时。问您将在某天的什么时间看完？答案：您看完的时间是$(25\times3) \bmod 24$，即等于 $1\times3 = 3 \bmod 24$(因为 $25 \equiv 1 \bmod 24$)，或者说是早上 3 点。

不难验证，在模运算中，加法和乘法中通常的结合律、交换率和分配率仍然成立，比如：

$$x+(y+z) \equiv (x+y)+z \pmod N \quad \text{结合律}$$
$$xy \equiv yx \pmod N \quad \text{交换律}$$
$$x(y+z) \equiv xy+yz \pmod N \quad \text{分配率}$$

替代准则和以上运算率的成立意味着当进行一系列的算术操作时，可以在任何运算阶段将中间计算结果简化为其模 N 操作的余数。这种简化无疑将对大数的计算带来极大的帮助。下面的例子就是一个很好的说明：

$$2^{345} \equiv (2^5)^{69} \equiv 32^{69} \equiv 1^{69} \equiv 1 \pmod{31}$$

1.2.1　模的加法和乘法

要将两个数 x 和 y 分别模 N 的结果相加，我们可以先考虑常规的加法。由于 x 和 y 都在 0 到 $N-1$ 的范围内，它们的和将在 0 到 $2(N-1)$的范围内。如果和超过了 $N-1$，我们只需在和的基础上减去 N，就能将结果控制在要求的范围内。从而整个计算过程包含一次加法，一次可能的减法，加减法的操作数都不会超过 $2N$。运行时间是操作数大小的线性函数，即 $O(n)$，其中 $n = \lceil \log N \rceil$ 是 N 的大小需要指出的是，按照我们的规定，总是使用 n 来标记输入的大小。

如何将两个数 x 和 y 分别模 N 的结果相乘？我们仍然先考虑常规的乘法，然后将计算结果模 N。两数相乘的积最大可以达到$(N-1)^2$，但这个数仍最多占用 $2n$ 位长，因为 $\log(N-1)^2 = 2\log(N-1) \leqslant 2n$。为了简化模 N 的计算结果，我们将余数除以 N，除法运算采用前述的平方时间的除法算法。从而乘法仍然是一个平方时间的操作。

模运算的除法则没有这么简单。在常规的算术运算中，只有一个需要注意的小地方——除数为 0 的情况。看起来在模运算中也潜在地存在这样的情况，对此我们将在本节的最后加以讨论。但不管怎样，只要除法操作是合法的，那么它就可以在立方时间内完成，即 $O(n^3)$。

为了保证我们针对密码学所需的一系列基本模运算的讨论的完整性，我们接下来将转入对模的指数运算的讨论，接着将讨论最大公因数，它是除法的关键所在。以上两个操作中，最核心流程的运算时间是指数级的，但是如果您有一定的创意，将可以找到多项式时间的算法。而一个精心设计的算法将使一切变得不同。

1.2.2　模的指数运算

在我们即将讨论的密码系统中，经常会遇到这样的问题，给定 x 和 y，计算 x^y 模 N 的值，其中 N 有数百位长。这一运算能否很快地实现？

该运算的结果等于某个数字模 N，从而运算结果本身也将占用数百位长。然而，x^y 的原始结果可能比这大得多。即使当 x 和 y 只有 20 位长，x^y 也最少是 $\left(2^{19}\right)^{(2^{19})}=2^{(19)(524288)}$，大约有 100 万位长！想象一下，当 y 有 500 位长时，结果将会怎样？

为了确保我们处理的数字不至于太大，我们需要对所有的中间计算结果进行模 N 运算。从而有以下思想：通过重复乘以 x 模 N 的结果来计算 x^y 模 N。中间乘积的相应序列如下：

$$x \bmod N \to x^2 \bmod N \to x^3 \bmod N \to \ldots \to x^y \bmod N$$

其中包含的数均比 N 小，所以每次乘法的结果也不会占用太多的位。但是存在一个问题：如果 y 有 500 位长，我们将需要执行 $y-1\approx 2^{500}$ 次乘法操作！该算法的运算时间显然是 y 的输入大小 n 的指数函数。

幸运的是，我们可以做的更好：以 x 模 N 开始，不断重复进行平方模 N 操作，我们将得到：

$$x \bmod N \to x^2 \bmod N \to x^4 \bmod N \to x^8 \bmod N \to \ldots \to x^{2^{\lfloor \log y \rfloor}} \bmod N$$

其中每一步的运行时间都是 $O(\log^2 N)$，而这一次只有 $\log y$ 次乘法运算。为了求得 $x^y \bmod N$ 的结果，我们只需简单地将 x 的所有这些幂中的一部分相乘，x 的这部分幂恰好对应于 y 的二进制表示中的每一个数字 1。例如，

$$x^{25} = x^{11001_2} = x^{10000_2} \cdot x^{1000_2} \cdot x^{1_2} = x^{16} \cdot x^8 \cdot x^1$$

这样，一个多项式时间的算法终于浮出水面！

```
function modexp(x, y, N)
Input: Two n-bit integers x and N, an integer exponent y
Output: x^y mod N

if y = 0: return 1
z = modexp(x, ⌊y/2⌋, N)
if y is even:
   return z^2 mod N
else:
   return x · z^2 mod N
```

图 1-4 模的指数运算

我们可以将这一算法思想表示成一种简单的形式：即图 1-4 中给出的递归算法，它计算 x^y 模 N 的方式采用了以下不证自明的规则：

$$x^y = \begin{cases} \left(x^{\lfloor y/2 \rfloor}\right)^2 & \text{当}y\text{为偶数时} \\ x \cdot \left(x^{\lfloor y/2 \rfloor}\right)^2 & \text{当}y\text{为奇数时} \end{cases}$$

该算法的思想十分类似于前述的递归乘法算法(参见图 1-1)。例如，前述乘法算法计算 $x \cdot 25$ 的乘积采用了我们刚才见过的类似于分解操作的方式：$x \cdot 25 = x \cdot 16 + x \cdot 8 + x \cdot 1$。对于乘法，其中的项 $x \cdot 2^i$ 来自于不断重复的加倍(doubling)操作。而相应地，对于指数运算，其中 x^2 则来自于不断重复的平方操作。

令 n 为 x, y 和 N 三个数中位长最长者(无论是谁)对应的位数。对于乘法运算，算法最多在 n 次递归调用后终止，而在每次调用中都乘以长为 n 位的数(对于模 N 运算，则不用此乘法操作)，因此其总的运行时间为 $O(n^3)$。

1.2.3　Euclid 的最大公因数算法

我们接下来要研究的算法是由古希腊数学家 Euclid 在 2000 多年前设计的。给定两个整数 a 和 b，该算法将求出能够同时整除两者的最大整数，即通常所说的最大公因数。

最显而易见的求最大公因数的方法是首先对 a 和 b 分别进行因子分解，然后将它们的公共因数相乘。比如，$1035 = 3^2 \cdot 5 \cdot 23$，$759 = 3 \cdot 11 \cdot 23$，所以它们的最大公因数是 $3 \cdot 23 = 69$。然而问题是，我们还没有进行因子分解的有效算法。那么，是否存在其他的方法来计算最大公因数呢？

Euclid 算法采用了以下的简单计算公式。

Euclid of Alexandria
BC 325–265

© Corbis

Euclid 规则　如果 x 和 y 是正整数，且有 $x \geqslant y$，那么 $\gcd(x, y) = \gcd(x \bmod y, y)$。

证明：要想证明上述结论成立，只需证明 $\gcd(x, y) = \gcd(x-y, y)$。由此结论，经过不断重复的 x 减 y 操作即可推出原结论成立。

以下是关于 $\gcd(x, y) = \gcd(x-y, y)$的证明。任何能够整除 x 和 y 的整数一定也可以整除 $x-y$，所以有 $\gcd(x, y) \leqslant \gcd(x-y, y)$成立。同理，任何能够整除 $x-y$ 和 y 的整数一定也可以整除 x 和 y，所以有 $\gcd(x, y) \geqslant \gcd(x-y, y)$成立，从而得证 $\gcd(x, y) = \gcd(x-y, y)$。

```
function Euclid(a, b)
Input: Two integers a and b with a ≥ b ≥ 0
Output: gcd(a, b)

if b = 0: return a
return Euclid(b, a mod b)
```

图 1-5 Euclid 的求两数的最大公因数算法

基于 Euclid 规则的思想，我们可以写出一个精妙的递归算法(如图 1-5 所示)，算法的正确性可由规则直接保证。为了估计算法的运行时间，我们需要了解参数(a, b)随着每次递归调用而减小的速度有多快。在每次递归调用中，参数(a, b)变成了$(b, a \bmod b)$，a 和 b 的次序发生了交换，两者中的大者 a，减少至 $a \bmod b$。这是一个显著的简化。

引理 如果 $a \geqslant b$，那么 $a \bmod b < a/2$。

证明：注意到有 $b \leqslant a/2$ 或 $b > a/2$ 成立。两种情况分别在下面的图中加以说明。如果 $b \leqslant a/2$，那么将有 $a \bmod b < b \leqslant a/2$ 成立；如果 $b > a/2$，那么将有 $a \bmod b = a-b < a/2$ 成立。■

这意味着经过了两次连续的操作之后，a 和 b 这两个参数，都至少在各自原取值的基础上减半——各自的位长都至少减 1。如果它们初始时都为 n 位二进制整数，那么最多经过 $2n$ 次递归调用，就将到达边界条件。而由于每次调用都包含一个平方时间的除法操作，所以总的运行时间为 $O(n^3)$。

1.2.4 Euclid 算法的一种扩展

对 Euclid 算法的一个小小扩展构成了模的除法运算的关键步骤。

为了形象地说明它，假定 d 是 a 和 b 的最大公因数：我们怎么检验该假定是对是错？仅仅验证 d 能整除 a 和 b 是不够的，因为这只是表明了 d 是 a 和 b 的公因数，但不一定是最大的。以下这种方法可以被用来验证最大公因数，前提是 d 满足一种特殊的形式。

引理 如果 d 整除 a 和 b，同时存在整数 x 和 y，使得 $d = ax + by$ 成立，那么一定有 $d = \gcd(a, b)$。

证明：由题设中的两个前提条件可知，d 是 a 和 b 的公因数，所以 d 的取值不会超过 a 和 b 的最大公因数，即 $d \leqslant \gcd(a, b)$。另一方面，由于 $\gcd(a, b)$ 是 a 和 b 的公因数，所以它也一定整除 $ax + by = d$，从而意味着 $\gcd(a, b) \leqslant d$。综上，$d = \gcd(a, b)$。

因此，如果我们能够找到两个整数 x 和 y，使得 $d = ax + by$ 成立，那么我们就有 $d = \gcd(a, b)$。例如，我们知道 $\gcd(13, 4) = 1$，因为有 $13 \cdot 1 + 4 \cdot (-3) = 1$ 成立。但是问题是怎样找到 x 和 y：什么情况下，$\gcd(a, b)$ 可以表示成这种形式？实际上最大公因数总是可以写成这样的形式。而且，系数 x 和 y 可以通过以下的扩展 Euclid 算法求得，参见图 1-6。

```
function extended-Euclid(a, b)
Input: Two positive integers a and b with a ≥ b ≥ 0
Output: Integers x, y, d such that d = gcd(a, b) and ax + by = d

if b = 0: return (1, 0, a)
(x', y', d) = extended-Euclid(b, a mod b)
return (y', x' − ⌊a/b⌋y', d)
```

图 1-6　Euclid 算法的一个简单扩展

引理 对于任意的正整数 a 和 b，利用扩展 Euclid 算法可以求得整数 x, y 和 d，使得 $\gcd(a, b) = d = ax + by$ 成立。

证明：首先需要明确的是，如果忽略了引理中关于 x 和 y 的部分，扩展算法就与原算法别无二致。所以，至少我们需要计算 $d = \gcd(a, b)$。

对于引理的剩余部分，算法的递归特性提示我们使用归纳法来证明。递归将在 $b = 0$ 时结束，所以针对 b 的取值作归纳将很方便。

$b = 0$ 的基准情况很容易直接证明。现在考虑令 b 为任意更大的数。算法计算 $\gcd(a, b)$ 是通过调用 $\gcd(b, a \bmod b)$ 得到的。因为 $a \bmod b < b$，所以我们可以将归

纳假设应用于这一递归调用过程，并有结论：调用返回的 x'和 y'是正确的：

$$\gcd(b, a \bmod b) = bx' + (a \bmod b)y'$$

如果将(a mod b)记为($a - \lfloor a/b \rfloor b$)，我们将发现

$$d = \gcd(a, b)=\gcd(b, a \bmod b) = bx' + (a \bmod b)y'$$

$$= bx' + (a - \lfloor a/b \rfloor b)y' = ay'+b(x'-\lfloor a/b \rfloor y')$$

从而有 $d = ax + by$，其中 $x = y'$且 $y = x'-\lfloor a/b \rfloor y'$，于是证明了算法针对输入$(a, b)$的正确性。

例：为了计算 gcd(25, 11)，Euclid 算法将采用如下步骤：

$$\underline{25} = 2 \cdot \underline{11} + 3$$
$$\underline{11} = 3 \cdot \underline{3} + 2$$
$$\underline{3} = 1 \cdot \underline{2} + 1$$
$$\underline{2} = 2 \cdot \underline{1} + 0$$

(每一步中，最大公因数的计算被简化成关于其中有下划线数字的计算)。从而有 gcd(25, 11) = gcd(11, 3) = gcd(3, 2) = gcd(2, 1) = gcd(1, 0) = 1。

为了找到 x 和 y，使得 $25x + 11y = 1$ 成立，我们先是将 1 用最后一个数对(1, 0)表示。然后反推回去，将它用数对(2, 1), (3, 2), (11, 3)表示，最终用(25, 11)表示。第一步是：

$$1 = \underline{1} - \underline{0}$$

为了将它以数对(2, 1)表示，我们在最大公因数计算过程的最后一行使用如下替换：$0 = 2 - 2\cdot 1$，从而得到：

$$1 = \underline{1} - (\underline{2} - 2 \cdot \underline{1}) = -1 \cdot \underline{2} + 3 \cdot \underline{1}$$

最大公因数计算过程的倒数第二行告诉我们有 $1 = 3 - 1\cdot 2$。做如下替换：

$$1 = -1 \cdot \underline{2} + 3(\underline{3} - 1 \cdot \underline{2}) = 3 \cdot \underline{3} - 4 \cdot \underline{2}$$

继续这种方式，并使用替换 $2 = 11 - 3\cdot 3$ 和 $3 = 25 - 2\cdot 11$，将有下式成立：

$$1 = 3\cdot\underline{3} - 4(\underline{11} - 3\cdot\underline{3}) = -4\cdot\underline{11} + 15\cdot\underline{3} = -4\cdot\underline{11} + 15(\underline{25} - 2\cdot\underline{11}) = 15\cdot\underline{25} - 34\cdot\underline{11}$$

这样就完成了 x 和 y 的计算：$15\cdot 25 - 34\cdot 11 = 1$，所以 $x = 15$ 且 $y = -34$。

1.2.5　模的除法

在一般的算术中，每个数 $a \neq 0$ 都有一个逆元—— $1/a$，被 a 除相当于乘以这个逆元。在模的算术中，我们可以做一个类似的定义。

我们称 x 是关于 a 模 N 的一个乘法逆元，如果有 $ax \equiv 1 \pmod N$成立。

在模 N 运算下，至多有一个这样的 x 满足上面的定义(参见习题 1.23)，我们将这样的 x 标记为 a^{-1}。但是，这个逆元并不一定总是存在！例如，对于模 6 运算来说，2 就不是可逆的：即不存在这样的 x，使得 $2x \equiv 1 \pmod 6$成立。在这种不可逆的情况中，a 和 N 均为偶数，从而 $a \bmod N$ 也为偶数，因为 $a \bmod N = a - kN$，其中 k 为某个整数。更一般的，我们可以确定，$\gcd(a, N)$整除 $ax \bmod N$，因为后者可以写成 $ax + kN$ 的形式。所以当 $\gcd(a, N) > 1$ 时，将有 $ax \not\equiv 1 \bmod N$，不论 x 取什么值，a 都不会有一个模 N 的乘法逆元。

实际上，以上情况是 a 不可逆的唯一情况。当 $\gcd(a, N) = 1$ 时(我们称 a 和 N 互素)，由扩展 Euclid 算法，将存在整数 x 和 y，使得 $ax + Ny = 1$，这意味着 $ax \equiv 1 \pmod N$。这样，x 就是要找的 a 的逆元。

举例说明。继续我们之前的例子，假定我们想要计算 $11^{-1} \bmod 25$。利用扩展 Euclid 算法，我们得到 $15\cdot 25 - 34\cdot 11 = 1$。用模 25 来化简等式两边，得到$-34\cdot 11 \equiv 1 \bmod 25$。所以$-34 \equiv 16 \bmod 25$ 是 $11 \bmod 25$ 的乘法逆元。

模的除法定理　对于任意的 $a \bmod N$，a 有一个模 N 的乘法逆元，当且仅当 a 与 N 互素。如果该逆元存在，那么可以在 $O(n^3)$时间内，通过扩展 Euclid 算法求得(按照本书的惯例，n 等于 N 的位数)。

这就解决了模除法的问题：当进行模 N 运算时，我们可以除以与 N 互素的数——而且也只能这样做。实际上对于模的除法，我们总是通过乘以除数的逆元来实现的。

1.3 素性测试

是否存在一种如同石蕊试纸一样的测试，使得无需分解一个数就能判断其是否为素数？我们寄希望于公元 1640 年的一个定理。

费马小定理 如果 p 是一个素数，那么对于任意的 $1 \leqslant a < p$，有

$$a^{p-1} \equiv 1 (\text{mod } p)。$$

证明：令 S 为模 p 所得的所有非零整数的集合；即 $S = \{1,2,\ldots,p-1\}$。这里有一个重要的结论：将这些数与 a(模 p)的结果相乘相当于对它们进行一个简单的排列变换。例如，针对 $a = 3, p = 7$ 的情况：

您的社会保险号码是素数吗？

我们知道，7、17、19 和 79 是素数，但 717-19-7179 是素数吗？判断一个相当大的数是否为素数看起来会很费时，因为有太多可能的因数需要去尝试。但是，存在一些小技巧可以加速这个过程。比如，当您排除了因数 2 之后，您就可以忽略所有的偶数候选因数。您实际上可以忽略除掉其本身是素数的所有候选因数。

实际上，一旦您排除了直到 $\sqrt{N}$ 的所有候选因数，只要再仔细想一想就不难得出，N 是一个素数。因为如果 N 真的可以分解为 $N = K \cdot L$ 的形式，那么 K 和 L 这两个因数都不可能超过 $\sqrt{N}$。

我们似乎正在取得突破！或许通过排除越来越多的候选因数，一个真正有效的素性测试方法可以被发现。

但是，沿着这个思路，并不存在快捷的素性测试。原因在于我们始终在尝试通过因子分解来判断一个数是否为素数。而因子分解是一个很难的问题！

现代密码学，以及本章的焦点，都基于以下重要思想，即：因子分解是困难的，而素性测试是简单的。我们无法分解大整数，但是我们却可以很容易地判断大整数是否为素数！(大概是这样的，如果一个数是合数，这样的测试将发现这个事实，而无须找到该数的一个因数)。

让我们对这个例子作进一步的研究。从上图中，我们可得：

$$\{1, 2, \ldots, 6\} = \{3 \cdot 1 \text{ mod } 7, 3 \cdot 2 \text{ mod } 7, \ldots, 3 \cdot 6 \text{ mod } 7\}$$

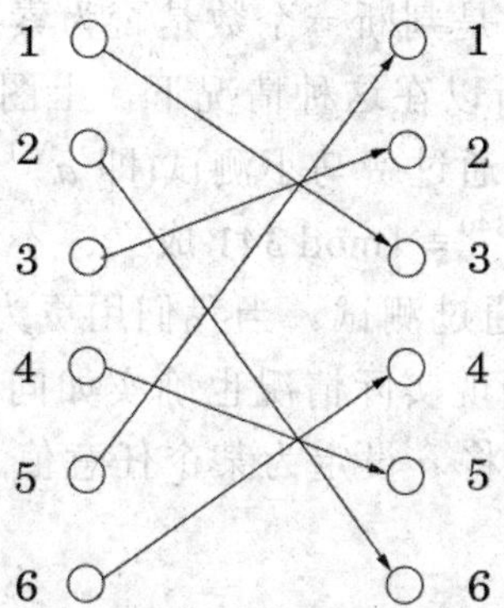

分别将等号两边各自括号内的所有数字相乘，有 $6! \equiv 3^6 \cdot 6! \pmod 7$成立，然后两边除以 6!，将得到 $3^6 \equiv 1 \pmod 7$，恰好是在 $a = 3$、$p = 7$ 的情况下我们所需要的结果。

现在让我们把这一结论推广到 a 和 p 的取值更一般的情况，令 $S = \{1,2,\ldots,p-1\}$。我们将证明，当 S 中的每个元素乘以 a 模 p 后，结果将各不相同，并且非零。同时由于它们落在$[1, p-1]$的范围内，它们一定是 S 的一个排列。

当 i 取值不同时，$a \cdot i \bmod p$ 将各不相同，因为如果 $a \cdot i \equiv a \cdot j \pmod p$，那么两边同除以 a，将有 $i \equiv j \pmod p$成立。它们均非零，因为若 $a \cdot i \equiv 0$，则可直接推出 $i \equiv 0$。(我们可以将其除以 a，因为根据假设，a 非零，因而与 p 互素。)

我们现在有两种方法来表示集合 S：

$$S = \{1,2,\ldots,p-1\} = \{a \cdot 1 \bmod p, a \cdot 2 \bmod p, \ldots, a \cdot (p-1) \bmod p\}$$

我们可以将集合 S 的两种表示中各自的所有元素相乘，将得到

$$(p-1)! \equiv a^{p-1} \cdot (p-1)! \pmod p$$

两端同时除以$(p-1)!$(我们之所以能够这样做，是因为假定 p 为素数，所以$(p-1)!$与 p 互素)，定理得证。

该定理提供了一种无需分解整数的测试方法，以判断一个数 N 是否为素数：

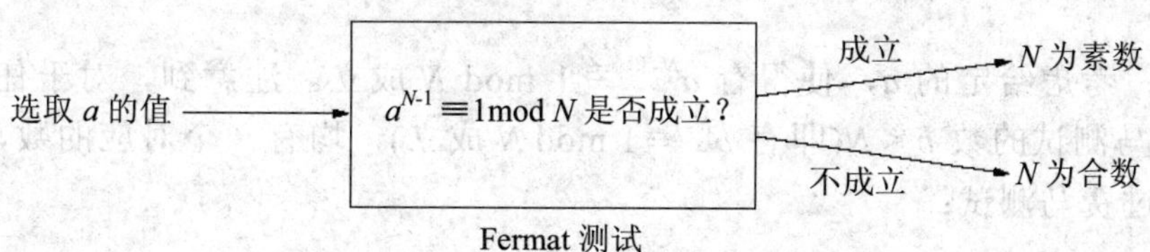

Fermat 测试

问题在于费马小定理并不是判断一个数是否为素数的充分必要条件。它没有指明当 N 不是素数时会怎样，所以在这种情况下，上图是存在问题的。实际上，对 a 的某些取值，合数 N 可能能够通过费马小测试(即 $a^{N-1} \equiv 1 \bmod N$)。例如，$341 = 11 \cdot 31$ 并不是一个素数，然而却有 $2^{340} \equiv 1 \bmod 341$ 成立。不论怎样，我们都希望对于合数 N，a 的大多数取值都将无法通过测试。当我们用更为精确的数学语言来描述图 1-7 中给出的算法时，我们就会发现实际情况也确实如同我们所希望的那样。基于此，图 1-7 中给出的算法并不预先将 a 设定为某个任意值，而是随机地从 $\{1,\ldots,N-1\}$ 中选择一个值赋给 a。

```
function primality(N)
Input: Positive integer N
Output: yes/no

Pick a positive integer a < N at random
if a^(N-1) ≡ 1 (mod N):
   return yes
else:
   return no
```

图 1-7 一个素性测试算法

为了分析该算法的表现，首先需要排除一种特殊情况。存在一类极其罕见的合数 N，称为 Carmichael 数，针对所有与 N 互素的 a，N 将通过费马测试。对于这类数，我们的算法将失效；但是这类数极其罕见，随后我们将了解如何对付它们(参见 1.3 节中针对 Carmichael 数的灰色方框的内容)，当前我们先忽略这类数的存在。

在不考虑 Carmichael 数的情况下，我们的算法表现得很好。任何素数 N 显然将通过费马测试，并给出正确答案。另一方面，任何不是 Carmichael 数的合数 N，针对 a 的某些取值，一定无法通过费马测试；正如我们将给出的结论，这直接意味着对于 a 的至少一半的可能取值，N 将无法通过费马测试。

引理 如果对于某些与 N 互素的 a，有 $a^{N-1} \not\equiv 1 \bmod N$，那么对于 $a < N$ 的至少一半的可能取值，N 将无法通过费马测试。

证明：考虑给定的 a，使得有 $a^{N-1} \not\equiv 1 \bmod N$ 成立。注意到，对于任意通过关于 N 的费马测试的数 $b < N$(即有 $b^{N-1} \equiv 1 \bmod N$ 成立)，均有一个对应的数，$a \cdot b$，该数无法通过费马测试：

$$(a \cdot b)^{N-1} \equiv a^{N-1} \cdot b^{N-1} \equiv a^{N-1} \not\equiv 1 \bmod N$$

并且，所有形如 $a \cdot b$ 的数，当 a 给定，而 b 取不同值时，其值是各不相同的。对于这一论断的证明，与费马素性测试证明中用到的套路一样：如果 $a \cdot i \not\equiv a \cdot j$ 成立，两端同除以 a 即可。

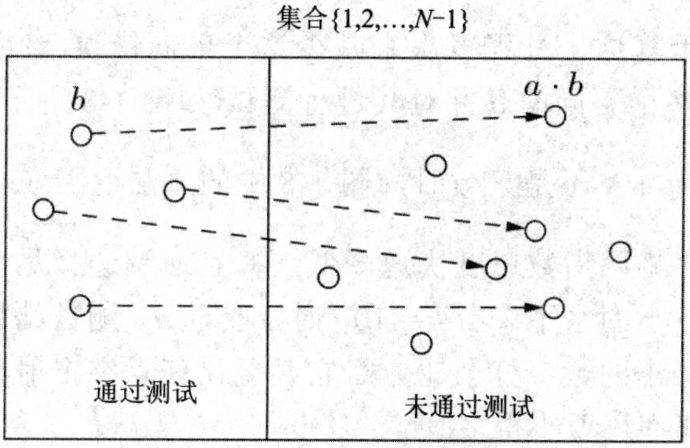

集合{1,2,…,N−1}

通过测试

未通过测试

一一映射 $b \mapsto a \cdot b$ 的存在，表明无法通过费马测试的数至少跟通过费马测试的数一样多。证毕。

既然忽略 Carmichael 数，我们可以有以下结论：

- 如果 N 是素数，那么对所有的 $a < N$，$a^{N-1} \equiv 1 \bmod N$ 成立。
- 如果 N 不是素数，那么，$a < N$ 的所有取值情况中，至多有一半满足 $a^{N-1} \equiv 1 \bmod N$。

从而，图 1-7 中的算法具有以下概率表现：

$$\Pr(\text{当 } N \text{ 为素数，图 1-7 中的算法返回 yes}) = 1$$
$$\Pr(\text{当 } N \text{ 不是素数，图 1-7 中的算法返回 yes}) \le 1/2$$

多么奇妙的群理论！

对于任意的整数 N，所有与 N 互素的数 mod N 后组成的集合构成了代数学中的群(group)：

- 存在一个定义在该集合上的乘法运算。
- 该集合包含一个单位元(即 1：集合中的任何元素与它相乘都保持不变)
- 该集合中的所有元素都有一个(定义良好的)逆元。

这个特殊的群称为关于 N 的乘法群，常常被标记为 $\mathbb{Z}_N^*$。

群理论是一个相当成熟的数学分支。其中的一个重要概念是一个群可以含有一个子群——子群作为群的子集，其本身也构成一个群。而关于子群的一个重要结论是，子群的元素数一定可以整除其所在群的元素数。

现在考虑集合 $B=\{b: b^{N-1}\equiv 1 \bmod N\}$。不难证明它是 $\mathbb{Z}_N^*$ 的一个子群(只需证明 B 在乘法和求逆元操作下封闭)。从而 B 的元素数一定整除 $\mathbb{Z}_N^*$ 的元素数。这意味着如果 B 不含有 $\mathbb{Z}_N^*$ 的所有元素，那么 B 能够含有的元素数最多为 $|\mathbb{Z}_N^*|/2$。

我们可以通过重复这一过程多次来减少这个单向错误(该错误源自算法的概率表现)，即随机抽取多个不同的 a 并对其进行测试(如图 1-8 所示)。

$$\Pr(\text{当 } N \text{ 不是素数时，图 1-8 中的算法返回 yes}) \le 1/2^k$$

可见，出错概率将以指数速度快速降低，并且通过选择足够大的 k 值，能够使出错概率降低至任意小的水平。当 $k=100$ 时，取定 a，测试结果出错的概率最多只有 2^{-100}，这是一个极小的数：打个比方，它甚至比任意宇宙射线恰好辐射到运行该算法的计算机上的概率还要小得多！

```
function primality2(N)
Input: Positive integer N
Output: yes/no

Pick positive integers a_1, a_2, ..., a_k < N at random
if a_i^{N-1} ≡ 1 (mod N) for all i = 1, 2, ..., k:
   return yes
else:
   return no
```

图 1-8　一个低出错概率的素性测试算法

Carmichael 数

最小的 Carmichael 数是 561。它不是一个素数，因为有 $561 = 3\cdot 11\cdot 17$ 成立；然而它却使费马测试出现了失误，因为对于任意与 561 互素的 a，都有 $a^{560}\equiv 1 \pmod{561}$ 成立。曾经有很长时间，Carmichael 数被认为是有限的，但现在我们知道，它们是无限的，只是相对稀少罢了。

关于 Carmichael 数的检测，利用了 Rabin 和 Miller 提供的一种更细化的素性测试法。将 N-1 写成 $2^t u$ 的形式。跟以前的方法一样，我们将随机选择一个数 a 作为基数，计算 $a^{N-1} \bmod N$ 的值。首先计算 $a^u \bmod N$ 的值，然后不断进行平方操作，得到以下的序列：

$$a^u \bmod= N, a^{2u} \bmod N, \ldots, a^{2^t u} = a^{N-1} \bmod N$$

如果有 $a^{N-1} \not\equiv 1 \bmod N$，那么由费马小定理知 N 是一个合数，判定结束。但是如果有 $a^{N-1} \equiv 1 \bmod N$，我们将进行随后的测试：在上述的序列中，我们一定可以找到首次出现元素 1 的位置。如果该位置在首项之后(即，如果 $a^u \bmod N \neq 1$)，且在序列中前一位置的值不是-1 mod N，那么我们可以断定 N 是合数。

在后一种情况下，我们找到了 1 模 N 的一个非平凡平方根：这个数不是±1 mod N，但当它平方后，结果等于 1 mod N。只有当 N 是合数时这样的数才存在(参见习题 1.40)。事实证明，当我们将这个平方根检查过程与费马测试结合起来时，在 1 和 $N-1$ 范围内的至少 3/4 的 a 值将显示 N 是一个合数，即使 N 是一个 Carmichael 数。

素数的随机生成

我们现在离获得密码学应用所需的所有工具已经很近了。谜团的最后一角即将揭开，它是一个随机生成素数的快速算法，该素数可能有几百位长。因为素数足够多，所以随机生成一个这样的素数就变得相对简单——一个随机的 n 位长的数字为素数的概率大约是 $1/n$(实际上大约是 $1/(\ln 2^n) \approx 1.44/n$)。事实上，20 个社会保险号码中就大约有一个是素数！

Lagrange 素数定理 令 $\pi(x)$为 $\leqslant x$ 的素数的个数。则有 $\pi(x) \approx x/(\ln x)$，或者更准确的，

$$\lim_{x\to\infty} \frac{\pi(x)}{(x/\ln x)} = 1$$

既然素数足够多，随机生成一个 n 位长的素数就变得相对简单：

- 随机选定一个 n 位长的数 N。
- 对 N 进行素性测试。
- 如果通过测试，输出 N；否则重复以上过程。

该算法有多快？当随机选定一个 N，N 是素数的概率最少有 $1/n$，素数 N 显然会通过测试。所以在每次迭代中，该过程最少有 $1/n$ 的概率停止。从而平均起来，该过程将在 $O(n)$次迭代后终止(参见习题 1.34)。

随机算法：一个虚拟的章节

令人惊异的，更让人感到自相矛盾的是，一些高效算法和大多数精妙算法都依

赖于可能性(chance)：在算法的特定步骤，算法流程推进的方向视随机抛硬币的结果而定。这些随机算法常常十分简单和精妙，它们的输出并不总是正确，而是以较小的概率出错。对所有可能的输入，这一错误概率的上限同样存在；它只依赖于算法自身做出的随机选择，并且可以很容易地被降低到所期望的程度。

在本书中，我们没有专门划出一章来讨论随机算法，而是把它们分散在特定的章节中，在特定的应用背景下它们的出现显得更为自然。而且，研读本书中的随机算法，无需具备概率论的专门知识。您只需熟悉以下基本概念：概率、期望值、抛硬币得到正面的期望抛掷次数，以及大家所知的“期望的线性性”。

以下是关于本书中主要概率算法的要点：随机算法的最早且最形象的例子之一就是图 1-8 中给出的概率性素性测试算法。尽管一个确定性素性测试算法最近被发现，但是随机测试算法却更快，因此完全可以作为另一种选择。在本章的后续部分，在 1.5 节中我们将讨论散列表，这是一种一般的随机数据结构，它支持插入、删除和查找操作。并且，在实际应用中，它比确定性数据结构，如二叉查找树，具有更快的数据访问速度。

随机算法可以分为两大类。第一类称为 Monte Carlo 算法，通常运行很快，输出错误解的概率很小，例如素性测试；另一类称为 Las Vegas 算法，它总是给出正确解，而以很高的概率保证运行时间较短。这一类随机算法的例子是第 2 章将讨论的排序算法和寻找中项算法(分别在本书的 2.3 节和 2.4 节)。

已知的针对最小分割问题的最快算法是随机 Monte Carlo 算法，将在 5.2 节中的第一个灰色方框中加以讨论。随机性在启发式算法中也扮演着很重要的角色，这将在 9.3 节展开讨论。同时，针对整数因子分解的量子算法(10.7 节)的工作机制也与随机算法很类似，它输出正确解的概率很高——只是它的随机性不是来自于抛硬币，而是来自于量子机制中的叠加原理。

虚拟章节习题：1.29、1.34、1.46、2.24、2.33、5.35、9.8、10.8。

接下来，我们不禁要问，到底应该使用哪一种素性测试？在当前的应用中，由于我们进行素性测试的数是随机选取的，而不是由一个假想对手选取的，所以使用基数 $a=2$(或者为了确保正确，$a=2$、3、5)进行素性测试已绰绰有余，因为对于随机数来说，Fermat 测试出错的概率，将比之前证明过的最差情况的概率上限 1/2 小得多。通过这一测试的数被有趣地称为“工业级素数”。基于这一算法，在 PC 机上只需一眨眼的功夫就能生成一个几百位长的素数。

另一个悬而未决的的重要问题是：该算法输出的结果确实是素数的概率有多

大？回答这一问题我们首先需要了解费马测试具有多么强大的辨识能力。举一个实际的例子，假定我们针对所有的 $N \leqslant 25\times10^9$，以 $a = 2$ 为基数作素性测试。在 $N \leqslant 25\times10^9$ 的范围内存在大约 10^9 个素数，同时大约有 20 000 个合数通过测试(如下图所示)。因此，算法出错，输出一个合数的概率约为 $20\,000/10^9 = 2\times10^{-5}$。随着参与计算的数的位数的增加(达到我们所预想应用中的几百位长)，这一出错概率将会迅速降低。

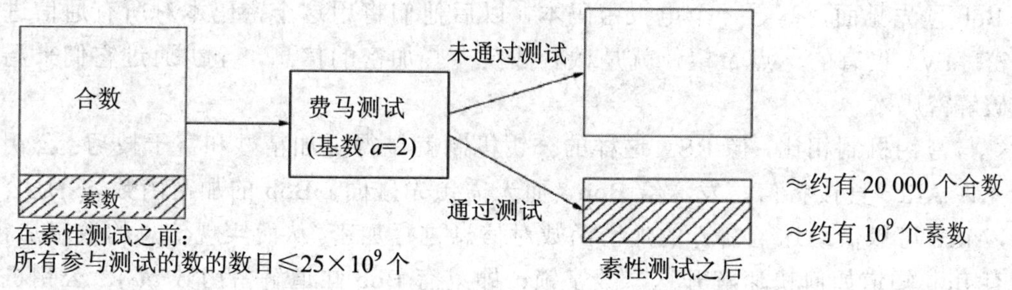

1.4　密码学

我们的下一个论题——Rivest-Shamir-Adleman(RSA)密码机制，将利用我们在本章介绍的所有思想！它之所以能够严格地确保安全，是因为它创造性地利用了某些数论问题(模的指数运算、求最大公因子、素性测试)的多项式时间可解性和其他问题(大整数的分解)的不可解性之间的天然鸿沟。

密码学的典型应用背景可以通过以下三个角色之间的活动来描述：Alice 和 Bob，他们想要私下进行通信，而 Eve 是一个窃听者，她竭尽全力地想要知道他们交流的信息。具体来说，假设 Alice 想要发送信息 x 给她的朋友 Bob，信息是二进制格式的(二进制形式如此简单，又何乐而不为呢？)。她把信息加密成 $e(x)$，发送给 Bob，而 Bob 使用他的解密函数 $d(\cdot)$对收到的信息进行解密：$d(e(x))=x$。这里的 $e(\cdot)$和 $d(\cdot)$都是对信息的某种转换函数。

Alice 和 Bob 担心窃听者 Eve 将会截获信息 $e(x)$：比如，Eve 可能是网络上的一个嗅探者。但是理想情况下，加密函数 $e(x)$是在不知道解密函数 $d(\cdot)$的情况下选定的，这样一来，Eve 即使截获了信息，她也无法作任何事。换言之，知道 $e(x)$只能告诉她很少的信息，甚至无法告诉她任何关于 x 本身的信息。

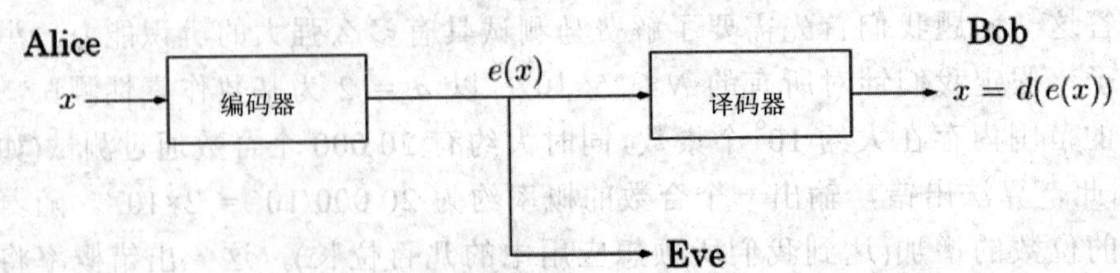

几个世纪以来，密码学都是以所谓的密钥机制为基础的。在这样的机制下，Alice和Bob预先见面，商定一个电报密码本，以后他们将用这个密码本对所有通信进行加密。Eve仅有的一点希望，就是试着截获一些加密的信息，至少通过它们来局部地破解密码本。

与密钥机制相比，像RSA这样的公钥机制就显得更加精妙和富于技巧：公钥机制允许Alice直接将信息发送给Bob，而无需预先碰面。Bob的加密函数$e(\cdot)$是公开的，Alice可以借助这一公开的加密函数对信息进行加密，从而实现信息的数字加锁。只有Bob知道如何快速解开这一数字锁：即只有Bob知道解密函数$d(\cdot)$。公钥机制的要点在于，Alice和Bob只需通过一些简单的计算，分别对各自的信息进行加密和解密操作——这些操作是任何便携式的计算设备都可以胜任的。相反，如果不知道解密函数，Eve要想解密信息，她必须进行像大整数的因子分解那样的复杂操作，这些操作需要巨大的计算能力，可能世界上最强大的计算机组合起来都无法胜任。这一强制性的保证机制使得安全的Web商务成为可能，用户可以方便地在Internet上将信用卡账号发送给业务相关的公司。

1.4.1 密钥机制：一次一密乱码本和AES

如果Alice想要传送一个重要的私人信息给Bob，通过一个加密函数对信息进行乱码处理对她来说是一个明智的选择，

$$e: \langle \text{信息} \rangle \to \langle \text{加密的信息} \rangle$$

当然，这个加密函数必须是可逆的——就是说对应于加密和解密都是可行的——也就是要求必须有一个从信息到加密信息之间的双向映射。加密函数的逆函数是解密函数$d(\cdot)$。

在一次一密乱码本(one-time pad)机制下，Alice和Bob预先见面，两人私下商定一个二进制位串r，r与Alice即将发送的重要信息x的长度一样，都是n位。从而Alice的加密函数就是一个按位异或运算，即$e_r(x)=x\oplus r$：加密后信息的每一位的

取值都是 x 和 r 相应位置上取值的异或操作结果。例如，如果 r = 01110010，那么信息 11110000 就被乱码处理为以下形式：

$$e_r(11110000)=11110000\oplus 01110010=10000010。$$

函数 e_r 是一个从 n 位位串到 n 位位串的双向映射，实际上它的逆映射就是它本身！

$$e_r(e_r(x))=(x\oplus r)\oplus r= x\oplus (r\oplus r)= x\oplus \overline{0} = x$$

其中 $\overline{0}$ 是每一位都为 0 的位串。从而，Bob 可以通过再一次应用相同的加密函数来解密 Alice 发送过来的信息：$d_r(y)=y\oplus r$。

为了确保一次一密乱码本机制的安全，Alice 和 Bob 该如何选择 r 呢？答案很简单：他们应该随机地选择位串 r，每一位的取值都由抛硬币来决定，以便最终得到的位串可能是 $\{0,1\}^n$ 集合中的任意元素，即位串 r 取 $\{0,1\}^n$ 集合中每个元素的概率是相等的。这样的话，即使 Eve 截获了加密信息 $y=e_r(x)$，她也无从得到关于 x 本身的任何信息。我们可以设想一下，假如 Eve 截获了加密信息 y=10；她能从中推断出什么信息？由于她不知道 r，因此 r 所有可能的取值均对应于原始信息 x 的不同取值：

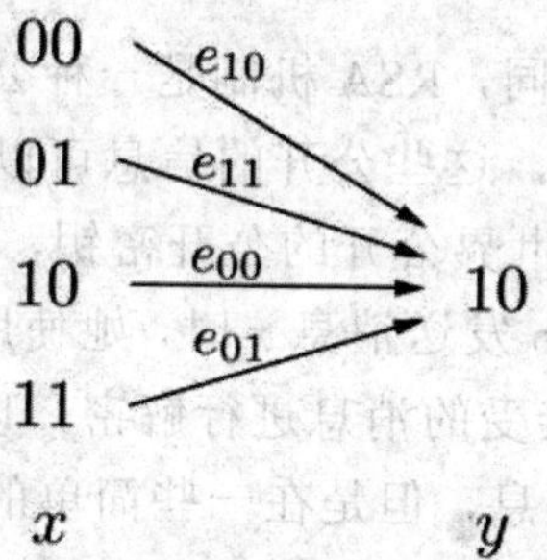

所以 Eve 知道的信息只能告诉她这样的结论：x 的所有可能取值都是相等的！

正如一次一密乱码本机制的名字所指出的那样，该机制的缺陷在于位串 r 使用一次之后就必须丢弃。使用同一个密码本对另一个信息进行加密将带来安全隐患，因为如果 Eve 对于两个信息 x 和 z，知道了 $x\oplus r$ 和 $z\oplus r$ 的结果，那么她可以通过异或操作得到 $x\oplus z$ 的结果，这可能蕴含重要的信息——例如，(1)它揭示了两个信息对应的位串是否具有相同的开头和结尾，(2)如果一个信息包含了一个较长的 0 位串(正如当信息是一个图像时，经常会出现的情况)，那么另一个信息对应位置的取值将被暴露。因此，Alice 和 Bob 共享的随机位串的长度必须为他们通信的所有信息的长度之和。

虽说一次一密乱码本机制是一个小型的密码机制，但是它的工作机制和理论根据却是相当清晰的。在其所属的密钥机制里，还有一种高级加密标准，这是一种被广泛使用的密码机制，它已于 2001 年被美国国家标准和技术委员会认证。AES 仍是一种密钥机制：在这种机制下，Alice 和 Bob 还是需要就共享的随机位串达成一致。不同的是，该机制要求的随机位串的长度固定，是一个比较小的值，通常定为 128 位(也有定为 192 位或 256 位的情况)，该机制定义了一个从 128 位位串到 128 位位串的双向映射 e_r。AES 与其它密钥机制的主要区别在于这一双向映射可以被重复使用，因此，如果是一个比较长的信息，就可以将原信息分成多个 128 位的片段，然后对每一个片段使用 e_r 进行加密。

AES 机制的安全性并没有被严格的证明，但是可以确定的是，至少至今一般人无法知道怎样破解该机制——从截获的 $e_r(x)$ 中恢复出原信息 x——除非使用跟蛮力破解方法差不多的傻瓜技术，对信息发送方和接收方共享的位串 r 的所有可能取值一一尝试。

1.4.2 RSA

与前述的两种密码机制不同，RSA 机制是一种公钥密码机制：任何人可以使用公开的信息向其他人发送消息，这些公开的信息可以是地址或电话号码等。在这种机制下，每个人具备一个向全世界公开的公开密钥，以及一个只有他/她自己知道的保密密钥。当 Alice 想要向 Bob 发送消息 x 时，她使用 Bob 的公开密钥对消息加密。而 Bob 使用他的保密密钥对接受的消息进行解密，以获得原始消息 x。Eve 可以随意地查看发送给 Bob 的加密消息，但是在一些简单的基本假设下，她将无法对这些消息解密。

RSA 机制绝大部分依赖于数论的知识。我们可以将 Alice 发送给 Bob 的消息看作是模 N 的数的序列；长度比 N 大的消息被分解为比 N 小的片段。从而，加密函数是定义在集合 $\{0,1,\ldots,N-1\}$ 上的双向映射，解密函数就是该映射的逆映射。N 取什么样的取值比较合适？应该使用什么样的双向映射呢？

性质 随机选取两个不同的素数 p 和 q，并令 $N = pq$。对任意与 $(p-1)(q-1)$ 互素的整数 e，有以下性质成立：

1. 映射 $x \mapsto x^e \bmod N$ 是定义在集合 $\{0,1,\ldots,N-1\}$ 上的双向映射。
2. 另外，容易得到该映射的逆映射：令 d 为 e 模 $(p-1)(q-1)$ 操作的逆，则对于

所有的 $x\in\{0,1,\ldots,N-1\}$，有

$$(x^e)^d \equiv x \bmod N$$

第一个性质告诉我们映射 $x\mapsto x^e \bmod N$ 是一个对消息 x 进行加密的合理方式，因为加密过程没有丢失任何信息。所以，如果 Bob 将(N, e)发布为他的公开密钥，其他人就可以使用这个公钥来向他发送加密消息。第二个性质告诉我们解密过程是如何进行的。Bob 需要将 d 作为他的保密密钥，利用它，Bob 就可以解密所有发送给他的加密消息，解密过程只需将接受到的消息 x^e 进行模 N 的指数运算即可，其中指数取值为 d。

示例：令 $N = 55 = 5\cdot 11$。选定加密指数 $e = 3$，其满足 $\gcd(e, (p-1)(q-1)) = \gcd(3, 40) = 1$。解密指数就为 $d=3^{-1} \bmod 40 = 27$。现在对于任何消息 $x \bmod 55$，x 加密为 $y = x^3 \bmod 55$，y 解密为 $x = y^{27} \bmod 55$。因此，如果 $x = 13$，那么 $y = 13^3 = 52 \bmod 55$，$13 = 52^{27} \bmod 55$。

接下来，让我们验证上面的结论，并检查 RSA 机制的安全性。

证明：如果映射 $x\mapsto x^e \bmod N$ 是可逆的，那么它一定是一个双向映射；因此，性质 2 将包含性质 1，从而只需证明性质 2 即可。要想证明性质 2，我们注意到 e 关于模$(p-1)(q-1)$操作是可逆的，这是因为 e 与$(p-1)(q-1)$互素。要想证明$(x^e)^d\equiv x \bmod N$ 成立，我们考察该式中的指数部分：由于 $ed \equiv 1 \bmod (p-1)(q-1)$，所以存在 k，使得我们可以将 ed 写成 $1+k(p-1)(q-1)$的形式。现在我们注意到两者之间的差值

$$x^{ed}-x = x^{1+k(p-1)(q-1)} - x$$

总是与 0 模 N 同余。上式的右端形式很简便，因为它可以应用费马小定理进行简化。p 整除该差值(因为有 $x^{p-1} \equiv 1 \bmod p$ 成立)，同理，q 也整除该差值。又因为 p 和 q 均为素数，两者的积 N 也一定整除该差值。从而有 $x^{ed}-x=x^{1+k(p-1)(q-1)} - x \equiv 0 \pmod N$ 成立，证毕。

图 1-9 中简要地给出了 RSA 机制的运作步骤。该机制的使用十分方便：Alice 和 Bob 所需的计算量都是初级的。但是问题是该机制针对 Eve 这样的窃听者的安全性如何？

RSA 的安全性主要基于以下一个简单假设：

给定 N, e 以及 $y = x^e \bmod N$，想要计算 x 将是十分困难的。

Bob 选择他的公开密钥和保密密钥。

- 首先随机选取两个不同的大素数 p 和 q。
- 他的公开密钥是(N, e)，其中 $N=pq$，e 是一个 $2n$ 位长的数，且与$(p-1)(q-1)$互素。通常情况下选择 $e=3$，以便能够快速地进行加密操作。
- 他的保密密钥是 d, d 是 e 模$(p-1)(q-1)$操作的逆元，由扩展 Euclid 算法求得。

Alice 想要向 Bob 发送消息 x。

- 她找到 Bob 的公开密钥(N, e)，将加密消息 $y=(x^e \bmod N)$发送给 Bob，加密过程可以使用模的指数算法高效地进行。
- Bob 对接收到的消息进行解密，解密过程需要计算 $y^d \bmod N$。

图 1-9 RSA 机制

以上假设是合理的。Eve 要想猜出 x 的值，该当如何？她需要尝试 x 的所有可能取值，针对每个可能取值都需要判断 $x^e \equiv y \bmod N$ 是否成立，而这个判断过程所需的时间是指数级的。她的另一种选择是尝试分解大整数 N，以得到 N 的因子 p 和 q，然后求出 e 模$(p-1)(q-1)$操作的逆元 d，而我们确信大整数的因子分解是困难的。计算上的困难性通常会令人败兴而归，但它恰恰是 RSA 机制安全性的基石。

1.5 通用散列表

我们以数论在散列函数设计中的应用来结束本章。散列表是在表中存储数据项的一种有效方法，它支持插入、删除和查找操作。

设想如下的应用场景，我们需要维护一个存储有大约 250 个 IP 地址的不断变化的列表，这些 IP 地址可能就是某个 Web 服务当前在线用户的地址。(让我们回顾一下相关的知识，一个 IP 地址包含 32 位，它指示了互联网上一台计算机的位置，通常 IP 地址被划分成四个 8 位的区段，例如 128.32.168.80 就是一个 IP 地址)。如果我们将这些 IP 地址存储在一个由 IP 地址索引的数组里，我们将能够得到很快的查找速度。但是这种方式相当浪费存储空间：该数组将含有 $2^{32}\approx 4\times 10^9$ 个元素，而它们中的大部分都是空的。另一种存储方式是使用一个链表，只存储这 250 个 IP 地址，但访问每个 IP 地址的操作将很慢，所需时间与 250，即用户的总数成比例。是否存在一种方式能够集两种方式所长，既能做到占用的存储空间与用户的总数成比例、又能保证快捷的查找操作呢？散列表应运而生。

1.5.1　散列表

以下我们将从一个较高的层次来审视散列表。我们将给 2^{32} 个可能的 IP 地址每个一个简短的“别名”。您可以把这个别名想象成一个 1 到 250 之间的数(我们随后将对这个区间范围做出细微调整)。这样的话，难免将有很多 IP 地址具有相同的别名。但是我们希望的是，我们关注的那些特定用户对应的 250 个 IP 地址，大多数都被赋予了不同的别名，从而我们就可以将这些 IP 地址存储在一个大小为 250 的数组中，并用这些别名来索引这些 IP 地址。如果多个 IP 地址具有同一个别名怎么办？答案很简单：该集合的每个元素指向一个链表，链表中存储了该元素对应别名相关的所有 IP 地址。因此总的存储空间与 250，即用户总数成比例，同时与所有可能的 IP 地址的总数无关。另外，如果没有很多用户的 IP 地址被赋予同一个别名，则查找操作会很迅速，因为我们需要遍历的链表的平均规模并不大。

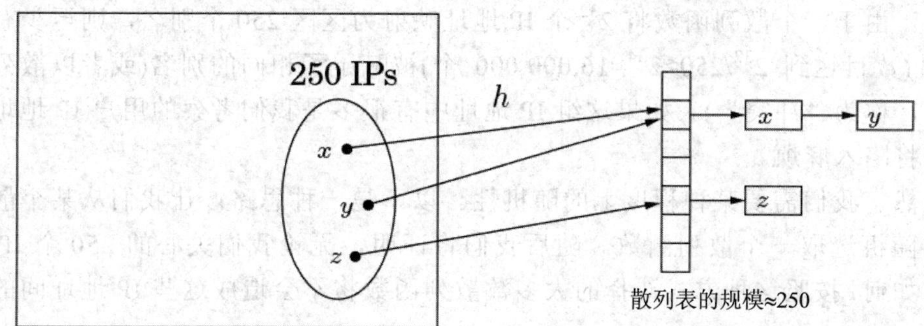

但是问题是我们该如何给每个 IP 地址赋予一个别名呢？散列函数能解决这个问题：在我们给出的例子中，函数 h 将 IP 地址映射到列表中的元素，该列表长度大约有 250(恰好也是我们所期望的数据项的数目)。分配给 IP 地址 x 的别名为 $h(x)$，同时 IP 地址 x 即存储在列表中的 $h(x)$位置。如前所述，列表中的每个位置实际上是一个桶数组结构，它是一个链表，其中存储着映射到该位置的所有 IP 地址。所幸只有很少的桶数组中存储有比较多的 IP 地址。

1.5.2　散列函数族

设计散列函数需要一定的技巧。一个散列函数在某种意义上必须是“随机的”(以便能将数据项充分地分散开)，但同时作为一个函数，它也应当是“一致的”(以便我们每次执行该函数时都能得到相同的结果)。然而，实际操作中数据项的分布常常与我们期望的情况之间存在差异。在我们的例子中，散列函数的一种可能形式是将 IP 地址映射为 8 位二进制数，即 IP 地址的最后一个分段：$h(128.32.168.80)=80$。这时我们需要一张含有 $n = 256$ 个桶数组的表。不过这是一个好的散列函数吗？或许不是，因为当 IP 地址最后一个分段的数值往往比较小时(如一位数或是两位数)，则低位数值对应的桶数组中将会十分拥挤。而选择 IP 地址的第一个分段对应的另一个散列函数同样存在问题——例如，如果本例中的大多数用户来自亚洲时，同样会出现某些桶数组中挤满了 IP 地址的情况。

其实以上两个散列函数本身并没有什么问题。如果我们考察的 250 个 IP 地址在所有 $N = 2^{32}$ 种 IP 地址可能性中满足均匀分布的话，那么这两个散列函数将表现良好。问题是我们无法保证这些 IP 地址的分布是均匀的。

反之，单一的散列函数不论设计多么精妙，也不可能在所有的数据实例上都表现良好。由于一个散列函数将 2^{32} 个 IP 地址映射为区区 250 个别名，则至少有一组 IP 地址(数目达到 $2^{32}/250 \approx 2^{24} \approx 16{,}000{,}000$ 个)被赋予了相同的别名(或者以散列表中的术语，称为“冲突”)。如果这组 IP 地址中有很多是我们考察的用户 IP 地址，那么我们将陷入麻烦。

显然，我们需要某种程度上的随机性。以下是一种思路：让我们从某个散列函数族中随机选取一个散列函数。随后我们将证明，无论我们关心的 250 个 IP 地址的分布如何，按照这种方式选择的大多数散列函数将不会造成这些 IP 地址间的大量冲突。

为了上述目的，我们需要定义一个可供我们随机选取散列函数的函数族；从而我们将借助于数论的知识。我们不再将桶数组的数目设为 250，而是设为 $n=257$——一个素数！接着我们将每个 IP 地址 x 视为一个四元组 $x=(x_1,\ldots, x_4)$，四元组中每个元素都是经过模 n 操作的整数——对应于 IP 地址，其实该四元组就是四个在 0 到 255 之间的整数的组合，所以 255 和 $n=257$ 之间的微小差异也就不是什么大问题。我们可以定义一个函数 h，按以下方式将 IP 地址映射到一个数模 n 的结果：任意取定四个模 $n(n=257)$的整数，例如分别为 87、23、125 和 4。从而将 IP 地址$(x_1,\ldots, x_4)$映射为 $h(x_1,\ldots, x_4)= (87x_1+23\,x_2+125x_3+4x_4) \bmod 257$。事实上，任意四个数 mod n 都定义了一个散列函数。

对于任意四个系数 $a_1,\ldots, a_4 \in \{0,1,\ldots,n-1\}$，记 $a = (a_1, a_2, a_3, a_4)$，并定义 h_a 为如下的散列函数：

$$h_a(x_1,\ldots,x_4)=\sum_{i=1}^{4}a_i\cdot x_i \bmod n$$

我们将证明，如果我们能够随机地选取这些系数 a，那么 h_a 将在下述意义下表现良好。

性质 考虑任意一对不同的 IP 地址 $x=(x_1,\ldots,x_4)$和 $y=(y_1,\ldots,y_4)$。如果系数 $a=(a_1, a_2, a_3, a_4)$能做到从$\{0, 1, \ldots, n-1\}$中随机均匀地选取，那么有下式成立：

$$\Pr\{h_a(x_1,\ldots,x_4)=h_a(y_1,\ldots,y_4)\}=\frac{1}{n}$$

换言之，在散列函数 h_a 下，x 和 y 冲突的概率与 x 和 y 均被随机独立地赋予别名的概率相同。该条件保证了对于任意数据项的期望查找时间很短。原因如下：如果我们想要在散列表中查找 x，查找所需的时间决定于 x 所在的桶数组的大小，也就是决定于与 x 被赋予的别名相同的数据项的数目。然而散列表中只有 250 个数据项，从而任意一个数据项和 x 具有相同别名的概率是 $1/n=1/257$。因此，与 x 被赋予的别名(赋予别名由一个随机选择的散列函数 h_a 来完成)相同的数据项的期望数目是 $250/257\approx1$，这意味着 x 所在桶数组的期望容量小于 2[1]。

现在让我们来证明前述的性质。

证明：由于 $x=(x_1,\ldots,x_4)$和 $y=(y_1,\ldots,y_4)$互不相同，所以这两个四元组一定在某些部分存在差异；不失一般性，我们假设 $x_4\neq y_4$。接下来我们要计算概率 $\Pr[h_a(x_1,\ldots,x_4)=h_a(y_1,\ldots,y_4)]$，也就是概率 $\sum_{i=1}^{4}a_i\cdot x_i\equiv\sum_{i=1}^{4}a_i\cdot y_i \bmod n$。而后者可以写为

$$\sum_{i=1}^{3}a_i\cdot\left(x_i-y_i\right)\equiv a_4\cdot\left(y_4-x_4\right)\bmod n \tag{1}$$

假定我们通过随机选取 $a=(a_1,a_2,a_3,a_4)$来达到随机选取散列函数 h_a 的目的。我们先是选取 a_1,a_2 和 a_3，然后停下来，思考以下问题：选取 a_4 使公式(1)成立的概率是多少？此时我们令公式(1)左边的取值为 c。而由于 n 是素数，以及 $x_4\neq y_4$，(y_4-x_4)关于模 n 操作将只有一个唯一的逆元。因此，为了使公式(1)成立，四元组中的最后一个元素 a_4 一定要恰好为 $c\cdot(y_4-x_4)^{-1} \bmod n$，而 a_4 的值共有 n 种可能的取法。所以 a_4

1　当随机选取了一个散列函数 h_a 时，如果数据项 i 与 x 具有相同的别名，则我们令随机变量 $Y_i(i=1,\ldots,250)$ 为 1；否则令 Y_i 为 0。因此 Y_i 的期望值为 $1/n$。这样，$Y=Y_1+Y_2+\ldots+Y_{250}$ 就表示与 x 具有相同别名的数据项的数目，而由于期望的线性，Y 的期望值就是从 Y_1 到 Y_{250} 的期望值的简单相加，从而 Y 的期望值就是 $250/n=250/257$。

的取值使得公式(1)成立的概率是 $1/n$，证毕。

现在让我们回顾一下所讲的内容。由于我们无法控制数据项集合的分布特征，我们转而寻求随机均匀地从一个散列函数族 $\mathcal{H}$ 中选取一个散列函数 h。在本例中，

$$\mathcal{H}=\{h_a: a\in\{0,\ldots,n-1\}^4\}$$

为了能从该函数族中随机均匀地选取一个散列函数，我们随机均匀选取的四个整数分别为 $a_1,\ldots,a_4$，并分别对其进行模 n 操作。(顺便需要指出的是，上文中提到的两个简单散列函数，即取 IP 地址的最后一个或第一个 8 位二进制分段的函数，也都属于该函数族。它们分别是 $h_{(0,0,0,1)}$和 $h_{(1,0,0,0)}$)。需要强调的是，该函数族具有以下性质：

对于任意两个不同的数据项 x 和 y，函数族 $\mathcal{H}$ 中恰有 $|\mathcal{H}|/n$ 个散列函数将 x 和 y 映射到同一个桶数组中，其中 n 是桶数组的总数。

满足这样性质的散列函数族称为通用散列函数族。换言之，对于任意的两个数据项，如果散列函数随机地选自一个通用函数族，那么两个数据项发生冲突的概率是 $1/n$。它也是我们将 x 和 y 随机均匀地映射到同一个桶数组中的冲突概率——从某种意义来说，这一点是散列表的金科玉律。我们随后将证明，这一性质意味着从期望意义上讲，散列操作将具有良好的性能。

散列表这一概念，虽说来自于假想的 IP 地址应用场景，却有着非常广泛的应用。其应用通常遵循如下步骤：首先，将散列表的大小 n 定为一个素数，该素数比将要存储在该表中的期望数据项数目稍大(总是存在这样的素数，它接近于我们任意给定的整数；实际上，为了确保散列表具有良好的应用性能，散列表的最佳大小约为其中数据项数目的两倍)。接下来，假定所有数据项取值范围的规模是 $N = n^k$，即 n 的一个幂(如果我们想要为数据项的真实数目留有余地，我们就需要这样做)。然后每个数据项可以视为一个关于模 n 操作的 k 元组，而 $\mathcal{H}=\{h_a: a\in\{0,\ldots,n-1\}^k\}$即为一个通用散列函数族。

习题

1.1 证明：对于给定的基数 $b\geqslant 2$，任意三个一位数相加，和最多为两位数。

1.2 证明：任意二进制整数的位长最多是其对应的十进制整数位长的四倍。此

外，对于一个很大的数，这两个长度间的近似比例是什么？

1.3　一个 d-ary 树是指这样的一棵树，它的每个节点最多有 d 个子节点。证明：任意含有 n 个节点的 d-ary 树，其深度一定为 $\Omega(\log n/\log d)$。您能给出一个关于该树可能具有的最小深度的精确公式吗？

1.4　证明：

$$\log(n!) = \Theta(n\log n)$$

(提示：要给出左边部分的上界，比较 $n!$ 和 n^n。要给出其下界，比较 $n!$ 和 $(n/2)^{n/2}$)。

1.5　不同于一个几何级数的收敛性，调和级数 1,1/2,1/3,1/4,1/5,...是发散的，即

$$\sum_{i=1}^{\infty}\frac{1}{i} = \infty$$

实际上，对于一个大整数 n，调和级数前 n 项的和可以被近似为

$$\sum_{i=1}^{n}\frac{1}{i} \approx \ln n + \gamma$$

其中 ln 是自然对数(log 的基数 e=2.718...)，γ 是一个特定的常数 0.57721...

证明：

$$\sum_{i=1}^{n}\frac{1}{i} = \Theta(\log n)$$

(提示：要给出左边部分的上界，将和式中每一项的分母减为离其最近的 2 的幂。要给出其下界，将和式中每一项的分母增为离其最近的 2 的幂)。

1.6　证明：当把小学的乘法算法(本书 1.1.2 节给出)应用至二进制数时，结果仍然正确。

1.7　使用递归的乘法算法(本书 1.1.2 节图 1-1 中给出)，计算 n 位二进制数和 m 位二进制数的乘法，所需的运行时间是多少？证明您的结论。

1.8　证明本书 1.1.2 节图 1-2 中给出的递归除法算法的正确性，并证明，当输入是 n 位二进制数时，它的运行时间是 $O(n^2)$。

1.9　基于定义 $x \equiv y \bmod N$(即 N 整除 $x-y$)，证明替代准则

$$x \equiv x' \bmod N,\ y \equiv y' \bmod N \Rightarrow x + y \equiv x' + y' \bmod N$$

并证明针对乘法的相应准则。

1.10 证明：如果 $a \equiv b(\bmod N)$并且 M 整除 N，那么 $a \equiv b(\bmod M)$。

1.11 35 是否整除 $4^{1536}-9^{4824}$？

1.12 $2^{2^{2006}}(\bmod 3)$的结果是多少？

1.13 $5^{30\,000}$ 和 $6^{123\,456}$ 的差值是否是 31 的倍数？

1.14 给定整数 p，假定您要计算第 n 个 Fibonacci 数 F_n 模 p 的结果。您能找到一种行之有效的方法吗？(提示：回顾习题 0.4 的内容。)

1.15 确定 x 和 c 需要满足的充分必要条件，使得下面的命题成立：对于任意的 a、b，如果 $ax \equiv bx \bmod c$，则 $a \equiv b \bmod c$。

1.16 基于不断重复的平方操作计算 $a^b \bmod c$ 的算法所需的乘法操作次数并不一定是最少的。给出另一种方法，以及一个 $b > 10$ 的例子，使得该指数运算可以通过更少的乘法操作达成。

1.17 给定整数 x 和 y，考虑计算 x^y 的问题：我们需要的是 x^y 的结果，而不是该结果模上的第三个整数。已知该问题的两种算法：一种是迭代算法，通过执行 x 的 y-1 次自乘操作实现；另一种是递归算法，基于 y 的二进制表示实现。

比较两种算法的运行时间，假定 n 位二进制数和 m 位二进制数相乘所需的时间为 $O(mn)$。

1.18 利用两种方法计算 gcd(210,588)：一种通过对两个数进行因数分解实现；另一种通过 Euclid 算法实现。

1.19 Fibonacci 数列 $F_0, F_1, \ldots$通过循环不变式 $F_{n+1}= F_n+ F_{n-1}, F_0=0, F_1=1$ 定义。证明：对于任意的 $n \geqslant 1$，$\gcd(F_{n+1}, F_n) = 1$。

1.20 求以下数的逆：20 mod 79、3 mod 62、21 mod 91、5 mod 23。

1.21 有多少个整数，针对模 11^3 的操作有逆元？(注意：11^3=1331)

1.22 如果下述命题成立，即证明之，否则，举出反例：如果 a 针对模 b 操作存在逆元，则 b 针对模 a 操作也存在逆元。

1.23 证明：如果 a 针对模 N 操作有一个乘法逆元，那么该乘法逆元是唯一的(模 N)。

1.24 如果 p 是素数，那么$\{0,1,\ldots,p^n-1\}$中有多少个元素，针对模 p^n 操作存在逆元？

1.25 不论使用何种方法，计算 2^{125}mod127。(提示：127 是素数)

1.26　$17^{17^{17}}$的个位数是多少？(提示：在本书的 1.4.2 节，我们证明过以下结论：对于不同的素数 p,q，以及任意 $a \not\equiv 0 (\bmod pq)$，有公式 $a^{(p-1)(q-1)} \equiv 1 (\bmod pq)$成立。)

1.27　考虑如下 RSA 密码系统，其中 p=17, q=23, N=391 以及 e=3(如图 1-9 所示)。保密密钥 d 的取值应该是多少？消息 M=41 的加密消息是什么？

1.28　在一个 RSA 密码系统中，p=7, q=11(如图 1-9 所示)。寻找能与这两个值匹配成 RSA 密码系统的合适指数 d 和 e。

1.29　令[m]代表集合{0,1,…,m−1}。对于以下各个散列函数族，判断它们是否是通用散列函数族，并确定需要多少随机位，以用来从函数族中选取一个散列函数。

(a) $H=\{ h_{a_1,a_2} : a_1,a_2 \in [m]\}$，其中 m 是一个给定的素数，同时满足

$$h_{a_1,a_2}(x_1,x_2)= a_1x_1 + a_2x_2 \bmod m$$

请注意该函数族中的任意函数都满足 $h_{a_1,a_2} : [m]^2 \to [m]$, 即该函数将[$m$]中的一对整数映射为[$m$]中的单个整数。

(b) H 与(a)中的保持一致，只是 $m=2^k$，为 2 的幂。

(c) H 是以下函数 f: [m]→[m-1]的集合。

1.30　小学乘法算法应用至两个 n 位二进制数 x 和 y 相乘时，其中包含将 n 个 x 的副本先进行左移位，然后再相加的操作。每个副本被移位操作之后，最多有 $2n$ 位长。

在本题中，我们将研究一种 n 个 m 位二进制数相加的方法，该方法使用了一种回路或称为并行体制。本题的关键因素是回路的深度或从回路输入到输出的最长路径，它决定了完成本题计算任务所需的总时间。

为了简单地将两个 m 位二进制数相加，在我们计算最终结果的第 i 位时必须等待从 i-1 位产生的进位值。这导致回路的深度为 $O(m)$。然而进位前瞻回路(如果想要了解更多关于此的知识，可以点击 wikipedia.com，查看相关内容)能够以 $O(\log m)$ 的深度完成加法操作。

(a) 假定使用进位前瞻回路进行加法操作，说明如何使用深度为 $O((\log n)(\log m))$ 的回路，完成 n 个 m 位二进制数的加法。

(b) 当对三个 m 位二进制数相加时，即 x+y+z，有一个小技巧可以用来使加法操作并行化。我们无需将加法操作完整地执行，我们可以将计算结果重新表达为两个二进制数相加的和 r+s，以便 r 和 s 的第 i 位可以独立于其他位进行相加。请具体说明是如何做到这一点的。(提示：其中一个数代表进位)

(c) 说明如何借助于(b)中的小技巧，设计一个深度为 $O(\log n)$的回路，计算两个 n 位二进制数的乘积。

1.31　考虑阶乘计算问题 $N! =1\cdot2\cdot3\cdots N$。

(a) 如果 N 是一个 n 位二进制数，$N!$ 的近似位长是多少(以$\Theta(\cdot)$的形式表示)？

(b) 给出一个计算 $N!$ 的算法，并分析它的运行时间。

1.32　一个正整数 N 称为幂是指它可以表示成 q^k 的形式，其中 q, k 是正整数，并且 $k > 1$。

(a) 给出一个有效算法，它以一个整数 N 为输入，确定 N 是否是一个平方数，即对于某个正整数 q，N 可以表示成 q^2 的形式。该算法的运行时间是多少？

(b) 证明：如果 $N = q^k$(其中 N,q 和 k 均为正整数)，那么，要么有 $k\leqslant\log N$ 成立，要么 $N = 1$。

(c) 给出一个有效算法，确定一个正整数 N 是否是一个幂。分析它的运行时间。

1.33　给出一个有效算法，计算两个 n 位二进制数 x 和 y 的最小公倍数，即能被 x 和 y 同时整除的最小的数。该算法的运行时间是多少，请写成 n 的函数形式？

1.34　在本书 1.3.1 节中，我们有以下结论：由于 n 位二进制数中约有 $1/n$ 是素数，平均来说，需要随机选取 $O(n)$个 n 位二进制数才能选中一个素数。针对这一结论，我们现在给出严格的证明。

假定有一个特殊的硬币，抛掷它，将以概率 p 出现正面。您平均需要抛掷它多少次，才能出现正面？(提示：方法 1：先要证明正确答案满足以下表达式 $\sum_{i=1}^{\infty} i(1-p)^{i-1}p$。方法 2：如果 E 是平均抛掷硬币的次数，证明 $E=1+(1-p)E$。)

1.35　Wilson 定理指出：一个整数 N 是素数当且仅当

$$(N-1)!\equiv-1 \pmod N$$

(a) 如果 p 是素数，对于任意的数 x，若满足 $1\leqslant x < p$，则 x 关于模 p 操作是可逆的。这些数中的哪些以自身为逆？

(b) 通过将乘法逆元一一配对，证明：对于素数 p，有$(p-1)!\equiv-1 \pmod p$成立。

(c) 证明：如果 N 不是素数，则$(N-1)! \not\equiv -1 \pmod N$。(提示：考虑 $d = \gcd(N, (N-1)!)$。)

(d) 与费马小定理不同，Wilson 定理是判断一个数是否为素数的充要条件。但为什么我们不能直接基于此定理进行素性测试呢？

1.36　平方根。在本题中，如果一个素数 p 满足 $p \equiv 3 \pmod 4$，则我们会发现计算模 p 操作的平方根是很容易的。

(a) 假定 $p \equiv 3 \pmod 4$。证明$(p+1)/4$ 是一个整数。

(b) 如果 $a \equiv x^2 \pmod p$，则我们称 x 是 a 模 p 的一个平方根。证明：如果 $p \equiv 3$(mod 4)，并且如果 a 有一个模 p 的平方根，那么 $a^{(p+1)/4}$ 就是这样的一个平方根。

1.37　中国剩余定理。

(a) 制作一张表，表中含有三列。第一列中分别是从 0 到 14 的数。第二列中是这些数模 3 操作后的余数；第三列中是这些数模 5 操作后的余数。您观察到了什么现象？

(b) 证明：如果 p 和 q 是两个不同的素数，那么对于任意数对(j, k)，其中 $0 \leqslant j < p$ 以及 $0 \leqslant k < q$，存在唯一的整数 $0 \leqslant i < pq$，使得 $i \equiv j \bmod p$ 和 $i \equiv k \bmod q$ 成立。(提示：证明在 0 到 pq 范围内，不存在两个不同的 i，具有相同的(j, k)。)

(c) 在这一整数和数对之间的一一对应关系中，很容易从 i 得到(j, k)。证明下面的公式能从(j, k)得到 i：

$$i = \{j \cdot q \cdot (q^{-1} \bmod p) + k \cdot p \cdot (p^{-1} \bmod q)\} \bmod pq$$

(d) 您能将(b)和(c)的结论推广至两个以上素数的情形吗？

1.38　判断一个整数能否被 3 整除，如 562437487，您只需将其十进制表示的各位数相加，然后判断其和能否被 3 整除即可。(5+6+2+4+3+7+4+8+7=46，所以原数不能被 3 整除)。

判断一个整数能否被 11 整除，可以通过以下方法：将该数的十进制表示从最右端开始每两位分成一对(87,74,43,62,5)，然后将这些数相加，判断其和能否被 11 整除(如果和数很大，则重复此操作)。

怎样判断一个整数能否被 37 整除呢？将该数从最右端开始每三位分成一组(487,437,562)，然后将这些数相加，判断其和能否被 37 整除。

以上规律适用于任何不等于 2 和 5 的素数 p。即对任意素数 $p \neq 2,5$，存在一个整数 r，使得为了判断 p 是否能够整除一个十进制数 n，我们可以将 n 划分成关于其十进制表示每一位的 r-元组(从最右端开始划分)，然后将这些 r-元组相加，并判断和能否被 p 整除。

(a) 对于 $p = 13$，最小的 r 是多少？对于 $p = 17$ 呢？

(b) 证明：r 是 $p-1$ 的一个因子。

1.39　给定 a, b, c 和素数 p，给出一个多项式时间算法，计算 $a^{b^c} \bmod p$。

1.40　证明：如果 x 是 1 模 N 的一个非平凡平方根，即满足 $x^2 \equiv 1 \bmod N$，但 $x \not\equiv \pm 1$

mod N，那么 N 一定是合数。(例如，$4^2 \equiv 1 \bmod 15$，但是 $4 \not\equiv \pm 1 \bmod 15$；因此 4 是 1 模 15 的一个非平凡平方根。)

1.41 二次余数。给定正整数 N。我们称 a 是模 N 的一个二次余数，是指存在 x，使得 $a \equiv x^2 \bmod N$ 成立。

(a) 令 N 为一个奇素数，且 a 为模 N 的一个非零二次余数。证明：在 $\{0, 1, \ldots, N-1\}$ 中恰有两个数满足 $x^2 \equiv a \bmod N$。

(b) 证明：如果 N 是一个奇素数，则在 $\{0,1,\ldots,N-1\}$ 中恰有 $(N+1)/2$ 个二次余数。

(c) 正整数 a 和 N 取何值时，能够使得 $x^2 \equiv a \bmod N$ 在 $\{0,1,\ldots,N-1\}$ 中有多于 2 个的解？

1.42 假定在 RSA 密码系统(如图 1-9 所示)中不使用合数 $N = pq$，而只使用一个素数 p 作为模数。这样一来，在“新的”RSA 中，给定一个加密指数 e，一条消息 $m \bmod p$ 加密后变为 $m^e \bmod p$。证明这一新的加密系统是不安全的，通过给出一个有效的解密算法证实您的结论。该解密算法的思路如下：给定 p, e 和 $m^e \bmod p$ 作为算法输入，计算 $m \bmod p$。证明该解密算法的正确性，并分析其运行时间。

1.43 在 RSA 密码系统中，Alice 的公开密钥 (N, e) 任何人都可以得到。假定她的密钥 d 不小心被泄露给了 Eve。证明：如果 $e = 3$(一种常见的取值)，那么 Eve 可以有效地对 N 因数分解。

1.44 Alice 和她的三个朋友都是 RSA 密码系统的用户。她的朋友的公开密钥分别为 $(N_i, e_i=3)$, $i=1,2,3$，按照 RSA 通常的机制，对于随机选定的素数 p_i 和 q_i, $N_i = p_i q_i$。证明：如果 Alice 向她的三个朋友都发送了相同的 n 位二进制消息 M(使用 RSA 进行加密)，那么任何人一旦截获了全部的三条加密消息，他将可以有效地从中恢复出原始消息 M。

(提示：首先尝试解决习题 1.37 将会有助于本题的解决。)

1.45 RSA 和数字签名。回顾一下在 RSA 公钥密码系统中，每个用户都有一个公开密钥 $P=(N, e)$ 和一个保密密钥 d。数字签名机制包含两个算法，分别为 sign 和 verify。sign 过程以一条消息和一个保密密钥为输入，输出一个签名 σ。verify 过程以一个公开密钥 (N,e)，一个签名 σ 和一条消息 M 为输入，如果签名 σ 可以被 sign 过程创建(即消息 M 和公开密钥 (N,e) 对应的保密密钥调用了 sign 过程，可以输出签名 σ)，则 verify 返回“true”；否则返回“false”。

(a) 我们为什么需要数字签名？

(b) 一个 RSA 数字签名包含 $\text{sign}(M, d)=M^d (\bmod N)$，其中 d 是一个保密密钥，N

是对应的公开密钥的一部分。证明：任何知道公开密钥(N, e)的人，可以执行 verify($(N, e), M^d, M$)，即他们可以验证一个签名是否真的是由保密密钥创建的。给出 verify 过程的一种实现，并证明其正确性。

(c) 生成您自己的 RSA 模数 $N = pq$，公开密钥 e，以及保密密钥 d(您不需要使用计算机完成上述过程)。选定 p 和 q，您就可以有一个 4 位数的模数，并手工演算。现在通过使用该 RSA 模数对应的保密指数进行数字签名。要完成此工作您需要指定一个一一映射，把字串映射到$[0, N-1]$范围内的整数。可以随意指定该映射，只要满足其要求即可。给出一个从您的名字到数值 $m_1, m_2, \ldots, m_k$ 的映射，然后对第一个数字进行签名，通过给出以下数值进行：$m_1^d \pmod N$，最终要证明：$\left(m_1^d\right)^e = m_1 \pmod N$。

(d) Alice 想要写一个信息，该信息看起来曾经被 Bob 数字签名。她注意到 Bob 的 RSA 公开密钥是(17, 391)。她应该使用什么指数来加密她的消息？

1.46 数字签名，续。考虑习题 1.45 中的签名机制。

(a) 签名包含解密过程，从而隐含着风险。证明：如果 Bob 同意对向他要求的任何消息进行签名，则 Eve 可以利用这一前提，解密 Alice 发送给 Bob 的任何消息。

(b) 假定 Bob 变得更谨慎了，他拒绝对那些签名看起来疑似文本的消息进行签名。(我们假设一条随机抽取的消息—— 即一个在$\{1,\ldots, N-1\}$范围内随机选定的数字—— 它看起来绝不像是文本)。描述一种方法，使得 Eve 可以通过让 Bob 对那些看似经过随机签名的消息进行签名，从而解密 Alice 发送给 Bob 的消息。

chapter 2

分 治 算 法

利用分治法解决问题通常需要以下三个步骤：

1. 将原问题分解为一组子问题，每个子问题都与原问题类型相同，但是比原问题的规模小；

2. 递归求解这些子问题；

3. 将子问题的求解结果恰当合并，得到原问题的解。

分治策略实际操作起来，分为三项不同的工作：原问题到子问题的分解工作；在递归将要结束，当子问题足够小时的直接求解工作；子问题解的合并工作。这三项工作由分治算法的核心递归结构加以整合和协调。

为了给出分治思想的一个直观印象，我们将看看如何将这一思想应用于数字乘法，以得到一种新的乘法算法，它将比我们在小学里学过的乘法要高效得多！

2.1 乘法

数学家 Carl Friedrich Gauss(1777−1855)曾经注意到这样一个现象：虽然计算两个复数的乘积看似包含四次实数乘法，

$$(a + bi)(c + di) = ac - bd + (bc + ad)i$$

但是它其实可以仅仅通过三次实数乘法完成：ac, bd 以及$(a + b)(c + d)$，这是因为

$$bc + ad = (a + b)(c + d) - ac - bd$$

对于算法复杂性的大-O 分析而言，将乘法次数由 4 次减到 3 次似乎算不上什么

突破。但当这一小幅改进被递归地加以应用时，算法效率的改进将会变得极其显著。

Carl Friedrich Gauss
1777–1855

© Corbis

让我们从复数乘法的情况转换到常规的乘法，看看上述思路能有什么帮助。假定 x 和 y 是两个 n 位二进制整数，为了便于讨论，不妨假定 n 是 2 的幂(其实 n 不是 2 的幂的情况并没有很大不同)。作为 x 乘以 y 的第一步，我们将这两个数都一分为二，每个数的左半部分和右半部分都是 $n/2$ 位二进制数：

$$x = \boxed{\quad x_L \quad}\boxed{\quad x_R \quad} = 2^{n/2}x_L + x_R$$
$$y = \boxed{\quad y_L \quad}\boxed{\quad y_R \quad} = 2^{n/2}y_L + y_R$$

例如，如果 $x = 10110110_2$(下标 2 意味着该数是二进制数)，那么 $x_L = 1011_2$，$x_R = 0110_2$，同时 $x = 1011_2 \times 2^4 + 0110_2$。$x$ 和 y 的乘积从而可以写为以下形式：

$$xy = (2^{n/2}x_L + x_R)(2^{n/2}y_L + y_R) = 2^n x_L y_L + 2^{n/2}(x_L y_R + x_R y_L) + x_R y_R$$

我们将通过第二个等号右边的表达式来计算 xy。其中的加法操作需要线性时间，乘以 2 的幂的操作也需要线性时间(因为相当于是左移位操作)。比较重要的操作是四次 $n/2$ 位二进制数的乘法：$x_L y_L$、$x_L y_R$、$x_R y_L$、$x_R y_R$；它们可以通过四次递归调用实现。因此我们的 n 位二进制数乘法从调用这四对 $n/2$ 位二进制数的相乘(四个乘法子问题，每个子问题的规模都是原问题规模的一半)开始，然后在 $O(n)$时间内计算第二个等号右边表达式的值。记 $T(n)$为以 n 位二进制数为输入的乘法的运行时间，我们得到以下递推式：

$$T(n) = 4T(n/2) + O(n)$$

我们将很快看到求解此类递推式的一般方法。此时，我们先给出上述递推式的运行时间：$O(n^2)$，它与小学教授的传统乘法的运行时间是一致的。虽然我们得到了一个全新的乘法算法，但是在算法效率方面却没有任何改进。怎样让这个新算法变得更快呢？

Gauss 当时的灵感正是被这样的问题所激发。虽然计算 xy 看似需要四次 $n/2$ 位二进制数的乘法，但是如前所述，仅仅三次就足够了：$x_L y_L$、$x_R y_R$ 以及 $(x_L + x_R)(y_L + y_R)$。因为 $x_L y_R + x_R y_L = (x_L + x_R)(y_L + y_R) - x_L y_L - x_R y_R$。最终的算法在图 2-1 中给出，其改进后的运行时间为[1]

$$T(n) = 3T(n/2) + O(n)。$$

问题的关键在于现在递推式的常系数由于 Gauss 的这一小技巧而得到了改进，从 4 减为 3，而每个层次的递归都受惠于这一改进，这些改进的组合效应带来了算法时间下界的巨大改进，达到 $O(n^{1.59})$。

该运行时间可以通过查看算法的递归调用模式来推出。其所有的递归调用构成了一个树状结构，如图 2-2 所示。让我们试着理解这个树的结构。在每一递归调用的后续递归调用层次中，子问题的规模减半。在第$(\log_2 n)^{th}$ 层次，子问题的规模降为 1，从而递归终止。因此，这棵树的高度是 $\log_2 n$。分支因子是 3——每个问题递归地分解成三个更小的子问题——从而在树中，深度为 k 的层次上，共有 3^k 个子问题，每一个的规模都是 $n/2^k$。

```
function multiply(x, y)
Input: n-bit positive integers x and y
Output: Their product

if n = 1: return xy

x_L, x_R = leftmost ⌈n/2⌉, rightmost ⌊n/2⌋ bits of x
y_L, y_R = leftmost ⌈n/2⌉, rightmost ⌊n/2⌋ bits of y

P_1 = multiply(x_L, y_L)
P_2 = multiply(x_R, y_R)
P_3 = multiply(x_L + x_R, y_L + y_R)
return P_1 × 2^n + (P_3 − P_1 − P_2) × 2^(n/2) + P_2
```

图 2-1 整数相乘的分治算法

---

1 实际上，递推式应为

$$T(n) \le 3T(n/2+1) + O(n)$$

这是因为 $(x_L + x_R)$ 和 $(y_L + y_R)$ 的值可能会有 $n/2+1$ 位长。为了便于处理，我们使用了简化的递推式，简化后的递推式在大-O 意义下的运行时间与实际递推式的运行时间是一致的。

对于每个子问题，确定其子问题及合并子问题的解对应的工作，都能够在线性时间内完成。因此在树中深度为 k 的层次上花费的总时间为

$$3^k \times O\left(\frac{n}{2^k}\right) = \left(\frac{3}{2}\right)^k \times O(n).$$

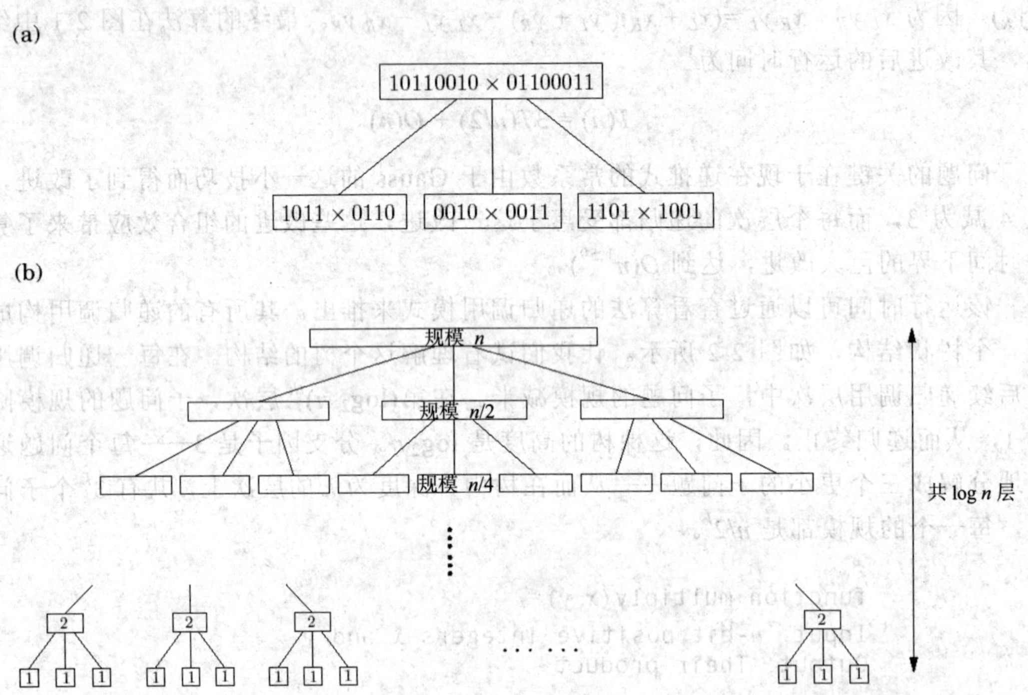

图 2-2 分治整数乘法。(a)每个问题被划分为三个子问题；(b)递归的层次

在树的最顶层，即当 $k = 0$ 时，所做工作耗时 $O(n)$。在树的最底层，当 $k = \log_2 n$ 时，所做工作耗时 $O(3^{\log_2 n})$，它也可以写为 $O(n^{\log_2 3})$(您知道其中的原因吗？)。在最顶层和最底层之间，所做工作的耗时从 $O(n)$到 $O(n^{\log_2 3})$呈几何级数增长，每一层次增长的因子是 3/2。回顾一下关于几何级数的知识，任意递增的几何级数的和，只不过是该级数末项的常数倍，而末项的大小反映了该级数的增长速度(参见习题 0.2)。因此算法的运行时间是 $O(n^{\log_2 3})$，大约为 $O(n^{1.59})$。

如果不考虑 Gauss 的小技巧，递归树的高度将保持不变，不过分支因子将变为 4。这棵树将有 $4^{\log_2 n} = n^2$ 个叶节点，此时算法运行时间至少也有 $O(n^2)$。在分治算法中，划分成的子问题个数对应于递归树中的分支因子；分支因子的微小改变将对算法运行时间造成巨大影响。

一个经验之谈：对于二进制乘法，通常并不需要将子问题的规模，即二进制整数的位数降至 1 位。因为对于大多数处理器而言，16 位或 32 位的二进制乘法都被视为是一次单独的操作，所以当子问题中参与相乘的数的位数达到这个水平时，它们的乘法都可以借助处理器内置的过程来进行。

最后，还是那个永恒的问题：我们能够做的更好吗？事实证明，存在更快的数字乘法算法，它基于另一种重要的分治算法：快速 Fourier 变换，我们将在 2.6 节详细阐述。

2.2 递推式

分治算法通常遵循一种通用模式，即：在解决规模为 n 的问题时，总是先递归地求解 a 个规模为 n/b 的子问题，然后在 $O(n^d)$时间内将子问题的解合并起来，其中 a、b、$d>0$ 是一些特定的整数(在前述的乘法算法中，$a=3$、$b=2$、$d=1$)。分治算法的运行时间从而可以通过公式 $T(n)=aT(\lceil n/b\rceil)+O(n^d)$得出。以下我们将给出这类一般递推式的一个封闭解，以便以后再遇到新的问题实例时无需重新进行求解。

主定理[2] 如果对于常数 $a>0$、$b>1$ 以及 $d\geqslant 0$，有 $T(n)=aT(\lceil n/b\rceil)+O(n^d)$成立，

则

$$T(n)=\begin{cases}O(n^d) & \text{如果}d>\log_b a\\ O(n^d\log n) & \text{如果}d=\log_b a\\ O(n^{\log_b a}) & \text{如果}d<\log_b a\end{cases}$$

仅仅这样一个定理就可以告诉我们可能用到的大多数分治算法的运行时间。

证明：简便起见，首先假定 n 是 b 的幂。这一假定将不会对最终得到的算法时间界限产生任何重要影响——毕竟，b 的某个整数幂与 n 相差再大，也不会超过 b 的 n 倍(参见习题 2.2)——这一事实允许我们忽略$\lceil n/b\rceil$带来的舍入影响。

接下来，我们注意到：伴随着每一层次递归的进行，子问题规模以因子 b 的速率在减小，从而在经过 $\log_b n$ 个层次的递归后达到基准情况。$\log_b n$ 恰好是递归树的高度。该树的分支因子是 a，所以树的第 k 层上一共有 a^k 个子问题，每个子问题的规模都是 n/b^k(参见图 2-3)。在该层次上的所有工作耗时：

---

2 对于这种类型还存在一些更一般的结果，不过我们将并不需要它们。

$$a^k \times O\left(\frac{n}{b^k}\right)^d = O(n^d) \times \left(\frac{a}{b^d}\right)^k$$

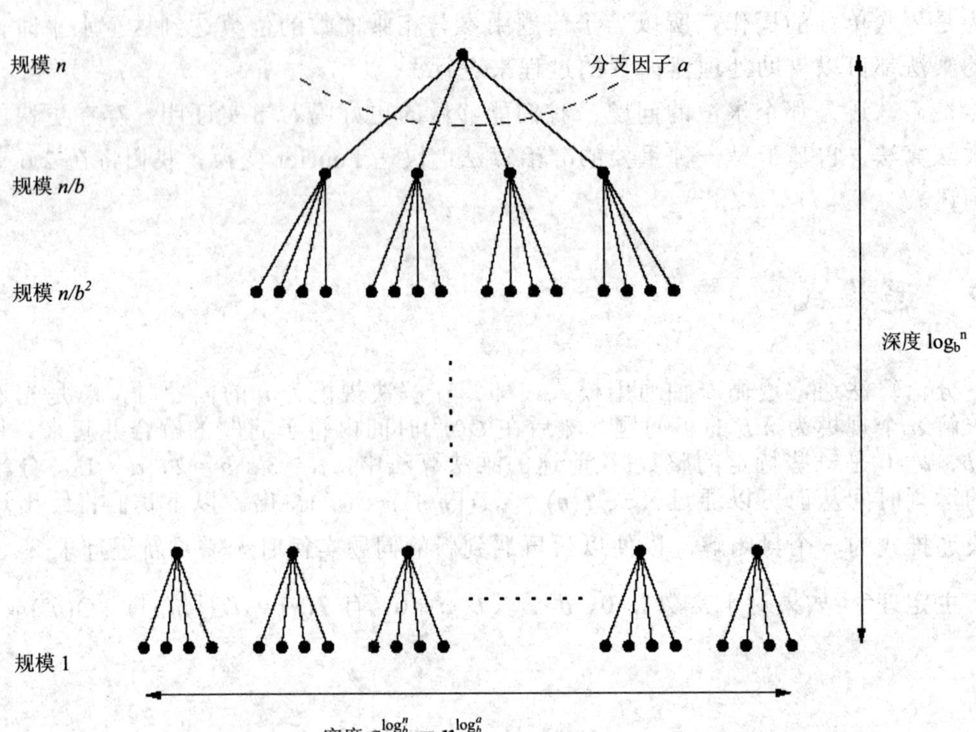

图 2-3 每个规模为 n 的问题被分解为 a 个规模为 n/b 的子问题

随着 k 从 0(底部)增加到 $\log_b n$(树叶对应的层次)，每个层次上的耗时形成一个几何级数，级数的公比为 a/b^d。我们可以很容易地以大-O 标记来表示这一几何级数的和(参见习题 0.2)，最终分为以下三种情况：

1. 公比小于 1。

这意味着级数是递减的，从而它的和可以仅用其首项来表示，即 $O(n^d)$。

2. 公比大于 1。

这意味着级数是递增的，从而它的和可以用其末项来表示，即 $O(n^{\log_b a})$：

$$n^d\left(\frac{a}{b^d}\right)^{\log_b n} = n^d\left(\frac{a^{\log_b n}}{(b^{\log_b n})^d}\right) = a^{\log_b n} = a^{(\log_a n)(\log_b a)} = n^{\log_b a}$$

3. 公比恰等于1。

这种情况下级数中所有的 $O(\log n)$项均等于 $O(n^d)$。

以上三种情况恰好对应于主定理中的三个分支。证毕。

二分搜索

最终的分治算法显然是一个二分搜索过程，其思想可以阐释如下：一个大型文件中包含键 $z[0,1,\cdots,n-1]$，这些键是有序的。要想找到一个键 k，首先将它与 $z[n/2]$ 比较，根据比较的结果，我们将在文件的前半部分 $z[0,\cdots,n/2-1]$或在后半部分 $z[n/2,\cdots,n-1]$重新开始该比较过程。此时递推式是 $T(n) = T(\lceil n/2 \rceil) + O(1)$，对应于主定理中 $a = 1, b = 2, d = 0$ 的情况。将上述值代入主定理，得到一个熟悉的结果：算法的运行时间仅为 $O(\log n)$。

2.3 合并排序

对一列数进行排序的问题不禁让我们想到了分治策略：将该列数分为两部分，递归地对每一部分进行排序，然后将两个有序子序列进行合并。

```
function mergesort(a[1...n])
Input: An array of numbers a[1...n]
Output: A sorted version of this array

if n > 1:
   return merge(mergesort(a[1...⌊n/2⌋]),
                mergesort(a[⌊n/2⌋ + 1...n]))
else:
   return a
```

只要指定了正确的 merge 子例程，该算法的正确性不言自明。如果给定两个有序(元素升序排列)数组 $x[1\ldots k]$和 $y[1\ldots l]$，我们该怎样将它们有效地合并成一个有序数组 $z[1\ldots k+l]$呢？可以采用以下的解决思路：数组 z 的第一个元素是 $x[1]$或 $y[1]$，这取决于谁更小。$z[\cdot]$中剩余的元素可以类似地采用递归的方法逐个确定。

```
function merge(x[1...k], y[1...l])
if k = 0: return y[1...l]
if l = 0: return x[1...k]
if x[1] ≤ y[1]:
   return x[1] ∘ merge(x[2...k], y[1...l])
else:
   return y[1] ∘ merge(x[1...k], y[2...l])
```

伪代码中的∘代表连接操作。该 merge 过程在每次递归调用时的工作量保持不变(该结论基于这样的前提：merge 过程要求的数组空间预先已分配好)，其过程的总运行时间为 $O(k+l)$。因此 merge 过程是线性时间的，mergesort 的总运行时间满足

$$T(n) = 2T(n/2) + O(n),$$

或 $O(n\log n)$。

当回头审视 mergesort 算法时，我们会发现所有的实际工作都在合并过程中进行，而合并操作直到递归进入到单元素数组的层次时才真正开始。两个单独的元素被合并为一对，组成一个二元数组。然后一对二元数组合并成一个四元数组，依次类推。图 2-4 中给出一个例子。

```
function iterative-mergesort(a[1...n])
Input: elements a_1, a_2, ..., a_n to be sorted

Q = [ ] (empty queue)
for i = 1 to n:
   inject(Q, [a_i])
while |Q| > 1:
   inject(Q, merge(eject(Q), eject(Q)))
return eject(Q)
```

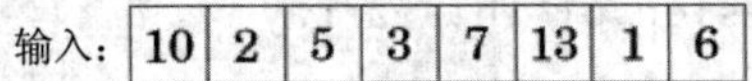

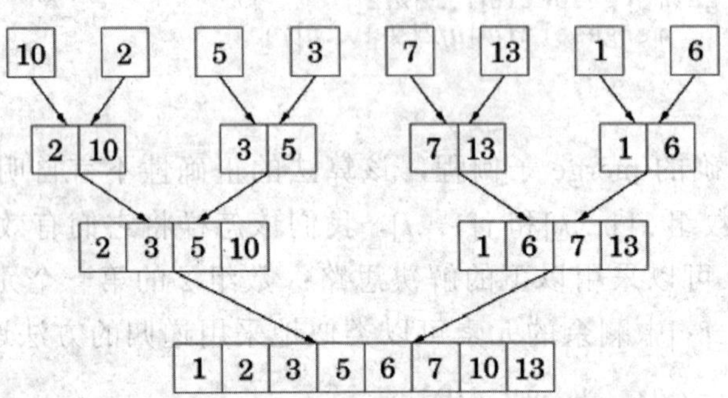

图 2-4 mergesort(合并排序)中合并操作的顺序

上述算法思想也暗示了 mergesort 可以通过迭代的形式实现。在任意时刻，都有一组“活动的”数组——起初是单元素数组——当前的活动数组成对地进行合并，形成下一批活动数组。这些数组可以通过一个队列来组织，同时不断地从队列头部

取出两个数组进行合并，然后把合并的结果插入队列尾部。

在下述伪代码中，基本操作 inject 向队列尾部插入一个元素，而 eject 从队列头部取出一个元素，并返回这个元素。

排序算法的 *n*log*n* 时间下界

排序算法可以通过树结构来描述。图 2-5 中的树实现了对一个数组的排序，该数组中含有三个元素，a_1、a_2、a_3。排序过程的步骤如下：首先比较 a_1 和 a_2，如果前者更大，则将它与 a_3 比较；否则，比较 a_2 和 a_3。按照这一思路不断进行下去。最终排序过程在树的某个叶节点终止，这个叶节点以 1,2,3 三个数排列的方式，给出了三个元素的实际顺序。例如，如果 $a_2 < a_1 < a_3$，则我们最终得到的叶节点上标记的顺序为“2 1 3”。

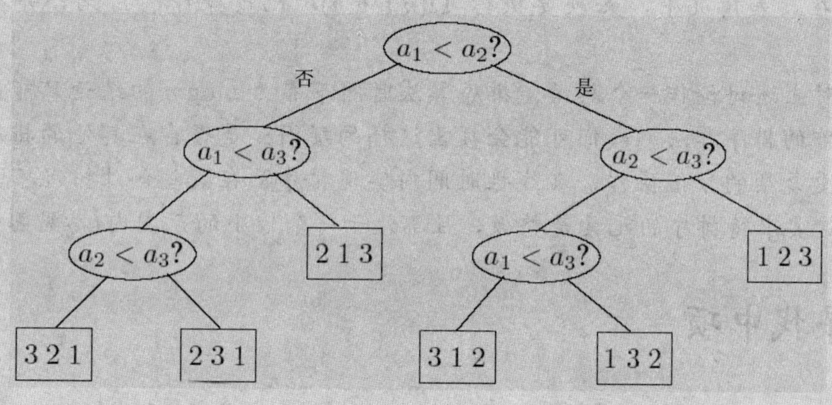

图 2-5 一个数组的排序

这棵树的深度(depth)——即从树根节点到树叶节点的最长路径上的比较次数，在本例中是 3——恰好是该算法时间复杂度的最差情况。

这种理解排序算法的方式非常有用，因为它可以推出合并排序是最优的结论，从这个意义上讲，$\Omega(n\log n)$次比较操作对于 n 个元素的排序是必须的。

证明如下：考虑用来对一组元素(n 个元素)进行排序的树结构。树的每个叶节点标记一个关于$\{1,2,\ldots,n\}$的排列。实际上，每个排列都必须作为一个叶节点的标记出现。原因很简单：如果一个特定的排列被遗漏，而当我们按照这个排列对输入元素进行排序时，算法针对该输入的输出将推翻算法的正确性。由于 n 个元素的排列共有 $n!$种，从而这棵树最少含有 $n!$个叶节点。

我们的证明马上就要完成：这是一棵二叉树，同时我们认定它至少含有 $n!$个叶节点。回顾我们讲过的知识，一棵深度为 d 的二叉树最多含有 2^d 个叶节点(关于这个结论的证明，只需对 d 进行一个简单的归纳)。因此，这棵树的宽度——同时也是该算法的复杂度——一定至少是 $\log(n!)$。

众所周知，对于某些 $c>0$，$\log(n!) \geqslant c \cdot n\log n$。对该结论的解释可以有很多种方法。最简单的一种如下：注意到因为 $n!=1\cdot 2\cdot \cdots \cdot n$，而 $1\cdot 2\cdot \cdots \cdot n$ 中至少有 $n/2$ 项大于 $n/2$，所以有 $n! \geqslant (n/2)^{(n/2)}$成立；然后对该式两边分别取对数，即得该结论。另一种解释方法是借助于 Stirling 公式：

$$n! \approx \sqrt{\pi\left(2n+\frac{1}{3}\right)} \cdot n^n \cdot e^{-n}$$

无论用哪种方法，我们认识到，任何用于元素比较的树结构若要对 n 个元素进行排序，在最差情况下，必须要执行 $\Omega(n \log n)$次比较操作，因此合并排序是最优的！

现在对上述讨论作一个总结：排序算法时间下界为 $n\log n$ 的结论只能应用于使用比较操作的排序算法。我们可能会提出这样的疑问：是否存在其他的排序策略，可能借助更复杂的数值操作，在线性时间内实现排序？在某些例外情况下，答案是肯定的：这要求待排序的元素是整数，且都处于一个较小的范围内(参见习题 2.20)。

2.4 寻找中项

一列有序数的中项是其中间元素：这列数中有一半大于中项，另一半小于中项。例如，[45,1,10,30,25]的中项是 25，因为当这列数排好序后，25 是中间元素。当序列的长度是偶数时，中间元素就有两种选择，这时我们一般取两数间的小者作为中项。

之所以专门研究一列数的中项，是因为如果想要用一个单独的数来概括一列数的特征，中项无疑是最典型的。平均数也常常担任这一角色，但是平均数和中项相比来讲，在一定意义上，中项更具典型性：因为中项总是这列数中的一员，而平均数则不一定，所以平均数给这列数的使用者带来的感性认识不如中项那么强。例如，100 个 1 构成的一列数的中项当然是 1，其平均数也是 1。但是，如果这 100 个数中的某一个突然激增至 10000，其平均数将随着升至 100 以上，而其中项却保持不变。

寻找 n 个数的中项比较简单：只需对它们排序即可。这种方法的缺陷在于它耗

时 $O(n \log n)$，而我们当然希望其运行时间是线性的。这种希望倒也不是遥不可及，因为通过排序来寻找中项，显然其中有些工作是多余的——我们只需要找到这 n 个数的中项，并不关心其它数之间的相对顺序。

当研究寻找中项的递归算法时，如果把寻找中项问题变为更一般的问题(寻找一列数的第某项)反而会相对简单一些，这可能会令人难以置信——原因在于，更一般问题的递归步骤的功能显得更强大。在我们的例子中，考虑的寻找中项问题的推广版本是选择问题。

选择问题

输入：一列数的集合 S；一个整数 k

输出：集合 S 中第 k 小的元素

例如，当 k=1 时，该问题寻找 S 的最小元素，而当 $k=\lfloor |S|/2 \rfloor$ 时，它寻找 S 的中项。

选择问题的一个随机分治算法

以下是解决选择问题的一种分治算法。对于任意给定的数 v，假定 S 中的数被分成三组：比 v 小的数、与 v 相等的数(可能会有多个)以及比 v 大的数。分别记这三组数为 S_L、S_v 和 S_R。例如，如果集合 S 如下所示：

S:

2	36	5	21	8	13	11	20	5	4	1

针对 $v = 5$，S 被分成三组，分别为

S_L:

2	4	1

S_v:

5	5

S_R:

36	21	8	13	11	20

搜索范围立即被缩小，转而在 S 的这三个子集中的某一个上继续进行。如果我们想要寻找集合 S 的第 8 小元素，我们知道它一定是 S_R 的第 3 小元素，因为 $|S_L|+|S_v|=5$，即 selection(S,8) = selection(S_R,3)。更一般的，通过比较 k 与这些子集所含元素数之间的大小关系，我们可以很快确定所要寻找的元素在哪个子集中：

$$\text{selection}(S,k)=\begin{cases}\text{selection}(S_L,k) & \text{如果} k \le |S_L| \\ v & \text{如果} |S_L| < k \le |S_L|+|S_v| \\ \text{selection}(S_R,k-|S_L|-|S_v|) & \text{如果} k > |S_L|+|S_v|\end{cases}$$

由 S 可在线性时间内得到 S_L，S_v 和 S_R；实际上，这一划分过程可以就地进行，

也即无需为其重新分配内存空间(参见习题 2.15)。然后我们就可以在某个合适的子集上进行递归了。划分过程的效果在于把待搜索的元素数目从$|S|$至少减少到$\max\{|S_L|,|S_R|\}$(可以比这个最大值还小)。

针对选择问题的分治算法已经逐渐显露出它的全貌，只剩下如何选择 v 这一至关重要的细节了。v 的选定应该快速进行，并且它应该能实质性地缩减搜索数组大小，理想的情况是$|S_L|,|S_R|\approx\frac{1}{2}|S|$。如果我们能够确保这一情形，该算法的运行时间将满足

$$T(n)=T(n/2)+O(n)$$

也即我们所期望的线性时间。但它要求选出的 v 是中项，这恰好是我们的终极目标！因此，作为替代，我们采用一种相对简单的方案：从 S 中随机选取 v。

效率分析

很显然，该算法的运行时间依赖于我们随机选取的 v。完全有可能出现这样的情况：由于持续的背运，我们挑选出来的 v 总是数组中最大元素(或是最小元素)。这样的话，每次我们只能将待搜索的数组大小缩减 1。对应的，在之前的例子中，我们可能首先选出的 $v=36$，然后选出的 $v=21$，以此类推。这种最差情况将使得我们的选择问题算法必须要执行

$$n+(n-1)+(n-2)+\cdots+\frac{n}{2}=\Theta(n^2)$$

次操作(当寻找中项时)。但是，这种情况出现的概率还是很低的。同样很少出现的还有我们前面讨论过的最佳情形，即每次随机选取的 v 刚好能将数组一分为二，从而使算法的运行时间达到 $O(n)$。在 $O(n)$到$\Theta(n^2)$的范围内，算法的平均运行时间是多少呢？非常幸运，它与最佳情形下的运行时间很接近。

为了区分选中的 v 的质量好坏，我们做出以下规定：如果 v 落在它所在数组中的四分之一位置和四分之三位置之间，那么我们就称选中的 v 是好的。我们偏爱 v 的这种情况，是因为它能够确保子集 S_L 和 S_R 的大小最多是 S 大小的四分之三(您知道其中的原因吗？)，从而能实质性地缩减待搜索数组的大小。幸运的是，选中的 v 质量好的几率并不小：因为数组中有一半元素都落于其四分之一和四分之三位置之间！

既然一个随机选定的 v 质量较好的概率有 50%，那么在能够得到一个质量较好

的 v 之前，我们平均需要挑选多少个质量不好的 v 呢？以下是我们更为熟悉的一个形式化描述(同时请参见习题 1.34)：

引理 在掷硬币游戏中，在得到一次正面之前，平均需要掷一个匀质硬币 2 次。

证明：令 E 表示在得到正面之前，抛掷硬币的期望次数。不管怎样，我们至少需要抛掷一次，如果得到正面，就算结束。如果得到反面(反面出现的概率是 1/2)，我们需要重新掷硬币。因此，$E=1+\frac{1}{2}E$，化简后得到 $E=2$。证毕。

因此，在平均两次划分操作之后，待搜索数组的大小将最多缩减至其原始大小的四分之三。令 $T(n)$表示以大小为 n 的数组为输入的算法的期望运行时间，我们可以得到

$$T(n) \le T(3n/4) + O(n)$$

对下述语句两端分别取期望值：

以大小为 n 的数组为输入的算法运行时间≤(以大小为 $3n/4$ 的数组为输入的算法运行时间)+(将数组大小缩减至其原有大小的 3/4 以下所花费的时间)，并对不等号的右侧应用以下性质——和的期望等于期望的和，即可得到该递推式。

由该递推式可得 $T(n)=O(n)$，这意味着：对于任意输入，我们的算法平均可以在在线性次操作内返回正确的解。

Unix 的 Sort 命令

当我们对排序算法和寻找中项算法进行比较时会发现，除却两者共同采用的分治策略和整体架构，其他方面它们是完全相反的。合并排序使用最简捷的方法将相关数组分成两部分(前半部分和后半部分)，不考虑每一部分中元素的取值大小；然后它费力地对已排序的子数组进行合并。相比之下，寻找中项算法在对数组进行划分时就显得谨慎得多(先将小的数划为一组，再将大的数划为一组)，它最终以递归调用来结束工作。

快速排序是这样一种排序算法，它对数组进行划分的方式与寻找中项算法完全相同；一旦子数组已排好序，通过两次递归调用，整个排序即告结束。在最差情况下该算法的运行时间是$\Theta(n^2)$，与寻找中项算法相同。但可以证明(参见习题 2.24)，在平均情况下，该算法的运行时间是 $O(n\log n)$；另外，从实际应用的角度来讲，它比其他排序算法要优越。这使得快速排序成为许多应用的宠儿——例如，它是超大

规模文件系统排序算法的基础。

2.5 矩阵乘法

两个 $n \times n$ 的矩阵 X 和 Y 的乘积是另一个 $n \times n$ 的矩阵 $Z = XY$，其中第(i, j)项满足下式：

$$Z_{ij} = \sum_{k=1}^{n} X_{ik} Y_{kj}$$

为了更直观地说明上面的公式，可以将 Z_{ij} 理解成 X 的第 i 行和 Y 的第 j 列的点积，如图 2-6 所示：

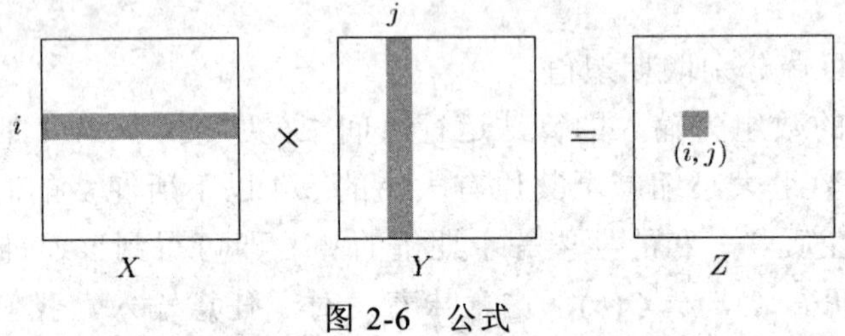

图 2-6　公式

一般地，XY 并不等于 YX；因为矩阵乘法不满足交换率。

上面的公式给出了矩阵乘法的一种运行时间为 $O(n^3)$的算法：因为一共要计算 n^2 个元素，而每个元素的计算需要 $O(n)$的时间。曾经有很长一段时间，该算法被认为是所能达到的最快矩阵乘法算法，甚至有人还证明了，在某些计算模型下，没有其他算法能够做得更好。因此，当德国数学家 Volker Strassen 在 1969 年宣布他发现了一种更高效的算法时，其所引起的举世轰动也就不足为奇了，这种新算法就是基于分治思想的。

矩阵乘法能够很容易地划分成一系列子问题，因为矩阵乘法能够分块地进行。为了说明什么叫做分块，我们将 X 和 Y 都划分成四个 $n/2 \times n/2$ 的子块，如下所示：

$$X = \begin{bmatrix} A & B \\ C & D \end{bmatrix}, \; Y = \begin{bmatrix} E & F \\ G & H \end{bmatrix}$$

从而 X 和 Y 的乘积可以用这些子块进行表达，而这类似于将每个子块都看作一个单独的元素(参见习题 2.11)。

$$XY = \begin{bmatrix} A & B \\ C & D \end{bmatrix} \begin{bmatrix} E & F \\ G & H \end{bmatrix} = \begin{bmatrix} AE+BG & AF+BH \\ CE+DG & CF+DH \end{bmatrix}$$

我们的分治策略应运而生：要计算规模为 n 的矩阵的乘积 XY，可以先递归地计算 8 个规模为 $n/2$ 的矩阵的乘积 AE、BG、AF、BH、CE、DG、CF、DH，然后再进行 $O(n^2)$时间的加法运算即可。该分治算法的总运行时间满足以下的递推式：

$$T(n) = 8T(n/2) + O(n^2)。$$

这样一来，该算法的运行时间也是 $O(n^3)$，与前述的普通算法一致，没有任何改进。然而利用整数乘法，该算法的效率其实是可以得到改进的，关键在于一些精妙的代数技巧。结果表明，XY 可以仅通过 7 个 $n/2 \times n/2$ 的子问题的计算求得。而其中的分解过程是如此的富于技巧和复杂精细，使得我们都不禁怀疑，Strassen 当时是如何发现它的！

$$XY = \begin{bmatrix} P_5+P_4-P_2+P_6 & P_1+P_2 \\ P_3+P_4 & P_1+P_5-P_3-P_7 \end{bmatrix}$$

其中

$$P_1 = A(F-H) \qquad\qquad P_5 = (A+D)(E+H)$$
$$P_2 = (A+B)H \qquad\qquad P_6 = (B-D)(G+H)$$
$$P_3 = (C+D)E \qquad\qquad P_7 = (A-C)(E+F)$$
$$P_4 = D(G-E)$$

新的算法运行时间满足

$$T(n) = 7T(n/2) + O(n^2)。$$

通过主定理对该式进行简化，得到最终的时间为 $O(n^{\log_2 7}) \approx O(n^{2.81})$。

2.6　快速 Fourier 变换

至此我们已经见证了分治策略如何应用于整数乘法和矩阵乘法，从而得到快速的算法。我们的下一个目标是多项式。两个 d 次多项式的乘积是一个 $2d$ 次多项式，比如：

$$(1 + 2x + 3x^2)\cdot(2 + x + 4x^2) = 2 + 5x + 12x^2 + 11x^3 + 12x^4。$$

更一般地，如果 $A(x) = a_0 + a_1x + \ldots + a_dx^d$，$B(x) = b_0 + b_1x + \ldots + b_dx^d$，他们的乘积 $C(x) = A(x)\cdot B(x) = c_0 + c_1x + \ldots + c_{2d}x^{2d}$，该式中的系数

$$c_k = a_0b_k + a_1b_{k-1} + \ldots + a_kb_0 = \sum_{i=0}^{k} a_ib_{k-i}$$

(当 $i > d$ 时，a_i 和 b_i 都等于 0)。利用上面的公式计算 c_k 需要 $O(k)$次操作，因此，求出所有 $2d+1$ 个系数需要$\Theta(d^2)$的时间。有没有可能让多项式乘法变得更快呢？

对上述问题的解答将引出快速 Fourier 变换。快速 Fourier 变换的发现变革了——实际上，应该说是定义了——整个信号处理领域(参见接下来的灰色方框中讲述的内容)。由于快速 Fourier 变换举足轻重的地位，以及其中所蕴含的来自不同学科的思想精髓，使得我们不禁要放慢讲述的节奏。如果您只想了解快速 Fourier 变换的算法核心，可以跳过以下部分，直接进入 2.6.4 节。

2.6.1 多项式的另一种表示法

在讲述多项式乘法的快速算法之前，我们有必要先了解多项式的一个重要性质。

性质 一个 d 次多项式被其在任意 $d+1$ 个不同点处的取值所唯一确定。

上述性质的一个最常见例子就是“任意两点确定一条直线”。随后我们将了解为什么这一说法可以推广至更一般的情况(参见 2.6.3 节)。现在我们关心的是，该性质引出了多项式的另一种表示法。给定任意不同的点 $x_0,\ldots,x_d$，我们现在可以通过以下两种方法中的任意一种，来确定一个 d 次多项式 $A(x) = a_0 + a_1x + \ldots + a_dx^d$：

1. 系数表示法：多项式的系数 $a_0, a_1,\ldots, a_d$
2. 值表示法：$A(x_0), A(x_1),\ldots, A(x_d)$的值

在这两种表示法中，第二种更方便于多项式乘法操作。由于 $A(x)$和 $B(x)$的乘积 $C(x)$的次数为 $2d$，所以它被任意 $2d+1$ 个不同点处的取值所唯一确定。同时对于定点 z 处的 $C(x)$的计算也很简单，只需把 $A(z)$和 $B(z)$相乘即可。这样，在值表示法下，多项式乘法是线性时间的。

不过问题在于我们希望多项式乘法的输入多项式，以及输入多项式的乘积都能用其系数来表示。因此我们需要先利用输入多项式的系数得到一组值——这只需计算

多项式在选定点处的取值——然后，将两个输入多项式在相同点处的取值相乘，并最终利用乘积多项式的值表示法求出它的系数。以上从值到系数的过程被称为插值。

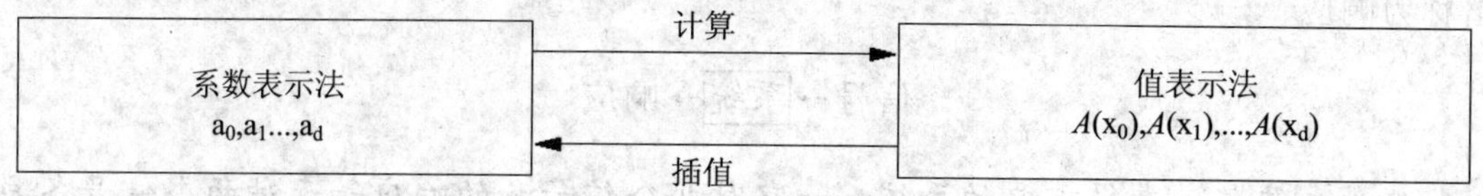

图 2-7 中给出了相应的算法。

Input: Coefficients of two polynomials, $A(x)$ and $B(x)$, of degree d
Output: Their product $C = A \cdot B$

Selection
Pick some points $x_0, x_1, \ldots, x_{n-1}$, where $n \geq 2d+1$
Evaluation
Compute $A(x_0), A(x_1), \ldots, A(x_{n-1})$ and $B(x_0), B(x_1), \ldots, B(x_{n-1})$
Multiplication
Compute $C(x_k) = A(x_k)B(x_k)$ for all $k = 0, \ldots, n-1$
Interpolation
Recover $C(x) = c_0 + c_1 x + \cdots + c_{2d} x^{2d}$

图 2-7　多项式相乘

为什么是多项式相乘？

首先，事实表明，整数相乘最快的算法严重依赖于多项式相乘；毕竟，多项式和二进制整数是很相似的。事实上，在多项式乘法中，只需将多项式中的变量 x 换为基数 2，并留意进位值，即可得到二进制乘法。但是，也许更重要的还是多项式相乘在信号处理领域中所具有的举足轻重的地位。

一个信号是关于时间如下图中的(a)或位置的函数上的任意一个值。举例来说，它可能通过测量一个人嘴部附近空气压力的波动反映出他的声音；也可能通过将亮度建模为角度的函数，反映出夜晚星空中星星的亮度特征。

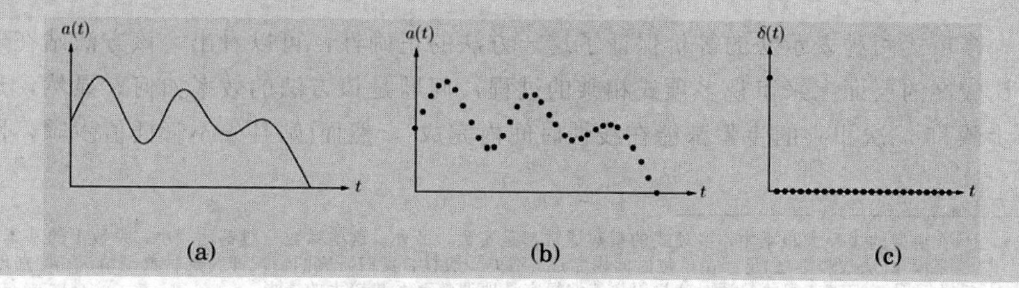

为了从一个信号中提取信息，我们需要首先通过采样对信号进行数字化(参见上图(b))——然后，将信号输入一个系统，系统会对信号进行一定的转换。系统的输出称为响应：

信号→[系统]→响应

线性系统是一类很重要的系统——它对两个信号和的响应等于对两个信号各自响应的和；时不变系统也是一类很重要的系统——把输入信号平移 t 个时间，时不变系统得到的输出与其平移前的输出相同，反向平移也是如此。具有线性和时不变性的系统由其对最简单输入信号的响应所确定。最简单的输入信号是单位脉冲 $\delta(t)$，它仅仅包含一个在 t=0 处的"抖动"(参见上图(c))。为了更好地理解线性和时不变性系统的特征，首先考虑单位脉冲的一个平移脉冲 $\delta(t-i)$，其抖动发生在时刻 $t=i$ 处。任意信号 $a(t)$都可以表示为形如这样的脉冲的线性组合，或者，可以以脉冲 $\delta(t-i)$来抽取信号 $a(t)$在时刻 i 的表现：

$$a(t)=\sum_{i=0}^{T-1}a(i)\delta(t-i)$$

(假设该信号包含 T 个样本点)。由于系统是线性的，其对输入信号 $a(t)$的响应取决于针对不同 $\delta(t-i)$的响应。又由于系统的时不变性，对不同 $\delta(t-i)$的响应即为脉冲响应(针对单位脉冲 $\delta(t)$的系统响应)的平移副本。

换言之，在时刻 k，系统的输出为

$$c(k)=\sum_{i=0}^{k}a(i)b(k-i)$$

恰为多项式的乘积形式！

多项式两种表示法的等价保证了这一方法的正确性，可以看出，该方法站在一个比较高的层面上来审视多项式相乘的过程，问题是该方法的效率如何？显然，选择步骤和 n 次相乘的步骤都能在线性时间内完成[3]。然而(姑且先不管插值步骤，因

3 在典型的多项式相乘中，多项式的系数通常都是实数，另外，这些系数一般都比较小，系数上的基本算术操作(加法和乘法)足以在单位时间内完成。不失一般性，我们研究的情况即为这种典型情况；特别地，在这种情况下获得的算法时间界限也能够很容易地调整至系数较大的情形。

为我们对它的了解更少)计算步骤的效率如何呢？在一个单独的点处计算一个 d 次多项式的值需要花费 $O(n)$次操作(参见习题 2.29)，所以计算 n 个点处的多项式取值的时间下界即为$\Theta(n^2)$。接下来我们将看到快速 Fourier 变换(简称 FFT)针对计算步骤所需的时间仅为 $O(n\log n)$，只是对于 $x_0,\ldots,x_{n-1}$ 的选取要有一定的技巧，以使得不同点处的多项式取值计算过程之间有一些重复步骤，如果将这些重复步骤作为公共步骤，就能够节省算法的时间。

2.6.2 计算步骤的分治实现

下面的思想阐明了如何选取次数小于等于 n-1 的多项式的计算步骤所需的 n 个点。如果我们选择它们为正负的数对，即

$$\pm x_0, \pm x_1, \ldots, \pm x_{n/2-1}$$

则每个 $A(x_i)$和 $A(-x_i)$所需的计算过程中会有很大一部分重复，因为 x_i 的偶次幂与$-x_i$ 的偶次幂相同。

为了仔细研究这一点，我们需要将 $A(x)$划分成 x 的奇次幂项和偶次幂项，例如

$$3 + 4x + 6x^2 + 2x^3 + x^4 + 10x^5 = (3 + 6x^2 + x^4) + x(4 + 2x^2 + 10x^4)$$

注意到括号中的项是关于 x^2 的多项式。更一般地，

$$A(x) = A_e(x^2) + x\,A_o(x^2)$$

其中 $A_e(\cdot)$包含偶次幂项的系数，而 $A_o(\cdot)$包含奇次幂项的系数，它们均为次数小于等于 n/2-1 的多项式(方便起见，假定 n 是偶数)。给定点对$\pm x_i$，$A(x_i)$的计算过程可以被 $A(-x_i)$的计算过程所借用：

$$A(x_i) = A_e(x_i^2) + x_i A_o(x_i^2)$$
$$A(-x_i) = A_e(x_i^2) - x_i A_o(x_i^2)$$

换言之，在 n 个成对的点$\pm x_0,\ldots, \pm x_{n/2-1}$ 处，$A(x)$的计算过程可以化简为在 $n/2$ 个点处的 $A_e(x)$和 $A_o(x)$的计算过程(每个的次数都是 $A(x)$次数的一半)。

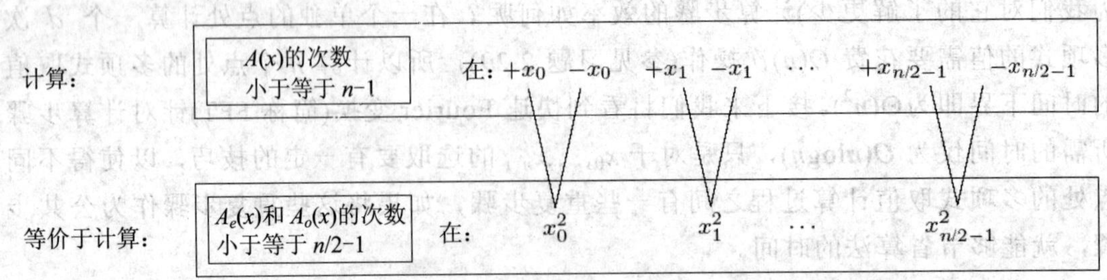

按照上述方法，规模为 n 的原问题被转换成规模为 $n/2$ 的两个子问题，另外还要加上一些线性时间的算术操作。如果我们可以采用递归技术，我们将得到一个分治算法，其运行时间满足：

$$T(n) = 2T(n/2) + O(n),$$

上式经过化简，得到的算法运行时间为 $O(n\log n)$，正是我们所需要的。

但是仍然存在一个问题：这一正负数对的技巧只适用于递归的顶层。在递归的下一层次上，我们需要 $n/2$ 个计算点 $x_0^2, x_1^2, \ldots, x_{n/2-1}^2$，要求它们本身可以表示成正负数对的形式。而一个数的平方又怎能成为负的？这似乎成了不可能完成的任务！除非，我们使用复数。

如果我们使用复数，那么该选取哪些复数呢？为了回答这一问题，我们对递归过程做“反向工程”。在递归的最底层，我们只有一个单独的点。这个点可能是 1，这种情况下，在这一层之上的一层，一定包含 1 的平方根，即 $\pm\sqrt{1}=\pm 1$。

紧接着的上一层将含有 $\pm\sqrt{+1}=\pm 1$ 以及复数 $\pm\sqrt{-1}=\pm i$，其中 i 是复数单元。按照这种方式继续进行，我们最终将得到初始的 n 个点的集合。或许您已经猜到了它们的身份：单位元的 n 次复根，即等式 $z^n = 1$ 的 n 个复数解。

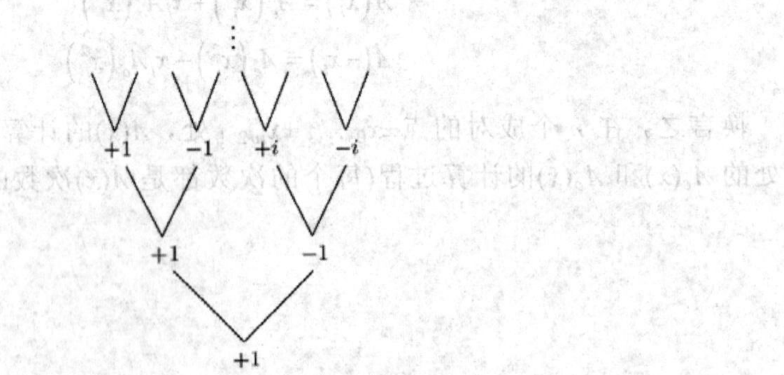

图 2-8 针对复数的一些基本性质给出了形象的说明。该图的第 3 部分描绘了单位元的 n 次复根：即复数 1、ω、ω^2、…、ω^{n-1}，其中 $\omega = e^{2\pi i/n}$。如果 n 是偶数，将具备下述两条性质：

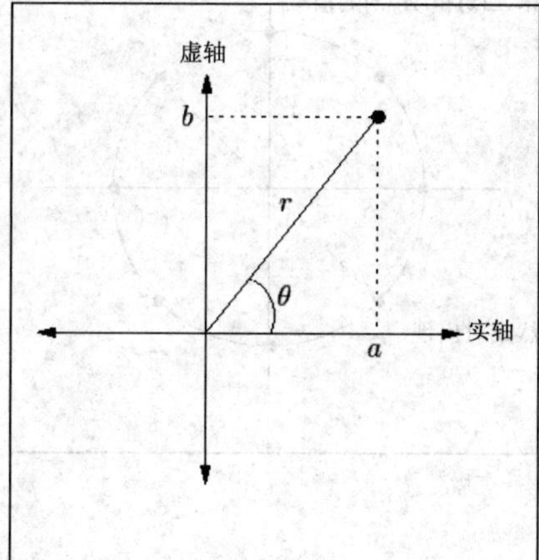

复平面

$z=a+bi$ 是位置(a,b)处的一个点。

极坐标：z 可以表示成 $z=r(\cos\theta+i\sin\theta)=re^{i\theta}$，代表$(r,\theta)$。

- 长度(length)$r=\sqrt{a^2+b^2}$。
- 角度(angle)$\theta\in[0,2\pi]$: $\cos\theta=a/r$, $\sin\theta=b/r$。
- θ 可以通过模 2π 运算进行化简。

例子：

复　数	-1	i	$5+5i$
极坐标	$(1,\pi)$	$(1,\pi/2)$	$(5\sqrt{2},\pi/4)$

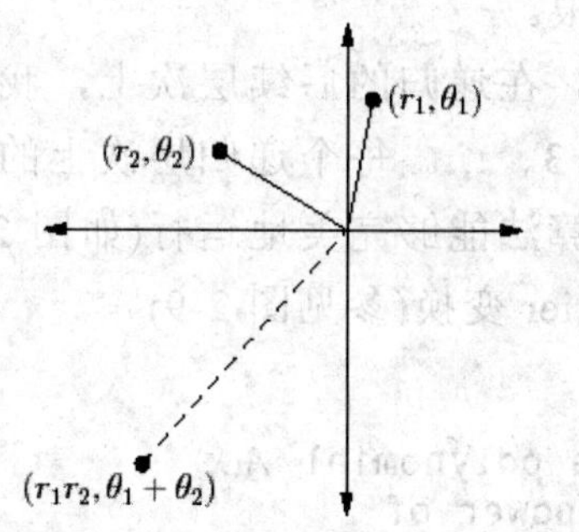

极坐标上的乘法简便易行

长度相乘，角度相加：

$(r_1,\theta_1)\times(r_2,\theta_2)=(r_1r_2,\theta_1+\theta_2)$。

对于任意的 $z=(r,\theta)$，

- $-z=(r,\theta+\pi)$，因为$-1=(1,\pi)$。
- 如果 z 是在单位圆上(例如 r=1)，那么 $z^n=(1,n\theta)$。

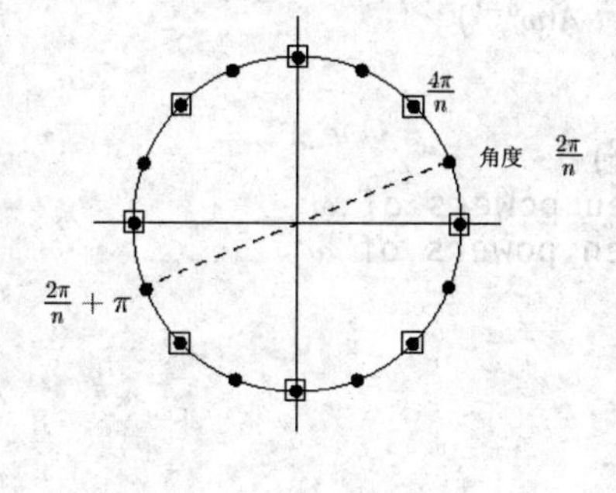

单位元的 n 次复根

方程 $z^n=1$ 的解。

按照乘法规则：上述方程的解是 $z=(1,\theta)$，其中 θ 是 $2\pi/n$ 的倍数(左图显示的是 n=16 的情况)。

当 n 是偶数时：

- 该方程的解是正负成对出现的：$-(1,\theta)=(1,\theta+\pi)$
- 该方程的解的平方是单位元的 $n/2$ 次根，左图中以带方框的点表示。

图 2-8 单位元的复根是多项式相乘分治算法的理想选择

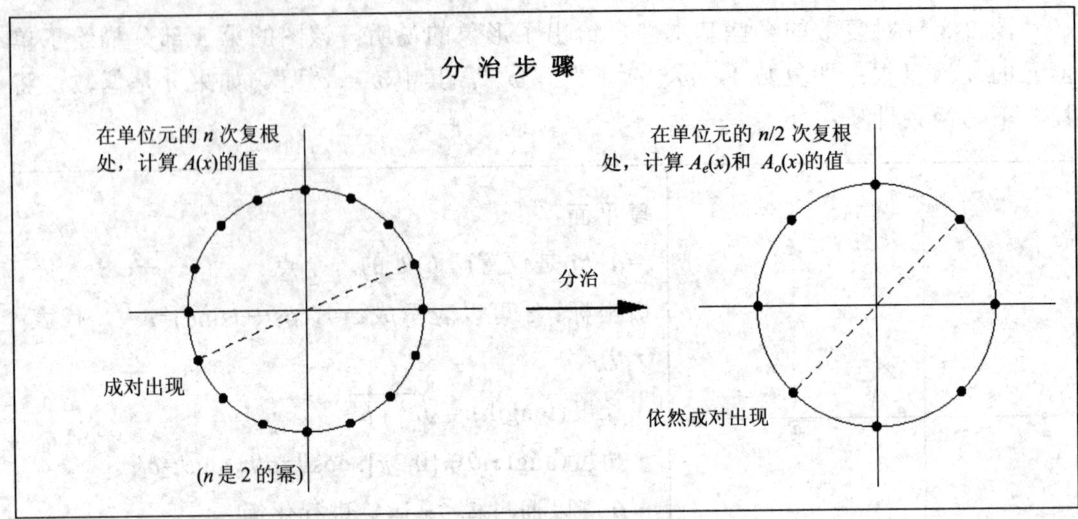

图 2-8 (续)

1. n 个复根成对(一正一负)出现，$\omega^{n/2+j}=-\omega^j$。

2. 将这 n 个复根平方后，将得到单位元的 $n/2$ 次根。

因此，如果 n 是 2 的幂，我们以这些数开始递归，在递归的后续层次上，我们将依次得到单位元的 $n/2^k$ 次复根，其中 $k=0$、1、2、3、…。每个递归层次上的这些数的集合都由正负数对组成，这保证了我们的分治算法能够完美地运行(如图 2-8 最后一部分所示)。最终得到的分治算法即为快速 Fourier 变换(参见图 2-9)。

```
function FFT(A, ω)
Input: Coefficient representation of a polynomial A(x)
       of degree ≤ n−1, where n is a power of 2
       ω, an nth root of unity
Output: Value representation A(ω^0), ..., A(ω^(n−1))

if ω = 1: return A(1)
express A(x) in the form A_e(x^2) + x A_o(x^2)
call FFT(A_e, ω^2) to evaluate A_e at even powers of ω
call FFT(A_o, ω^2) to evaluate A_o at even powers of ω
for j = 0 to n−1:
    compute A(ω^j) = A_e(ω^(2j)) + ω^j A_o(ω^(2j))

return A(ω^0), ..., A(ω^(n−1))
```

图 2-9 快速 Fourier 变换(多项式形式)

2.6.3 插值

现在让我们看看进展到了什么地方。我们先是提出了一种比较高级的多项式乘法算法(如图 2-7)，该算法基于这样一种观察：多项式可以以两种方式表示，一种以多项式的系数表示，另一种以多项式在一组选定点处的取值表示。

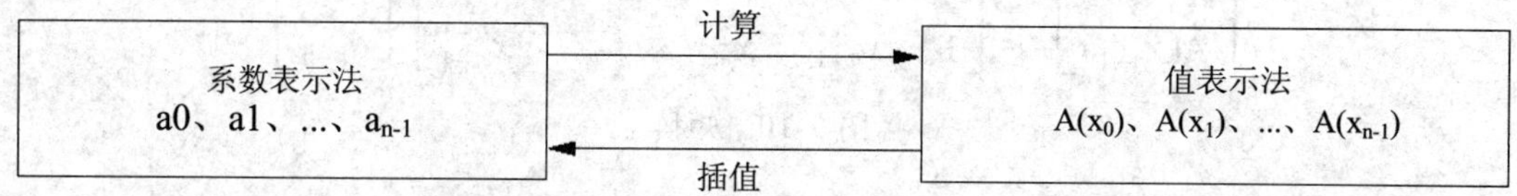

值表示法让多项式的相乘变得简单，但是我们也不能因此就忽视了系数表示法的重要性，因为系数表示法是整个多项式相乘算法的输入多项式和输出多项式所采用的格式。

因此我们设计了 FFT，该方法在 $O(n\log n)$的时间内从多项式的系数表示生成一组值，这些值是单位元的 n 次复根(1、ω、ω^2、...、ω^{n-1})。

$$\langle 值 \rangle = \mathrm{FFT}(\langle 系数 \rangle, \omega)$$

最后遗留的一点难题在于从值到系数的反向操作——插值。令人惊奇的是，事实上

$$\langle 系数 \rangle = \frac{1}{n}\mathrm{FFT}(\langle 值 \rangle, \omega^{-1})$$

这样的话，插值步骤竟然以一种最简单和最优雅的方式——同样借助于 FFT 算法解决了，之前这简直是一种奢望。只不过插值步骤在调用 FFT 算法时以ω^{-1}来替换ω即可。这看起来像是一种奇迹般的巧合，但不可否认的是，当我们以线性代数的知识来理解多项式操作时，这种巧合又是顺理成章的。与此同时，我们的时间复杂度为 $O(n\log n)$的多项式相乘算法(参见图 2-7)也终于露出了全貌。

多项式操作的矩阵表示

为了更清楚地理解插值步骤，让我们重新审视多项式两种表示法之间的关系，仍然假定多项式为 $A(x)$，其次数小于等于 $n-1$。$A(x)$的两种表示法均可以视为 n 个数组成的向量，一种表示法对应的向量是另一种表示法对应向量的线性变换：

将图 2-10 中间的矩阵称为 M。它的格式很特殊，其实它是一个 Vandermonde 矩阵，该矩阵具有很多奇妙的性质，下面的这条性质跟我们的讨论息息相关：

如果 $x_0,\ldots,x_{n-1}$ 互不相同，则 M 是可逆的。

$$\begin{bmatrix} A(x_0) \\ A(x_1) \\ \vdots \\ A(x_{n-1}) \end{bmatrix} = \begin{bmatrix} 1 & x_0 & x_0^2 & \cdots & x_0^{n-1} \\ 1 & x_1 & x_1^2 & \cdots & x_1^{n-1} \\ & & \vdots & & \\ 1 & x_{n-1} & x_{n-1}^2 & \cdots & x_{n-1}^{n-1} \end{bmatrix} \begin{bmatrix} a_0 \\ a_1 \\ \vdots \\ a_{n-1} \end{bmatrix}$$

图 2-10 矩阵

M^1 的存在使得我们可以将上图中含有矩阵的公式倒转过来，即用值来表示多项式的系数。简言之，就是

计算过程通过乘以 M 实现，而插值过程通过乘以 M^1 实现。

这种多项式操作的矩阵表示清晰地揭示了多项式两种表示法之间的本质联系。另外，它还证明了我们之前讨论一直赖以维持的基本假定——$A(x)$被它在任意 n 个不同点处的取值所唯一确定——实际上，我们现在已经具备了一个公式，它可以给出多项式的系数表示。Vandermonde 矩阵还有一个特性，求它的逆矩阵要比求一般矩阵的逆矩阵快得多，只需要 $O(n^2)$的时间，而求一般矩阵的逆矩阵则需要 $O(n^3)$的时间。然而，即使采用乘以 M^1 的方式进行插值仍显得不够快，还是无法满足我们的要求，因此我们再一次将注意力转向之前选定的那些特殊的点——单位元的复根。

插值步骤的解决

在线性代数的术语中，FFT 将一个任意的 n 维向量——之前我们称之为多项式的系数表示——与一个 $n\times n$ 的矩阵相乘

$$M_n(\omega) = \begin{bmatrix} 1 & 1 & 1 & \cdots & 1 \\ 1 & \omega & \omega^2 & \cdots & \omega^{n-1} \\ 1 & \omega^2 & \omega^4 & \cdots & \omega^{2(n-1)} \\ & & \vdots & & \\ 1 & \omega^j & \omega^{2j} & \cdots & \omega^{(n-1)j} \\ & & \vdots & & \\ 1 & \omega^{(n-1)} & \omega^{2(n-1)} & \cdots & \omega^{(n-1)(n-1)} \end{bmatrix} \begin{matrix} \longleftarrow \ \omega^0=1 \text{ 对应的行} \\ \longleftarrow \ \omega \\ \longleftarrow \ \omega^2 \\ \vdots \\ \longleftarrow \ \omega^j \\ \vdots \\ \longleftarrow \ \omega^{n-1} \end{matrix}$$

其中ω是单位元的一个 n 次复根，而 n 是 2 的幂。请注意该矩阵是如何被简单表示的：其中位置(j, k)的元素(行标和列标都从 0 开始)为ω^{jk}。

乘以 $M=M_n(\omega)$的操作将第 k 个坐标轴(除了第 k 个分量为 1，其余分量都为 0 的向量)映射到 M 的第 k 列。现在我们先列出一个重要的观察结论，等会儿再去证明它：M 的列向量都是彼此正交(彼此间夹角为直角)的。因此，M 的列向量可以视为是另一个坐标系统的坐标轴，通常我们称之为 Fourier 基(Fourier basis)。对一个向量乘以 M 等于将该向量从标准基(常规坐标轴)旋转到 Fourier 基(由 M 的列向量定义)下(参见图 2-11)。因此，FFT 是一个基的变换，严格意义上讲是一个刚性旋转变换。M 的逆矩阵是 M 对应的刚性旋转变换的反向旋转变换，即从 Fourier 基变换回标准基。当我们精确地表达正交条件时，我们能从中一眼看出这一逆变换：

反演公式 $\quad M_n(\omega)^{-1} = \dfrac{1}{n} M_n(\omega^{-1})$

ω^{-1} 也是单位元的一个 n 次复根，因此插值操作——或等价的，乘以 $M_n(\omega)^{-1}$ 的操作——本身就是一个 FFT 操作，只是以ω^{-1}替换了ω。

现在让我们更深入地研究一下其中的细节。简便起见，以ω来代替 $e^{2\pi i/n}$，并将 M 的每一列看作是$\mathbb{C}^n$中的列向量。注意到，$\mathbb{C}^n$中两个向量 $u = (u_0,\ldots, u_{n-1})$和 $v = (v_0,\ldots, v_{n-1})$间的角度恰好等于一个比例因子乘以这两个向量的内积：

$$u \cdot v^* = u_0 v_0^* + u_1 v_1^* + \ldots + u_{n-1} v_{n-1}^*$$

其中以 z^*来标记复数 z 的共轭复数[4]。当两个向量处于同一方向上时，其内积最大；而当两个向量正交时，内积为 0。

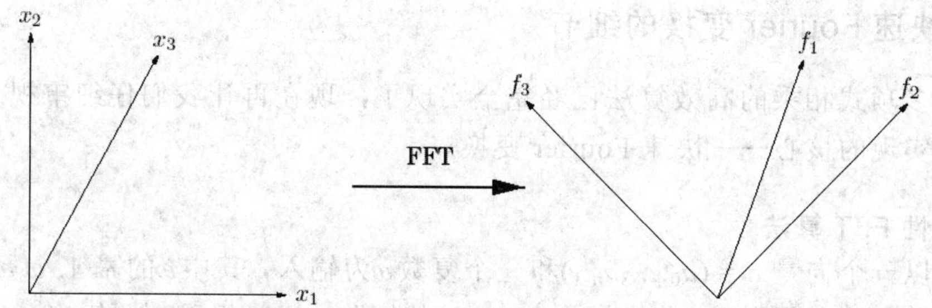

图 2-11 FFT 将标准坐标系统(其坐标轴为图中的 x_1,x_2,x_3)中的点，经过旋转变换，变换为 Fourier 基(其坐标 轴为矩阵 $M_n(\omega)$的列向量，即图中的 f_1,f_2,f_3)中的点。例如，x_1 方向上的点被映射到 f_1 的方向上

4 复数 $z = re^{i\theta}$ 的共轭复数是 $z^* = re^{-i\theta}$。一个向量(或一个矩阵)的复共轭就是将它的每个分量(或元素)替换成其共轭复数。

我们所需的基本观察结论如下：

引理 矩阵 M 的列向量彼此正交。

证明：取矩阵 M 中的任意两个列向量 j 和 k，计算它们的内积，得

$$1 + \omega^{j-k} + \omega^{2(j-k)} + \dots + \omega^{(n-1)(j-k)}。$$

上式中的各项组成一个几何级数，首项为 1，末项为 $\omega^{(n-1)(j-k)}$，公比是 $\omega^{(j-k)}$。因此，上式等于 $(1-\omega^{n(j-k)})/(1-\omega^{(j-k)})$，化简后为 0——除了当 $j=k$ 时，上式中的每一项都是 1，从而上式等于 n。证毕。

正交性质可以总结为一个公式：

$$MM^* = nI,$$

其中 $(MM^*)_{ij}$ 是矩阵 M 中第 i 列和第 j 列的内积(您知道其中的原因吗？)。这意味着 $M^{-1} = (1/n)\, M^*$，我们从而得到了一个反演公式！但是它和我们之前得到的那个相同吗？让我们来看一下——M^* 的第 (j, k) 个元素是 M 中对应元素的共轭复数，换言之，即 ω^{-jk}。而 $M^* = M_n(\omega^{-1})$，因此两个反演公式相同。

现在我们回顾一下以上的内容，并从几何的角度审视整个过程。我们需要进行的多项式乘法，在 Fourier 基中进行要比在标准基中容易得多。因此，我们首先将向量旋转变换到 Fourier 基下(对应于计算过程 evaluation)，然后相乘，最终再将结果旋转回标准基(对应于插值过程)。初始向量是系数表示法，旋转后的向量即为值表示法。在这两种表示法之间高效地来回切换，正是 FFT 的拿手好戏。

2.6.4 快速 Fourier 变换的细节

针对多项式相乘的高效算法已经完全实现了，现在再让我们仔细审视一下让该算法得以实现的核心——快速 Fourier 变换。

确定性 FFT 算法

FFT 以一个向量 $a=(a_0,\dots,a_{n-1})$ 和一个复数 ω 为输入，其中 ω 的幂 $1, \omega, \omega^2, \dots, \omega^{n-1}$ 是单位元的 n 次复根。FFT 将向量 a 与 $n\times n$ 的矩阵 $M_n(\omega)$ 相乘，矩阵 $M_n(\omega)$ 的第 (j,k) 个元素(行下标和列下标都从 0 开始)是 ω^{jk}。如何在这一矩阵与向量的相乘中利用分治思想呢？当我们尝试将 M 的列向量分成偶数列和奇数列时，分治的思路就逐渐清晰起来：

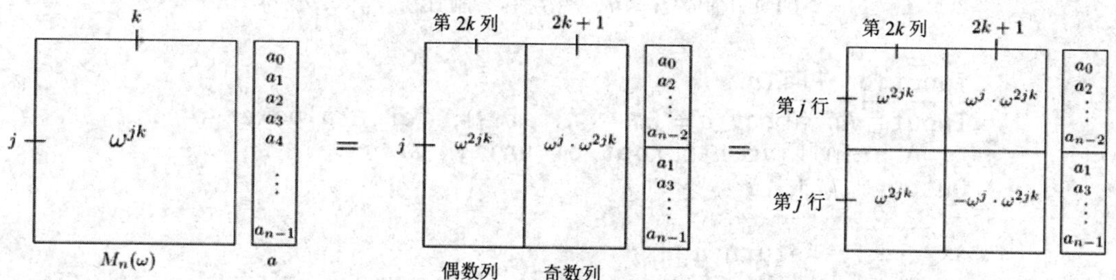

接下来，我们利用$\omega^{n/2} = -1$和$\omega^n = 1$对矩阵下半部分中的元素进行了简化。矩阵左上角的$n/2 \times n/2$的子矩阵为$M_{n/2}(\omega^2)$，左下角的子矩阵亦然。同时，矩阵右上角和右下角的子矩阵也几乎$M_{n/2}(\omega^2)$相同，只是它们各自的第j行都是在$M_{n/2}(\omega^2)$对应行的基础上分别乘以了ω^j和$-\omega^j$的结果。因此最终的乘积是如下的向量：

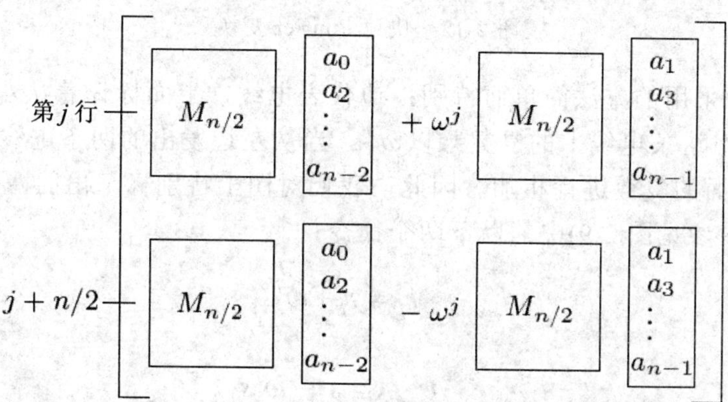

简言之，$M_n(\omega)$与向量$(a_0,\ldots,a_{n-1})$相乘这一规模为n的问题，可以被转化成两个规模为$n/2$的子问题：$M_{n/2}(\omega^2)$与向量$(a_0,a_2,\ldots,a_{n-2})$相乘以及$M_{n/2}(\omega^2)$与向量$(a_1,a_3,\ldots,a_{n-1})$相乘。这一分治策略最终成就了图 2-12 中的确定性 FFT 算法，其运行时间为$T(n) = 2T(n/2) + O(n) = O(n\log n)$。

快速 Fourier 变换的内部机制

回顾我们之前关于 Fourier 变换的讨论，不难发现：快速 Fourier 变换仍然被分治思想所紧紧包裹，让我们无法看清其中的机理。为了弄清楚其内部的结构，现在我们拆开它的“外壳”(一种递归结构)。

FFT 的分治步骤可以看作是一个简单的电路。图 2-13 展示了一个规模为n的问题如何被化简为 2 个规模为$n/2$的子问题(清晰起见，一对输出$(j, j+n/2)$被特别标记出)：

FFT_n(输入：$a_0,\ldots,a_{n-1}$，输出：$r_0,\ldots,r_{n-1}$)

```
function FFT(a, ω)
Input: An array a = (a_0, a_1, ..., a_{n-1}), for n a power of 2
   A primitive nth root of unity, ω
Output: M_n(ω) a

if ω = 1: return a
(s_0, s_1, ..., s_{n/2-1}) = FFT((a_0, a_2, ..., a_{n-2}), ω^2)
(s'_0, s'_1, ..., s'_{n/2-1}) = FFT((a_1, a_3, ..., a_{n-1}), ω^2)
for j = 0 to n/2 - 1:
   r_j = s_j + ω^j s'_j
   r_{j+n/2} = s_j - ω^j s'_j
return (r_0, r_1, ..., r_{n-1})
```

图 2-12　快速 Fourier 变换

图 2-13 中采用的方法简单而特别：边代表电线，上面标记着从左到右的复数。权重 j 代表“对这条电线上的复数乘以 ω^j”。当从左边发出的两条电线交汇的时候，意味着各自上面的复数进行相加。因此，我们对图上特别标记出的两个输出分别执行了 FFT 算法(参见图 2-9)中的以下两个命令：

$$r_j = s_j + \omega^j s_j'$$

$$r_{j+n/2} = s_j - \omega^j s_j'$$

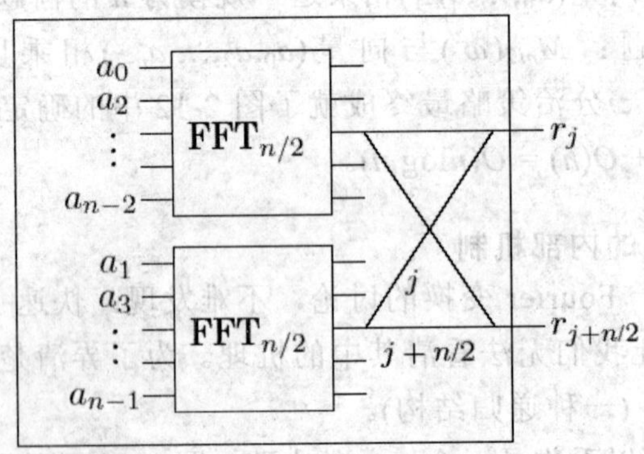

图 2-13　FFT 的分治步骤

以上两个命令的执行对应于图 2-13 上的一个蝴蝶式的线路样式：⧖。

当 FFT 电路一共含有 n=8 个输入时，我们将它完全拆开，得到如图 2-14 所示的情况。请注意以下两点：

1. 对于 n 个输入，共有 $\log_2^n$ 个层次，每个层次有 n 个节点，共有 $n\log n$ 次操作。

2. 输入按照以下特定顺序排列：0,4,2,6,1,5,3,7。

为什么会这样？回忆一下，在递归的顶层，我们首先生成了输入多项式的偶次幂项系数，然后又生成了奇次幂项系数。然后在下一层次中，产生出第一组(这些系数是 4 的倍数，换言之，就是对应的二进制表示最后两位为 0 的数)中的偶次幂项系数，并如此继续。用另一种方式进行解释，即将输入节点按其二进制表示的最后一位的升序进行排列，当最后一位相同时，再按其前一个二进制位的升序排列，如此递归。最终得到的顺序以二进制写出就是：000, 100, 010, 110, 001, 101, 011, 111，与二进制数的自然升序：000, 001, 010, 011, 100, 101, 110, 111 类似，只是对应的二进制数位互为镜像！

3. 每个输入 a_j 和输出 $A(\omega^k)$之间存在唯一的路径。

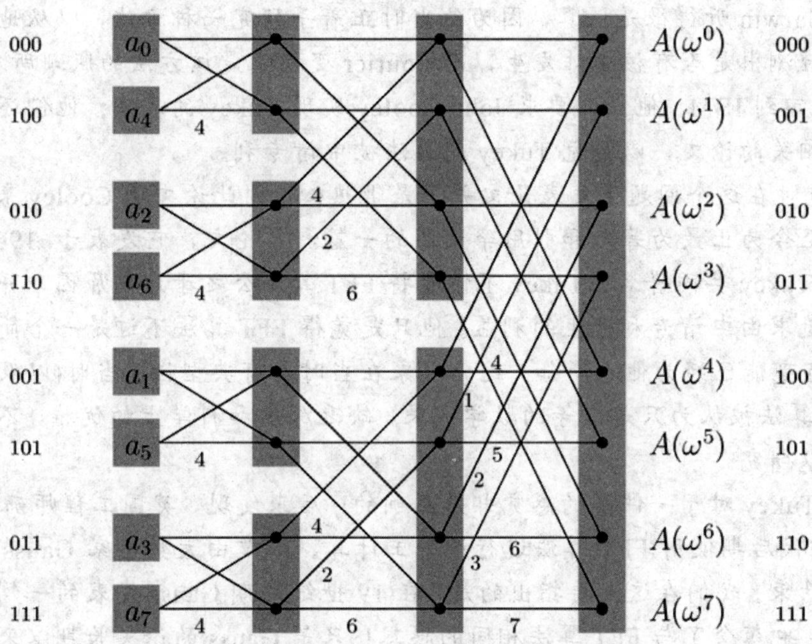

图 2-14 快速 Fourier 变换电路

借助 j 和 k 的二进制表示法能够很方便地描绘出这条路径(参见图 2-14)。从每个节点发出两条边，一条上行(0-边)，一条下行(1-边)。为了从任意一个输入节点到达输出 $A(\omega^k)$，只需简单地按照 k 的二进制表示所指示的边的顺序(从二进制表示最右端的位数开始)选择一条路径。(您能模仿这一方法，指出从输出到输入的反向路径吗？)

4. 在 a_j 和 $A(\omega^k)$之间的路径上，标记的数逐渐增加到 $jk \bmod 8$。

由于$\omega^8 = 1$，这意味着输入 a_j 对输出 $A(\omega^k)$的贡献是 $a_j\omega^{jk}$，因此该电路正确地计算了多项式 $A(x)$的值。

5. 最后，请注意，FFT 电路具备与生俱来的并行计算特征，它可以直接在硬件中实现。

快速算法的缓慢传播

1963年，在时任美国总统的Kennedy的一次技术幕僚例会上，一名来自Princeton大学的数学家 John Tukey 向 IBM 的 Dick Garwin 解释了一种进行 Fourier 变换的快速算法。Garwin 听得很是认真，因为他当时正着手研究一种方法，以从地震监测资料数据中检测出是否有核爆炸发生，而 Fourier 变换正是该方法的瓶颈所在。于是，当 Garwin 回到 IBM，他立即要求 John Cooley 实现 Tukey 的算法；他们还决定应该发表一篇相关的论文，以避免 Tukey 的算法被申请专利。

Tukey 对在这个问题上发表论文并不是很热心，因此论文由 Cooley 来执笔。这就成就了至今为止最为著名和引用率最高的一篇科学论文，它发表于 1965 年，由 Cooley 和 Tukey 共同署名。Tukey 不情愿将 FFT 算法公之于众的原因，并不是出于保密或是追求由申请专利产生的利益。他只是觉得 FFT 算法不过是一个简单的观察结论，很有可能已经为他人所知。这一现象在当时具有典型性：当时(以及后来的一段时间里)算法被认为只是二等的数学成果，缺乏深度和科学上的优雅，不值得认真仔细地加以研究。

但是 Tukey 对于一件事的感觉却是正确的：后来发现，英国工程师确实曾在 20 世纪 30 年代后期使用 FFT 算法进行过手工计算。本章由大数学家 Gauss 开始，也将由他来结束。我们在这里要指出的是，在 19 世纪早期 Gauss 发表的一篇关于插值的论文中，也蕴含了与 FFT 算法相同的思想！只是 Gauss 的论文长期以来一直不为外人所知，而这主要得益于一种老式的加密技术：与当时大多数的科学论文一样，它是用拉丁文撰写的。

习题

2.1 利用分治整数相乘算法，对两个二进制整数 10011011 和 10111010 相乘。

2.2 证明：对于任意的正整数 n 和基数 b，一定存在 b 的某个整数幂落在$[n,bn]$的范围内。

2.3 2.2 节曾介绍了一种求解递推式的方法，该方法依赖于以下两个方面：分析递归树结构和推导每个递归层次已完成工作的一个公式。另一种(两种方法相互关联)方法是不断对递推式加以展开，直到出现某个通项公式为止。以我们熟知的递推式 $T(n) = 2T(n/2) + O(n)$为例。假定对于某个常数 c，有 $O(n) \leqslant cn$，因此有 $T(n) \leqslant 2T(n/2) + cn$ 成立。反复应用该式，我们可以得到以 $T(n/2)$来表示的 $T(n)$的上界，然后是以 $T(n/4)$，$T(n/8)$来表示的 $T(n)$的上界，依此类推。我们最终的目标是以一个我们熟知的 $T(\cdot)$(如 $T(1)=O(1)$)来表示 $T(n)$的上界，而我们正在逐渐地接近这个目标。

$$\begin{aligned}
T(n) &\le 2T(n/2) + cn \\
&\le 2[2T(n/4) + cn/2] + cn = 4T(n/4) + 2cn \\
&\le 4[2T(n/8) + cn/4] + 2cn = 8T(n/8) + 3cn \\
&\le 8[2T(n/16) + cn/8] + 3cn = 16T(n/16) + 4cn \\
&\ \ \vdots
\end{aligned}$$

从而，通项公式为：

$$T(n) \le 2^k\, T(n/2^k) + kcn。$$

将 $k=\log_2 n$ 代入，我们得到 $T(n) \leqslant nT(1) + cn\log_2 n = O(n\log n)$。

(a) 照此方法，推导出递推式 $T(n) = 3T(n/2) + O(n)$的通项公式。该递推式对应的第 k 个通项是什么？为了得到最终化简的 $T(n)$，应该用什么来替换通项公式中的 k？

(b) 再试试递推式 $T(n) = T(n-1) + O(1)$，主引理中并没有提供解决这种形式递推式的方法。您能将它化简吗？

2.4 假定您需要在以下三种算法中做出抉择：

- 算法 A 将原问题划分成规模减半的 5 个子问题，递归地求解这些子问题，然后在线性时间内将子问题的解合并，得到原问题的解。
- 算法 B 这样求解规模为 n 的原问题：先递归地求解 2 个规模为 $n-1$ 的子问题，然后在常量时间内将子问题的解合并。

- 算法 C 将规模为 n 的原问题划分成规模为 $n/3$ 的 9 个子问题，递归地求解这些子问题，然后在 $O(n^3)$时间内将子问题的解合并。

给出以上三个算法的运行时间，以大-O 标记表示，您会选择哪个算法？

2.5 求解以下的递推式，并针对每个递推式给出一个 Θ 界限。

(a) $T(n) = 2T(n/3) + 1$

(b) $T(n) = 5T(n/4) + n$

(c) $T(n) = 7T(n/7) + n$

(d) $T(n) = 9T(n/3) + n^2$

(e) $T(n) = 8T(n/2) + n^3$

(f) $T(n) = 49T(n/25) + n^{3/2}\log n$

(g) $T(n) = T(n-1) + 2$

(h) $T(n) = T(n-1) + n^c$，其中常数 $c \geqslant 1$

(i) $T(n) = T(n-1) + c^n$，其中某一常数 $c \geqslant 1$

(j) $T(n) = 2T(n-1) + 1$

(k) $T(n) = T(\sqrt{n}) + 1$

2.6 一个线性时不变系统具有如下图所示的脉冲响应：

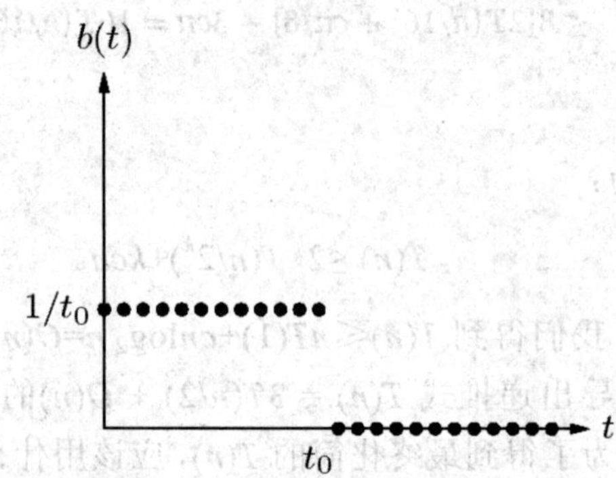

(a) 描述该系统的效果。

(b) 该系统对应的多项式是什么？

2.7 单位元的所有 n 次复根的和是多少？当 n 是奇数时，所有 n 次复根的积是多少？当 n 是偶数时呢？

2.8 练习快速 Fourier 变换。

(a) (1,0,0,0)的 FFT 是什么？本题中ω的值是多少？什么序列经过 FFT，能够得到(1,0,0,0)？

(b) 对(1,0,0,0)重复上一问。

2.9　练习利用 FFT 进行多项式相乘运算。

(a) 假定您要利用 FFT 对两个多项式 $x+1$ 和 x^2+1 相乘。选择一个合适的 2 的幂，找到对应的两个序列的 FFT，逐项相乘，并通过逆 FFT 得到最终的乘积。

(b) 对另两个多项式 $1+x+2x^2$ 和 $2+3x$ 重复上一问。

2.10　求出唯一的 4 次多项式，满足 $p(1)=2, p(2)=1, p(3)=0, p(4)=4$ 和 $p(5)=0$。将多项式以系数表示法表示。

2.11　为了给出我们的矩阵相乘算法(参见 2.5 节)，我们称有以下矩阵分块性质成立：如果 X 和 Y 都是 $n\times n$ 的矩阵，

$$X=\begin{bmatrix}A & B\\ C & D\end{bmatrix},\ Y=\begin{bmatrix}E & F\\ G & H\end{bmatrix}$$

其中 A、B、C、D、E、F、G、H 均为 $n/2\times n/2$ 的子矩阵，从而乘积 XY 可以表示成以下分块相乘的形式：

$$XY=\begin{bmatrix}A & B\\ C & D\end{bmatrix}\begin{bmatrix}E & F\\ G & H\end{bmatrix}=\begin{bmatrix}AE+BG & AF+BH\\ CE+DG & CF+DH\end{bmatrix}$$

证明该性质。

2.12　以下的程序会输出多少行(以 n 的函数，并以 $\Theta(\cdot)$的形式表示输出的行数)？写出一个递推式，并求解之。您可以假定 n 是 2 的幂。

```
function f(n)
  if n > 1:
    print_line("still going")
    f(n/2)
    f(n/2)
```

2.13　当一个二叉树的所有顶点都有 0 个子顶点或 2 个子顶点时，我们称该二叉树是满的。令 B_n 表示含有 n 个顶点的所有满二叉树的数目。

(a) 分别画出含有 3 个、5 个和 7 个顶点的所有满二叉树，以此给出 B_3、B_5 和 B_7 的值。为什么我们不要求给出含有某偶数个顶点的所有满二叉树的数目，如 B_4？

(b) 对于一般的顶点数 n，给出一个 B_n 的递推式。

(c) 归纳证明 B_n 是 $2^{\Omega(n)}$。

2.14　给定一个含有 n 个元素的数组，注意到数组中的某些元素是重复的，即这些元素在数组中出现不止一次。给出一种算法，以 $O(n\log n)$时间移除掉数组中的

所有重复元素。

2.15 在寻找中项算法中(参见 2.4 节)，一个基本操作是 split 操作，该操作以一个数组 S 和一个值 v 为输入，将 S 划分成 3 个子集：比 v 小的元素组成的集合，等于 v 的元素组成的集合以及比 v 大的元素组成的集合。给出一种算法，以就地实现 split 操作，即该算法不要求额外分配新的内存。

2.16 给定一个无穷数组 $A[\cdot]$，其中前 n 个元素都是整数，且已排好顺序，剩余元素均为∞。n 的值未知。给出一个算法，以一个整数 x 为输入，以 $O(\log n)$时间找到数组中的一个位置，并满足其上的元素为 x(当然前提是如果这样的位置存在)。(如果您被该数组的长度无穷所困扰，建议您可以假定它的长度为 n，只是您并不知道这个长度的实际值，并且在您的算法实现代码中，一旦数组元素 $A[i]$满足 $i>n$，则您的代码应该返回错误信息∞。)

2.17 给定一个有序数组 $A[1,\ldots,n]$，其中的元素各不相同，要求确认是否存在一个数组索引，使得 $A[i]=i$。给出一个针对以上任务的分治算法，运行时间为 $O(\log n)$。

2.18 考虑以下任务：在一个有序数组 $A[1,\ldots,n]$中寻找一个给定的元素 x：该任务如果利用通常的二分搜索算法，可以在 $O(\log\ n)$时间内完成。证明：任意仅通过比较操作(即通过形如"$A[i]\leqslant z$ 吗？"的提问)来访问数组的算法，一定需要执行 $\Omega(\log n)$次操作。

2.19 k-路合并操作。假定有 k 个有序数组，每个数组中含有 n 个元素，您的任务是将它们合并为单独的一个有序数组，该数组共含有 kn 个元素。

(a) 可以采用下面的策略：使用 2.3 节的 merge 过程，先合并前两个数组，再与第三个数组合并，再与第四个数组合并，并一直持续下去。该算法的时间复杂性如何？请用关于 k 和 n 的函数表示。

(b) 针对本题的任务，给出一种更有效的分治型算法。

2.20 证明：任意整数数组 $x[1,\ldots,n]$可以在 $O(n+M)$时间内进行排序，其中

$$M=\max_i x_i-\min_i x_i\text{。}$$

对于 M 比较小的情况，排序可以在线性时间内完成：我们不禁要问，为什么排序算法的 $\Omega(n\log n)$的时间下界不适用于 M 比较小的情况呢？

2.21 平均数和中项。统计学中的一项最基本任务就是以一个单独的数来概括一组观测数值$\{x_1,x_2,\ldots,x_n\}\subseteq\mathbb{R}$的特征。两种比较常见的选择是：

- 中项，我们记为 μ_1
- 平均数，我们记为 μ_2

(a) 证明：中项等于使以下函数最小的 μ 值：

$$\sum_i |x_i - \mu|$$

为了证明的简便，可以假定 n 是奇数。(提示：先证明以下结论：对于任意的 $\mu \neq \mu_1$，无论是微量缩小 μ 还是微量增大 μ，该函数值都将减少。)

(b) 证明：平均数等于使以下函数最小的 μ 值：

$$\sum_i (x_i - \mu)^2$$

一种证明方法是利用微积分。另一种方法是证明对于任意的 $\mu \in \mathbb{R}$，有下式成立：

$$\sum_i (x_i - \mu)^2 = \sum_i (x_i - \mu_2)^2 + n(\mu - \mu_2)^2$$

请注意：μ_2 对应的函数相比 μ_1 对应的函数，它对于远离 μ 的数值的惩罚(因为目标是使函数值最小，而数值越远离 μ，相应函数的值越大，形象地称为对偏离最小化目标的惩罚)要重得多。因此，μ_2 会与所有的观测数值更加接近。μ_2 的这一特征听起来不错，但是从统计学的角度来讲，这一特征并不合需要，因为只需少量的边缘数据就能将 μ_2 的值远远甩离位于整体观测数值中央的数值。因此，有时候 μ_1 被视为是比 μ_2 更好的对于一组观测数值的估计指标。然而，却存在另一个比它俩都要差的指标：μ_∞，它等于使以下函数最小的 μ 值：

$$\max_i |x_i - \mu|$$

(c) 证明：μ_∞ 可以在 $O(n)$时间内计算出来(假定数值 x_i 足够小，使得关于它们的基本算术操作可以在单位时间内完成)。

2.22　给定两个有序列表，大小分别为 m 和 n。给出一个算法，以 $O(\log m + \log n)$时间找出两个列表合并后的有序列表中的第 k 小元素。

2.23　如果一个数组 $A[1,\ldots,n]$中超过半数的元素都相同时，该数组被称为含有一个主元素。给定一个数组，设计一个有效算法，确定该数组中是否含有一个主元素，如果有，找出这个元素。该数组中的元素之间不一定存在顺序，如整数之间就存在顺序，可以作形如“$A[i]>A[j]$吗？”的比较，与此不同的是，该数组中的元素则不一定能做出这样的比较。(比如可以把该数组中的元素设想成 GIF 文件。)但是，却可以在常量时间内回答如下形式的问题“$A[i]=A[j]$吗？”。

(a) 给出一个算法，以 $O(n\log n)$时间完成本题的要求。(提示：将数组 A 划分成两个数组 A_1 和 A_2，各含有 A 中的一半元素。考虑以下的问题：如果知道了 A_1 和 A_2 中各自的主元素，是否会对找出 A 中的主元素有所帮助？如果答案是肯定的，您就可以使用一种分治方法。)

(b) 能否给出一个线性时间算法？(提示：以下有另一种分治方法：

- 对 A 中的元素任意两两组合，得到 $n/2$ 对元素
- 对每对元素作如下工作：如果两个元素不同，则两者都可以舍弃；如果它们相同，则只保留它们中的一个

证明：在经历了上述过程之后，最多留下 $n/2$ 个元素，如果 A 中含有一个主元素，则这些元素中也含有一个主元素。)

2.24　本书 2.4 节的灰色方框中有一个针对快速排序算法的概要性描述。

(a) 写出快速排序算法的伪代码。

(b) 证明：当输入数组的大小为 n 时，该算法最差情况下的运行时间是 $\Theta(n^2)$。

(c) 证明：该算法的期望运行时间满足以下的递推式：

$$T(n) \le O(n) + \frac{1}{n}\sum_{i=0}^{n-1}(T(i)+T(n-i))$$

再证明该递推式的解是 $O(n\log n)$。

2.25　2.1 节我们曾给出了一个算法，在 n^a 时间内对两个 n 位二进制整数 x 和 y 相乘，其中 $a=\log_2 3$。我们称该算法为 fastmultiply(x,y)。

(a) 我们想要把十进制整数 10^n(一个 1 后面有 n 个 0)转换成二进制形式。以下是转换算法(假定 n 是 2 的幂)：

```
function pwr2bin(n)
  if n = 1: return 1010₂
  else:
    z = ???
    return fastmultiply(z, z)
```

将算法中漏掉的细节补全。然后给出关于算法运行时间的递推式，并求解该递推式。

(b) 接下来，我们想要把任意 n(n 是 2 的幂)位十进制整数 x 转换成二进制形式。

相应的算法如下：

```
function dec2bin(x)
  if n=1: return binary[x]
  else:
    split x into two decimal numbers x_L, x_R with n/2
      digits each
    return ???
```

这里 binary[·]是一个向量，代表了括号中的 1 位整数的二进制表示。例如，binary[0]=0_2，binary[1]=1_2，binary[9]=1001_2。假定 binary 中的一个查找操作需要 $O(1)$时间。将算法中漏掉的细节补全，然后给出关于算法运行时间的递推式，并求解该递推式。

2.26 F.Lake 教授告诉他的学生这样一个论断：从极限的角度来讲，当 n 趋于无穷大时，计算一个 n 位二进制整数的平方要渐近地快于计算两个 n 位二进制整数的乘积。该论断正确吗？

2.27 矩阵 A 的平方是 A 自乘后的乘积，即 AA。

(a) 证明：5 次乘法足以完成对一个 2×2 矩阵的平方。

(b) 下述算法旨在计算一个 $n \times n$ 矩阵的平方，指出其中的错误：

“使用 Strassen 算法中的分治方法，不同于 Strassen 算法中将规模为 n 的原问题划分成 7 个规模为 $n/2$ 的子问题，我们现在只得到 5 个规模为 $n/2$ 的子问题，这要归功于(a)中的结论。利用 Strassen 算法采用的同一种算法分析方法，我们可以得出以下结论：该算法的运行时间为 $O(n^{\log_2 5})$”

(c) 实际上，矩阵平方并不比矩阵相乘容易。证明：如果一个 $n \times n$ 的矩阵可以在 $O(n^c)$时间内平方，那么，任意两个 $n \times n$ 的矩阵可以在 $O(n^c)$时间内相乘。

2.28 Hadamard 矩阵 $H_0, H_1, H_2, \ldots$定义如下：

- H_0 是 1×1 的矩阵[1]
- 对于 $k>0$，H_k 是 $2^k \times 2^k$的矩阵

$$H_k = \left[\begin{array}{c|c} H_{k-1} & H_{k-1} \\ \hline H_{k-1} & -H_{k-1} \end{array}\right]$$

证明：如果 v 是一个长度为 $n=2^k$ 的列向量，那么矩阵-向量的乘积 $H_k v$ 可以通过 $O(n\log n)$次操作求得。假定所有参与计算的数都足够小，使得关于它们的基本算术操作，如加法和乘法等，都可以在单位时间内完成。

2.29 假定我们需要计算多项式 $p(x)=a_0+a_1x+a_2x^2+\ldots+a_nx^n$ 在 x 点处的值。

(a) 证明如下简单规则能够完成题设要求的工作，并给出答案 z，又名 Horner 准则。

```
z = a_n
for i = n-1 downto 0:
    z = zx + a_i
```

(b) 该准则分别进行了多少次加法操作和乘法操作？分别写成 n 的函数。您能否找到一个多项式，使得另一种方法相比 Horner 准则更好？

2.30　本题给出了一种方法，以模运算来进行 Fourier 变换(FT)，以模 7 运算为例：

(a) 存在一个数ω，使得ω的七个幂 1(1 相当于是ω^0),$\omega,\omega^2,\ldots,\omega^6$ 各不相同(模 7)。找到这个数ω，并证明$\omega+\omega^2+\ldots+\omega^6=0$。(有趣的是，对于任意的素模数，都存在一个这样的数ω。)

(b) 利用 FT 的矩阵形式，生成以下序列(0,1,1,1,5,2)模 7 的变换；即将该序列对应的向量与矩阵 $M_6(\omega)$相乘，其中的ω即为(a)中找出的ω。在矩阵乘法中，所有的计算都是模 7 运算。

(c) 写出执行逆 FT 所必需的矩阵。证明：乘以该矩阵将得到原序列。(同样，所有的运算都是模 7 运算。)

(d) 现在说明如何利用 FT 模 7 方法，将两个多项式 x^2+x+1 和 x^3+2x-1 相乘。

2.31　在 1.2.3 节，我们曾研究了 Euclid 算法，用来计算两个正整数的最大公因数(gcd)：即同时整除这两个整数的最大整数。现在我们考虑一种基于分治的最大公因数算法。

(a) 证明以下规则是正确的：

$$\gcd(a,b)=\begin{cases}2\gcd(a/2,b/2) & \text{如果}a,b\text{都是偶数}\\ \gcd(a,b/2) & \text{如果}a\text{是奇数},b\text{是偶数}\\ \gcd((a-b)/2) & \text{如果}a,b\text{都是奇数}\end{cases}$$

(b) 给出一个有效的分治型最大公因数算法。

(c) 如果 a 和 b 都是 n 位二进制整数，您的分治型算法和 Euclid 算法相比，效率如何？(特别需要指出的是，由于 n 可能会比较大，因此您不能假定基本算术操作，如加法能够在常量时间内完成。)

2.32　在本题中，我们将设计一种分治算法，针对以下几何任务：

最近点对问题(CLOSEST PAIR)

输入：平面上的一组点，$\{p_1=(x_1,y_1),\ldots,p_n=(x_n,y_n)\}$

输出：最近点对：即找到两个点 $p_i \neq p_j$，使得它们之间的距离

$$\sqrt{\left(x_i-x_j\right)^2+\left(y_i-y_j\right)^2}$$

在所有的点对间为最小。

简便起见，假设 n 是 2 的幂，同时，所有点的 x 坐标 x_i 互不相同，y 坐标也是如此。

该分治算法可以概要综述如下：

- 找到一个值 x，恰好能够使得半数的点满足 $x_i<x$，半数的点满足 $x_i>x$。在此基础上，将所有的点分成两组，L 和 R。
- 递归地寻找 L 和 R 中各自的最近点对。记这两对点分别为 $p_L,q_L\in L$ 和 $p_R,q_R\in R$，这两对点间的距离分别为 d_L 和 d_R。记 d 为两个距离中的小者。
- 接下来需要看看 L 中的点和 R 中的点之间的最小间距是否比 d 还小。如果最近点对由 L 中的某个点和 R 中的某个点组成，则这两个点的 x 坐标一定与 x 的差值不超过 d，从而可以丢弃所有满足 $x_i<x-d$ 或 $x_i>x+d$ 的点，并将剩余的点按照 y 坐标递增序排序，形成一个列表。
- 现在，遍历该有序列表，对每个点，只需计算它与列表中后续的 7 个点之间的距离(此处隐含一个重要的观察结论：列表中的每个点最多需要和列表中的 7 个点进行比较)。令 p_M 和 q_M 表示最小距离对应的最近点对。
- 最终的最近点对是以下三对点中距离最近的一对：$\{p_L,q_L\},\{p_R,q_R\},\{p_M,q_M\}$。

(a) 为了验证上述算法的正确性，首先需要证明以下性质：平面上的任意 $d\times d$ 的矩形区内最多可以容纳 L 中的 4 个点。

(b) 证明上述算法是正确的。证明中需要着重考虑以下情况：当最近点对由 L 中的某个点和 R 中的某个点组成时。

(a) 写出上述算法的伪代码，证明其运行时间满足以下递推式：

$$T(n)=2T(n/2)+O(n\log n)$$

证明该递推式的解是 $O(n\log^2 n)$。

(d) 您能改进该算法，使其运行时间降至 $O(n\log n)$吗？

2.33　给定 3 个 $n\times n$ 的矩阵 A,B,C，需要验证是否 $AB=C$。借助 Strassen 算法，验证过程可以通过 $O(n^{\log_2 7})$次基本操作实现。本题将设计一种更快的随机验证方法，

时间复杂度为 $O(n^2)$。

(a) 令 v 表示一个 n 维向量，其每一个分量的值随机独立地在 0 或 1 之间选取(每种选择的概率都是 1/2)。证明：如果 M 是一个非零的 $n \times n$ 矩阵，那么 $\Pr[Mv=0] \leq 1/2$。

(b) 证明：如果 $AB \neq C$，则 $\Pr[ABv=Cv] \leq 1/2$。为什么这保证了针对 $AB=C$ 的随机验证方法的时间复杂度为 $O(n^2)$？

2.34 线性 3SAT。8.1 节中详细定义了 3SAT 问题。这里我们提前给出 3SAT 问题的简要描述：问题输入是一个布尔公式——以一组子句表示——由一组变量组成，问题的目标是确定是否存在所有变量的一个赋值(每个变量赋给 true/false 值)，使得整个公式的值为 true。

考虑具有以下特殊局部性质的一个 3SAT 问题实例。布尔公式中包含 n 个变量，每个变量以 $1,2,\ldots,n$ 进行编号，公式中的每个子句包含变量的编号差异在 ± 10 以内。给出一个线性时间算法，求解这样的一个 3SAT 问题实例。

chapter 3

图 的 分 解

3.1 为什么是图

现实生活中有很大一类问题可以用简洁明了的图论语言来描述，该描述过程既清晰又能达到一定的精确性。例如，著名的地图着色问题。该问题有一个最基本的约束条件，即地图上相邻的国家不能着相同的颜色，在这一约束条件下，完成着色最少需要多少种颜色？问题的难点之一源于地图本身，即使是从整个地图上剥离下来的局部版本(如图 3-1(a)),图中通常也会夹杂很多无关信息:错综复杂的边界情况，三个或更多国家国土相交的边界点，某些国家开放的海域和蜿蜒的河流等等。以上这些无关信息被排除在图 3-2(b)中的数学对象之外，我们用一个顶点表示一个国家(1 代表 Brazil、11 代表 Argentina)、用一条边表示两个国家相邻。该数学抽象表示恰巧具备了地图着色问题所需的所有信息，没有任何冗余。因此，当前的目标很明确：就是给图上的每个顶点赋予一种颜色，使得不存在这样的边，其两个端点被赋予了相同的颜色。

地图着色问题并不是图算法设计者唯一擅长的领域。设想如下应用场景：一所大学需要安排所有课程的考试时间，目标是在尽可能短的时间内完成所有考试。该问题唯一的约束在于：如果某个学生同时选了两门课，那么这两门课的考试就不应该同时进行。将该问题表示成一张图：图的每个顶点表示一门考试，两个顶点间的边表示考试之间的上述约束，如果有学生同时选了该边的端点代表的两门课，则这两门课的考试时间不能出现冲突。设想每门课的考试时间对应于一种颜色，则安排所有课程的考试时间就相当于为这张图进行着色！

这些基本的图操作问题在实际生活中比比皆是，从上述应用中可见一斑。很多算法设计者致力于为实际问题寻找有效的基于图论的求解算法。本章将就这些算法中涉及的最基本的问题展开深入探讨，以揭示图基本的连通结构。

通常，图可以用顶点(也有人称之为节点)集合 V 和连接顶点的边的集合 E 来表示。在上文地图着色的例子中，$V=\{1,2,3,\ldots,13\}$，E 包含的边有 $\{1,2\},\{9,11\}$ 和 $\{7,13\}$ 等。顶点 x 和 y 之间存在一条边意味着“x 和 y 领土接壤”。这种二元关系是一个对称关系，即 x 和 y 领土接壤也就蕴含着 y 和 x 领土接壤，我们将它用集合语言表示为 $e=\{x, y\}$。作为无向图的组成部分，这样的边当然也是无向的。

有时，图中的连接关系并不具备这种对称性，因此我们有必要用有方向的边来表示。顶点 x 到 y 之间存在一条有向边，(我们记为 $e=(x, y)$)； y 到 x 之间存在一条有向边，(我们记为(y, x))；当然，这两个顶点之间也有可能同时存在以上两条有向边。有向图的一个大规模的典型例子是关于 Web 中所有链接的图。图中用顶点表示因特网上的每个站点，如果站点 u 和站点 v 之间存在一个链接，则图中相应地存在一条有向边(u, v)。如此，该图将包含了数以亿计的顶点和边！理解 Web 最基本的连通性将有着巨大的经济和社会意义。尽管该问题的规模可能有点让人望而却步，但令人欣慰的是，我们很快就会发现有关图结构的许多有价值的信息都能在线性时间内提取出来。

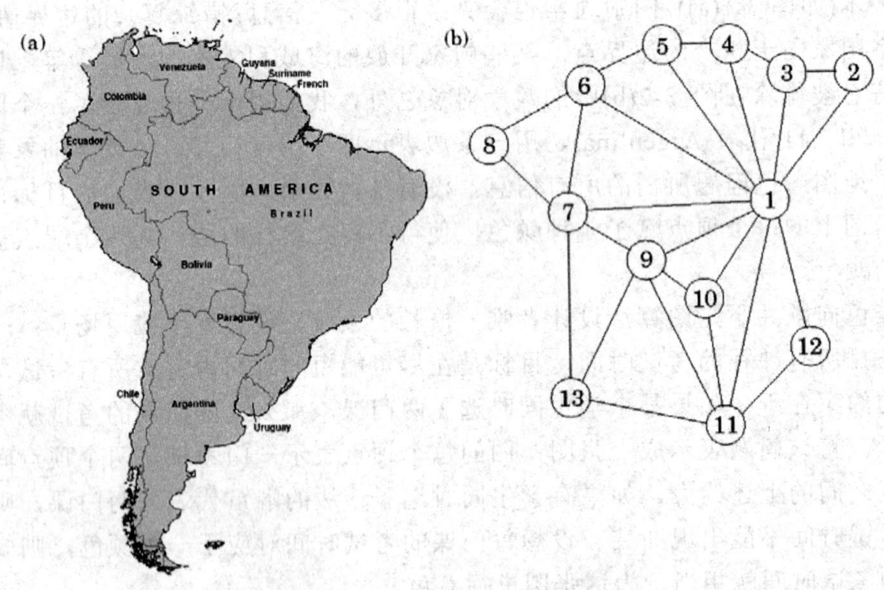

图 3-1 (a)一张地图以及(b)该地图对应的图

图的表示

图可以用一个邻接矩阵来表示；如果图中有 $n=|V|$个顶点 $v_1,\ldots,v_n$,则该邻接矩阵是一个 $n\times n$ 的矩阵，矩阵中的第(i, j)个元素为

$$a_{ij}=\begin{cases}1 & \text{如果从}v_i\text{到}v_j\text{之间存在一条边}\\ 0 & \text{否则}\end{cases}$$

对于无向图，因为每条边$\{u, v\}$都是双向的，所以该矩阵是对称的。

这种表示法带来的最大便利在于：能够在常量时间内确定某条边是否存在，而且只需一次内存访问操作。而该表示法的缺陷在于，邻接矩阵占据 $O(n^2)$空间，当图中并不含有很多边时，这种存储方式是一种浪费。

您的图的规模有多大？

邻接矩阵和邻接表，图的这两种表示方法哪种更好呢？这要取决于$|V|$和$|E|$之间的关系，前者表示图中顶点的数目，而后者则表示图中边的数目。$|E|$可以变得跟$|V|$一样小(随着$|E|$变得越来越小，图将出现退化趋势，例如，出现孤立的顶点)，也可以变得跟$|V|^2$一样大(此时图中任意两个顶点之间都有两个方向的边相连)。当$|E|$接近其取值范围的上界时，我们称图是稠密的。而另一种极端情况，即当$|E|$接近$|V|$时，我们称图是稀疏的。正如我们将在本章和随后两章了解的那样，$|E|$落在其取值范围的哪个确切位置通常是选择正确的图算法的一个关键因素。$|E|$的大小也将影响对图的表示方法的选择。

如果我们想要在计算机的存储器中存储和表示万维网(World Wide Web)的图，是否选用邻接矩阵表示法可要三思而后行：在本书成文之时，当前搜索引擎在 Web 对应的图中大约访问过 80 亿个顶点，如果用邻接矩阵存储这些信息，将占用数以百万计 TB(10^{12} 位)存储空间，当前世界上是否有足够大的计算机存储空间能够存储这些信息仍未可知(针对这种巨大的存储需求而坐以待之，直到出现有足够大的存储空间无疑是不明智的，因为网络的规模与此同时也在增长，或许还将增长得更快)。

如果使用邻接表来表示万维网(World Wide Web)对应的图，那将是可行的：因为其上只有数百亿个超链接，而每一个超链接只会占用邻接表中的若干字节。您甚至可以使用能置于口袋中的便携设备来存储这些信息(或许不久以后，挂在耳边的灵巧设备都能满足您的要求)，因为所需的存储空间也就是一两个 TB 的规模。

针对万维网(World Wide Web)的应用背景，邻接表更高效的原因在于 Web 是稀疏的。相对于数十亿的超链接总量，每个页面指向其他页面的超链接数，平均也就是 6 个左右。

另一种表示法被称为邻接表，其空间消耗与图中边的数目成比例。它包含$|V|$个链表，每个链表对应一个顶点。顶点 u 的链表记录了从顶点 u 出发可到达的顶点名称(从顶点 u 出发可到达的顶点即为满足$(u, v) \in E$的顶点 v)。因而，有向图中的每条边仅在某一个链表中出现一次，而无向图中的每条边在某两个链表中各出现一次。无论是有向图还是无向图，该数据结构表示法的空间耗费是 $O(|E|)$。但是检查某条边(u, v)所花费的时间就不再是常量了，因为该操作需要遍历顶点 u 的整个邻接表。不过遍历某个顶点的所有相邻顶点也十分简单，只需顺着该顶点的邻接表走一遍即可。同时，我们很快将会发现，这个遍历顶点所有相邻顶点的操作在图算法中是十分有用的。需要指出的是，对于无向图而言，该表示法具有一定的对称性：顶点 v 在 u 的邻接表中当且仅当顶点 u 在 v 的邻接表中。

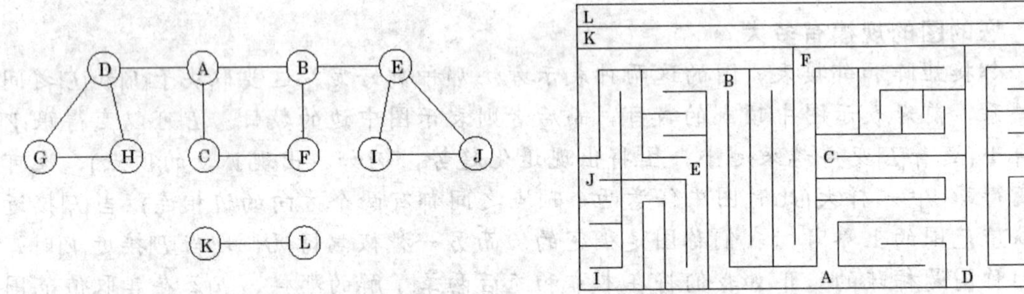

图 3-2 搜索一个图与探索一个迷宫很相似

3.2 无向图的深度优先搜索

3.2.1 迷宫探索

深度优先搜索是一种强有力的搜索方法，它的时间耗费是线性的，能解决很多实际问题，应用它能够揭示出图的很多信息。它能够解决的基本问题如下：

给定图中的一个顶点，从该顶点出发，图中哪些部分是可到达的？

为了更好地理解这个问题，从计算机的角度考虑以下情况：给定一个新图，并且图以邻接表来表示。该表示法仅仅提供了一项基本操作：寻找给定顶点的相邻节点。仅仅借助这一基本操作，可达性问题可以转化为迷宫探索问题(如图 3-2 所示)。从一个给定的地点开始迷宫行走，一旦到达一个关节点(相当于顶点)，您将面对一些路径(相当于边)供您选择。如果选择不慎，结果可能使您不停地兜圈子，或是使您忽视迷宫中的一些可行的路径。显然，您需要对迷宫探索中的中间信息进行记录。

几个世纪以来，迷宫探索问题中的这一经典挑战吸引了很多人。几乎每个人都知道迷宫探索需要的所有东西就是一根细绳和一支粉笔。粉笔可以在访问过的关节点处作标记，避免兜圈子。细绳可以把您带回到出发位置，在回来的过程中，您可以知道哪些路径是您曾经发现过然而却没走过的。

我们怎样在计算机上模拟粉笔和细绳对应的这两个基本操作呢？作标记的粉笔很好模拟：对于每个顶点，维护一个布尔变量，标记该顶点是否已经访问。对于那根细绳，最好的数据结构是一个堆栈。因为细绳的作用就是提供两个基本操作——延伸以到达一个新的关节点(对应于堆栈操作就是将新顶点压入堆栈)和回溯到曾经访问的关节点(对应于堆栈的弹出操作)。

在相应的算法中我们没有明确地使用堆栈，而是通过递归(隐含地使用一个堆栈来记录当前的信息)来实现。算法的具体流程在图 3-3 中给出[1]。算法中 previsit 过程和 postvisit 过程是可选的，前者指的是当一个顶点被首次访问时对其进行的操作，后者指当一个顶点被最后一次访问时对其进行的操作。很快我们就能看到它们各自的用武之地。

```
procedure explore(G,u)
Input: G = (V,E) is a graph; v ∈ V
Output: visited(u) is set to true for all nodes u reachable
   from v

visited(v) = true
previsit(v)
for each edge (v,u) ∈ E:
   if not visited(u): explore(u)
postvisit(v)
```

图 3-3 寻找从给定顶点出发的所有可达顶点

当前，我们首先要确定的是 explore 过程的正确性。它的确没有怎么偏离我们的既定目标，因为它只是进行了一项操作——移动到顶点的相邻顶点。因此，它永远不会跳出顶点 v 可达区域。但是它能找到 v 可达的所有顶点吗？我们不妨采用反证法：假设 explore 过程错过了某个可达顶点 u，那么我们可以选择从 v 到 u 的任意

1 与我们研究的很多图的算法一样，该算法能够同时适用于无向图和有向图。这种情况下，针对边我们采用有向图的标记方法，记为(x, y)。如果所考察的图是无向图，则无向图的每条边(x, y)都对应于有向图上两个方向的边：(x, y)和(y, x)。

一条路径，并查看 explore 过程在该路径上实际访问过的最后一个顶点，记它为 z，并记 w 为该路径上 z 的直接后继顶点。

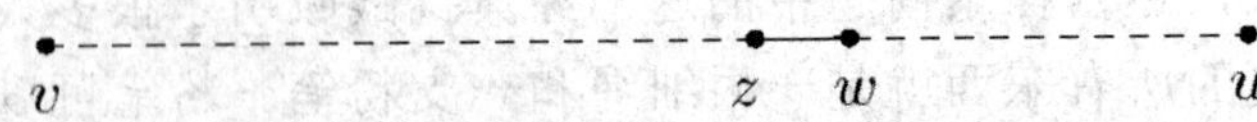

这时会出现顶点 z 被访问过，而顶点 w 没有被访问过的情况。于是出现了矛盾：由于 explore 过程访问过顶点 z，而 w 是 z 的相邻顶点，按理 explore 过程会发现顶点 w，并访问它。从而假设不成立，explore 过程的正确性得到了确认。

需要指出的是，以上的这种推理模式在图的研究中将会经常出现，它实质上是一种简化的归纳法。更正式的归纳证明过程通常由一个基本假设出发，例如“对于任意的 $k \geqslant 0$，从顶点 v 出发最多经过 k 次跳跃(一次跳跃对应于一个从当前顶点到其相邻顶点的操作)后可达的顶点都已被访问”。归纳法的基准情况通常都是显然成立的，在本例中顶点 v 显然被访问过。同时，如果一般情况也成立——从顶点 v 出发最多经过 k 次跳跃可达的顶点都被访问过，那么从顶点 v 出发最多经过 k+1 次跳跃可达的顶点也将都被访问过——恰好是我们要证明的结论。

图 3-4 阐明了前面给出的图例上运行 explore 过程的结果，该过程从顶点 A 出发，一旦需要在多个顶点中选出一个进行访问时就按照字母表顺序来做抉择。图中的实线边代表那些实际上被检查过的边，每一条边都调用了一次 explore 过程，调用过程将发现一个新的顶点。例如，当前访问到顶点 B，发现存在一条边 $B-E$，而 E 并未被访问过，这条边就通过调用 explore(E)过程被检查。这些实线边形成了一棵树(一个没有环的连通图)，从而这些边被称为树边。虚线边被忽略，因为它们将我们带回到熟悉的区域，即那些曾经访问过的顶点。虚线边被称为回边。

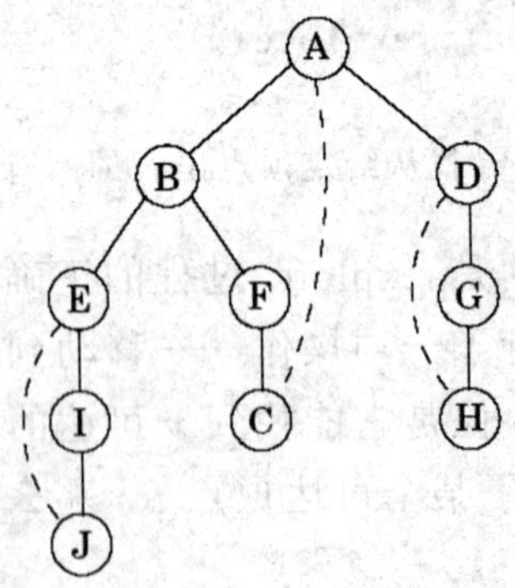

图 3-4　在图 3-2 中的图上运行 explore(A)的结果

3.2.2 深度优先搜索

explore 过程只是访问从某个起始顶点出发可达的一部分区域。为了检查图中的剩余部分，我们需要从其它未访问的起始顶点出发，重新运行 explore 过程。图 3-5 中给出的算法被称为深度优先搜索。重复进行这个过程，直到整个图都被遍历。

```
procedure dfs(G)

for all v ∈ V:
   visited(v) = false

for all v ∈ V:
   if not visited(v): explore(G,v)
```

图 3-5 深度优先搜索

分析 DFS 的运行时间之前需要注意以下观察结论：每个顶点仅调用 explore 过程一次。该结论要归功于对已访问数组(作标记的粉笔)的维护。在访问一个顶点的过程中，进行了以下步骤：

1. 一些常量时间的操作——标记一个顶点被访问，以及 pre/postvisit 操作。

2. 一个对邻边进行遍历的循环，以确定该遍历过程能否将整个搜索过程引向未曾访问的区域。

对于每个顶点，该循环的时间耗费是有差异的。因此，我们需要考虑所有的顶点。步骤 1 的所有工作的时间耗费是 $O(|V|)$。对于步骤 2，整个 DFS 过程中，每条边 $\{x, y\} \in E$ 恰被检查两次，一次是在 explore(x) 的过程中，一次是在 explore(y) 的过程中。从而整个步骤 2 的时间耗费是 $O(|E|)$，所以深度优先搜索的运行时间是 $O(|V|+|E|)$，是算法输入规模的线性函数。这已经达到了我们想要效率的极限，因为即使仅仅将邻接表读入计算机的内存也需要这样的时间耗费。

图 3-6 给出了在一张含有 12 个顶点的图上运行深度优先搜索的结果，其中仍然采用了字母表顺序作为在多个顶点间选定一个访问方向的依据(当前可以先忽略图上标注的数字对)。DFS 的外层循环调用了三次 explore 过程，先是在顶点 A 和 C 上，最后是在顶点 F 上。DFS 的运行结果是生成了三棵树，每一棵分别以起始顶点 A、C 和 F 作为根。三棵树一起构成了一个森林(forest)。

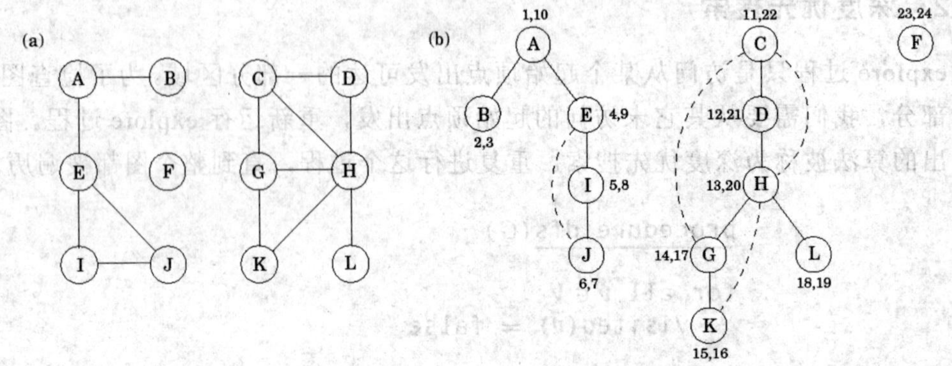

图 3-6 (a)一张含有 12 个顶点的图 (b)DFS 生成的森林

3.2.3 无向图的连通性

一个无向图被称为是连通的当且仅当在任意两个顶点之间存在一条可达路径。图 3-6 中的图是非连通的，因为，比如在顶点 A 和 K 之间就没有路径可达。但是，该图却含有彼此分离的三个连通区域，分别对应于以下的顶点集合：

$$\{A,B,E,I,J\} \quad \{C,D,G,H,K,L\} \quad \{F\}$$

这些区域被称为连通部件：每一个都是原图的一个子图，并且内部顶点间彼此相连通，但却与区域外，即原图中的其他顶点间没有边可达。当 explore 过程从一个特定的顶点开始，该过程就能确定一个包含该顶点的连通部件。DFS 的外部循环每调用 explore 过程一次，就能够生成一个新的连通部件。

因此，对深度优先搜索进行少许调整就可以用来检查一个图是否是连通的，更一般的，如果为每个顶点 v 指定一个整数 ccnum[v]，就可以确定该顶点所属的连通部件。所需的全部操作如下：

```
procedure previsit(v)
ccnum[v] = cc
```

其中 cc 需要初始化为 0，当 DFS 过程每次调用 explore 时对它进行加 1 操作。

3.2.4 前序和后序

我们已经认识到深度优先搜索如何通过几行实用的代码，仅仅在线性时间内就揭示出了无向图结构的连通性信息。然而深度优先搜索的应用远远不止这些。为了列举它的其他应用，我们将在图的遍历过程中多搜集一些信息：对于每个顶点，我们将记录下两个重要事件发生的时间，一个是每个顶点最先被访问(对应于 previsit 过程)的时刻，另一个是最后离开(对应于 postvisit)每个顶点的时刻。图 3-6 中给出了前述例子中的这些时间信息，图中一共有 24 个事件。第 5 个事件是首次访问顶点 I。第 21 个事件是最后离开顶点 D。

生成含有时间信息的数组 pre 和 post 的一种方法是定义一个简单的时钟，初始时刻设为 1，时钟以以下方式进行时间更新：

```
procedure previsit(v)
pre[v] = clock
clock = clock + 1

procedure postvisit(v)
post[v] = clock
clock = clock + 1
```

以上计时过程的重要性很快就会显现出来。同时，您或许会从图 3-6 中发现以下结论：

性质 对于任意的顶点 u 和 v，$[pre(u), post(u)]$和$[pre(v), post(v)]$两个区间要么彼此分离，要么一个包含另一个。

为什么呢？因为区间$[pre(u), post(u)]$实质上是顶点 u 在堆栈中的时间段。而堆栈的后进先出的特点让剩余的解释不言自明。

3.3 有向图的深度优先搜索

3.3.1 边的类型

前述的深度优先搜索算法可以照搬到有向图中，只是要注意按照边的指定方向来检查每条边。图 3-7 给出了一个例子，以及按照字典序排列顶点时运行深度优先搜索得到的树。

为了进一步分析有向图的情况，需要给出一些术语，以利于表达树的顶点间的重要关系。A 是搜索树的根；其它的顶点都是它的后裔。类似地，顶点 E 的后裔是

顶点 F，G 和 H，反过来，顶点 E 是这三个顶点的祖先。这种与家庭关系的类比可以进一步扩展：顶点 C 是顶点 D 的父顶点，D 是 C 的子顶点。

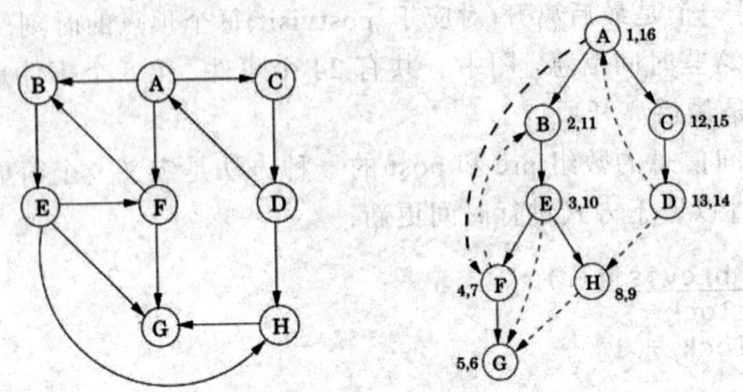

图 3-7 在有向图上运行 DFS

对于无向图的情况，我们在树边和非树边之间进行区分。在有向图的情况下，需要对边的分类进一步细化：

树边是 DFS 森林的实际组成部分。

前向边是 DFS 树中从一个顶点指向该顶点的一个非子顶点后裔的边。

回边是 DFS 树中从一个顶点指向其祖先的边。

横跨边既不是从一个顶点指向其后裔的边，也不是指向其祖先的边；横跨边是从一个顶点指向一个已完全访问过的顶点(即就是已经在该顶点上进行了 postvisit 操作)的边。

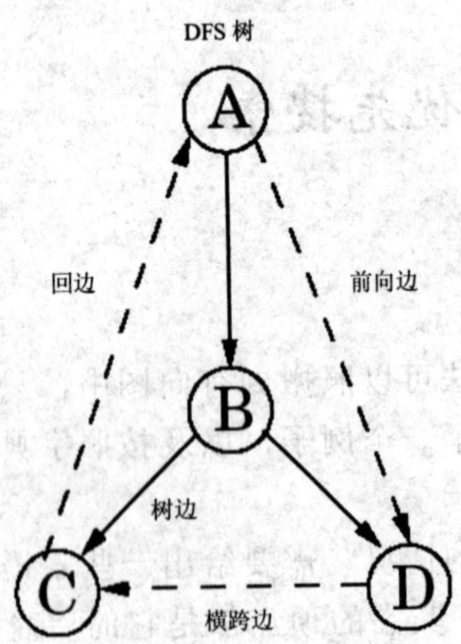

图 3-7 中含有两条前向边，两条回边以及两条横跨边。您能分别找到它们吗？

祖先顶点和后裔顶点之间的关系，以及边的类型都可以直接从 pre 值和 post 值中获得。由于采用的是深度优先搜索策略，所以顶点 u 是 v 的一个祖先恰好对应于在图的遍历中，u 先被访问，v 在调用 explore(u)的过程中被访问的情况。这就意味着有 pre(u)< pre(v)< post(v)< post(u)成立，可以借助两个嵌套的区间来形象地解释该式：

$$\underset{u}{[}\quad \underset{v}{[}\quad \underset{v}{]}\quad \underset{u}{]}$$

后裔顶点和祖先顶点之间的关系是对称的，因为顶点 u 是 v 的一个后裔当且仅当 v 是 u 的一个祖先。而由于边的分类是完全基于祖先-后裔关系的，所以边的类型信息也能够从 pre 值和 post 值中得到。以下是针对边(u, v)的不同可能类型的总结：

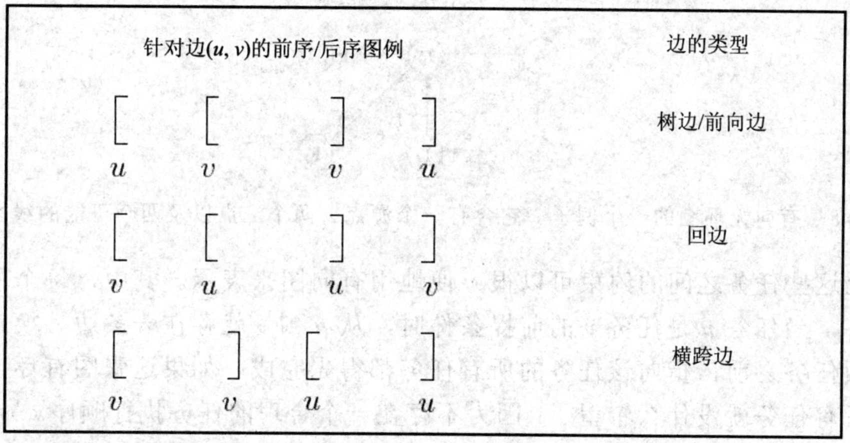

针对边(u, v)的前序/后序图例	边的类型
$\underset{u}{[}\quad \underset{v}{[}\quad \underset{v}{]}\quad \underset{u}{]}$	树边/前向边
$\underset{v}{[}\quad \underset{u}{[}\quad \underset{u}{]}\quad \underset{v}{]}$	回边
$\underset{v}{[}\quad \underset{v}{]}\quad \underset{u}{[}\quad \underset{u}{]}$	横跨边

您可以通过查询以上针对边的类型的图表来确认每种边的特征。您知道为什么边没有可能再出现其他类型吗？

3.3.2 有向无环图

有向图中的一个环是指一个形如 $v_0 \to v_1 \to v_2 \to \cdots \to v_k \to v_0$ 的循环路径。图 3-7 给出的图中就含有一些环，比如，$B \to E \to F \to B$。没有环的图称为无环的。事实证明我们可以在线性时间内验证图的无环性，验证过程只需进行一次深度优先搜索即可。

性质 有向图含有一个环当且仅当深度优先搜索过程中探测到一条回边。

证明：充分性的证明相对简单：如果(u, v)是一条回边，那么将存在一个包含该回边以及搜索树中从 v 到 u 的路径的环。

反过来，对于必要性的证明如下：如果一个图含有一个环 $v_0 \to v_1 \to \cdots \to v_k \to v_0$，考察该环中最先被访问的顶点(即就是 pre 值最低的顶点)。假设该顶点为 v_i。v_i 对环上其他任意顶点 v_j 均可达，从而环上的其它顶点均为 v_i 在搜索树中的后裔。特别的，边 $v_{i-1} \to v_i$(当 i=0 时，即为边 $v_k \to v_0$)是一条从某顶点出发指向其祖先的边，按照定义即为回边。

有向无环图或者简称为 dags，在现实中普遍存在。它可以方便地对某些关系进行建模，如因果关系、层次关系以及时序依赖关系。例如，假设您需要完成很多任务，但是在其中的一些任务完成之前其他任务不能开始(举个最生活化的例子：在您起床之前您得先睡醒，您得在已经起床之后，但还没有着装之前洗澡，如此等等)。这样问题就来了，执行这些任务的合理顺序是什么？

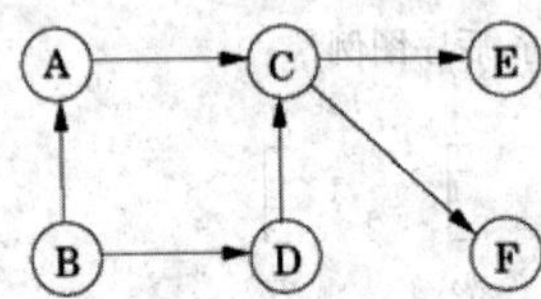

图 3-8 有向无环图的一个例子，它含有一个源点、两个汇点以及四个可能的线性序

以上这些任务之间的约束可以很方便地用有向图来表示。其中，每个顶点代表一项任务，当任务 u 是任务 v 的前提条件时，从 u 到 v 就存在一条边。换言之，在执行一项任务之前，指向该任务的所有任务都得先完成。如果这张图有环，那么想要完成所有任务就没什么希望了：因为不存在一个合理的任务执行顺序。另一方面，如果该图是一个有向无环图，我们将寻求对它进行线性化(或称为拓扑排序)，就是找出图顶点的一个线性序，图的每条边都是从排序靠前的顶点指向排序靠后的顶点，以满足图中所有的优先条件。例如，在图 3-8 中，一个合理的排序是 B、A、D、C、E、F。(您能否找到其他三个合理的排序吗？)

什么类型的有向无环图可以被线性化？答案很简单：所有的都可以。同时，深度优先搜索又可以告诉我们怎么实现线性化：按照顶点的 post 值的降序，简单地对图顶点执行深度优先搜索即可。因为图中只有回边(u, v)满足 post(u)<post(v)(可以参见本书 3.3.1 节中关于边的类型的图表)—— 从而我们发现有向无环图中不含有回边，并有以下结论成立：

性质 在有向无环图中，每条边都指向一个 post 值更小的顶点。

该性质为我们提供了一个对有向无环图中的顶点进行排序的线性时间算法。同时，结合我们早先的观察结论，该性质告诉我们：以下三个在深度优先搜索中出现的看似不同的性质——无环性、可线性化以及无回边性——实际上是一回事。

既然有向无环图可以通过对顶点的 post 值降序进行线性化，则 post 值最小的顶点一定出现在线性序的末尾，从而它一定是汇点——出度为 0。对称地，post 值最大的顶点是源点，该顶点的入度为 0。

性质 每个有向无环图至少含有一个源点和一个汇点。

源点存在性的保证给出了另一种线性化的方法：

找到一个源点，输出它，然后将它从图中删除。

重复以上过程直至图为空。

该方法针对任何有向无环图都能产生一个有效线性序，您知道其中的原因吗？如果图中含有环结果又会怎样？另外，怎样在线性时间内实现该算法？(参见习题 3.14)

3.4 强连通部件

3.4.1 定义有向图的连通性

无向图中的连通性相当直观：一张不连通的图可以用一种自然且显而易见的方式分解成几个连通部件(图 3-6 给出了一个相应的例子)。正如我们在 3.2.3 节中所见，深度优先搜索可以很方便地做到这一点，每执行一次深度优先搜索就能生成一个连通部件。

在有向图的情况下，连通性显得更加微妙。从较基本的意义来讲，图 3-9(a)给出的有向图是“连通的”——它无法被“分开”，或者说，它没有断裂的边。但是这种意义上的“连通”既无趣又不蕴含有效信息。实际上该图不能被视为是连通的，比如，从顶点 G 到 B，或从 F 到 A 都没有路径可达。以下是有向图中定义连通性的恰当方式：

我们称有向图中的两个顶点 u 和 v 是连通的(*connected*)，当从顶点 u 到 v，以及从 v 到 u，各存在一条路径。

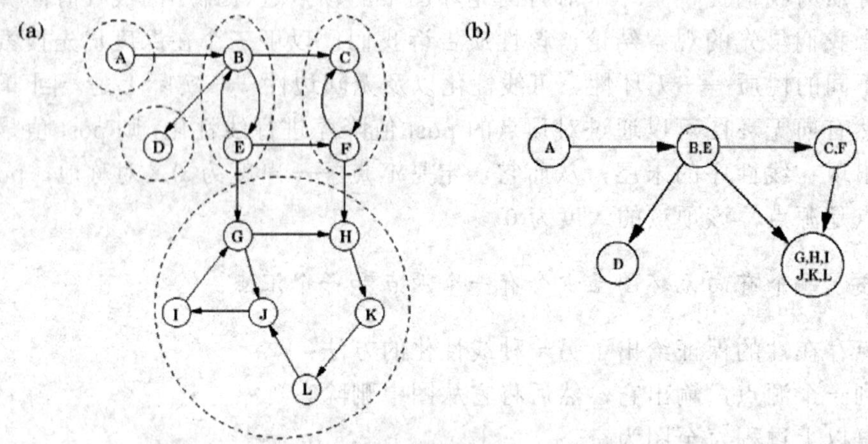

图 3-9 (a)一个有向图的例子及其强连通部件 (b)图元

这一连通关系将顶点集合 V 划分成一系列分离集(见习题 3.30)，我们称这些分离集为强连通部件。图 3-9(a)给出的图中含有 5 个强连通部件。

现在将每个强连通部件缩微成一个单独的超级节点，同时，如果从一个强连通部件的某个内部顶点到另一个强连通部件的某个内部顶点间有边可达(同向的)，则从前者对应的超级节点向后者对应的超级节点画一条有向边(如图 3-9(b)所示)。由此得到的图元一定是有向无环图。原因很简单：一个包含不同强连通部件的环将把这些强连通部件合并为一个更大的强连通部件。让我们重述这个结论：

性质 *每个有向图关于其强连通部件都是一个有向无环图。*

该性质传递了一些重要信息：有向图的连通结构是两个层次上的。在顶层，我们有一个有向无环图，它的结构相对简单——比如，它能够被线性化。如果我们想要进一步关注于细节，我们可以查看该有向无环图节点的内部结构，研究其中的强连通部件的全貌。

3.4.2 一个有效的算法

将有向图分解为强连通部件是十分有用的，它能够提供许多有意义的信息。幸运的是，事实证明，通过进一步使用深度优先搜索过程，有向图的分解能够在线性时间内实现。相应的算法基于我们已经了解的一些性质，在此我们对这些性质作进一步的强调。

性质 1 如果 explore 子过程从顶点 u 开始，那么该子过程恰好在从 u 可达的所有顶点都已访问之时终止。

因此，如果我们在汇点强连通部件(超图中的汇点对应的原图中的强连通部件)中的某个顶点上调用了 explore 过程，则我们将恰好获得该强连通部件。图 3-9 中含有两个汇点强连通部件。例如，从顶点 K 开始 explore 过程，我们将在完全遍历两个汇点强连通部件中的较大部件之后终止。

该性质提供了确定强连通部件的一种方法，但是仍然留下两个悬而未决的关键问题：(A)我们怎样发现位于汇点强连通部件中的一个顶点，同时还要确定它一定位于该强连通部件中？(B)一旦发现了一个汇点强连通部件，接下来该怎么办？

让我们从问题(A)开始。不存在一种简单直接的方法，能够挑选出一个顶点，并保证它一定位于一个汇点强连通部件中。然而却存在一种方法，能够得到源点强连通部件中的一个顶点。

性质 2 在深度优先搜索中得到的 post 值最大的顶点一定位于一个源点强连通部件中。

该性质基于以下更一般的性质：

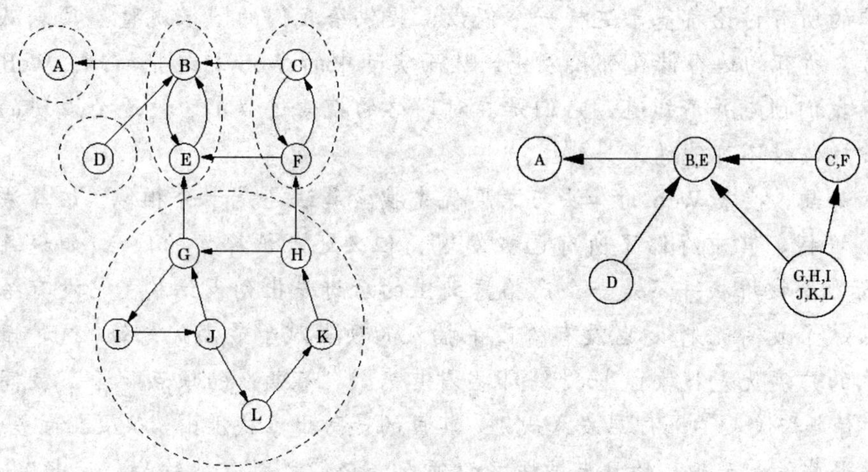

图 3-10 图 3-9 中所给图的反转

性质 3 如果 C 和 C' 是强连通部件，同时从 C 中的一个顶点到 C' 中的一个顶点存在一条边，则 C 中 post 的最大值要大于 C' 中 post 的最大值。

证明：为了证明性质 3，需要考虑以下两种情况。如果深度优先搜索在部件 C' 之前先访问了部件 C，那么很明显，在该过程无法继续进行下去之前，C 和 C' 中的所有顶点都已被遍历(参见性质 1)。因此，C 中被访问的第一个顶点的 post 值将大于 C' 中任何顶点的 post 值。另一方面，如果部件 C' 被先访问，那么深度优先搜索过程将在遍历了 C' 中所有顶点之后，但却在访问 C 中任意顶点之前陷入阻塞状态，这种情况下，性质 3 显然成立。

性质 3 能够被重述为以下形式：强连通部件能够通过按照其各自内部顶点的 post 最大值的降序排列，实现线性化。这是我们之前的有向无环图线性化算法的一般形式；在有向无环图中，每个顶点都是一个单独的强连通部件。

性质 2 辅助我们找到图 G 的源点强连通部件中的一个顶点。但是，我们所需的是汇点强连通部件中的顶点。我们的方法提供的结果看起来恰恰与我们的需求相反！不过，考虑图 G 的反转图 G^R，它的边的方向与图 G 的边的方向相反，其他保持不变(如图 3-10 所示)，G^R 与 G 含有完全相同的强连通部件(您知道其中的原因吗？)。因此，如果我们对 G^R 进行深度优先搜索，post 值最大的顶点将来自于 G^R 中的一个源点强连通部件，相应的也就是 G 中的汇点强连通部件。我们终于解决了问题(A)！

搜索得更快

本章的所有讨论都基于这样一个假设：提供给我们的图很规整，顶点从 1 到 n 挨个编号，所有的边存储在邻接表中。然而实际中的 Web 却绝非如此。Web 对应的图的顶点我们预先并不知道，它们是在对网络的搜索过程中才被逐个发现的。很显然，递归操作是不可能的。

尽管如此，搜索 Web 的算法与深度优先搜索算法还是十分相似。该算法显式维护了一个堆栈，其中存储了所有已被发现，但又还未被探索的顶点(如超链接的端点)。实际上，该堆栈并不是一个严格意义上的后进先出列表结构。它没有给最近插入的顶点赋予最高优先级(也没有给最早插入的顶点赋予最高优先级，这种情况对应于第 4 章的广度优先搜索)，而是给那些看起来最“有趣”的顶点赋予了最高优先级——最“有趣”代表了一种启发式规则，其目的是防止堆栈溢出，以及在最差情况下，仅仅丢弃那些最“无趣”的且未被探索的顶点，它们之所以被称为“无趣”，是因为它们把搜索过程引向新的宽广区域的可能性最小。

实际上，对网络的搜索过程通常是由很多网络上的主机同时运行 explore 实现的：每台主机从堆栈顶端弹出一个顶点，作为下一个要探索的顶点，下载 http 文件(一种互相指向对方的 Web 文件)，并对它进行扫描以寻找超链接。但是当在超链接的一端找到一个新的 http 文件后，不再调用任何的递归过程：取而代之的是，在中枢堆栈中插入一个新顶点。

然而仍存在一个问题：当我们发现一个“新”文件，我们又如何得知它是否真的是新文件，即是在对网络的搜索中从来没有发现过的？另外，我们怎样给它起一个名字，以便将它插入到堆栈中，并标记为“已发现的”？答案是借助于散列表。

顺便指出的是，已经有研究者尝试在 Web 上运行强连通部件算法，并发现了一些有意思的结构。

接下来考虑问题(B)。当确定了第一个汇点强连通部件之后，我们随后该怎么做？性质 3 仍然提供了答案。一旦我们找到了第一个汇点强连通部件，就将它从图中删除，得到的新图中的 post 值最大的顶点一定在新图中的一个汇点强连通部件中。从而我们可以重复使用这种基于针对 G^R 的深度优先搜索的顶点 post 值排序操作，输出图的第二个强连通部件，再输出第三个，直到输出所有的强连通部件为止。相应的算法如下：

1. 在图 G^R 上运行深度优先搜索。

2. 在图 G 上运行无向图连通部件算法(见 3.2.3 节)，在深度优先搜索的过程中，按照 step1 得到的顶点 post 值的降序逐个处理每个顶点。

该算法是线性时间算法，与深度优先搜索算法的差异仅仅在于该算法运行时间函数线性项的常系数大约是深度优先搜索的两倍。(问题：怎样在线性时间内创建图 G^R 的一个邻接表表示？另外，怎样在线性时间内按照顶点 post 值的降序对 G 的顶点排序？)

让我们在图 3-9 给出的图上运行该算法。如果步骤 1 按照顶点的字典序进行，那么该算法为 step2 创建的顶点顺序(即就是，在图 G^R 上执行深度优先搜索得到的顶点 post 值的降序)是：G、I、J、L、K、H、D、C、F、B、E、A。从而 step2 按照以下顺序逐个得到强连通部件：$\{G, H,I,J,K,L\}$、$\{D\}$、$\{C,F\}$、$\{B,E\}$、$\{A\}$。

习题

3.1 在下图上运行深度优先搜索；如果遇到需要在多个顶点间进行选择的情况，按照顶点的字母序进行。给出每条边是树边还是回边的分类，并给出每个顶点的pre和post值。

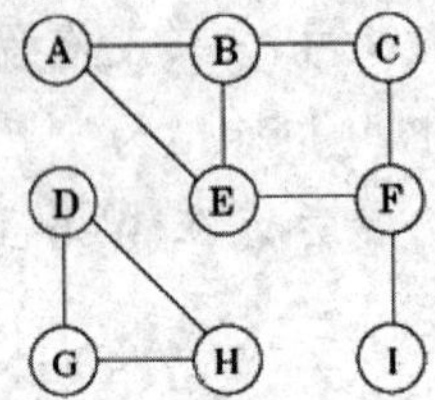

3.2 在以下两个图上分别运行深度优先搜索；如果遇到需要在多个顶点间进行选择的情况，按照顶点的字母序进行。给出每条边是树边、前向边、回边还是横跨边的分类，并给出每个顶点的pre和post值。

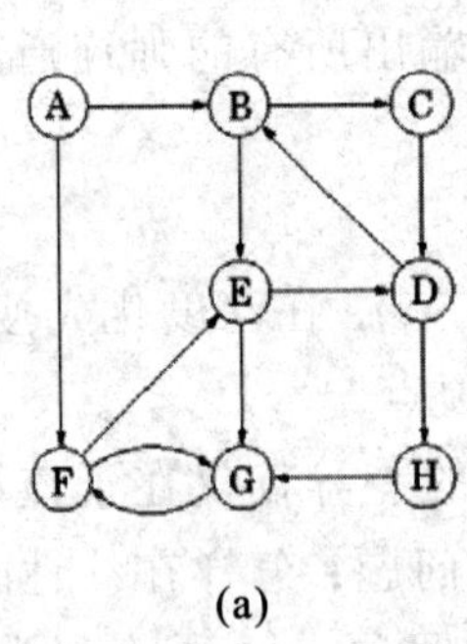

(a)

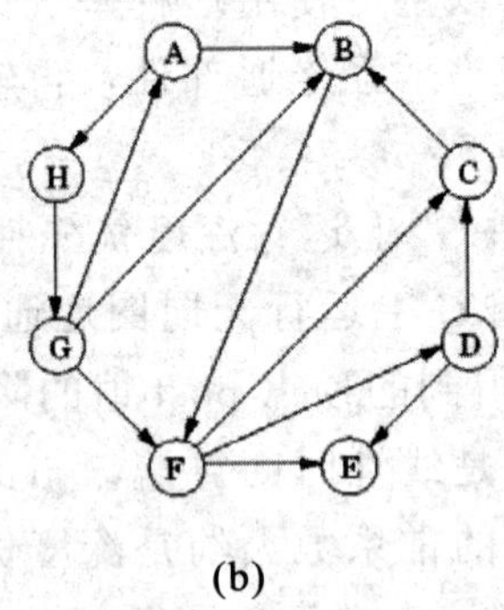

(b)

3.3 在下图上运行基于DFS的拓扑排序算法。如果遇到需要在多个顶点间进行选择的情况，按照顶点的字母序进行。

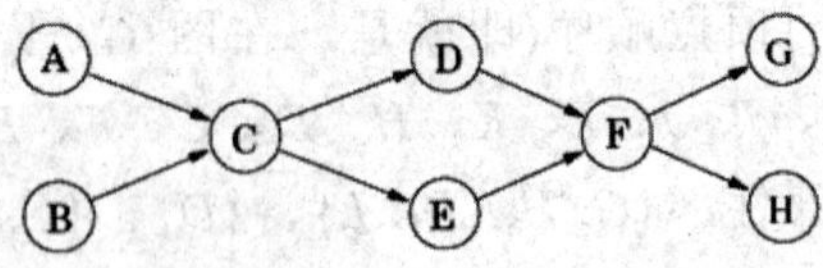

(a) 给出每个顶点的pre和post值。

(b) 该图的源点和汇点分别是哪个顶点？

(c) 该算法生成的拓扑排序什么？

(d) 该图含有几个拓扑排序？

3.4 在以下两个有向图 G 上分别运行强连通部件算法。当在 G^R 上运行 DFS 时：如果遇到需要在多个顶点间进行选择的情况，按照顶点的字母序进行。

针对每个图回答以下问题。

(a) 强连通部件(SCCs)生成的顺序是什么？

(b) 源点 SCCs 和汇点 SCCs 分别是什么？

(c) 画出图 G 的“超图”(超图的每个节点是 G 的一个 SCC)。

(d) 要使得图 G 强连通，您至少应该向图 G 中添加几条边？

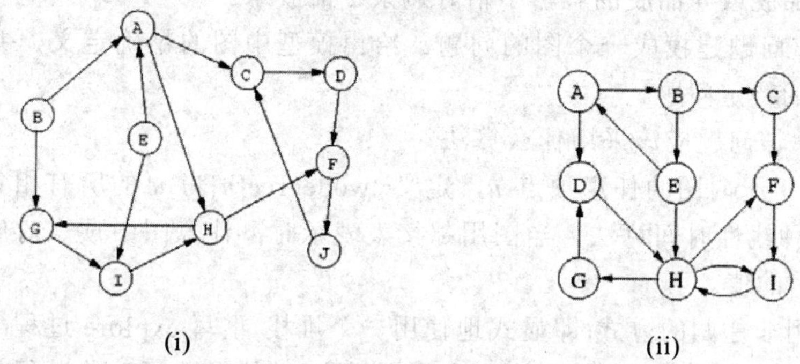

3.5 有向图 $G=(V,E)$的反转是一个新的有向图 $G^R=(V,E^R)$，图 G^R 与图 G 具有相同的顶点集合，不过图 G^R 把图 G 所有边的方向反转过来；即有，$E^R=\{(v,u): (u,v) \in E\}$。

请给出一种线性时间算法，当图用邻接表表示时，给出图的反转。

3.6 在无向图中，顶点 u 的度 $d(u)$是 u 具有的相邻顶点数，同时也等于与 u 关联的边的数目。在有向图中，我们又进一步将其细分为入度(indegree)$d_{in}(u)$和出度 $d_{out}(u)$，前者是指向 u 的边的数目，后者是离开 u 的边的数目。

(a) 证明在无向图中，$\sum_{u\in V} d(u)=2|E|$。

(b) 利用(a)的结论证明在无向图中，度为奇数的顶点数目一定为偶数。

(c) 在有向图中，度为奇数的顶点数目仍然是偶数吗？

3.7 二部图是这样的图 $G=(V,E)$，其顶点集合可以被划分为两个子集($V=V_1\cup V_2$ 且 $V_1\cap V_2=\phi$)，并且子集内部的顶点之间没有边相连(例如，如果 $u, v\in V_1$，那么 u 和 v 之间没有边相连)。

(a) 请给出一种线性时间算法，确定一个无向图是否是二部图。

(b) 以下这条性质有很多种表述方式。例如，一种表述方式是：无向图是二部图当且仅当仅用两种颜色就可以为它着色。

证明以下表述：无向图是二部图当且仅当它不包含长度为奇数的环。

(c) 当一个无向图仅有一个长度为奇数的环时，为它着色最多需要多少种颜色？

3.8 注水问题。现有三个容器，容积分别为 10 品脱，7 品脱和 4 品脱。其中，7 品脱和 4 品脱的容器是满的，正开始向外排水，而 10 品脱的容器此时是空的。当前我们只能进行一种操作：将一个容器的水注入另一个容器，注水操作只能在源容器已空或目标容器已满的情况下停止。我们想要知道，是否存在一个合理的注水顺序，使得 7 品脱或 4 品脱的容器中恰好剩余 2 品脱水。

(a) 将该问题建模成一个图的问题：给出模型中图的精确定义，并给出针对该图需要解决的特定问题。

(b) 解决该问题应该采用什么算法？

3.9 对于无向图的任意顶点 u，定义 twodegree[u]为 u 的所有相邻顶点的度之和。给出一种线性时间算法，当图用邻接表表示时，计算图中顶点对应的整个数组 twodegree[·]的值。

3.10 用非递归的方式(即显式地使用一个堆栈)重写 explore 过程(见图 3-3)。对 previsit 和 postvisit 操作的调用应置于适当位置，以使得重写后的过程与原有递归版本的效果一致。

3.11 给定一个无向图 G 和其中的一条边 e，设计一个线性时间算法，确定 G 中是否含有一个包含 e 的环。

3.12 判断以下结论是否正确，正确就证明之，否则就给出一个反例。如果{u, v}是无向图中的一条边，且在执行深度优先搜索的过程中有 post(u)<post(v)，则在 DFS 生成树中，v 是 u 的祖先。

3.13 无向图连通性和有向图连通性。

(a) 证明在任意的连通无向图 $G=(V,E)$中，存在这样一个顶点 $v\in V$，删除它，G 仍然连通。(提示：考虑 G 的 DFS 搜索树。)

(b) 给出一个满足如下要求的强连通有向图 $G=(V,E)$，对于任意的 $v\in V$，将 v 从 G 中删除后，新产生的图不再强连通。

(c) 在一个包含 2 个连通部件的无向图中，通常可以通过添加一条边使得该无向图连通。给出一个满足如下要求的有向图，它包含两个强连通部件，一条边都不用添加，就可以使得该图强连通。

3.14 本章提供了一种对图进行线性化(拓扑排序)的算法，它通过从图中不断删除源点实现(见 3.3.2 节)。证明该算法可以在线性时间内实现。

3.15 Computopia 市警察局为该市制定的交通规则是所有的街道都是单行的。而市长认为从市内的任一十字路口到另一十字路口之间应该还要有另一条合法的路线才行，不过该主张还未能谋求到反对派的支持。需要设计一个计算机程序，以确定市长的主张是否正确。然而，市内选举在即，所剩时间无几，只能允许设计一个线性时间算法。

(a) 从图论的观点描述该问题，并说明为什么该问题能够在线性时间内解决。

(b) 假定现在事实证明市长最初的观点是错误的。她随后又提出了一个妥协方案：如果您驱车从市政厅出发，沿着单行街道前进，那么不管您要到哪里，总会有一条路线让您合法地驶回市政厅。将该妥协方案描述成一个图论问题，并详细证明能在线性时间内确定该方案的正确性。

3.16 假定一个 CS 所选的全部课程包含 n 门课，而且它们都是必修课。图 G 中的每个顶点代表一门课程，从课程 v 到课程 w 存在一条边当且仅当 v 是 w 的先决课程。设计一个算法，使其能够直接在该图上运行，并计算完成全部课程所需的最小学期数(假设一个学生可以在一个学期内选任意门课)。该算法的运行时间必须为线性时间。

3.17 无穷路径。令 $G=(V,E)$ 表示一个有向图，并指定一个“起始顶点” $s\in V$，一个“优等”顶点集合 $V_G\subseteq V$，以及一个“劣等”顶点集合 $V_B\subseteq V$。图 G 的一条无穷路径 p 是一个含有无穷多个顶点的序列 $v_0v_1v_2\cdots$，其中 $v_i\in V$，并满足以下条件(1) $v_0=s$，(2)对于所有的 $i\geqslant 0,(v_i, v_{i+1})\in E$。这意味着，$p$ 是 G 中的一条从顶点 s 开始的无穷路径。由于集合 V 中边的数目是有限的，则 G 中的每条无穷路径一定访问了某些顶点无穷多次。

(a) 如果 p 是一条无穷路径，令 $Inf(p)\subseteq V$ 表示满足以下条件的顶点的集合，它们在 p 中出现了无穷多次。证明 $Inf(p)$是 G 中一个强连通部件的子集。

(b) 给出一个算法，确定 G 中是否含有一条无穷路径。

(c) 给出一个算法，确定 G 中是否含有一条满足以下条件的无穷路径，它访问了 V_G 中的某些优等顶点无穷多次。

(d) 给出一个算法，确定 G 中是否含有一条满足以下条件的无穷路径，它访问了 V_G 中的某些优等顶点无穷多次，但却没有访问过 V_B 中的任何劣等顶点无穷多次。

3.18 给定一个二叉树 $T=(V,E)$(用邻接表表示)，并指定其根节点 $r\in V$。回顾讲述过的内容，有以下结论成立：在树中 u 被称为是 v 的祖先，当在 T 中从 r 到 v 的路径经过 u。

您想要通过对树进行预处理操作，使得形如“u 是否是 v 的祖先”的问题可以在常量时间内得到解答。预处理操作自身应该在线性时间内完成。预处理操作该如何进行？

3.19 在上一个问题中，给定一个指定了根节点的二叉树 $T=(V,E)$。另外，对 V 中的所有节点维护了一个数组 $x[\cdot]$。对每个节点 $u\in V$，定义一个新数组 $z[\cdot]$如下：

$z[u]=u$ 的所有后裔节点关联的 x 值的最大值。

给出一个线性时间算法，计算整个 z 数组的值。

3.20 给定一个树 $T=(V,E)$，并指定其根节点 $r\in V$。任意节点 $v\neq r$ 的父节点，记为 $p(v)$，定义为从 r 到 v 的路径上与 v 相邻的节点。通常令 $p(r)=r$。对于 $k>1$，定义 $p^k(v)=p^{k-1}(p(v))$以及 $p^1(v)=p(v)$(因此 $p^k(v)$是 v 的第 k 个祖先)。

树的每个节点拥有一个相关的非负整数标签 $l(v)$。给出一个线性时间算法，按照以下规则更新 T 中所有节点的标签值：$l_{new}(v)=l(p^{l(v)}(v))$。

3.21 给出一个线性时间算法，找出有向图中一条路径长度为奇数的环。(提示：首先假设该图是强连通的，尝试求解相应的问题。)

3.22 给出一个高效算法，以有向图 $G=(V,E)$为输入，确定图中是否存在一个顶点 $s\in V$，从该顶点到图中的其他所有顶点都是可达的。

3.23 给出一个高效算法，以有向无环图 $G=(V,E)$为输入，以及两个顶点 s、$t\in V$，输出 G 中从 s 到 t 的不同有向路径的数目。

3.24 针对以下任务，给出一个线性时间算法：

输入：一个有向无环图 G

问题：G 中是否存在一条有向路径，它恰好访问每个顶点一次？

3.25 给定一个有向图，其中每个顶点 $u\in V$ 都有一个相关价格 p_u，该价格是一个正整数。定义如下成本 cost 数组：对于每个顶点 $u\in V$，

cost[u]=从 u 可达的价格最低的顶点对应的价格(也包含 u 自身)。

例如，在下图中(每个顶点的价格已标示出)，顶点 A、B、C、D、E 各自的 cost 值分别为 2、1、4、1、4、5。

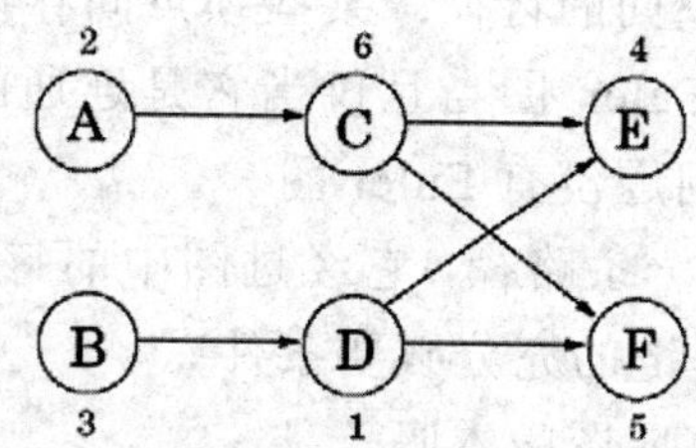

设计一个算法，计算整个 cost 数组的取值(也就是计算每个顶点的 cost 值)。

(a) 给出一个针对有向无环图的线性时间算法。(提示：可以尝试按照一种特定的顺序处理顶点。)

(b) 将上一问的算法推广至所有有向图的情况。(提示：回忆一下本章曾经讲过的有向图的“两个层次”的连通结构。)

3.26 无向图中的一个 Eular 圈是这样一个环，它可以经过图中的每个顶点多次，但是只能经过图中的每条边恰好一次。

这一简单的概念由 Euler 在 1736 年提出，用以解决著名的哥尼斯堡七桥问题，该问题开辟了图论这一研究领域。哥尼斯堡城(现在俄罗斯北部的加里宁格勒)位于一条河流的两岸以及河中的大小两个小岛上。有七座桥横跨这条河流和这两个小岛，当时一个广为人知的有趣问题是：是否存在这样一条路线，某人从某地出发，每座桥恰好走过一次，最后返回出发地点。

Euler 将上述问题描述成一个图，图中有 4 个顶点(代表陆地)以及七条边(代表桥梁)，如下图所示：

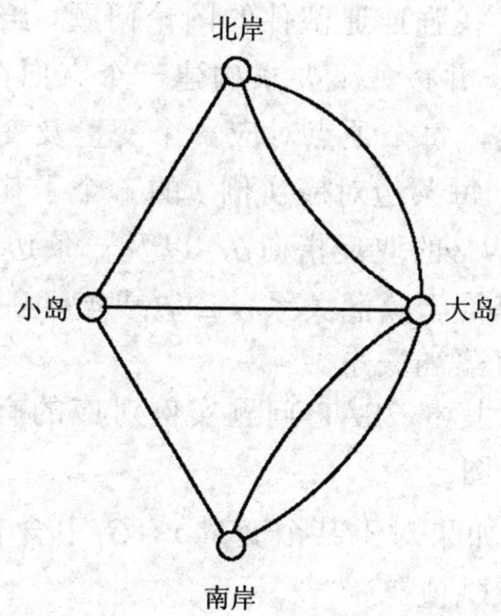

请留意该图的一个与众不同的特征：某些顶点间存在多条边相连。

(a) 证明一个无向图是 Euler 圈当且仅当它是连通的并且图中所有顶点的度为偶数。并证明哥尼斯堡七桥问题没有 Euler 圈。

(b) 一个 Euler 链是这样一条路径，它经过图中的每条边恰好一次。您能否相应地给出一个无向图含有 Euler 链的充分必要条件？

(c) 您能解决问题(a)的有向图版本吗？

3.27　一个图中的两条路径之间称为是边分离的，如果它们之间没有公共边。证明在任意无向图中，可以将度为奇数的顶点配对，并能在每一对顶点间找到若干路径，使得这些路径是边分离的。

3.28　在 2SAT 问题中，给定一个子句的集合，其中每个子句是两个文字(一个文字是一个布尔变量或是一个布尔变量的取反)间的或(OR)操作。寻找一种方法，赋给每个变量 true 或者 false，使得所有的子句都被满足——也就是说，使得在每个子句中至少存在一个取值为 true 的文字。例如，以下这个 2SAT 问题的实例：

$$\left(x_1 \vee \overline{x_2}\right) \wedge \left(\overline{x_1} \vee \overline{x_3}\right) \wedge \left(x_1 \vee x_2\right) \wedge \left(\overline{x_3} \vee x_4\right) \wedge \left(\overline{x_1} \vee x_4\right)$$

该实例有一个如下的满意赋值：分别将 x_1、x_2、x_3 和 x_4 赋值为 true、false、false 和 true。

(a) 该 2SAT 问题实例是否存在其他的满意赋值？如果存在，找到它们。

(b) 给出一个含有 4 个变量的 2SAT 问题实例，使得该实例不存在满意赋值。

本题的意图在于引导您找到一种求解 2SAT 问题的有效方法，该方法将原问题归约成一个在有向图中寻找强连通部件的图论问题。给出一个含有 n 个变量和 m 个子句的 2SAT 问题实例 I，并按如下要求构建一个有向图 $G_I=(V,E)$：

- G_I 含有 $2n$ 个顶点，每个顶点对应一个变量及变量的取反。
- G_I 含有 $2m$ 条边，每条边对应实例 I 的一个子句($\alpha \vee \beta$)(其中α和β是文字)，G_I 中含有一条边从α的取反指向β，以及一条边从β的取反指向α。

注意到子句($\alpha \vee \beta$)等价于蕴涵关系 $\overline{\alpha} \Rightarrow \beta$ 或蕴涵关系 $\overline{\beta} \Rightarrow \alpha$。从这个意义上讲，$G_I$ 记录了实例 I 中的所有蕴涵关系。

(c) 构建本题给出的上述 2SAT 问题实例对应的有向图，并构建(b)问题中构建的 2SAT 实例对应的有向图。

(d) 证明如下结论：如果对于某个变量 x，G_I 中含有一个包含 x 和 $\overline{x}$ 的强连通部件，那么实例 I 没有满意赋值。

(e) 证明(d)的逆命题：即如果不存在 G_I 的一个强连通部件含有一个文字及该文字的取反，则该实例 I 一定是可满足的。(提示：按照如下方式为变量赋值：重复地选取 G_I 的一个汇点强连通部件。将该汇点强连通部件中的所有文字赋值为 true，将其中所有文字的取反赋值为 false，并删除这些文字。证明该过程最终将以发现一个满意赋值而终止。)

(f) 证明存在一个求解 2SAT 问题的线性时间算法。

3.29 令 S 为一个有限集合。S 上的一个二元关系即为有序对 $(x,y)\in S\times S$ 组成的集合 R。例如，S 可以是人的集合，每个有序对 $(x,y)\in R$ 意味着“x 认识 y”。

一个等价关系是一个满足以下三条性质的二元关系：

- 自反性：对于所有的 $x\in S$，有 $(x,x)\in R$ 成立
- 对称性：如果有 $(x,y)\in R$ 成立，则有 $(y,x)\in R$ 成立
- 传递性：如果有 $(x,y)\in R$ 和 $(y,z)\in R$ 同时成立，则有 $(x,z)\in R$ 成立

例如，二元关系“具有相同的生日”是一个等价关系，而“父亲关系”不是等价关系，因为后者上述三条性质都不满足。

证明一个等价关系可以将一个集合 S 划分为一些不相交的子集 S_1、S_2、…、S_k(不相交即指 $S= S_1\cup S_2\cup\cdots\cup S_k$ 且对于所有的 $i\neq j, S_i\cap S_j=\phi$)，并满足以下要求：

- 任一子集中的任意两个元素间满足等价关系，即有，对任意的 i，任意的 $x,y\in S_i$，$(x,y)\in R$。
- 不同子集中的元素间不满足等价关系，即有，对于 $i\neq j$，任意 $x\in S_i$ 且 $y\in S_j$，$(x,y)\notin R$。

(提示：用一个无向图表示等价关系。)

3.30 在本书 3.4.1 节，我们在有向图的顶点集合上定义了一个二元“连通”关系。证明它是一个等价关系(参见习题 3.29)，并证明它将顶点集合划分为不相交的强连通部件对应的子集。

3.31 双连通部件。令 $G=(V,E)$表示一个无向图。对于任意两条边 e、$e'\in E$，我们称 $e\sim e'$，当或者有 $e=e'$，或者存在一个(简单)的环包含 e 和 e'。

(a) 证明～是一个关于边的等价关系(参见习题 3.29)。

该等价关系将边的集合划分成的等价类称为 G 的双连通部件。桥是这样的一条边,它自身构成了一个双连通部件。

一个孤立顶点是这样一个顶点，删除它将会导致图不再连通。

(b) 将下图中的边划分至不同的双连通部件，并指出其中的桥和孤立顶点。

双连通部件不仅能够划分图中边的集合，在以下情况下，它甚至差不多可以划分顶点集合：

(c) 每个双连通部件的顶点集合即为其中的边的端点对应的所有顶点组成的集合。证明两个不同双连通部件的顶点集合要么不相交，要么相交元素为一个孤立顶点。

(d) 将每个双连通部件缩减为一个单独的超级节点，每个孤立顶点保持不变。(因此，在每个双连通部件对应的超级节点和孤立顶点之间存在边相连。)证明经过以上变换后的图是一棵树。

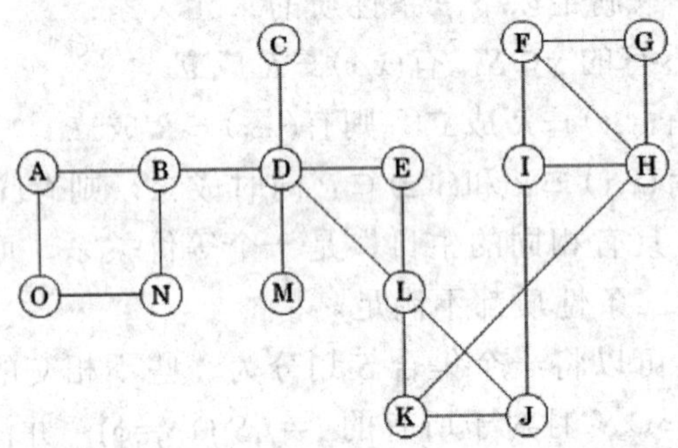

DFS 可以被用来在线性时间内确定一个图中的双连通部件、桥和孤立顶点。

(e) 证明以下结论：DFS 树的根节点是一个孤立顶点当且仅当该根节点在树中含有不止一个子节点。

(f) 证明以下结论：DFS 树的一个非根节点 v 是一个孤立顶点当且仅当该节点含有这样一个子节点 v'，该子节点的所有后裔节点(包含它自己)都不关联有一条指向 v 的祖先的回边。

(g) 对每个顶点 u，作如下定义：

$$low(u) = \min \begin{cases} pre(u) \\ pre(w) \quad \text{其中}(v,w)\text{是}u\text{的某个后裔节点}v\text{关联的回边} \end{cases}$$

证明整个 low 数组的值可以在线性时间内求得。

(h) 给出一个线性时间算法，求出一个图所有的孤立顶点，桥和双连通部件。(提示：使用 low 数组确定孤立顶点，运行另一个 DFS 过程用于一次移除一个双连通部件，同时维护一个额外的堆栈，其中存储边。)

chapter 4

图中的路径

4.1 距离

利用深度优先搜索(DFS)能够很方便地确定从图中任一位置(起始点)出发可达的顶点集合。同时，它也明确地给出了从起始点到所有目标顶点的路径，并将这些路径组织在一个深度优先搜索树中(如图 4-1 所示)。然而，这些路径本身可能并不是最经济的。如在图 4-1 中，由 S 只需经过一条边即可到达顶点 C，而 DFS 树却提供了一条长度为 3 的路径。就此问题，本章将主要讨论寻找图中最短路径的算法。

路径长度的概念使得我们可以定量化地讨论一张图中不同顶点间彼此分离的程度。

两个顶点之间的距离是指两者间最短路径的长度。

下面我们给出关于这个概念的一种更直观解释，考虑一张图的一个实物模型，模型中用一个球代表一个顶点，一根绳子代表一条边。如果您抓住顶点 s 对应的球，并且提的足够高，在这个球下吊着的其他球即为从 s 可达的顶点。要想知道从 s 到达这些顶点的距离，您只需测量它们在 s 下面吊着的长度即可。

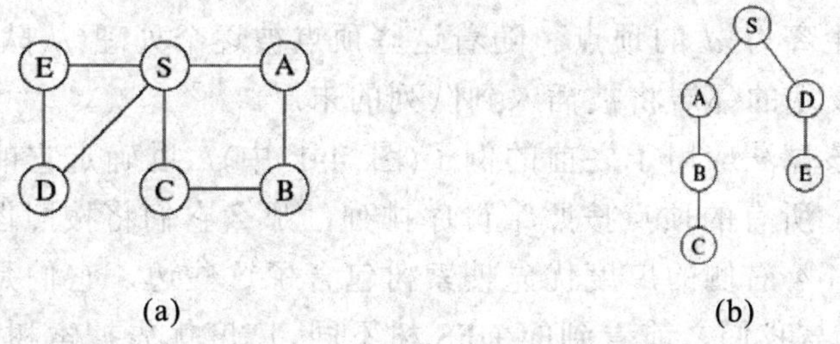

图 4-1 (a)一个简单的图 (b)该图的深度优先搜索树

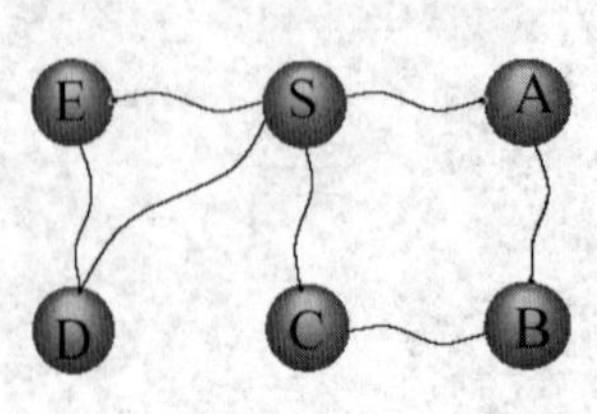

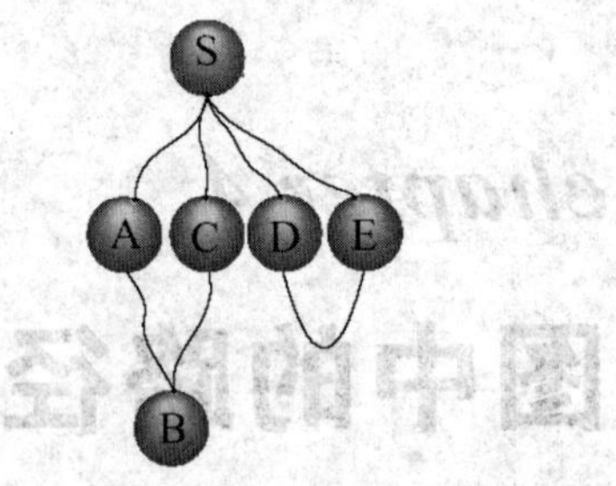

图 4-2 图的一个实物模型

在图 4-2 的例子中，顶点 *B* 和 *S* 之间的距离是 2，并且从 *B* 到 *S* 有两条最短路径。当 *S* 被提起时，经过各条路径的绳子被拉紧了。另一方面，边(*D*,*E*)不在任何一个最短路径中，所以它对应的绳子保持松弛状态。

4.2 广度优先搜索

在图 4-2 中，提起 *s* 将图划分成了不同的层次：*s* 本身作为一个层次、表示与 *s* 间距为 1 的顶点、接下来是与 *s* 间距为 2 的顶点等。计算从 *s* 到其他顶点的距离的一种便捷方式是按照层次逐层处理。一旦选出了与 *s* 间距为 0、1、2、...、*d* 的顶点，则距离为 *d*+1 的顶点就能很容易地确定：它们就是那些还未发现、并且与距离为 *d* 的层次上的顶点相邻的顶点。这就提供了一种迭代算法，算法中始终有两个层次处于活跃状态：某个层次 *d*，该层次上的顶点已经被发现，以及层次 *d*+1，其上的顶点有待于通过扫描层次 *d* 上顶点的邻居被发现。

广度优先搜索(BFS)直接实现了这一简单推理过程(如图 4-3 所示)。起初队列 *Q* 中只含有 *s*，即距离为 0 的顶点。对于每个后续的距离 *d*=1、2、3、...、*Q* 中分别曾经一度只包含距离为 *d* 的顶点。随着这些顶点被逐个处理(从队列的顶端删除)，这些顶点的未被发现的邻居将被插入到队列的末尾。

让我们将该算法应用于之前的例子(图 4-1 中)，以确定它的运行是否正确。如果 *S* 是起始点，所有的顶点按照字母序排列，那么它们将按照图 4-4 所示的顺序被逐个访问。图 4-4 右侧的广度优先搜索树包含了这些边，它们是每个顶点最初被发现时经过的边。与我们之前看到的 DFS 树不同，广度优先搜索树具有这样一个性质：它含有的从 *S* 出发的所有路径都是最短路径。因此它也被称为最短路径树。

```
procedure bfs(G, s)
Input:  Graph G = (V, E), directed or undirected; vertex s ∈ V
Output: For all vertices u reachable from s, dist(u) is set
        to the distance from s to u.

for all u ∈ V:
   dist(u) = ∞

dist(s) = 0
Q = [s] (queue containing just s)
while Q is not empty:
   u = eject(Q)
   for all edges (u, v) ∈ E:
      if dist(v) = ∞:
         inject(Q, v)
         dist(v) = dist(u) + 1
```

图 4-3　广度优先搜索

正确性和效率

我们已经建立了广度优先搜索的基本思路。为了检验算法运行的正确性，我们需要确认该算法是否忠实地执行了这一思路。我们期望的算法行为是这样的：

对于每个 d=0、1、2、…、都曾经有一个时刻，满足以下条件：(1)所有与 s 之间的距离小于等于 d 的顶点被正确设定了距离；(2)其他顶点的距离都被设定为∞；(3)队列中只含有与 s 距离为 d 的顶点。

访问顺序	处理顶点后的队列内容
	$[S]$
S	$[A\ C\ D\ E]$
A	$[C\ D\ E\ B]$
C	$[D\ E\ B]$
D	$[E\ B]$
E	$[B]$
B	$[\,]$

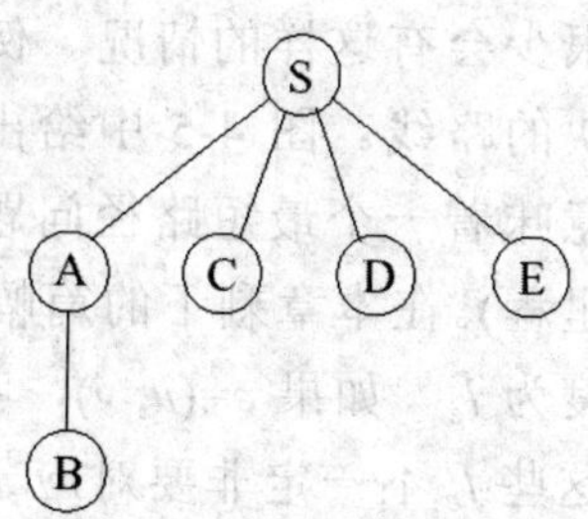

图 4-4　在图 4-1 给出的图上运行广度优先搜索的结果

对于该算法正确性的验证，我们借助了归纳思维。我们已经讨论了归纳的基准情况和归纳推理的步骤，您能自己完善其他细节吗？

与深度优先搜索相同，该算法的整体运行时间是线性的，即 $O(|V|+|E|)$。每个顶点进入队列恰好一次，进入队列发生在该顶点最先被发现的时候，所以有 $2|V|$次队列操作。算法的其他工作都在其最内层的循环中进行。在循环执行的过程中，该循环访问每条边一次(有向图的情况)或两次(无向图的情况)，从而花费了 $O(|E|)$的时间。

现在 BFS 和 DFS 同时摆在了我们面前:如何对它们各自的探索风格进行比较？深度优先搜索向着图的尽可能深的方向搜索,仅当没有新的顶点可以访问时才回退。如同我们在第 3 章所见，这种策略赋予了它一些奇妙、精巧同时又非常有用的特性。但是这也意味着 DFS 可能会选择一条漫长曲折的路径到达某一顶点，颇有点舍近求远的味道，正如图 4-1 所示，两个顶点的距离实际上是很近的。广度优先搜索则可以确保按照从起始点到其他顶点距离的升序逐个访问顶点，它是一种更宽广、更扁平的搜索过程，与水波的传播过程有些相似。此外，广度优先搜索的代码与 DFS 的几乎一样—— 只是用一个队列取代了堆栈。

另外需要注意的是 DFS 的一个风格差异:由于我们只对从 s 出发的距离感兴趣，我们将不会在图的其他连通部件中重新开始搜索。因此，从 s 不可达的顶点都被直接忽略了。

4.3 边的长度

广度优先搜索假定所有的边具有相同的长度。但是在实际寻找最短路径的应用中，很少会有这样的情况。例如，您驱车从 San Francisco 到 Las Vegas，想要找一条最快的路线。图 4-5 中给出了您可能行经的主要高速公路。选择合适的高速公路组合意味着一个最短路径问题，该问题中的一个重要信息正是每条边的长度(高速公路的里程)。在本章剩下的篇幅中，我们将处理这类更为普遍的情形。标记每条边 $e\in E$ 的长度为 l_e。如果 $e=(u, v)$，我们有时也将其长度记为 $l(u, v)$或 l_{uv}。

这些 l_e 不一定非要对应于物理长度。它们也可以代表时间(在城市间驾车的时间)或者金钱(搭乘公车的成本)，或者任何我们关心的数量单位。实际上，有时我们还需要处理边的长度为负数的情况，不过我们暂时忽略这类特殊的应用。

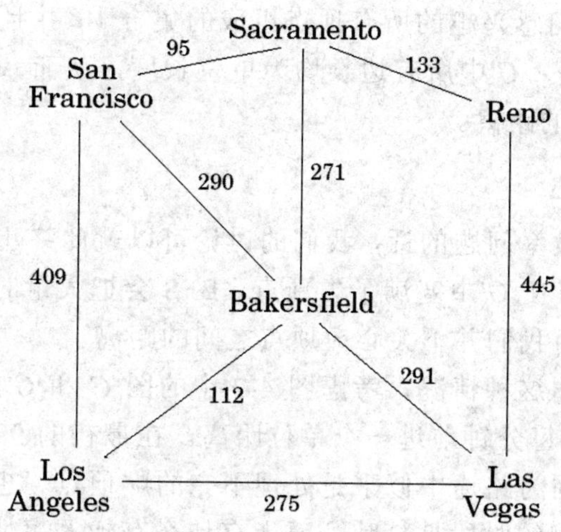

图 4-5　边的长度通常举足轻重

4.4 Dijkstra 算法

4.4.1 广度优先搜索的一个改进

广度优先搜索可以在任何边均为单位长度的图中找到最短路径。我们能否改进它，使它应用于一个更一般的图 $G=(V,E)$呢？这里假定其中边的长度 l_e 均为正整数？

一个更简便的图

以下是将图 G 转换成 BFS 可以处理的图的一种简单技巧：将 G 中比较长的边通过引入"虚"顶点，分解为单位长度的小段。图 4-6 给出了一个转换的例子。按以下方式构建新的图 G'：

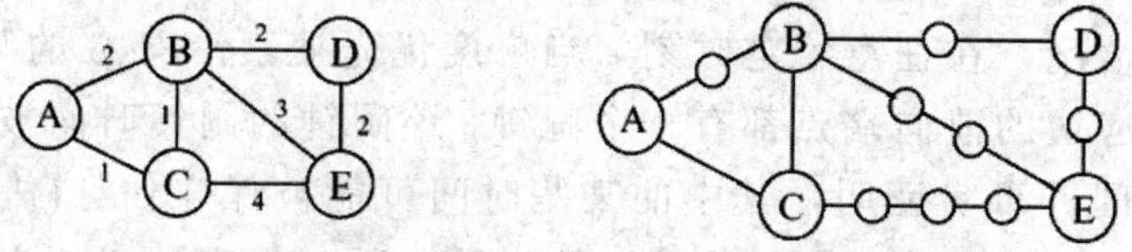

图 4-6　将边分解为单位长度的小段

对于 E 中的任意边 $e=(u,v)$，通过在 u 和 v 之间增加 l_e-1 个虚顶点，将它替换成 l_e 个长度为 1 的边。

图 G'中含有我们感兴趣的所有顶点组成的集合 V，并且顶点之间的距离与 G 中一致。更为重要的是，G'中所有边长均为单位长度，从而，我们可以通过在 G'上运行 BFS 来计算 G 中的距离。

闹钟

如果不用考虑效率问题的话，我们的讨论可以就此终止。但是当 G 中含有很长的边时，上述方法将使 G'中塞满了虚顶点，BFS 会把大量时间耗费在计算这些虚顶点之间的距离上，而我们并不关心虚顶点之间的距离。

为了直观地说明这种情况，考虑图 4-7 中的图 G 和 G'，假定 BFS 开始于 G'中的顶点 s，搜索过程每分钟前进一个单位距离。在最初的 99 分钟，BFS 沿着 S-A 和 S-B 乏味地进行，因为路途中似乎是处理不完的虚顶点。也许有这样一种方法，让我们可以在这些无聊的时段打打盹，而当有什么有趣的事情发生—— 比如搜索到达某个真实顶点(原图 G 中的顶点)时，有一个闹钟能够叫醒我们。

我们通过在初始时设定两个闹钟做到这一点。一个闹钟为顶点 A 而设，设定其在时间 T=100 时闹铃，另一个为顶点 B 而设，设定其在时间 T=200 时闹铃。上述两个时间是顶点的预计到达时间，它们基于当前访问的边的情况而确定。我们先小睡一会，然后在 T=100 时醒来，看到 A 已经被发现。这时，顶点 B 的预计到达时间就调整为 T=150，同时相应地修改闹铃的时间。

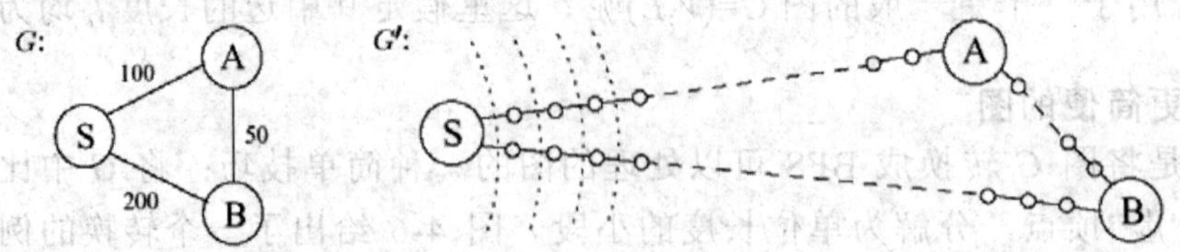

图 4-7 在 G'上的 BFS 过程大部分时间平淡无奇。虚线表示一些早先到达的“波阵面”

更一般的情况，在任意给定时刻，当广度优先搜索沿着 G 的某些边进行时，沿搜索方向对应边的前向端点都有一个闹钟，该闹钟的闹铃时间被设定为该顶点的预计到达时间。事实证明，其中的某些时间可能被保守估计(估计的值比实际的要大)，因为 BFS 随后可能会发现一些捷径，所以相应顶点的未来到达时间可能会发生变化。在前述例子中，当到达 A 时，就会发现一条到达 B 的更快捷路线。无论怎样，在一个闹钟闹铃之前，不会有任何令我们感兴趣的事情发生。下一个闹铃响起的时刻预示 BFS 到达了一个真实的顶点 $u \in V$。在该顶点处，BFS 可能

会继续沿着从 u 发出的新的边前进，因此这些边的前向端点的闹铃时刻需要重新设定。

以下的"闹钟算法"如实模拟了在 G' 上执行 BFS 的过程。

- 在时刻 0 为顶点 s 设定一个闹钟。
- 重复以下过程直至没有闹铃为止：

  假定针对顶点 u 的下一个闹钟闹铃的时刻为 T。那么：

  — 从 s 到 u 的距离是 T。

  — 对于 G 中 u 的每个邻居 v：

    * 如果还未给 v 设定闹钟，则为其设定闹铃时刻 $T+l(u,v)$。
    * 如果 v 的闹铃时刻设定的比 $T+l(u,v)$ 要晚，则将它设定为 $T+l(u,v)$。

Dijkstra 算法　闹钟算法可以应用于任何边长为正整数的图。除了需要将闹钟这个思想实现以外，它可以直接用来解决一些实际问题。而实现闹钟思想的一个恰当的数据结构是一个优先队列(常常通过堆实现)，优先队列维护了一个元素(表示顶点)集合，每个元素有一个数字类型的键值(表示闹铃的时刻)，该数据结构支持以下操作：

插入：向集合中添加一个新的元素。

减小键值：用来减少某个特定元素的键值[1]。

删除最小元素：返回键值最小的元素，并且将它从集合中删除。

构造队列：用给定的元素以及给定的元素键值构建一个队列。(相比很多其他的实现方式，该操作要比将元素逐个插入队列的操作快得多。)

前两项操作用来设定闹钟，第三个操作告诉我们下一个要闹铃的闹钟。将这些操作结合起来，我们就得到了 Dijkstra 算法(如图 4-8 所示)。

在 Dijkstra 算法的代码中，dist(u)代表为顶点 u 设定的当前闹铃时刻。∞意味着该顶点的闹铃还未设定。还有一个额外的数组—— prev，里面存储关于顶点 u 的一些重要信息：在从 s 到 u 的最短路径上，紧挨 u 并在 u 之前的顶点的名称。通过 prev 中的这些后向指针，我们可以方便地重建所需的最短路径，因此 prev 数组是关于已发现的所有路径的一份简要记录。算法完整运行的一个例子，以及算法最终生成的最短路径树，都在图 4-9 中给出。

1　减小键值是一种标准说法，但是它可能导致一些误解：优先队列本身并不改变键值。实际上，该操作所做的一切只是通知优先队列，某一特定键值被减小了。

```
procedure dijkstra(G,l,s)
Input:  Graph G=(V,E), directed or undirected;
        positive edge lengths {l_e : e ∈ E}; vertex s ∈ V
Output: For all vertices u reachable from s, dist(u) is set
        to the distance from s to u.

for all u ∈ V:
   dist(u) = ∞
   prev(u) = nil
dist(s) = 0

H = makequeue(V)  (using dist-values as keys)
while H is not empty:
   u = deletemin(H)
   for all edges (u,v) ∈ E:
       if dist(v) > dist(u) + l(u,v):
          dist(v) = dist(u) + l(u,v)
          prev(v) = u
          decreasekey(H,v)
```

图 4-8 Dijkstra 最短路径算法

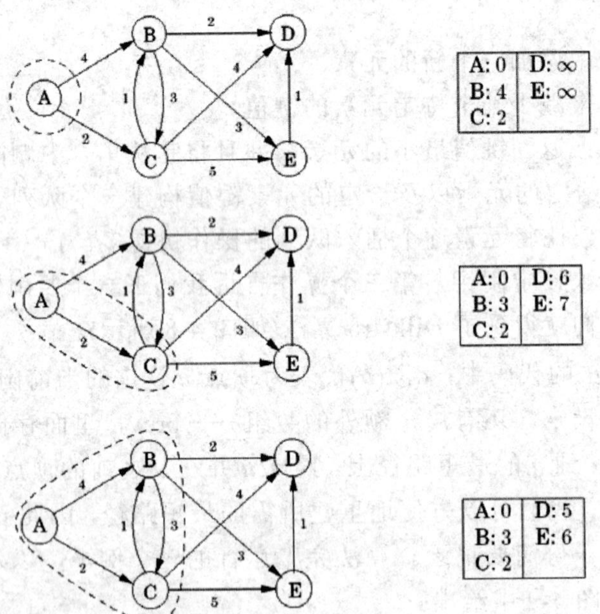

图 4-9 Dijkstra 算法的一个完整运行过程，算法以顶点 A 作为起始点。同时给出了相应的各个顶点的 dist 值以及最终生成的最短路径树

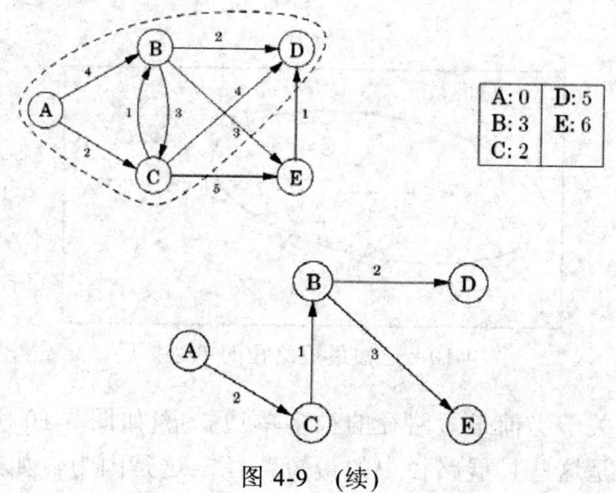

图 4-9　(续)

综上所述，我们可以将 Dijkstra 算法简单地视为一个 BFS，只是该算法使用优先队列取代了常规队列，以便能够结合边长因素决定顶点的处理顺序。从这个角度理解该算法，可以使我们得到一个关于该算法如何工作以及它为何能有效工作的直观认识。然而，还有一种不依赖于 BFS 的更直接也更抽象的算法解释，以下我们将从头开始对其进行详细阐述。

4.4.2　另一种解释

以下是计算最短路径的一种方案：从起始顶点 s 开始向外扩张，持续不断地将生成的图扩张到已知距离和最短路径的区域。扩张过程按照如下顺序进行：先加入最近的顶点，然后加入更远一些的顶点。更准确地说，若“已知区域”是包含 s 的某个顶点子集 R，下一个加入该子集的顶点应该是在 R 之外同时离 s 最近的顶点。我们记该顶点为 v；问题是：如何确定该顶点？

为了回答该问题，考虑顶点 u，它是恰在 v 之前，并位于从 s 到 v 的最短路径上的顶点：

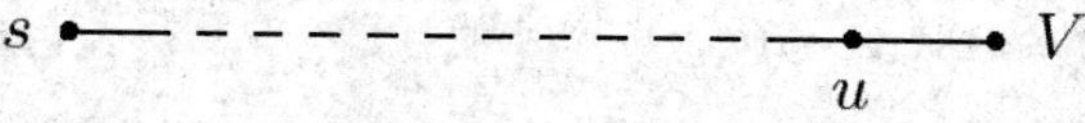

由于我们假设所有边的长度都是正数，因此 u 一定比 v 距离 s 更近，这意味着 u 在 R 中——否则将与 v 是 R 之外且与 s 距离最近的顶点这一假设相矛盾。因此，从 s 到 v 的最短路径即为这样的一条路径，它是基于一条已知最短路径中的某条边

的扩展路径。

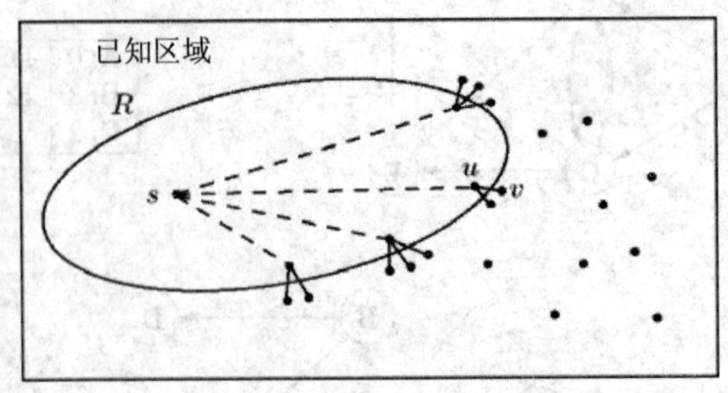

图 4-10 已知最短路径的单边扩展

但是通常会有关于当前最短路径的很多单边扩展(如图 4-10 所示)；其中哪一条确定了 v 呢？应该是这些扩展路径中的最短路径。这是因为，如果存在一条更短的单边扩展路径，又将再次与 v 为 R 之外且是与 s 距离最近的顶点的假设相矛盾。因此，很容易就能找到 v：它是 R 之外的这样一个顶点，当 u 在 R 的范围内变动时，该顶点使得 $(s,u)+l(u,v)$ 的值最小。换言之，检查当前已知最短路径的所有单边扩展路径，找到这些扩展路径的最短路径，该路径的端点即为加入 R 的下一个顶点。

我们现在得到一个扩展 R 的算法，该算法通过检查当前最短路径集合的扩展路径实现。如果我们注意到以下事实并采取相应措施，将能够提高算法的执行效率：在算法的任意迭代步骤中，仅有的新扩展路径是那些连接最近加入到区域 R 中的顶点的路径；其他所有路径的长度之前已计算过，无需重新计算。在以下的伪代码中，dist(v)代表指向 v 的当前最短单边扩展路径的长度；对于与 R 不相邻的顶点，dist 取值为∞。

```
Initialize dist(s) to 0, other dist(·) values to ∞
R = { } (the “known region∫)
while R ≠ V:
    Pick the node v ∉ R with smallest dist(·)
    Add v to R
    for all edges (v, z) ∈ E:
        if dist(z) > dist(v) + l(v, z):
            dist(z) = dist(v) + l(v, z)
```

如果在上述伪代码的基础上增加优先队列操作，就又回到了我们熟悉的 Dijkstra 算法(如图 4-8 所示)。

为了对该算法的正确性进行严格证明，我们采用在广度优先搜索正确性证明中使用过的归纳法。以下是归纳假设：

在每次 while 循环迭代的末尾，有以下条件成立：(1)存在一个值 d，使得从 s 到 R 中所有顶点的距离小于等于 d，同时使得从 s 到 R 外所有顶点的距离大于等于 d；(2)对于每个顶点 u，dist(u)表示一条从 s 到 u 的最短路径的长度，该路径经过的顶点均在 R 中(如果不存在这样的路径，dist 值设为∞)。

归纳的基本情况显然成立(此时 d=0)，通过前述讨论可以完善归纳步骤的其他细节。

4.4.3　运行时间

在图 4-8 所示的抽象层次上，Dijkstra 算法的结构与广度优先搜索相同。但是前者的运行速度要慢一些，因为其中的优先队列操作相对于 BFS 中常量时间的队列插入和删除操作，所需时间要长得多。由于 makequeue 操作最多执行$|V|$次插入操作，我们总共需要$|V|$次 deletemin 操作和$|V|+|E|$次 insert/decreasekey 操作。以上这些操作所需的时间因实现过程而异；例如，如果采用一个二分堆数据结构，则以上操作总的运行时间为 $O((|V|+|E|)\log|V|)$。

4.5　优先队列的实现

4.5.1　数组

优先队列最简单的一种实现方式是使用一个无序数组，其中存储目标元素的键值(在 Dijkstra 算法中，目标元素即为图的顶点)。初始状态下，数组中的值被设为∞。

哪种堆最好？

Dijkstra 算法的运行时间严重依赖于优先队列的所用的实现方法。以下是几种典型的选择：

实现方式	deletemin	insert/decreasekey	$\|V\| \times$ deletemin + $(\|V\|+\|E\|) \times$ insert
数组	$O(\|V\|)$	$O(1)$	$O(\|V\|^2)$
二分堆	$O(\log\|V\|)$	$O(\log\|V\|)$	$O((\|V\|+\|E\|)\log\|V\|)$
d 堆	$O\left(\frac{d\log\|V\|}{\log d}\right)$	$O\left(\frac{\log\|V\|}{\log d}\right)$	$O\left((\|V\|\cdot d+\|E\|)\frac{\log\|V\|}{\log d}\right)$
Fibonacci 堆	$O(\log\|V\|)$	$O(1)$(平摊后)	$O(\|V\|\log\|V\|+\|E\|)$

例如，优先队列的一个简单数组实现将带来相当可观的时间复杂度—— $O(|V|^2)$，而如果使用二分堆，时间复杂度将变成 $O((|V|+|E|)\log|V|)$。哪种更可取呢？

这依赖于图是稀疏的(含有少量的边)还是稠密的(含有大量的边)。对所有的图而言，$|E|$都将比$|V|^2$小。如果边的数目为$\Omega(|V|^2)$，那么显然数组的实现方式将更快。另一方面，一旦$|E|$低于$|V|^2/\log|V|$，那么二分堆将更可取。

d 堆是二分堆(对应于 d=2 的情况)的一般形式，若选用该数据结构，则算法的运行时间是 d 的函数。最佳的选择是 $d\approx|E|/|V|$；换言之，为了达到最优效果，我们必须将堆的度 d 设为图的平均度。这时该结构对于稀疏图和稠密图都适用。对于非常稀疏图，其中$|E|=O(|V|)$，算法运行时间为 $O(|V|\log|V|)$，与二分堆的效果一样好。对于稠密图，其中$|E|=\Omega(|V|^2)$，算法运行时间为 $O(|V|^2)$，与数组的效果一样好。对于边的密度中等的一般图而言，$|E|=|V|^{1+\delta}$，算法运行时间是 $O(|E|)$，是线性的！

上表中的最后一行给出使用一种复杂数据结构的相应运行时间，该结构被称为 Fibonacci 堆。尽管其效率给人印象深刻，但是该数据结构相比其他数据结构在实现时需要更多的工作，而这会降低其在实际应用中的吸引力。对该结构我们不过多地加以着墨，只是简单提及它那令人惊奇的时间表现。该数据结构的插入操作耗费的时间不一，但在算法的运行过程中可以保证平均达到 $O(1)$！在这种情况下(我们在第 5 章会碰见的这种情况)，我们称堆插入操作的平摊成本为 $O(1)$。

insert 操作或者 decreasekey 操作是很快的，因为它们都只需调整一个键值，从而耗费的时间是 $O(1)$。而另一方面，deletemin 操作需要对整个数组进行扫描，从而将耗费线性时间。

4.5.2 二分堆

在二分堆的实现方式下，元素被存储在一个完全二叉树中，即二叉树每层上的节点都被从左到右地填满，并且在上一层未填满之前不会出现下一层。另外，需要遵循一种特殊的顺序：树中任意节点的键值必须小于等于其后裔节点的键值。因此，特别的，根节点一定对应着键值最小的元素。图 4-11(a)即给出了一个例子。

进行 insert 操作时，将新元素置于树的最底端(最底端最先可用的位置)，然后让它“冒泡”。“冒泡”是一种形象的说法，它是指，如果新元素比其父节点的键值小，则将新元素与其父节点进行交换，并重复该过程(参见图 4-11(b)-(d))，直到树中所有节点满足上面提到的特殊顺序。交换的次数最多等于树的高度，当树中含有 n 个节点时，即为$\lfloor \log_2 n \rfloor$。decreasekey 操作与 insert 操作类似，不同的是在 decreasekey

操作中，元素已经在树中，因此我们只需让它从其当前位置直接“冒泡”即可。

当进行 deletemin 操作时，直接返回根节点的键值。将根节点对应元素从堆中删除之后，取出树中的最后一个节点(在树最底端的那一行节点的最右端位置上)，将它置于树根上。再令它“向下过滤”：这也是一种形象的说法，它是指，如果该节点的键值大于它的任何一个子节点，则将它与其键值较小的子节点进行交换，并重复该过程(参见图 4-11(e)-(g))，直到树中所有节点满足上面提到的特殊顺序。deletemin 操作耗费时间为 $O(\log n)$。

完全二叉树结构的完整性使得利用数组的表示方式简单易行。完全二叉树的节点间具备一种自然的顺序：从根节点开始，节点逐行排列，每一行中的节点遵循从左到右的顺序。如果树中有 n 个节点，该顺序即指定了节点在数组中的位置：1、2、…、n。我们能够很容易地在数组中模拟树中节点的上下移动，其原因主要在于这样一个事实：位置为 j 的节点的父节点的位置为 $\lfloor j/2 \rfloor$，两个子节点的位置分别为 $2j$ 和 $2j+1$(参见习题 4.16)。

4.5.3　*d* 堆

d 堆与二分堆类似，只是 d 堆中每个节点拥有 d 个后裔，而不仅仅是 2 个。这使得树的高度(如果树中含有 n 个节点)缩减为 $\Theta(\log_d n) = \Theta((\log n)/(\log d))$。从而元素的 insert 操作加速了 $\Theta(\log d)$ 倍。不过，deletemin 操作将有所变慢，其耗时变为 $O(d \log_d n)$(您知道这是为什么吗？)。

二分堆的数组表示能够很容易地推广至 d 堆的情况。此时，位置为 j 的节点的父节点位置为 $\lceil (j-1)/d \rceil$，其子节点的位置为 $\{(j-1)d+2, \ldots, \min\{n, (j-1)d+d+1\}\}$(参见习题 4.16)。

4.6　含有负边的图的最短路径

4.6.1　负边

Dijkstra 算法之所以能够运行，有一部分原因在于：从起始点 s 到任意顶点 v 的最短路径一定会经过比 v 距离 s 更近的顶点。而当边的长度可以为负值时，这一论断将不再成立。比如在图 4-12 中，从 S 到 A 的最短路径经过 B，而 B 却比 A 距离 S 更远！

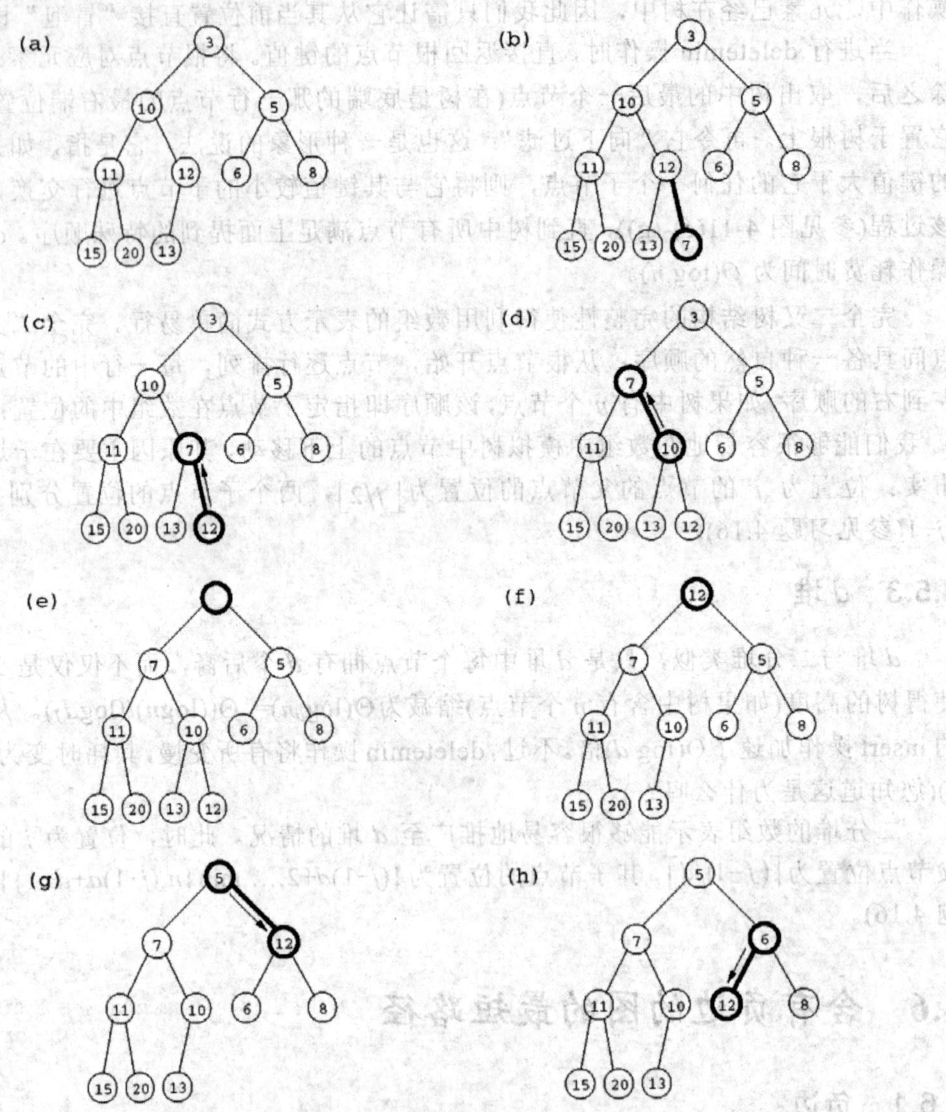

图 4-11 (a)一个含有 10 个元素的二分堆，图中只标记了键值。(b)-(d)插入键值为 7 的元素经历的中间“冒泡”步骤。(e)-(g)在 delete-min 操作中经历的“向下过滤”步骤

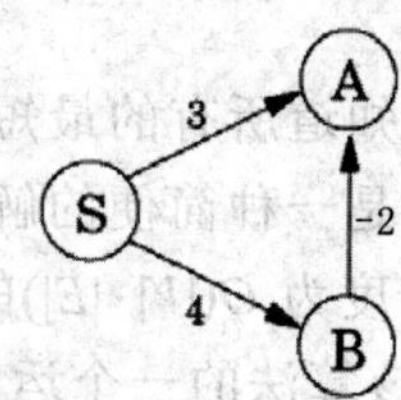

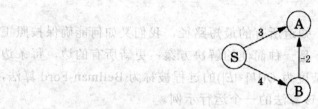

图 4-12　如果图中含有负边，Dijkstra 算法将不再适用

为了应对这一新的复杂性，原有算法应该做出什么样的调整呢？要回答这一问题，首先让我们从一个较高的层次上重新审视 Dijkstra 算法。其中一个不变的重要事实是：算法维护的 dist 值在被准确设定之前常常被高估。它们初始时刻被设为∞，之后算法只会沿着图中的一条边对它们进行更新：

```
procedure update((u, v) ∈ E)
dist(v) = min{dist(v), dist(u) + l(u, v)}
```

这一更新意味着这样一个事实：从起始点到 v 的距离不可能超过到 u 的距离加上 $l(u,v)$。更新操作具有以下性质：

1. 以下情况才能保证更新操作正确设定了从起始点到 v 的距离，即：当 u 是从起始点　到 v 的最短路径上的倒数第二个顶点，且 dist(u)被正确设定时。

2. 更新操作保证了 dist(v)的值不会很小，从这一意义上讲，该操作是安全的(safe)。事实上，其它顶点 dist 值的 update 操作即使略有偏差，也不会对整个算法产生重大影响。

因此，更新操作是及其有用的：它没有副作用，如果使用得当，将能够正确地设定距离。实际上，Dijkstra 算法可以被简单地视为是一个 update 操作序列。我们已经知道，这一特殊操作序列针对含有负边的图将不再适用，但是是否存在其它的操作序列能够处理含有负边的情况呢？为了形象地说明这种操作序列应该具备什么样的性质，让我们选择一个顶点 t，查看从 s 到 t 的最短路径。

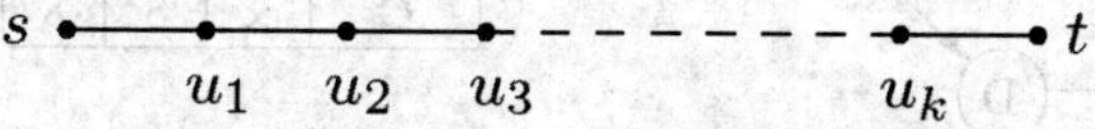

该路径最多含有$|V|$-1 条边(您知道其中的原因吗？)。如果执行的更新操作序列按照以下顺序(s,u_1)、(u_1, u_2)、(u_2, u_3)、…、(u_k, t)，(虽然不必一定连续)进行，那么按照前述的第一条性质，到达 t 的距离将被正确地设定。至于其它更新操作是否在这些边上进行则无关紧要，同样，图上其它部分进行的操作也不对其产生影响，

因为更新操作是安全的。

但问题是，如果我们预先并不知道所有的最短路径，我们又如何能确保按照正确的顺序更新了正确的边呢？以下是一种简便的解决方案：更新所有的边，每条边更新$|V|-1$次！这样产生的时间复杂度为$O(|V|\cdot|E|)$的过程被称为 Bellman-Ford 算法，算法在图 4-13 中给出，图 4-14 为该算法的一个运行示例。

```
procedure shortest-paths(G, l, s)
Input: Directed graph G = (V, E);
       edge lengths {l_e : e ∈ E} with no negative cycles;
       vertex s ∈ V
Output:For all vertices u reachable from s, dist(u) is set
       to the distance from s to u.

for all u ∈ V:
   dist(u) = ∞
   prev(u) = nil

dist(s) = 0
repeat |V| − 1 times:
   for all e ∈ E:
      update(e)
```

图 4-13 Bellman-Ford 算法应用于一般图的单源最短路径问题

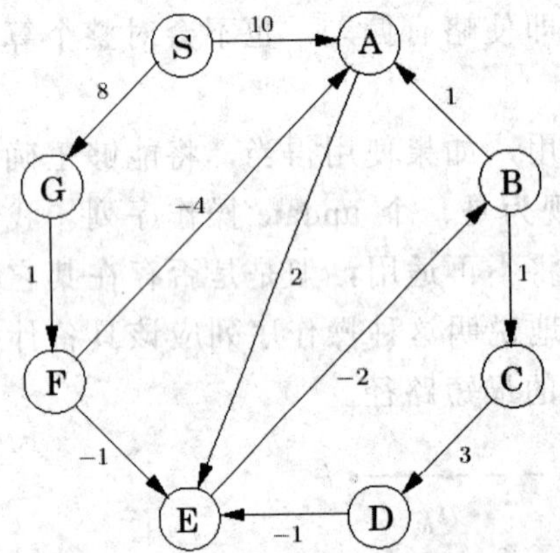

节点	迭代次数 0	1	2	3	4	5	6	7
S	0	0	0	0	0	0	0	0
A	∞	10	10	5	5	5	5	5
B	∞	∞	∞	10	6	5	5	5
C	∞	∞	∞	∞	11	7	6	6
D	∞	∞	∞	∞	∞	14	10	9
E	∞	∞	12	8	7	7	7	7
F	∞	∞	9	9	9	9	9	9
G	∞	8	8	8	8	8	8	8

图 4-14 以一个图例来说明 Bellman-Ford 算法的流程

关于 Bellman-Ford 算法实现的一个附注：对许多图而言，任意最短路径中的边数实际上都小于$|V|-1$，这使得并不需要很多的更新操作。因此，针对最短路径算法

增加一个额外的检查就显得很有意义了，它可以使得在没有任何更新操作发生时，立即终止算法。

4.6.2　负环

如果图 4-14 中的边(E,B)的长度变为-4，则图中将出现一个负环 $A \to E \to B \to A$。在这种情况下，寻找最短路径是没有任何意义的。比如，从 A 到 E 存在一条长为 2 的路径。但是沿着上面的负环，从 A 到 E 还存在一条长为 1 的路径，同时沿着这个环绕行多次，我们将得到长度为 0、-1、-2 直到$-\infty$的其它路径。

可见，图中一旦出现了负环，最短路径问题本身就不再有意义。我们也可以预想到，4.6.1 节中给出的算法只适用于没有负环的情况。我们不禁要问，难道将该算法进行推广后，仍然需要图中没有负环的假设吗？答案如下：当我们能够确保从 s 到 t 确实存在一条最短路径时，就不再需要该假设了。

幸运的是，很容易就能检测到负环的存在，一旦检测到负环，就要适时地发出警告。若不发出警告，并采取相应措施，负环将可能使我们永无休止地进行 update 操作，并不断减少 dist 的估计值。因此，我们需要在$|V|-1$ 次迭代之后再多执行一次迭代过程。图中存在一个负环当且仅当在这最后一次迭代中有某个 dist 的值被减少。

4.7　有向无环图中的最短路径

图论问题中有两类图直接排除了负环存在的可能性：一类是不含负边的图，另一类是没有环的图。我们已经了解如何针对前一类图，有效地求出其最短路径。我们现在来讨论在有向无环图(dag)的情况下，如何在线性时间内解决单源最短路径问题。

如前所述，我们需要执行一个更新操作序列，其中每个最短路径作为一个子序列。这种算法思想的效率主要来源于以下事实：

在 dag 的任意路径中，顶点是按照图线性化产生的顶点序列的升序排列的。

因此，进行以下步骤足矣：通过深度优先搜索线性化(即拓扑排序)有向无环图，然后按照得到的顶点顺序访问顶点，对从当前访问顶点出发的边执行更新操作。相应的算法在图 4-15 中给出。

请注意，该算法并不要求边的长度是正数。因此，特别地，我们可以通过该算法找到有向无环图中的最长路径：只需将每条边的长度设为其负值即可。

```
procedure dag-shortest-paths(G, l, s)
Input:  Dag G = (V, E);
        edge lengths {l_e : e ∈ E}; vertex s ∈ V
Output: For all vertices u reachable from s, dist(u) is set
        to the distance from s to u.

for all u ∈ V:
   dist(u) = ∞
   prev(u) = nil

dist(s) = 0
Linearize G
for each u ∈ V, in linearized order:
   for all edges (u, v) ∈ E:
      update(u, v)
```

图 4-15 针对有向无环图的单源最短路径算法

习题

4.1 应用 Dijkstra 算法于下图之上，从顶点 A 开始。

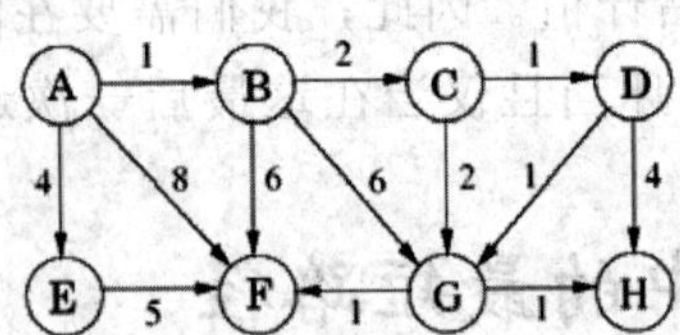

(a) 绘制一张表格，记录在算法执行中的每个迭代步骤下的所有顶点的中间距离值。

(b) 给出最终生成的最短路径树。

4.2 本题的应用背景跟上一题类似，只是要求使用 Bellman-Ford 算法。

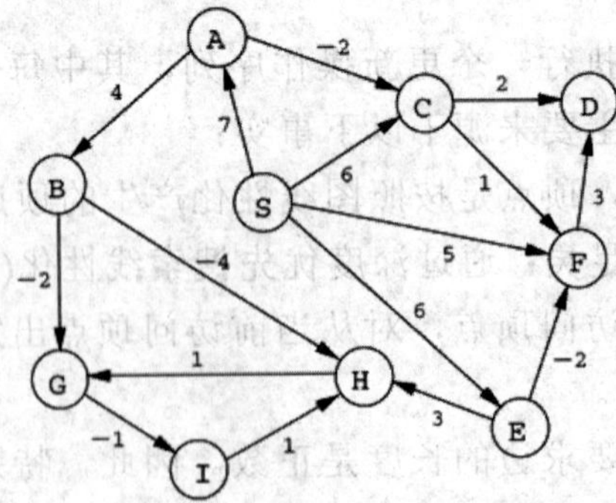

4.3　正方形。设计并分析这样一个算法：以一个无向图 $G=(V,E)$为输入，确定 G 中是否含有一个简单环(即一个不与自身交叉的环)，环的长度为 4。算法的运行时间最差情况下为 $O(|V|^3)$。

您可以随意选择输入图的表示方式：邻接矩阵或是邻接表，只要能使您的算法更简单就好。

4.4　给出一种如何在无向图中找出最短环的长度的方法，该无向图中边的长度均为单位长度。

当在深度优先搜索中遇到一条回边，如(v,w)，则由该回边与其它一些树边能够组成一个从 w 到 v 的环。环的长度是 level[v]− level[w]+1，其中一个顶点的 level 是指在 DFS 树中，从根顶点到该顶点的距离。以上思想可以表述成下面的算法：

- 执行一次深度优先搜索，记录每个顶点的 level 值。
- 每当遇到一条回边，计算此时得到的环的长度，如果它比当前最小的环的长度还要小，则更新当前最小环长度为该长度。

通过给出一个反例来证明以上算法并不能保证总是正确，并给出一个简要的说明(一两行文字就可以了)。

4.5　通常在图中的两个顶点之间存在不止一条最短路径。针对以下任务给出一个线性时间算法：

输入：无向图 $G=(V,E)$，边的长度为单位长度；顶点 u、$v\in V$

输出：从 u 到 v 的不同最短路径的数目。

4.6　证明：对于 Dijkstra 算法计算得到的 prev 数组，边$\{u,\text{prev}[u]\}$(对于所有的顶点 $u\in V$)形成了一棵树。

4.7　给定一个有向图 $G=(V,E)$，其中的边具有权重(权值可以为负)，以及一个特定的顶点 $s\in V$ 和一棵树 $T=(V,E')$，$E'\subseteq E$。给出一个算法，判断 T 是否是图 G 中从顶点 s 出发的一个最短路径树。该算法的运行时间应为线性的。

4.8　F. Lake 教授给出了一种在含负边有向图中，求顶点 s 到顶点 t 最短路径的算法：给图中每条边的权重加上一个足够大的常数，使得所有边的权值均为正数，然后从起始点 s 运行 Dijkstra 算法，返回到达顶点 t 的最短路径。

该算法是否正确？如果正确，证明之；否则，给出一个反例。

4.9　考虑这样的一个有向图，其中所有的负边都是从 s 发出的边；除此之外的其它边权值都为正。以顶点 s 作为起始点，Dijkstra 算法能否适用于本题的情形？证明您的结论。

4.10　给定一个有向图 $G=(V,E)$，其中的边具有权重(权值可以为负)，并且任意两个顶点之间的最短路径最多含有 k 条边。给出一个算法，在 $O(k|E|)$时间内找出顶点 u 和 v 之间的最短路径。

4.11　给出一个算法，以边长度为正的有向图为输入，输出图中的最短环的长度(如果该图是无环的，则输出该图不含环的结论)。该算法的运行时间最差情况下为 $O(|V|^3)$。

4.12　给出一个运行时间为 $O(|V|^2)$的算法，使其完成以下任务：

输入：一个无向图 $G=(V,E)$；边的长度 $l_e>0$；一条边 $e\in E$

输出：含有边 e 的最短环的长度

4.13　给定一组城市，它们之间以高速公路相连，以无向图 $G=(V,E)$的形式表示。每条高速公路 $e\in E$ 连接两个城市，高速公路的长度以英里记，记为 l_e。您想要从城市 s 到城市 t。存在一个问题：您的汽车油箱容量有限，在加满的情况下只能行驶 L 英里。每个城市都有加油站，但城市之间的高速公路上并没有加油站。因此，您选择的路径中的每条边(两个城市间的高速公路)的长度应该满足 $l_e\leqslant L$。

(a) 在给定汽车油箱容量限制的情况下，怎样在线性时间内判断从 s 到 t 之间是否存在一条可行路径。

(b) 您现在打算买一辆新车，需要知道从 s 旅行至 t 所需的油箱最小容量。给出一个时间复杂度为 $O((|V|+|E|)\log|V|)$的算法，计算从 s 旅行至 t 所需的油箱最小容量。

4.14　给定一个强连通有向图 $G=(V,E)$，其中每条边的权重都是正数，以及一个特定的顶点 $v_0\in V$。给出一个高效算法，找出任意一对顶点间的最短路径，还有一个额外的限制：这些路径都必须经过顶点 v_0。

4.15　最短路径通常都不唯一：有时对于一个最短路径长度可能会有两条或多条不同的路径。给出一个时间复杂度为 $O((|V|+|E|)\log|V|)$的算法，解决以下问题：

输入：无向图 $G=(V,E)$；边的长度 $l_e>0$；起始顶点 $s\in V$

输出：一个布尔变量数组 usp[·]：对于每个顶点 u，数组元素 usp[u]取值为真当且仅当从 s 到 u 存在唯一的最短路径。(提示：usp[s] = true)

4.16　4.5.2 节中描述了怎样在数组中存储包含 n 个顶点的完全二叉树，其中树的顶点用数组下标 1、2、…、n 来索引。

(a) 考虑在数组下标为 j 处的顶点。证明，该顶点的父顶点在下标$\lfloor j/2\rfloor$处，其子顶点分别在 $2j$ 和 $2j+1$ 处(前提是这些下标值要小于等于 n)。

(b) 当数组中存储的是完全 d 叉树时，某个顶点的父顶点和子顶点的下标值又是多少？

图 4-16 中给出了针对二分堆的伪代码，基于 R.E.Tarjan[2]的算法思想。二分堆被存储于一个数组 h 中，该数组需要支持以下两种常量时间的操作：

```
procedure insert(h, x)
bubbleup(h, x, |h| + 1)

procedure decreasekey(h, x)
bubbleup(h, x, h^-1(x))

function deletemin(h)
if |h| = 0:
    return null
else:
    x = h(1)
    siftdown(h, h(|h|), 1)
    return x

function makeheap(S)
h = empty array of size |S|
for x ∈ S:
    h(|h| + 1) = x
for i = |S| downto 1:
    siftdown(h, h(i), i)
return h

procedure bubbleup(h, x, i)
(place element x in position i of h, and let it bubble up)
p = ⌈i/2⌉
while i ≠ 1 and key(h(p)) > key(x):
    h(i) = h(p);  i = p;  p = ⌈i/2⌉
h(i) = x

procedure siftdown(h, x, i)
(place element x in position i of h, and let it sift down)
c = minchild(h, i)
while c ≠ 0 and key(h(c)) < key(x):
    h(i) = h(c);  i = c;  c = minchild(h, i)
h(i) = x

function minchild(h, i)
(return the index of the smallest child of h(i))
if 2i > |h|:
    return 0 (no children)
else:
    return arg min{key(h(j)) : 2i ≤ j ≤ min{|h|, 2i + 1}}
```

图 4-16　二分堆上的操作

1　参见：R.E.Tarjan 的著述，数据结构与网络算法(*Date Structure and Network Algorithms*)，工业与应用数学学会(Society for Industrial and Applied Mathematics)，1983。

- $|h|$，返回数组中当前的元素数目；
- h^{-1}，返回数组中某个元素的位置。

后一个操作常常通过维护一个存储着 h^{-1} 值的辅助数组来实现。

(c) 证明当以包含 n 个元素的集合为输入进行调用时，makeheap 流程需要 $O(n)$ 时间。该流程最差情况对应的输入是什么？(提示：先证明该流程的运行时间最差情况下为 $\sum_{i=1}^{n}\log(n/i)$)

(d) 要使该伪代码能够适用于 d 堆，需要做出哪些调整？

4.17 假定在这样的一个图上运行 Dijkstra 算法：边的权重都是整数，且在 $0,1,\ldots,W$ 的范围内，其中 W 是一个相对较小的数字。

(a) 证明 Dijkstra 算法的运行时间可以达到 $O(W|V|+|E|)$。

(b) 证明存在另一种算法实现，其运行时间只有 $O((|V|+|E|)\log W)$。

4.18 当两个顶点间存在多条不同的最短路径(其中，边的长度也不相同)，而您需要在其中做出抉择时，最简便的一种方法就是选择一条边数最少的路径。例如，如果用顶点代表城市，边的长度代表在城市间飞行的成本，在同样的成本额度下，从城市 s 到城市 t 一定存在很多种飞行方案。从中择一的最简便方式就是选择一种中转最少的。因此，对于一个特定的起始顶点 s，定义以下指标：

best[u] = 从 s 到 u 的含边最少的最短路径的边的数目。

在下图所示的例子中，顶点 S、A、B、C、D、E、F 的 best 值分别为 0、1、1、1、2、2、3。

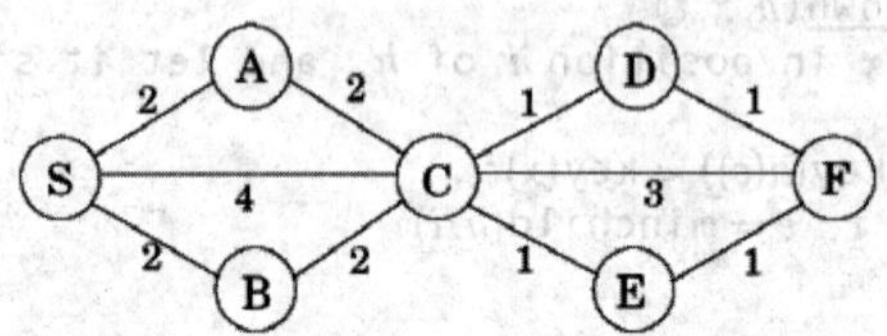

给出一个针对以下问题的高效算法：

输入：图 $G=(V,E)$；边的长度 $l_e>0$；起始顶点 $s\in V$。

输出：给出所有顶点 $u\in V$ 的 best[u]值。

4.19 推广的最短路径问题。在 Internet 路由问题中，不仅在网路上存在延迟，更重要的，在路由器上也存在延迟。这一背景引出了一个推广的最短路径问题。

假定一个图除了它的边具有长度$\{l_e: e\in E\}$之外，其顶点还具有顶点成本$\{c_v: v\in V\}$。现在定义一条路径的成本为其上所有边的长度加上其上所有顶点(包含路径的端点)的成本。给出一个针对以下问题的高效算法：

输入：有向图 $G=(V,E)$；边的长度 $l_e>0$，顶点成本 $c_v>0$；起始顶点 $s\in V$。

输出：一个数组 cost[·]，针对每个顶点 u，cost[u]是从 s 到 u 的所有路径的最小成本(即最经济的路径的成本)，其中，路径成本的定义如题设中所述。

需要注意的是，cost[s] = c_s。

4.20　一组城市(城市构成顶点集合 V)之间由一个公路网 $G=(V,E)$彼此互相连通。集合 E 中的每条边对应于一条公路，公路有一个相应的长度 l_e。现在需要在该公路网中建设一条新的公路，而新的公路建于两个不同的城市之间。所有可以修建新的公路的两个城市的组合构成一个列表 E'。列表 E'中可能会修建的每条公路 $e'\in E'$具有一个相应的长度。作为公共事业部门的一个设计者，您被要求决定建设哪一条公路 $e'\in E'$，使得在公路网 G 中新建了这条公路之后，两个给定的城市 s 和 t 之间的距离得到最大的缩短。给出一个高效算法以解决上述问题。

4.21　最短路径算法可以应用于货币交易领域。令 c_1、c_2、…、c_n 为 n 种不同的货币；例如，c_1 表示美元，c_2 表示英镑，c_3 表示里拉。对于任意两种货币 c_i 和 c_j，存在一个汇率 $r_{i,j}$；它意味着您可以以 1 个单位的货币 c_i 获取 $r_{i,j}$ 单位的货币 c_j。这些汇率满足条件 $r_{i,j}\cdot r_{j,i}<1$，该条件确保了以下事实：起初您手头上有 1 个单位的货币 c_i，然后将它兑换成货币 c_j，再将其兑换回货币 c_i，您最终手头上的货币 c_i 应该少于 1 个单位(差额即为兑换的交易成本)。

(a) 给出一个高效算法，解决以下问题：给定一组汇率 $r_{i,j}$，以及两种货币 s 和 t，找到一个最有利的货币兑换序列，以把货币 s 最终兑换成货币 t。为了实现这个目标，您得先把货币和汇率表示成一张图，图中边的长度是实数。

汇率是不断波动的，反映了市场上对于不同货币的供求变化。偶尔汇率会满足以下性质：存在一系列货币 c_{i_1}、c_{i_2}、…、c_{i_k}，使得 $r_{i_1,i_2}\cdot r_{i_2,i_3}\cdots r_{i_{k-1},i_k}\cdot r_{i_k,i_1}>1$。这意味着从手头上的 1 个单位的货币 c_{i_1}，然后连续地兑换成货币 c_{i_2}、c_{i_3}、…、c_{i_k}，最后再兑换回货币 c_{i_1}，您手头上的货币 c_{i_1} 将超过 1 个单位。这样的异常情形在货币交易市场上稍纵即逝，但是一旦把握住它，则无需冒任何风险就能得到收益。

(b) 给出一个高效算法，检测是否存在这样的异常情形。使用(1)中的图论表示法。

4.22　货船巡航问题。您是一艘货船的船主，该货船可以在一组港口城市(城市组成顶点集合 V)间巡航。您在每个港口都能赚到钱：访问港口 i 将为您带来 p_i 美元的收益。同时，从港口 i 到港口 j 的运输费用为 $c_{ij}>0$。您想要找到一个巡航的环状路线，使得收益与成本的比率最大。

为了这个目的，考虑一个有向图 $G=(V,E)$，其中顶点代表港口，任意两个顶点(港口)间存在一条边(水路)。对于该图中的任意一个环 C，收益与成本的比率定义如下：

$$r(C)=\frac{\sum_{(i,j)\in C} p_j}{\sum_{(i,j)\in C} c_{ij}}$$

令 r^* 为一个简单环能够达到的最大比率。一种确定 r^* 的方法是通过二分搜索：首先猜测一个可能比率 r，然后检验它是偏大还是偏小。

考虑任意正数 $r>0$。为每条边 (i,j) 赋予一个权重 $w_{ij}=rc_{ij}-p_j$。

(a) 证明：如果存在一个环具有负的权重，那么 $r<r^*$。

(b) 证明：如果图中所有的环的权重都严格大于 0，那么 $r>r^*$。

(c) 给出一个高效算法，以一个要求的精度 $\varepsilon>0$ 为输入，输出一个简单环 C，满足 $r(C)\geqslant r^*-\varepsilon$。验证该算法的正确性，并分析其运行时间，以 $|V|$、ε 和 $R=\max_{(i,j)\in E}(p_j/c_{ij})$ 表示。

chapter 5

贪 心 算 法

想要赢得象棋这类博弈游戏的胜利就必须要想在对手前面，只在乎眼前利益往往很容易被打败。可是对于其他的许多游戏，比如 Scrabble 这个拼字游戏，即使只简单地选择眼前最佳的行动，根本不操心以后的种种可能，结果也可能相当不错。

这类短视的行为总是简单易行，而这使之成为了一种具有吸引力的算法策略。贪心算法采取步步逼近的方式构造问题的解，其下一步的选择总是在当前看来收效最快和效果最明显的那一个。虽然这一方法在某些任务(例如前面提到的下棋)中可能导致灾难性的后果，但是对于其他的许多任务，它却可能是最优的。在此，我们以最小生成树(MST)问题作为第一个例子。

5.1 最小生成树

假设您需要将一组计算机两两相连构成一个网络。转换成图论的问题就是，以节点表示计算机，无向边表示可能的连接，我们需要从后者中选出足够多的边，使得所有的节点都被连接(到同一个网络中)。不过这样还不够，通常每条网络连接都有一定的维护成本，在此表示为边的权重。最后，我们需要考虑的是怎样才能得到一个最经济的网络？

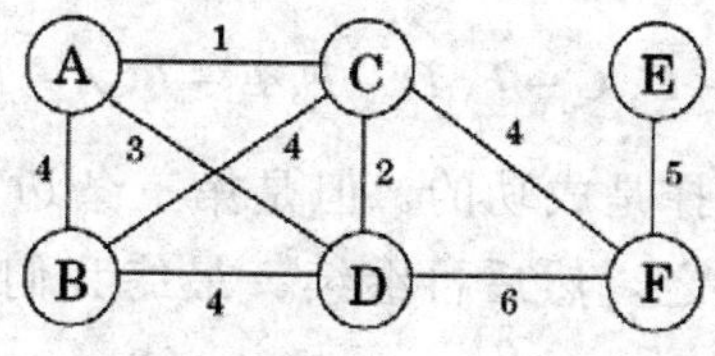

显然，最佳的边集合不可能包含环。因为不难发现，移除环中的任何一条边都

会降低代价，而同时不破坏其连通性。

性质 1 移除环中的任意一条边不会破坏图的连通。

由此可知以上问题的解应该是一个连通且无环的图——这类无向图称为树。在此，我们要求的是一个具有最小代价(总权重)的树，即所谓最小生成树。该问题的形式化定义如下。

输入：无向图 $G=(V, E)$；边权重 w_e。

输出：树 $T=(V, E')$，其中 $E'\subseteq E$，使得权重 $\mathrm{weight}(T)=\sum_{e\in E'} w_e$ 最小。

对于前面图中的例子，最小生成树的权重为 16：

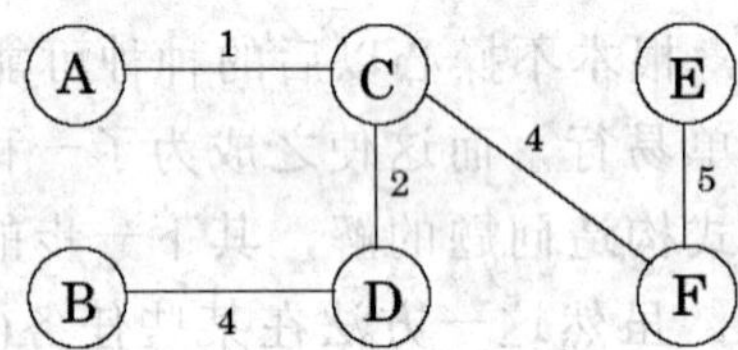

不过，这并不是唯一的最优解。您还能找到另一个 MST 吗？

5.1.1 一个贪心方法

Kruskal 的最小生成树算法起始于一个空的图，并按照以下的规则从 E 中选择边：

不断重复地选择未被选中的边中权重最轻且不会形成环的一条。

换句话说，这一算法通过逐条增加边来构造最小生成树。在保证不出现环的同时，它总简单地选择当前所余的权重最轻的边。这是一个典型的贪心算法，即每次决策都对应于最明显的即时利益。

图 5-1 显示了一个例子。我们从一个空的图开始，按照边权重的升序依次增加边(同等权重的边任选其一即可)，得到：

$$B-C, C-D, B-D, C-F, D-F, E-F, A-D, A-B, C-E, A-C$$

不难看出，前两条边选择是成功的。但是第三条边，$B-D$，如果将其加入将导致环的出现。因此我们放弃之，然后再继续。最终我们得到了一个代价为 14 的树，正是我们所求的最小生成树。

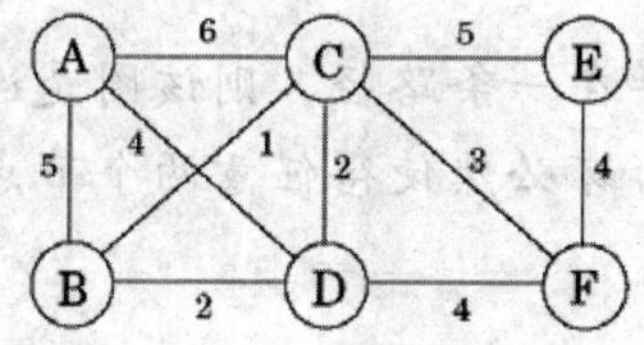

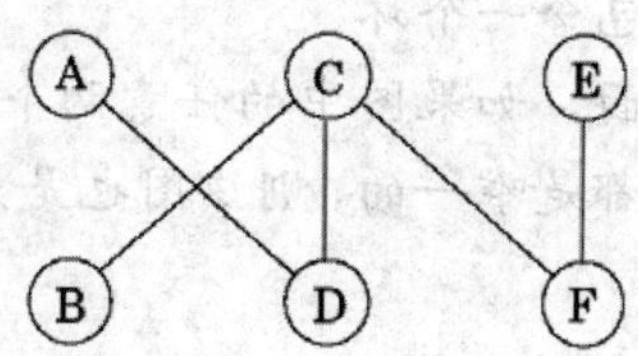

图 5-1 基于 Kruskal 算法得到的最小生成树

树

树是一个连通且无环的无向图。它之所以如此有用，很大程度上是因为其简单的结构。例如：

性质 2 具有 n 个节点的树的边数为 n-1。

从空的图开始，每次给树增加一条边，我们将很容易证明这一性质。首先，最初的 n 个节点都是互不相连的，因此可将每个节点视为一个独立的连接部件(connected component)。随着边数的增加，这些部件不断相互合并。注意到每条新增的边都将连接两个不同的部件，因此恰好当增加到第 n-1 条边时，完成了整个树的构造。

说得更具体些，当某条边$\{u, v\}$被加入时，我们可以断定 u 和 v 分别处于两个独立的连接部件中，否则由连接部件的定义，必然已存在连接两者的一条路径，增加$\{u, v\}$将导致出现环。$\{u, v\}$的加入将使这两个部件合并在一起，从而使得总的连接部件数减少了 1。遵循这一过程，连接部件的总数将从 n 一步步减小到 1，这也表明在此过程中，一共增加了 n-1 条边。

以上的逆命题同样成立。

性质 3 任何一个连通无向图 $G=(V, E)$，若满足$|E|=|V|-1$，则其为树。

我们只须证明 G 是无环的。为证明之运行如下的递归过程：如果 G 中包含一个环，则移除该环上的任意一条边；不断继续，直到得到一个无环的图 $G'=(V, E')$，$E'\subseteq E$。由性质 1，G'是连通的，因此 G'是树。由性质 2，$|E'|=|V|-1$。故 $E'=E$，也即实际上我们没有移除 G 中的任意一条边，这说明它一开始就是树。

换句话说，对于任意一个连通图，我们可以仅仅通过计算其边数来判断它是否为树。以下是树的另一个特征：

性质 4 一个无向图是树，当且仅当在其任意两个节点间仅存在唯一路径。

在树中，任意两个节点间仅可能有一条路径。因为如果存在两条路径，将其合并后必然会包含一个环。

另一方面，如果图中的任意两个节点间都存在一条路径，则该图是连通的。如果这些路径都是唯一的，则该图也是无环的(因为环必然使得任意两个节点间存在两条路径)。

Kruskal 方法的正确性源自所谓的分割性质。而对于现存的林林总总的最小生成树算法，分割性质都可以作为其正确性判断的基础。

5.1.2 分割性质

假设为了构造最小生成树，我们已经选出了一些边，并且这些选择都是正确的(都属于某个 MST)。那么，我们该如何选择下一条可以加入的边呢？以下引理将给我们的选择带来很大的灵活性。

分割性质 设边集 X 是 $G=(V, E)$的某个最小生成树的一部分。选定任一节点集合 $S \subset V$，使得 X 中没有跨越 S 和 $V\text{-}S$ 的边。若 e 是跨越 S 和 $V\text{-}S$ 的权重最轻的边，则 $X \cup \{e\}$也是某个 MST 的一部分。

所谓分割，即一个将节点集合一份为二的划分，例如以上的 S 和 $V\text{-}S$。上述性质说明，对任意的分割，在 X 不含跨越分割的边(即该边的一个端点属于 S，而另一个属于 $V\text{-}S$)这一前提下，增加跨越该分割的权重最轻的边总是正确的。

让我们来研究一下这是为什么。假设 X 是某个 MST T 的一部分。如果新增加的边 e 恰好也在 T 中，则无须证明。因此假定 e 不属于 T。我们通过改变 T 中的一条边可以构造一个与之不同的 MST T'，使得 T'包含 $X \cup \{e\}$。

将 e 加入 T。由于 T 是连通的，在 T 中必然存在一条路径连接 e 的两个端点，故增加 e 将形成一个环。显然，这个环中应该包含另外某条跨越分割$\{S, V\text{-}S\}$的边 e' (如图 5-2 所示)。将其移除，得到 $T'= T \cup \{e\}-\{e'\}$，我们将证明 T'是树。由性质 1 可知，由于 e'是环上的边，故 T'是连通的。由于 T'和 T 的边数相同，故由(灰色方框中的)性质 2 和性质 3 可知，T'也是树。

更进一步地，T'是一个 MST。其代价与 T 的关系为：

$$\text{weight}(T')= \text{weight}(T)+w(e)- w(e')$$

注意到 e 和 e'都跨越分割$\{S, V\text{-}S\}$，且 e 是此类边中的最轻(权重最小)者，因此有 $w(e) \leqslant w(e')$。从而，$\text{weight}(T') \leqslant \text{weight}(T)$。$T$ 是 MST，故此时必然为

weight(T')=weight(T)，由此可知 T'也是 MST。

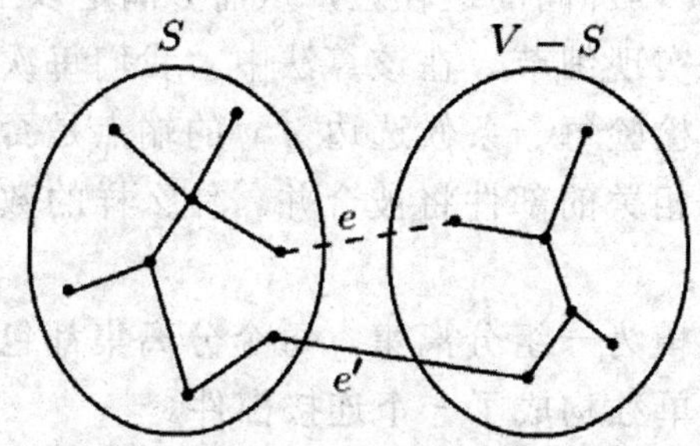

图 5-2 $T \cup \{e\}$。将 e(虚线)增加到 T(实线)中产生了一个环。该环至少包含另一条跨越分割$\{S, V-S\}$的边，图中为 e'

图 5-3 为分割性质的示例。其中哪条边是 e'呢？

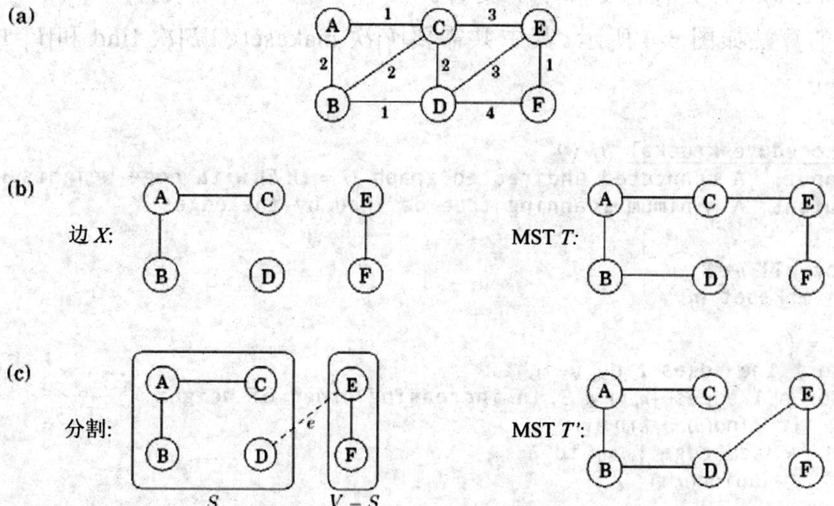

图 5-3 分割性质示例。(a)为一个无向图。(b)中的边集 X 有三条边，且 X 被包含于右侧的 MST T。(c)中 $S=\{A, B, C, D\}$，一条跨越分割$\{S, V-S\}$的最轻边为 $e=\{D, E\}$。$X \cup \{e\}$被包含于右侧的另一个 MST T'

5.1.3 Kruskal 算法

现在我们可以验证 Kruskal 算法了。在任一给定时刻，该算法选出的边构成了一个部分解，这个部分解由一堆连接部件构成，每个部件都具有树结构。下一条将要加入的边将其中的某两个部件，将它们分别记为 T_1 和 T_2。由于 e 是不会形成环的最轻边，它当然也是 T_1 和 V-T_1 间的最轻边，从而 e 满足以上的分割性质。

下面我们来给出一些实现细节。在该算法中，我们每次选择一条边加入到现有的部分解中。为此，需要检验每一条候选边 u-v 的端点是否分属不同的连接部件。一旦选定了某条边，两个相关的部件将被合并。什么样的数据结构能支持这样的操作呢？

我们将算法的状态建模为一组分离集。每个分离集都包含对应于某连接部件的所有节点。最初每个节点单独构成了一个连接部件。

makeset(x)：创建一个仅包含 x 的独立集合。

我们不断重复地检验节点对，判断其是否属于同一个集合。

find(x)：x 属于哪个集合？

每当增加了一条边，将与之相关的两个部件进行合并。

union(x, y)：合并包含 x 和 y 的集合。

最终的算法如图 5-4 所示。其中共需要$|V|$次 makeset、$2|E|$次 find 和$|V|$-1 次 union 操作。

```
procedure kruskal (G, w)
Input:  A connected undirected graph G = (V,E) with edge weights w_e
output: A minimum spanning tree defined by the edges X

for all u∈V:
   makeset (u)

X = {}
sort the edges E by weight
for all edges {u, v} ∈ E, in increasing order of weight:
    if find(u) ≠ find(v):
       add edge {u, v} to X
       union(u, v)
```

图 5-4 Kruskal 的最小生成树算法

5.1.4 一种用于分离集的数据结构

基于等级的合并：

存储集合的方法之一是采用有向树(如图 5-5 所示)。树的节点对应于集合中的元素。节点在组织上不强调一定的顺序，但是每个节点都包含一个父指针。父指针使得节点一级级相连并最终指向树的根。树根的元素自然成为集合的代表(或者集合的名字)。与其他元素不同，树根的父指针指向该元素自身。

除了父指针π，每个节点还有一个等级信息。就目前而言，我们可以将节点的等级解释为其下悬挂的子树的高度。

```
procedure makeset(x)
π(x) = x
rank(x) = 0

function find(x)
while x ≠ π(x):  x = π(x)
return x
```

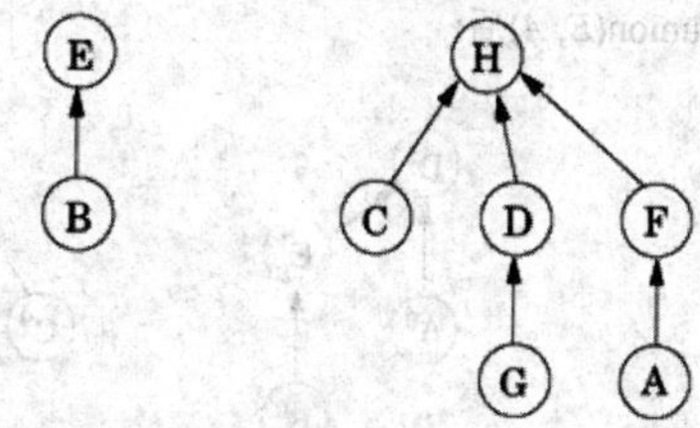

图 5-5 代表集合$\{B, E\}$和$\{A, C, D, F, G, H\}$的有向树

显然，makeset 是一个常数时间的操作。另一方面，find 循着节点的父指针找到树的根，其所需时间应该和树的高度成正比。由于树的构造事实上是由第三个操作 union 操作实现的，因此，在该操作中，我们应该尽量使树的高度保持较低。

合并两个树的过程很简单，只需将一个树的根(的父指针)指向另一个树的根。在此我们面临一个选择：假设两个集合的根分别是 r_x 和 r_y，我们是该让 r_x 指向 r_y 呢，还是相反？注意到树的高度对计算效率具有决定性的影响，因此一个好的策略是：让较低的树的根指向较高的树的根。这样一来，除非将要合并的树等高，否则将不会出现合并后总高度增加的情形。不过，这里我们将不直接计算树的高度，而代之以比较树根的等级——为此，我们称该操作为基于等级的合并。

```
procedure union(x, y)
r_x = find(x)
r_y = find(y)
if r_x = r_y: return
if rank(r_x) > rank(r_y):
    π(r_y) = r_x
else:
    π(r_x) = r_y
    if rank(r_x) = rank(r_y):  rank(r_y) = rank(r_y) + 1
```

示例如图 5-6 所示。

执行 makeset(A)，makeset(B)，…，makeset(G)后：

A^0 B^0 C^0 D^0 E^0 F^0 G^0

执行 union(A, D)，union(B, E)，union(C, F)后：

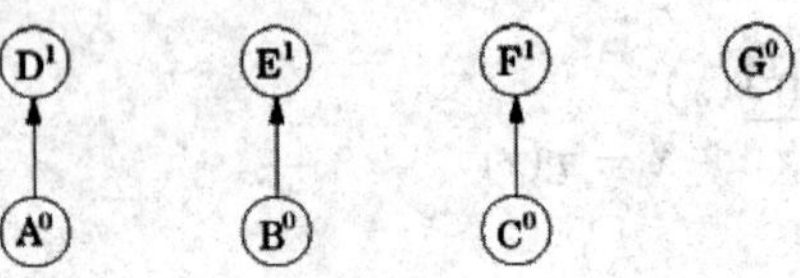

执行 union(C, G)，union(E, A)后：

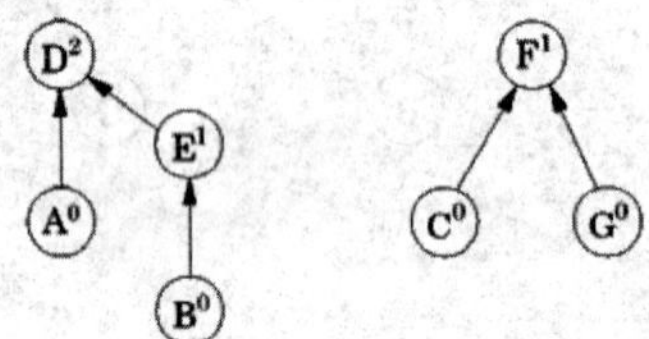

执行 union(B, G)后：

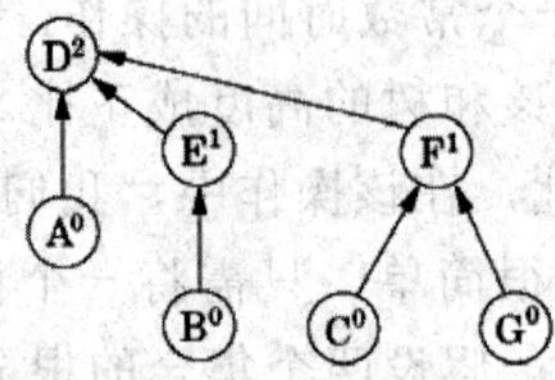

图 5-6 分离集操作的过程。图中节点上标为其等级

根据设计，节点的等级事实上就是以该节点为根的子树的高度。这意味着，当沿着一条路径向根节点前进时，途经节点的等级是严格递增的。

性质 1 对任意 $x \neq \pi(x)$，$rank(x) < rank(\pi(x))^n$。

两个根等级同为 k-1 的树的合并后将出现一个等级为 k 的根节点。由归纳法，可以证明(请自行尝试证明)。

性质 2 任一根节点等级为 k 的树至少包含 2^k 个节点。

该性质可以扩展到树的内部节点(非根节点)的情况，即一个等级为 k 的节点最少有 2^k 个子孙(descendant)。任一内部节点都可能曾经是某个树的根，而自其转变为内部节点后，其等级和子孙就都不会再发生任何改变了。更进一步地，等级为 k 的不同节点不可能拥有同样的子孙，其原因在于性质 1 决定了任意元素最多有一个等级为 k 的祖先。因此：

性质 3　如果共有 n 个元素，则最多有 $n/2^k$ 个等级为 k 的节点。

该性质说明，节点的最大等级值为 $\log n$。因此，所有树的高度均小于等于 $\log n$，这恰好就是运行 find 和 union 的时间上限。

路径压缩：

给出了以上的数据结构，可以估算出 Kruskal 算法总的运行时间，它等于用于边排序的 $O(|E|\log|V|)$(注意，$\log|E|\approx\log|V|$)加上其余用于运行 union 和 find 操作的 $O(|E|\log|V|)$。就此看来，仍然有进一步改进该算法效率的必要。

考虑一下如果我们所得到的边是已经排序好的，情况会怎样？或者如果所有边的权重值都较小(比如 $O(|E|)$)，从而排序能在线性时间内结束，又会如何？所以说，在此，数据结构成为了一个性能瓶颈。因此引入某种数据结构上的改进，使每次操作的时间在 $\log n$ 的基础上有所降低，将是非常有意义的。同样地，这一数据结构上的改进对于其他许多算法应用也会带来帮助。

但是，怎样才能使 union 和 find 的操作时间比 $\log n$ 更短呢？答案是，通过增加少量特殊的维护操作，使数据结构始终保持一种良好的形态。这正如许多家庭主妇所了解的，在日常生活中付出一点防患于未然的代价，往往能在长期内不断收到回报。受其启发，为了使树的高度有所降低，我们构造了一个针对 union-find 数据结构的额外维护操作——在每次 find 操作中，当循着一系列的父指针最终找到树的根后，改变所有这些父指针的目标，使其直接指向树根(如图 5-7 所示)。这种称为路径压缩的方法仅仅稍许增加了 find 操作的时间，同时其编码是非常简单的：

```
function find(x)
if x ≠ π(x): π(x) = find(π(x))
return π(x)
```

这一小小改变所带来的好处，更多地表现为长期的性能改善，而非眼前的利益。因此，对其进行分析也需要采用一些特殊的方法：我们需要从算法之初的空数据结构开始，对发生过的一系列 find 和 union 操作进行观察，并计算其平均的操作时间。结果是，总的代价分摊后由此前的 $O(\log n)$下降到了仅仅略微超过 $O(1)$。

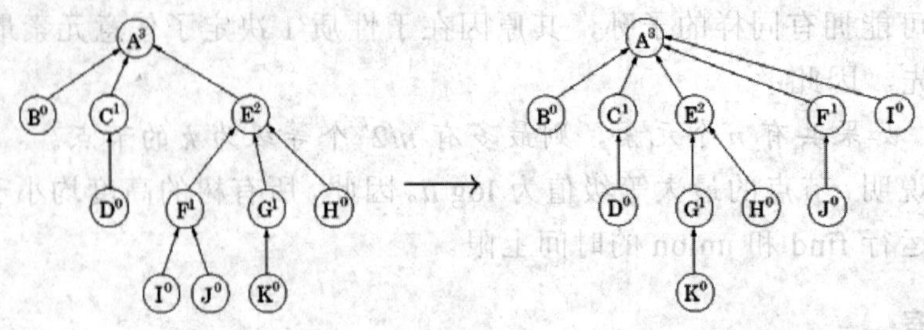

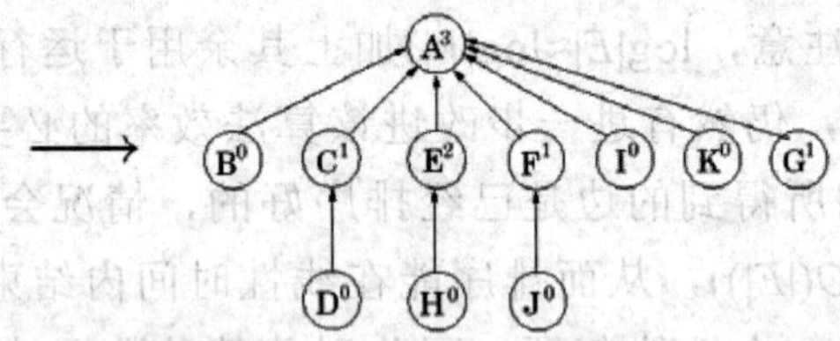

图 5-7　路径压缩的作用：在 find(K)之后执行 find(I)

以上的数据结构可以视为由包含根节点的“顶层”和其下方树的内部所组成。这恰好对应于以下的分工，即 find 操作(不论是否采用路径压缩)仅仅触及树的内部，而 union 则只关注树的顶层。因此，路径压缩不会对 union 操作产生任何影响，它将保持树的顶层不变。

至此可知，对于根节点而言，通过路径压缩，其等级不会发生任何改变。但是，对于不是树根的节点呢？注意到一旦某个节点由树根转变为内部节点，将不再可能转变回来，因此其等级也就固定了。这意味着，通过路径压缩，所有节点的等级都不会发生改变。显然，此时节点的等级已经不再能解释为其下方子树的高度。不过，幸运的是，此前的性质 1 至性质 3 都仍然成立。

如果有 n 个元素，则由性质 3，其等级的范围将为 0~log n。我们将该范围内的非零值划分为如下的区间(为什么这样划分，很快就会清楚)：

$$\{1\}、\{2\}、\{3,4\}、\{5,6,\ldots,16\}、\{17,18,\ldots,2^{16}=65536\}、\{65537,65538,\ldots,2^{65536}\},\ldots$$

每个区间形如$\{k+1,\ k+2,\ldots,2^k\}$，其中 k 为 2 的幂。区间的总数为 log* n，其定义为：由 n 开始，连续进行取对数操作，使得最终结果小于等于 1 所需的操作次数。例如：由于 log log log log 1000≤1，故 log* 1000 = 4。以上我们共列出了 5 个区间，除非 $n \geqslant 2^{65536}$，否则这些就足够了。

在一系列的 find 操作中，每次操作所需时间长短可能各不相同。在此，我们通过一种颇有创意的方法来估算其总的运行时间上限。首先，我们给每个节点一定数量的“零花钱”，使得总的发放数额不超过 $n\log^* n$。然后我们将说明，每个 find 操作需要 $O(\log^* n)$步，外加一些额外的处理时间。这些额外的时间将由节点花钱购得——每单位时间一元。因此，m 次 find 操作的总时间为 $O(m\log^* n)$ 加上最多 $O(n\log^* n)$。

具体来说，当某个节点不再为根时，将收到以上这类“补贴”，此时其等级已经固定了。如果该节点的等级属于$\{k+1, k+2,\ldots,2^k\}$，它将收到 2^k 元。由性质 3，等级大于 k 的节点的数量上限为

$$\frac{n}{2^{k+1}}+\frac{n}{2^{k+2}}+\ldots\le\frac{n}{2^k}$$

因此，给等级同处于该区间的节点的总钱数最多为 n 元。注意到共有 $\log^* n$ 个区间，因此发给所有节点的钱数小于等于 $n\log^* n$。

至此，某一次 find 操作的时间将简单地等于指向其的指针数。考虑到沿着节点组成的链条上溯到根的过程中途径节点的等级在不断提高，因此链上的任意节点 x 必然属于如下两类之一：要么$\pi(x)$的等级所在区间高于 x 等级所在区间，要么两者为相同的区间。最多有 $\log^* n$ 个节点属于前一类(您知这是为什么吗？)，因此对这类节点的处理共需要 $O(\log^* n)$的时间。剩余的节点——其父辈的等级与该节点的等级同在一个区间——不得不从口袋里掏钱购买其处理所需时间。

以上方法发挥作用的前提是，每个节点 x 都有足够多的补贴用于在一系列 find 操作中的开支。一个重要的观察结论是：每当 x 支付 1 元，其父辈的等级将至少加 1。因此，如果 x 的等级位于$\{k+1, k+2,\ldots,2^k\}$中，其最多需要支付 2^k 元以保证其父辈的等级进入一个更高的区间。此外就没有进一步支付的必要了。

5.1.5 Prim 算法

让我们回到最小生成树的算法上来。从最一般的意义上，分割性质告诉我们，任意遵循以下贪心模式的算法都一定是有效的：

```
X = { } (edges picked so far)
repeat until |X| = |V| − 1:
  pick a set S ⊂ V for which X has no edges between S and V − S
  let e ∈ E be the minimum-weight edge between S and V − S
  X = X ∪ {e}
```

Kruskal 算法的一个流行变体是所谓的 Prim 算法。在该算法中，算法中间阶段的边集 X 总是构成了一个子树，以下以 S 表示该子树顶点的集合。

在 Prim 算法的每一步迭代中，由 X 定义的子树将生长一条边，具体来说，我们将选择 S 中顶点与 S 外顶点之间的最轻边加入 X(参见图 5-8)。换句话说，我们可以认为 S 生长的方式是要以最小的代价将所有原本不属于 S 的顶点 v 包含进来：

$$\text{cost}(v) = \min_{u \in S} w(u, v)$$

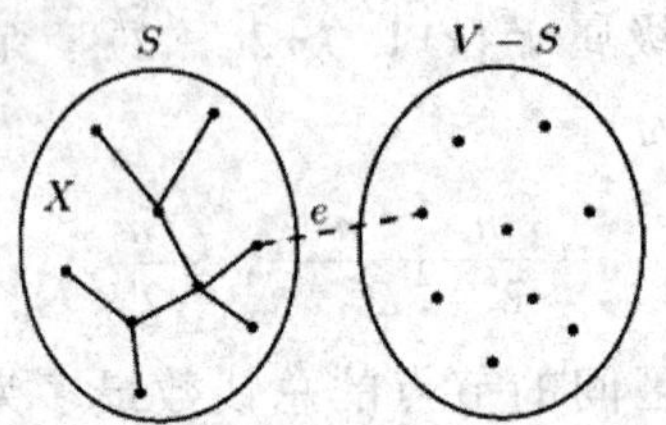

图 5-8　Prim 算法：边集 X 构成了一棵树，S 是其顶点集合

这立刻让人回想起 Dijkstra 算法。事实上，这两个算法的伪代码(如图 5-9 所示)是基本一致的，仅有的不同在于优先级队列排序所使用的键值。在 Prim 算法中，键值为节点与集合 S 中顶点间的最轻边的权重，而在 Dijkstra 算法中，键值为由起始点到某节点的完整路径长度。除此以外，这两个算法确实非常相似，它们甚至具有相同的运行时间，而该时间仅取决于特定的优先级队列实现。

```
procedure prim (G, w)
Input:  A connected undirected graph G = (V, E) with edge
        weights w_e
output: A minimum spanning tree defined by the array prev

for all u ∈ V:
   cost(u) = ∞
   prev(u) = nil
pick any initial node u_0
cost(u_0) = 0

H = makequeue (V)  (priority queue, using cost-values as keys)
while H is not empty:
    v = deletemin (H)
    for each {v, z} ∈ E:
        if cost(z) > w(v, z):
           cost(z) = w(v, z)
           prev(z) = v
           decreaskey(H, z)
```

图 5-9 为 Prim 算法在一个仅包含 6 个节点的图上的运行过程。请留意其中是如

何使用 prev 数组完整描述最终得到的 MST 的。

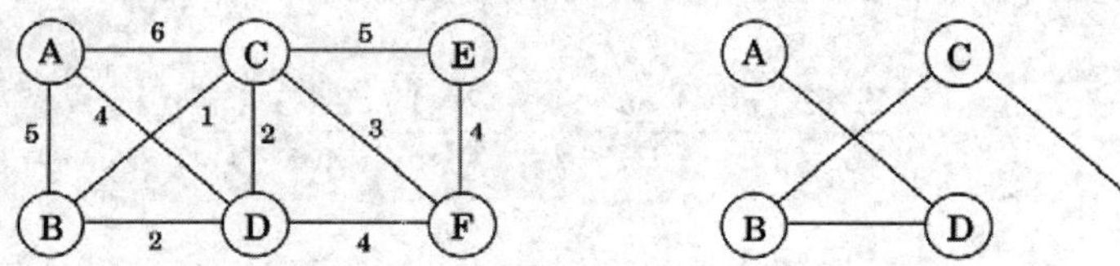

集合 S	A	B	C	D	E	F
{}	0/nil	∞/nil	∞/nil	∞/nil	∞/nil	∞/nil
A		5/A	6/A	4/A	∞/nil	∞/nil
A, D		2/D	2/D		∞/nil	4/D
A, D, B			1/B		∞/nil	4/D
A, D, B, C					5/C	3/C
A, D, B, C, F					4/F	

图 5-9 顶部：Prim 的最小生成树算法。底部：Prim 算法的过程，由节点 A 开始。同时给出了 cost/prev 值的表格，以及最终的 MST

最小分割的一个随机算法

我们已经了解到生成树与分割是密切相关的。以下是它们的另一种联系。我们将 Kruskal 算法中最后加入生成树的边移除，这样树就被分成了两个部分，从而在图中定义了一个分割$(S,\overline{S})$。关于这一分割我们能说些什么呢？设想我们所关注的图是没有边权重的，并且为了利用 Kruskal 算法对其进行处理，已采用某种随机的方式对其中的边进行了排序。在此有一个值得注意的事实是：$(S,\overline{S})$为图中最小分割的概率至少为 $1/n^2$，这里$(S,\overline{S})$的规模定义为跨越 S 和 $\overline{S}$ 的边的数量。这意味着，对于图 G，重复以上过程 $O(n^2)$次并找出其中的规模最小者，将能以很高的概率得到 G 的最小分割——总体上，这是一个求无权重图最小分割的复杂度为 $O(mn^2 \log n)$的随机算法。对该算法的进一步改造能够使其复杂度达到 $O(n^2 \log n)$，该方法由 David Kargar 发明，是目前所知针对最小分割这一重要问题的最快的算法。

下面来看看为什么说在每次迭代中得到最小分割的概率至少为 $1/n^2$。在 Kruskal 算法的任一阶段，顶点集 V 被划分为多个连通部件。能够加入到生成树中的边的两个端点必须分别处于不同的部件中。注意到与每个部件相连的跨越其边界的边的数量至少为 C，也即 G 的最小分割的大小(我们可以认为每个部件基于一个分割与图的其他部分相分离)。因此，如果在图中有 k 个部件，则可选的边数将至少有 $kC/2$ 条(每个部件都有至少包含 C 条跨越边界的边，且由于每条边都有两个端点，因此每条边都被重复计数了 1 次)。由于边是随机排序的，列表中下一条可选的边来自最小分割的概率最多为 $C/(kC/2)=2/k$。因此，至少有 $1-2/k=(k-2)/k$ 的概率，使得新选择的边不会触及最小分割(即该边不属于最小分割)。于是，在 Kruskal 算法的运行过程中，直到增加最后一条边前仍然不触及最小分割的概率至少为

$$\frac{n-2}{n}\cdot\frac{n-3}{n-1}\cdot\frac{n-4}{n-2}\cdots\frac{2}{4}\cdot\frac{1}{3}=\frac{1}{n(n-1)}$$

5.2 Huffman 编码

在 MP3 音频压缩中，声音信号的编码分为三步：

1. 通过周期间隔的采样，将信号数字化为一个实数序列 s_1、s_2、…、s_T。例如，以每秒 44 100 次的频率进行采样，一个 50 分钟的交响乐产生的数据量为 T=50×60×44 100≈130M　(1M=1 000 000)[1]。

2. 对以上实数采样值进行量子化(quantize)，即将其逐一替换为某个有限集Γ中与之最相近的数。集合Γ的选择参考了人类的听觉感知极限，仅凭人耳将无法分辨出近似值序列与真实 s_1、s_2、…，s_T之间的差别。

3. 对以Γ中字符表示的长度为 T 的字符串进行二进制编码。

以上最后一步中将用到 Huffman 编码。为了解其作用，让我们先观察一个小例子，其中 T 等于 130M，字符集Γ中仅有 4 个不同的值，分别记为 A、B、C、D。怎样才能以最经济的方法记录下这样一个很长的字符串呢？一个显而易见的选择是 2 位的字符编码，即以 00 表示 A，01 表示 B，10 表示 C，以及 11 表示 D。这样下来共需要 260Mb(1Mb 即 1M 位)。还有比这更好的编码方式吗？

为了寻找灵感，我们对这段特定的字符序列做了更细致的观察，结果发现其中的 4 个字符存在着出现频度上的差异。

字符	频度
A	70 000 000
B	3 000 000
C	20 000 000
D	37 000 000

是否存在某种可变长度编码，其中仅使用一个位表示频繁出现的字符 A，而可

1　立体声通常需要两个声道，因此获得的数据量将翻倍。

能的代价的是对于那些不常见的字符会需要 3 位或者更多的位呢？

使用这类可变长度编码的一个危险在于编码的结果可能无法被唯一解码。例如，假设 A、B、C、D 对应的码字(codeword)分别为{0, 01, 11, 001}，则对字串 001 的解码将存在 AAA、AB 以及 D 等多种可能。为避免这个问题，在编码中，我们强调如下的无前缀特性，即任一个码字都不应该是其他码字的前缀。

任一无前缀编码都可以表示为一个完全二叉树。完全二叉树的特点在于其节点要么无后代要么一定有 2 个直接后代。无前缀编码中每个字符对应于树的一个叶节点，而其码字由树根到该叶节点的路径决定。具体来说，编码从左至右，每一位对应于路径上的一步，如果叶节点处于对应分枝节点的左侧则该位为 0，否则为 1(参见习题 5.29)。图 5-10 给出了对 4 个字符 A, B, C, D 的一种无前缀编码。基于这一编码，解码的方式是统一的：对于要解码的位串，由二叉树的根部开始，一边从左至右地读入位，一边根据读入的位值沿树的分枝向下，直到到达某个叶节点；然后将叶节点对应的字符输出，并返回树的根部继续以上过程。这一方法对于我们所举的小例子有很好的处理效果(参照图 5.10 的编码)，编码后二进制串的长度较之前的等长度编码缩短为 213Mb，改进幅度达 17%。

字 符	码 字
A	0
B	100
C	101
D	11

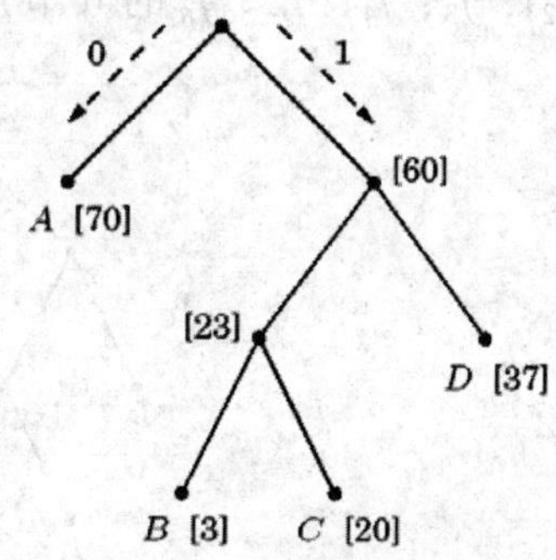

图 5-10 一个无前缀编码。方括号内为每个字符的出现频度

对于一般的情形，如果给定了 n 个字符的出现频度 f_1、f_2、…、f_n，我们该如何找到最优的编码树呢？说得更精确些，我们需要找到这样一个树，不仅其每个叶节点对应于一个要编码的字符，同时这种对应能够使得最终的编码结果总长度最短。为此，我们定义：

$$\text{树的代价(cost)} = \sum_{i=1}^{n} f_i \cdot (\text{第 } i \text{ 个字符在树中的深度})$$

(一个字符的编码长度就是其在树中对应节点的深度)。

以上的代价函数还有另一种很有用的表示方法。给定叶节点的出现频度，我们可以进一步定义树中任意一个内部节点的出现频度为其所有子孙节点的出现频度之和。事实上，该频度对应于编码或解码过程中历经该节点的次数。在编码过程中，当我们沿着树下移，每经过一个非根的节点就输出 1 比特。因此，树的总代价——也即总共输出的比特数——也可以表示为：

树的代价就是不包含根节点在内的所有树叶节点和内部节点的频度之和。

以上的第一个代价公式告诉我们，具有最低频度的两个字符必然处于最优树的底部，也即其对应的叶节点是树中位置最低的内部节点的直接后代(由于该树是满的，因此任一内部节点都有两个直接后代)。如果不是这样，将这两个字符和任意其他字符交换位置都能使得编码效果得到改善(因此当前的编码就不是最优的)。

现在我们可以用一种贪心的方式来构造最优树：首先，找出两个出现频度最低的字符，例如 i 和 j，将其作为某个节点的后代，记该节点的频度为 f_i+f_j。为了便于陈述，不妨将以上符号记为 f_1 和 f_2。由代价函数的第二种表示，任一包含 f_1 和 f_2 为同胞叶节点(即 f_1 和 f_2 具有共同的父节点)的树代价为：f_1+f_2 加上一个包含 n-1 个频度分别为(f_1+f_2)、f_3、f_4、…、f_n 的叶节点的树的代价。

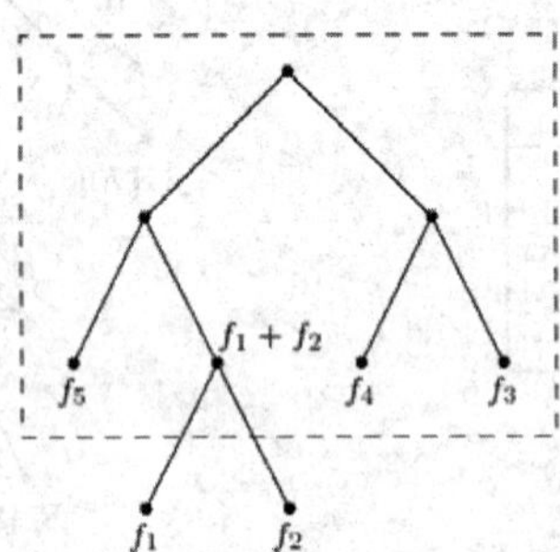

接下来的工作相当于我们上一步开始时对应问题的一个规模稍小的版本。为此，我们将 f_1 和 f_2 从频度序列中清除，然后将 f_1+f_2 插入，并重新开始循环。最终的算法可以用优先级队列操作(参见 4.4.1 节 Dijkstra 算法中的介绍)进行描述。如果在其中使用二分堆(参见 4.5.2 节)，其运行时间仅为 $O(n \log n)$。

```
procedure Huffman(f)
Input:  An array f[1···n] of frequencies
Output: An encoding tree with n leaves

let H be a priority queue of integers, ordered by f
for i=1 to n: insert(H,i)
for k=n+1 to 2n-1:
   i=deletemin(H), j=deletemin(H)
   create a node numbered k with children i,j
   f[k]=f[i]+f[j]
   insert(H,k)
```

回到之前的那个小例子：您能判断出我们在图 5-10 中给出的编码是否为最优吗？

熵

国家年度赛马会引进了三匹从未一起比赛过的纯种马。令人兴奋的是，您研究了它们各自参加过的 200 场比赛，并总结出对于它们分别位列一、二、三名或其他靠后名次的概率分布：

排　　名	Aurora	Whirlwind	Phantasm
第一	0.15	0.30	0.20
第二	0.10	0.05	0.30
第三	0.70	0.25	0.30
其他	0.05	0.40	0.20

那么，哪匹马的成绩最可预测呢？一种定量的方法是评估所谓的可压缩性。将每匹赛马的比赛历史记录为一个长度 200 的值(对应第一、第二、第三和其他)串。通过 Huffman 算法可以计算出将这些比赛记录进行编码最少需要多少位。结果依次是：Aurora：290 位，Whirlwind：380 位，Phantasm：420 位(请您自行检验)。Aurora 的编码最短，因此我们说其成绩是最可预测的。

某个概率分布内在的不可预测性，或者说随机性，可以通过该分布所产生数据可被压缩的程度进行度量，也即：

$$\text{压缩比越高} \equiv \text{随机性越低} \equiv \text{可预测性越好}$$

考虑存在 n 个可能输出的情况，对应概率分别为 $p_1, p_2, \ldots, p_n$。假设存在由该分

布生成的包含 m 个值的序列，则第 i 个输出总的出现次数约为 mp_i(假设 m 足够大)。为了简化，假设这些恰好就是实际观察到的频度，并且 p_i 都是 2 的幂(形如 $1/2^k$)。通过归纳(参见习题 5.19)可知，编码该序列所需的比特数为 $\sum_{i=1}^{n} mp_i \log(1/p_i)$。因此，对于该分布生成的每个值，编码所需的平均比特数为

$$\sum_{i=1}^{n} p_i \log \frac{1}{p_i}$$

它被称为该分布的熵，是对其中包含的随机性的一种度量。

举例来说，一个均匀的硬币抛落后每一面朝上的概率各为 1/2。因此其熵为

$$\frac{1}{2}\log 2 + \frac{1}{2}\log 2 = 1$$

一种更自然的说法是：抛硬币包含了 1 比特的随机性。但如果这个硬币本身不均匀呢，例如我们假设其中某一面朝上的概率为 3/4？则：

$$\frac{3}{4}\log\frac{4}{3} + \frac{1}{4}\log 4 = 0.81$$

显然，较之一个均匀的硬币，偏向一边的硬币的落地结果将更容易预测，因此其熵更低。且随着这种偏向不断加剧，其熵将不断下降并趋于 0。

对以上概念的进一步探讨请参见习题 5.18 和 5.19。

5.3 Horn 公式

要使计算机显示出人类水平的智能，使其具有一定的逻辑推理能力是必不可少的。作为与之相关的一个语言框架，Horn 公式为表达逻辑事实以及进行推理提供了途径。

Horn 公式中最基本的对象是取值为 true 或 false 的布尔变量。例如，变量 x, y 和 z 代表如下的可能：

$x \equiv$ 厨房中发生了谋杀

$y \equiv$ 屠夫是无辜的

$z \equiv$ 上校晚上 8 点时在睡觉

我们称一个变量 x 或者其否定 $\overline{x}$（“非 x”）为一个文字。在 Horn 公式中，关于变量的知识通过两类子句表达：

1. 蕴涵式。其左侧为任意肯定文字的并(AND)，右侧为一个单独的肯定文字，表达的基本含义为“如果左侧的条件成立，则右侧必为真”。例如：

$$(z\wedge w)\Rightarrow u$$

表示“如果上校晚上 8 点在睡觉，且谋杀发生在晚上 8 点，那么上校是无辜的”。蕴涵式的一种退化形式称为独元子句，形如“$\Rightarrow x$”，含义为“x 为真”，表示：“谋杀确实发生在厨房。”

2. 纯否定子句。它包含任意多个否定文字的或(OR)，形如：

$$(\overline{u}\vee\overline{v}\vee\overline{y})$$

(意为“他们不可能都是无辜的”)。

给定某个由以上两类子句构成的集合，我们需要判断是否存在一个一致的解释，也即一组使得所有子句都满足的变量(true/false)赋值。该解释通常也称为该 Horn 公式的一个可满足赋值。

在求解过程中，两类子句将我们推向不同的方向。蕴涵子句告诉我们只需使部分的变量为 true，而否定子句则需要所有的变量为 false。因此，我们采用如下的求解策略：从所有变量为 false 开始，一个接一个地将其中的部分变量置为 true，置为 true 的前提简单地说就是：“只需且不得不”这样做以使得某个蕴涵式满足；而一旦所有的蕴涵式都得到了满足，再回头检查是否所有否定子句仍然满足。

换句话说，我们的算法将采用一种贪心的方式(也许称之为吝啬的更为形象生动)：

```
Input:  a Horn formula
Output: a satisfying assignment, if one exists

set all variables to false

while there is an implication that is not satisfied:
  set the right-hand variable of the implication to true

if all pure negative clauses are satisfied:
  return the assignment
else: return “formula is not satisfiable”
```

举例来说，对以下的公式

$$(w\wedge y\wedge z)\Rightarrow x,(x\wedge z)\Rightarrow w,x\Rightarrow y,\Rightarrow x,(x\wedge y)\Rightarrow w,(\overline{w}\vee\overline{x}\vee\overline{y}),(\overline{z})$$

首先将 x, y, z, w 都置为 false。注意到存在独元子句 $\Rightarrow x$，因此将 x 置为 true。又由于 $x \Rightarrow y$，故 y 也应置为 true。如此继续。

这个算法为什么是正确的？注意到如果返回了一个赋值，这个赋值使得蕴涵式和否定子句都得到满足，则它当然就是所输入的 Horn 公式的一个可满足赋值。因此，我们只需要说明一点，即该算法不可能输出不满足的赋值。原因很简单，因为我们的“吝啬”做法保持了以下的不变性：

如果某组变量被置为 true，则它们在任意的满足赋值中都应该为 true。

因此，如果算法中 while 循环后得到的赋值不能满足所有否定子句，就不可能存在其他的满足赋值了。

Horn 公式是 Prolog(“逻辑程序设计”，即 programming by logic)语言的核心。该语言的编程方式就是使用简单的逻辑表达式来描述所期望输入的性质。Prolog 解释器的动力核心正是我们的可满足性贪心算法。而且，这一算法可以很便利地在与公式长度相关的线性时间内实现。您知道是为什么吗(参见习题 5.32)？

5.4 集合覆盖

图 5-11 中的点代表一组城镇。在国家建设规划的初期，需要决定在什么地方建设一些新的学校。这里有两个具体的要求：一是所有的学校都必须建在城镇上，二是从任意一个城镇出发，都应该可以在 30 英里的范围到到达其中的某一所学校。那么，最少需要建多少所学校呢？

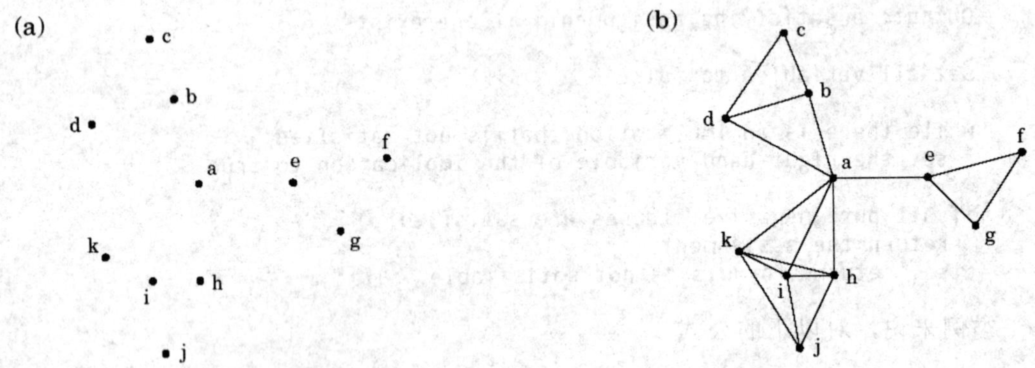

图 5-11 (a)11 个城镇；(b)相互距离在 30 英里内的城镇

这是一个典型的集合覆盖问题。对每个城镇 x，令 S_x 为在其 30 英里范围内的城镇集合。建在 x 的学校显然能够“覆盖” S_x 中的所有城镇。于是我们的问题就是，需要多少个这样的 S_x 才能覆盖全国的所有城镇。

集合覆盖问题

输入：元素集合 B。集合 $S_1, \ldots, S_m \subseteq B$。

输出：选出的一部分集合 S_i，使其并为 B。

成本：所选出的集合数量。

(在我们的例子中，集合 B 中的元素就是城镇。)这个问题本身很自然地引出了如下的贪心解法。

不断重复：直到 B 中的所有元素都被覆盖：

选取包含未被覆盖元素的最大集合 S_i。

这是极其自然和符合直觉的。让我们看看它如何处理此前的那个小例子。首先它会在城镇 a 建立一所学校，因为这样能覆盖最多的城镇。此后，它将进一步选择 c, j 以及 f 和 g 之一建立另三所学校。这样最终所需的学校总数为 4。不幸的是，实际上还存在一个更好的解，那就是将学校分别建在 b、e 和 i，如此只需要三所学校就可以覆盖所有城镇。在这里贪心方法并不是最优的！

幸运的是，贪心算法的解与最优解的距离其实并不遥远。

断言　设 B 有 n 个元素，且其最优覆盖共包含 k 个集合，则贪心算法所得结果最多包含 $k \ln n$ 个集合[2]。

设 n_t 为贪心算法中经过 t 次迭代后仍未覆盖的元素数量(显然 $n_0=n$)。由于这些剩余的元素能被最优的 k 个集合覆盖，因此，当前一定存在某个包含其中 n_t/k 个元素的集合。这意味着，贪心策略能够使得

$$n_{t+1} \le n_t - \frac{n_t}{k} = n_t\left(1-\frac{1}{k}\right)$$

从而 $n_t \leqslant n_0(1-1/k)^t$。进一步，由

“对任意 x，$1-x \leqslant e^{-x}$，当且仅当 $x=0$ 时等号成立”

(以上不等式的正确性如图 5-12 可证)，

2　$\ln n$ 在此表示“自然对数”，其基数为 e。

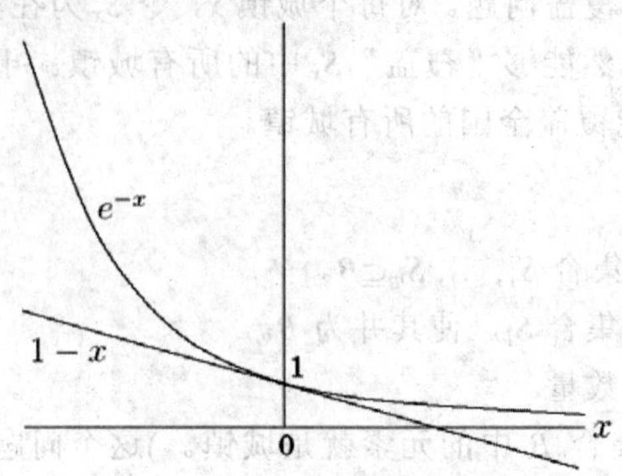

图 5-12 不等式的正确性

可得

$$n_{t+1} \le n_0\left(1-\frac{1}{k}\right)^t < n_0(e^{-1/k})^t = ne^{-t/k}$$

因此当 $t=k\ln n$ 时，n_t 严格小于 $ne^{-\ln n}=1$，即再也没有未被覆盖的元素了。

贪心算法的解与实际的最优解的规模之比可能因问题输入的不同而不同，但是总小于 $\ln n$。对于某些特定的输入，这一比例会非常接近于 $\ln n$(参见习题 5.34)。我们称这一最大比值为该贪心算法的逼近因子。看起来对这样的结果应该还有很大的改进余地，但事实上这中改进的空间并不存在。目前已知的结论是，在某些广泛成立的复杂性假设(这些假设在我们达到第 8 章时将变得更加清晰)之下，可以证明对以上问题不存在具有更小逼近因子的多项式时间算法。

习题

5.1 考虑如下的图

(a) 其最小生成树的代价是多少？

(b) 它共有几个最小生成树？

(c) 在其上运行 Kruskal 算法。边加入 MST 的顺序是怎样的？对于每一条边的加入，给出可验证其正确性的分割。

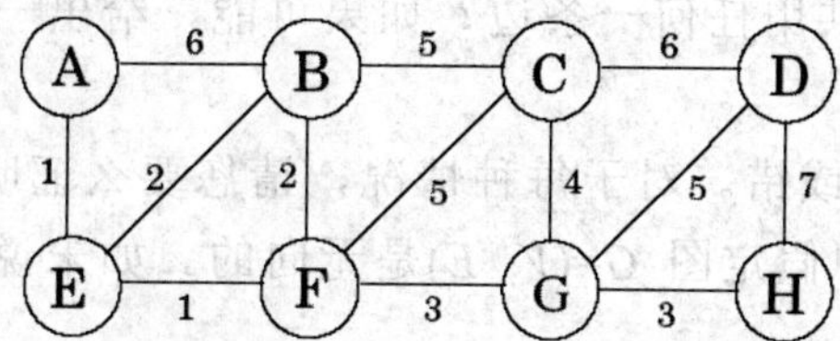

5.2 求下图的最小生成树

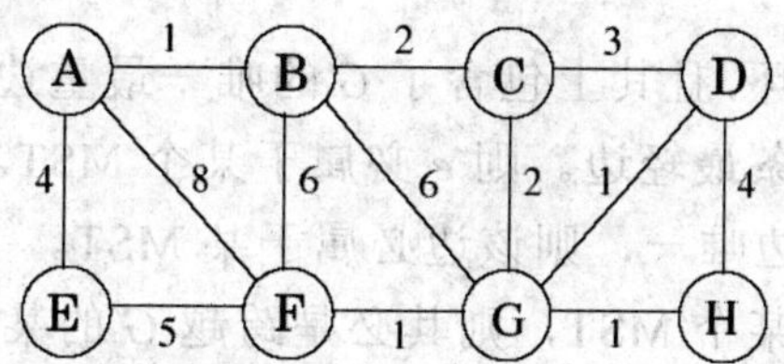

(a) 运行 Prim 算法。每当需要选择节点时，总是参考其字母顺序(例如，从节点 A 开始)。画出 cost 数组的中间值表格。

(b) 运行 Kruskal 算法。假设我们使用了路径压缩，请给出每一中间阶段的分离集数据结构(包括有向树的结构)。

5.3 请为如下任务设计一个线性时间的算法：

输入：一个连通的无向图 G。

问题：是否可以从 G 中移除一条边，使 G 仍然保持连通？

能否将算法时间压缩在 $O(|V|)$内。如何做？

5.4 证明如果某个包含 n 个顶点的无向图由 k 个连接部件构成，则其至少有 n-k 条边。

5.5 考虑无向图 $G=(V, E)$，其边权重 $w_e \geqslant 0$。假设我们已经得到了 G 的一个最小生成树，以及由某个节点 $s \in V$ 到其他所有节点的最短路径。

现在将所有边的权重加 1，即：新的边权重 $w_e'=w_e+1$。

(a) 最小生成树会发生变化吗？如果变化了，给出一个例子，否则请证明其不变。

(b) 最短路径会发生变化吗？如果变化了，给出一个例子，否则请证明其不变。

5.6 设 $G=(V, E)$是一个无向图。证明如果 G 所有边的权重都各不相同，则其最小生成树唯一。

5.7 如何寻找一个图的最大生成树，也即总权重最大的生成树？

5.8 给定一个加权的图 $G=(V, E)$。G 中包含一个特殊顶点 s，与其相连的所有边的权重都为正，且值各不相同。是否存在某种可能，使得 s 的一个最短路径树与

G 的某个最小生成树不共用任何一条边？如果可能，给出一个例子，否则请说明为什么不可能。

5.9 以下叙述或对或错。对于每种情况，请您要么证明之(如果正确)，要么给出反例(如果错误)。其中假定图 $G=(V, E)$是无向的。如未说明，不假定边权重各不相同。

(a) 若 G 有超过$|V|$-1 条边，且有唯一一条最重边，则这条边必不属于 G 的任意最小生成树。

(b) 若 G 中存在一个环，且其上包含了 G 的唯一最重边 e，则 e 不属于任何 MST。

(c) 设 e 是 G 中的一条最轻边。则 e 必属于某个 MST。

(d) 如果图中的最轻边唯一，则该边必属于某 MST。

(e) 如果 e 属于 G 的某个 MST，则其必是跨越 G 的某个分割的最轻边。

(f) 若 G 中存在一个环，且其中包含 G 的唯一最轻边 e，则 e 必属于每个 MST。

(g) Dijkstra 算法所得的最短路径树必定是一个 MST。

(h) 两个节点间的最短路径必定是某个 MST 的一部分。

(i) 当存在负权重的边时，Prim 算法仍然有效。

(j) (对任意 $r>0$，定义 r-路径为一条由权重都小于 r 的边构成的路径)若 G 包含一条由 s 到 t 的 r-路径，则 G 的每个 MST 中都包含一条由 s 到 t 的 r-路径。

5.10 设 T 为图 G 的一个 MST。给定 G 的一个连通子图 H，证明 $T \cap H$ 是 H 的某个 MST 的一部分。

5.11 请从单元素集{1}、…、{8}开始，依序给出以下每次操作后分离集数据结构的状态。其中：使用路径压缩；同等情况下，总是将编号较小的根指向编号较大的。

union(1,2)、union(3,4)、union(5,6)、union(7,8)、
union(1,4)、union(6,7)、union(4,5)、find(1)

5.12 假设我们已经在不使用路径压缩的前提下利用基于等级的合并实现了分离集数据结构。给出一个在 n 个元素上由 m 个 union 和 find 操作构成的时间为$\Omega(m \log n)$的操作序列。

5.13 设有一个包含 4 个字母 A、C、G、T 的长字串，其中每个字母的出现频率依次为 31%、20%、9%和 40%，请给出其 Huffman 编码。

5.14 假设字母 a, b, c, d, e 的出现频率分别为 1/2、1/4、1/8、1/16、1/16。

(a) 以上每个字母的 Huffman 的编码分别是什么？

(b) 若将该编码应用于一个具有以上频率的包含 1 000 000 个字母的文件，编码后的文件长度是多少？

5.15 假设已经使用 Huffman 算法对出现频率分别为 f_a、f_b、f_c 的字母 $\{a, b, c\}$ 进行了编码。对于以下各种情况，请给出对应于编码结果的 $\{f_a, f_b, f_c\}$ 实例，或者，如果该结果不可能编码得到，说明其原因。

(a) Code: {0, 10, 11}

(b) Code: {0, 1, 00}

(c) Code: {10, 01, 00}

5.16 请证明 Huffman 编码具有如下性质：

(a) 若某个字母的出现频率高于 2/5，则其对应的码字长度一定是 1。

(b) 如果每个字母的出现频率都低于 1/3，则没有长度为 1 的码字。

5.17 对于出现频率分别为 f_1、f_2、…、f_n 的 n 个符号，可能的最长码字是什么？请给出一个具体的例子。

5.18 下表给出了英文字母(包括用于分割单词的空格)在某文集中的出现频率。

空格	18.3%	r	4.8%	y	1.6%
e	10.2%	d	3.5%	p	1.6%
t	7.7%	l	3.4%	b	1.3%
a	6.8%	c	2.6%	v	0.9%
o	5.9%	u	2.4%	k	0.6%
i	5.8%	m	2.1%	j	0.2%
n	5.5%	w	1.9%	x	0.2%
s	5.1%	f	1.8%	q	0.1%
h	4.9%	g	1.7%	z	0.1%

(a) 这些字母的最优 Huffman 编码是什么？

(b) 每个字母的编码平均需要多少位？

(c) 假设我们对以上的频率表计算其熵

$$H=\sum_{i-0}^{26} p_i \log\frac{1}{p_i}$$

(熵的定义参见 5.3 节前的灰色方框)。您认为该值会比以上的计算结果大还是小？为什么？

(d) 您是否认为这就是英文文本压缩的下限？除了字母及其出现频率，还有哪些英文本身的特征需要在文本压缩中被重点考虑？

5.19 熵。假设 n 种不同输出的出现概率分别为 p_1、p_2、…、p_n。

(a) 假设 p_i 都是 2 的幂(也即形如 $1/2^k$)。考虑由该分布产生的一个长度为 m(m 很大)的输出序列。在该序列中，对应于所有 $1\leqslant i\leqslant n$，第 i 种输出出现的次数恰为 mp_i。请证明若对该序列使用 Huffman 编码，所得结果的长度为

$$\sum_{i-1}^{n} mp_i \log\frac{1}{p_i}$$

(b) 考虑任意的分布——即不再假设 p_i 一定都是 2 的幂。对于一个概率分布蕴涵的随机程度，最为常见的度量是其熵

$$\sum_{i=1}^{n} p_i \log\frac{1}{p_i}$$

在什么样的概率分布(关于 n 个输出的)下，熵最大？何时又会最小呢？

5.20 请给出一个针对以下任务的线性时间算法：输入一个树，判断其是否存在一个完美匹配——恰好到达每个节点一次的边集合。

5.21 无向图 $G=(V, E)$的反馈边集 E'是边集 E 的一个子集，该子集与图中所有的环相交。因此，移除 E'中的边将使得 G 无环。

请对如下问题给出一个高效的算法。

输入：具有正边权重 w_e 的无向图 $G=(V, E)$。

输出：一个反馈边集 $E'\subseteq E$，使其总权重 $\sum_{e\in E'} w_e$ 最小。

5.22 在此我们基于以下性质给出一个新的最小生成树算法：

选择图中任一个环，假设 e 是该环中的最重边，则必存在某个不包含 e 的最小生成树。

(a) 请证明该性质。

(b) 以下是新的 MST 算法。输入为某个无向图 $G=(V, E)$(采用邻接表格式)，边权重为$\{w_e\}$。

```
sort the edges according to their weights
for each edge e ∈ E, in decreasing order of w_e:
   if e is part of a cycle of G:
       G = G − e (that is, remove e from G)
return G
```

请证明该算法的正确性。

(c) 在迭代的每一步，算法需要检查是否存在包含某个边 e 的环。请给出针对该任务的线性时间算法，并说明其正确性。

(d) 以$|E|$为变量，估算该算法总的运行时间。

5.23 给定一个具有正边权重的图 $G=(V, E)$，以及与之对应的一个最小生成树 $T=(V, E')$。假定 G 和 T 都用邻接表给出。此时若将某条边 $e\in E$ 的权重由 $w(e)$修改为 $\hat{w}(e)$。您需要在不重新计算整个最小树的前提下，通过更新 T 得到新的最小生成树。请针对以下 4 种情况，分别给出线性时间的更新算法：

(a) $e\notin E'$且 $\hat{w}(e)>w(e)$。

(b) $e\notin E'$且 $\hat{w}(e)<w(e)$。

(c) $e\in E'$且 $\hat{w}(e) <w(e)$。

(d) $e\in E'$且 $\hat{w}(e) >w(e)$。

5.24 有时我们希望得到一些具有特别性质的“轻”的生成树。以下是一个例子。

输入：无向图 $G=(V, E)$，边权重 w_e，顶点子集 $U\subset V$

输出：使得 U 中节点为树叶(可能还有其他树叶节点不是 U 中节点)的最轻的生成树

(结果不一定是最小生成树。)

给出针对该问题的时间为 $O(|E|\log|V|)$的算法。(提示：将 U 中节点从最优解中移除时，会剩下什么？)

5.25 不定长度的二进制计数器支持以下两个操作：increment(值加 1)和 reset(值归 0)。请证明，从一个最初为 0 的计数器开始，任意长度为 n 的 increment 和 reset 操作序列需要时间 $O(n)$。也即，其中每个操作的平均时间为 $O(1)$。

5.26 以下是程序自动分析中的一个问题。对于一组变量 $x_1, \ldots, x_n$，给定一些形如“$x_i=x_j$”的等式约束和形如“$x_i\neq x_j$”的不等式约束。这些约束是否能同时满足？

例如，如下一组约束

$$x_1=x_2,\ x_2=x_3,\ x_3=x_4,\ x_1\neq x_4$$

是无法同时满足的。请给出一个有效的算法，判断关于 n 个变量的 m 个约束是否可同时满足。

5.27 指定度序列的图。给定 n 个正整数的列表 $d_1, d_2, \ldots, d_n$，我们需要判断是否存在一个无向图 $G=(V, E)$，其节点的度恰为 $d_1, d_2, \ldots, d_n$。也即，若 $V=\{v_1, v_2, \ldots,$

$v_n\}$,，则 v_i 的度为 d_i。我们称$(d_1, d_2, \ldots, d_n)$为 G 的度序列。这里要求 G 中不能包含自回路(以同一节点为两端点的边)或多条连接两个相同节点的边。

(a) 请给出一组整数 d_1, d_2, d_3, d_4，满足 $d_i \leqslant 3$ 且 $d_1+d_2+d_3+d_4$ 为偶数，使得不存在以(d_1, d_2, d_3, d_4)为度序列的图。

(b) 假设 $d_1 \geqslant d_2 \geqslant \ldots \geqslant d_n$ 且存在以$(d_1, d_2, \ldots, d_n)$为度序列的图 $G=(V, E)$。我们需要说明存在一个同样以之为度序列的图，其中 v_1 的邻居为 $v_2, v_3, \ldots, v_{d_1+1}$。基本思路是将 G 逐渐转换为一个满足以上附加条件的图。

i. 假设在 G 中 v_1 的邻居不是 $v_2, v_3, \ldots, v_{d_1+1}$。请说明存在 $i<j\leqslant n$ 以及 $u\in V$ 使得$\{v_1, v_i\}, \{u, v_j\} \notin E$ 且$\{v_1, v_j\}, \{u, v_i\} \in E$。

ii. 对 G 进行变换得到一个与之具有相同度序列的图 $G'=(V, E')$，使得$\{v_1, v_i\} \in E'$。

iii. 说明必然存在一个图，具有给定的度序列且在其中 v_1 的邻居为 $v_2, v_3, \ldots, v_{d_1+1}$。

(c) 利用(b)中的结论，描述一个以 $d_1, d_2, \ldots, d_n$(不必是排序好的)为输入的算法，用于判断是否存在以之为度序列的图。该算法应该运行在 n 的多项式时间内。

5.28 Alice 想要举办一个舞会，为此需要决定邀请什么人参加。目前共有 n 个人可供选择，Alice 根据他们之间是否相识列出了一个相互配对的列表。她希望邀请尽可能多的人参加，但同时必须考虑以下两点：在舞会上，每个人至少可以各找到 5 个相识和 5 个不相识的人。

请就此问题给出一个高效的算法，以 n 个人的列表及其相识配对列表为输入，输出最优的被邀请客人名单。并基于变量 n 估算其运行时间。

5.29 有限字母表Γ的一个无前缀编码为Γ中的每个字符指定了对应的二进制码字，且使得所有码字相互都不是对方的前缀。称一个无前缀编码是最小的，是指不可能通过对其中某些关键字的压缩得到另一个(关于相同字母表的)无前缀编码。例如编码{0, 101}不是最小的，因为 101 可以被压缩为 1，而同样保持无前缀的性质不变。

请证明，一个最小的无前缀编码可以表示为一个完全二叉树，其中每个叶节点与Γ中的某个元素唯一对应，相应地，该元素的对应码字可以通过翻译由树根到该叶节点的路径产生(将路径上的左分枝翻译为 0，右分枝翻译为 1)。

5.30 三进制 Huffman。Trimedia Disks 公司开发了一种“三进制”硬盘。磁盘上的每个单元都可以存储 0, 1, 2 三个不同的值(而不是常见的 0 和 1)之一。为了更好地应用该技术，请给出一种修改过的 Huffman 算法，实现对由出现频率分别为 f_1, f_2, …, f_n 的 n 个不同符号组成的序列的压缩编码。该算法应该使用以 0, 1, 2 值构成的可变长度的码字，且任意码字都不是其他码字的前缀，以此保证最大的压缩。最后请证明该算法的正确性。

5.31 Huffman 算法的基本思想是，出现频繁的块编码应该较短，而出现较少的则编码相对较长。这一思想同样适用于英语，其中诸如 I、you、is、and、to、from 等一些常见词汇都很短，而类似 velociraptor 这样的生僻词则较长。

然而有些词汇，比如 fire!、help!和 run!，之所以短并不是因为它们很常用，而是因为其只有在某些特定的场合出现。

从理论的角度，假设我们有一个由 n 个不同单词构成的文件，每个单词对应的出现频度分别为 $f_1, f_2, \ldots, f_n$。同时假设对于第 i 个单词，其每比特的编码成本为 c_i。因此，如果我们找到了一种无前缀的编码，使得第 i 个单词的码字长为 l_i，则编码的总成本将为 $\sum_i f_i \cdot c_i \cdot l_i$。

请说明如何才能找到总成本最低的无前缀编码。

5.32 一台服务器当前有 n 个等待服务的顾客。假设我们事先已经掌握了每个顾客所需的服务时间，记顾客 i 所需的服务时间为 t_i 分钟。于是若，举例来说，顾客是按照 i 的数字升序接受服务的，则第 i 个顾客在得到服务前必须等待 $\sum_{j=1}^{i} t_j$ 分钟。

我们希望能够使得总的等待时间

$$T = \sum_{i=1}^{n} \text{(第 } i \text{ 个顾客的等待时间)}$$

最小。请给出一个有效的算法计算顾客接受服务的最优顺序。

5.33 请说明如何实现一个关于公式长度(其中所有文字总的出现次数)为线性时间的 Horn 公式可满足性问题(参见 5.3 节)吝啬算法。

5.34 请说明对于任意是 2 的幂的正整数 n，存在一个具有如下性质的覆盖问题(参见 5.4 节)实例：

i. 基本集包含 n 个元素。

ii. 最优覆盖仅包含两个集合。

iii. 贪心算法最少会选出 $\log n$ 个集合。

从而证明我们在本章中给出的近似比例是紧的。

5.35 证明一个具有 n 个节点的无权重图最多有 $n(n-1)/2$ 个不同的最小分割。

chapter 6

动 态 规 划

通过前面的章节，我们已经看到了一些非常优美的算法设计原则—— 诸如分治、图探索以及贪心选择—— 基于它们为大量重要的计算任务构造了最终的算法。这些方法的不足在于它们通常只对某些特定的任务有效。从现在开始，我们将转向两种更为强有力的算法技术，所谓动态规划和线性规划。对于更为广泛的应用问题，这两种方法往往能在以上那些特定方法失效时发挥作用。不难预见的是，这种普适性的提高也会伴随着一些效率上的损失。

6.1 重新审视有向无环图的最短路径问题

作为对最短路径问题(参见第 4 章)的一个研究结论，我们注意到对于有向无环图(dag)的情况，问题是非常容易解决。由于这一结论在动态规划思想中的核心地位，在此我们将对其进行重新审视。

dag 的一个独特之处是其节点可被线性化，也即其中的节点可以被排列在一条直线上，且使得所有的边都保持由左至右的方向(如图 6-1)。为了说明这一点对求解最短路径带来的帮助，我们考虑求节点 S 到其它节点的距离的问题。具体来说，让我们关注某个目标节点 D。如图 6-1，到达 D 仅有的途径是经过其前驱，也即 B 或 C。因此，为了求 S 到 D 的最短路径，我们只需对以上的两条路径进行比较：

$$\text{dist}(D)=\min\{\text{dist}(B)+1, \text{dist}(C)+3\}$$

对于每个节点，我们都可以写出类似的关系式。如果我们按照图 6-1 中从左至右的顺序计算出所有这些 dist 值，则可以肯定的是，当我们考虑某个节点 v 时，总是已经得到了计算 dist(v)所需的全部信息。因此，我们可以按照如下方式，只需一遍就能计算出所有的距离值。算法示意如下：

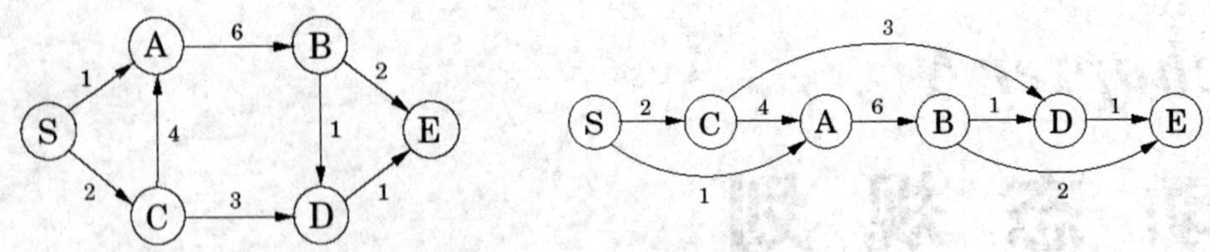

图 6-1 一个 dag 及其线性化(拓扑排序)

```
initialize all dist(·) values to ∞
dist(s) = 0
for each v ∈ V\{s}, in linearized order:
    dist(v) = min_{(u,v)∈E}{dist(u) + l(u, v)}
```

注意到该算法求解了这样一组子问题：$\{\text{dist}(u): u \in V\}$。我们从其中最小的子问题 dist($s$)(显然易见，其值为 0)开始。接下来依次逐步解决一些"较大"的子问题——这些子问题在线性化表示中对应的节点与起点的距离将越来越远——这里如果在达到某个子问题前必须已经解决了许多其它的子问题，则我们认为该子问题是较大的。

这是一种通用性很强的技术。在每个节点上，我们计算关于其(所有)前驱节点的某个函数值。对于以上的问题，该函数是一个求和后的最小值。当然，该函数同样可能是其求最大值的，这样将恰好对应于 dag 的最长路径问题。或者，我们也可以用乘法代替其中的加法，从而将对应的问题转变为计算具有最小边乘积的路径问题。

动态规划是一种功能非常强大的计算模式，其解决问题的方式是首先定义它的一组子问题，然后按照由小到大，以小问题的解答支持大问题求解的模式，依次解决所有的子问题，并最终得到原问题(最大的子问题)的解答。动态规划针对的对象可以不是一个 dag，但 dag 的思想却总是隐含在其求解的过程中。在这个隐含的 dag 中，节点对应于我们定义的子问题，边表示子问题间的依赖关系，即：如果求解子问题 B 必须依赖子问题 A 的解答，则(概念上)存在一条由 A 到 B 的边。此时，A 被视为相对 B 较小的一个子问题——很明显，这种大小关系总是正确的。

现在可以来看一个具体的例子了。

6.2 最长递增子序列

最长递增子序列问题的输入是一个数字序列 a_1、…、a_n。所谓子序列，是指从以上序列中按顺序选出的一个子集，形如 a_{i_1}、a_{i_2}、…、a_{i_n}，其中 $1 \leqslant i_1 < i_2 < \ldots < i_k \leq n$。如果子序列中的数字都是严格单调递增的，则称其为一个递增子序列。我们的任务是要找出原序列的一个最长的递增子序列。举例来说，序列 5、2、8、6、3、6、9、7 的最长递增子序列是 2、3、6、9：

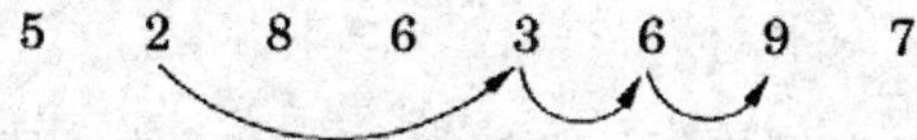

在这个例子中，箭头表示最优解中相邻元素间的递进关系。更一般地，为了能更好地理解该问题的解空间，我们可以在图上标出所有可能的递进关系：首先为每个元素 a_i 建立一个对应的节点 i，然后，对于任意两个可能在某递增子序列中存在递进关系的元素 a_i 和 a_j(即，同时满足 $i<j$ 且 $a_i<a_j$)，增加一条连接二者对应节点的有向边(i, j)(如图 6-2)。

注意到：(1)由于对每条边(i, j)，有 $i<j$，故图 $G=(V,E)$是一个 dag；(2)递增子序列和 dag 中的路径之间存在一一对应关系。因此，我们的目标现在就变成了寻找 dag 中的最长路径！

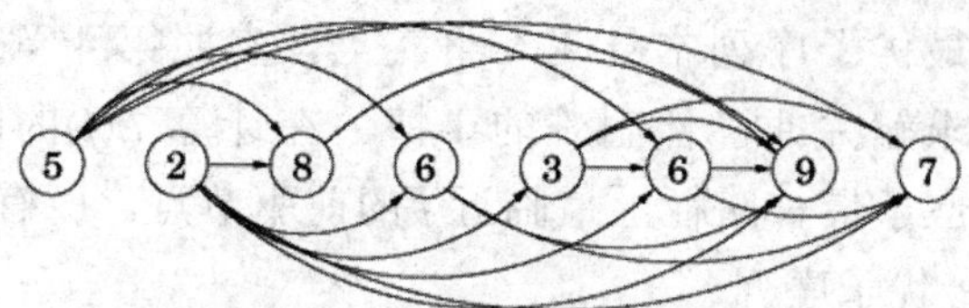

图 6-2 递增子序列的 dag

以是相关的算法：

```
for j = 1, 2, ..., n:
    L(j) = 1 + max{L(i) : (i, j) ∈ E}
return max_j L(j)
```

$L(j)$是以 j 为终点的最长路径——对应于最长递增子序列——的长度(在此，记所有边的权重均为 1，因此只需计算该路径经过的节点数)。和最短路径的分析方法类似，可以看到，所有到达 j 的路径必然经过 j 的某个前驱节点，因此 $L(j)$应该等于

j 所有前驱对应的 $L(\bullet)$中的最大值加 1。而如果没有可以到达 j 的边，我们只需取 $L(j)$ 为空集对应的最大值，也即 0。这样一来，由于考虑了所有可能的路径终点，最终我们将求得最大的 $L(j)$。

这是一个动态规划。为了解决最初的问题，我们定义了一组子问题$\{L(j): 1\leqslant j \leqslant n\}$。由于这些子问题具有的如下性质，因此它们能够在一遍计算中全部得到求解：

(*)存在子问题间的一种排序以及如下的关联关系：对于任意一个子问题，这种关联关系说明了如何在给定(在排序中)相对其“较小”的子问题的解的前提下，求得该子问题的解。

在我们的例子中，每个子问题的求解都基于如下的一种关联关系：

$$L(j)=1+\max\{L(i): (i, j)\in E\},$$

显然，该表达式的计算仅仅与相对(等式左端)较小的子问题的解有关。那么，这一步骤需要花费多少时间呢？为此我们首先需要知道 j 的所有前驱，过去的经验(参见习题 3.5)告诉我们，求反转图 G^R 的邻接表并不困难，只需花费线性时间。此外，计算 $L(j)$的时间与 j 的入度(即达到 j 的边数)成正比，所以其相对于$|E|$是线性的。因此，如果所输入的数组已经按升序排列好，则以上计算所需的时间最多为 $O(n^2)$。看来动态规划是一种既简单又高效的方法。

最后需要说明的是，以上所求得的 L 值只是告诉了我们最优子序列的长度，我们该如何得到相应的最优子序列本身呢？事实上，参照第 4 章最短路径问题中的记录方法，相应地进行求解并非一件困难的事情。在计算 $L(j)$的同时，我们将 prev(j)也记录下来，其值对应于最长路径上最临近 j 的前驱节点。所有计算完成后，由这些记录即可得到所求的最优子序列。

递归？不！

回到对最长递增子序列的讨论：$L(j)$的公式实际上蕴涵了一种不同的算法选择递归。那么，这种方法会更加简单吗？

实际情况是，递归是非常糟糕的想法，其引出的求解过程将需要指数时间！为什么是这样呢？假设对所有的 $i<j$，边(i, j)都属于 dag——也即给定的数列 $a_1, a_2, \ldots, a_n$ 已经排序好了。此时，子问题 $L(j)$的公式变为

$$L(j)=1+\max\{L(1), L(2), \ldots, L(j-1)\}。$$

下面是对 $L(5)$递归过程的图解。我想您一定也注意到了，其中的相同子问题会

被一遍遍地反复求解！

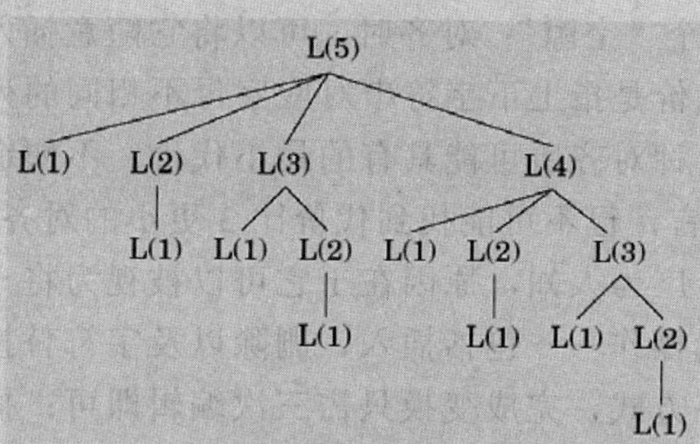

于是对于 $L(n)$，对应的树将包含指数多的节点(您能给出其上界吗？)。显然，递归求解是一个灾难。

那么，为什么在分治算法中递归方法又能高效的工作呢？关键在于分治算法总是将问题被分解为一些相对来说更小的子问题，有时子问题的规模可能只有原问题的一半。比如，mergesort 对规模为 n 的数组进行排序就是通过递归地排序两个规模为 $n/2$ 的子数组实现的。由于在问题规模上具有如此巨大的反差，整个递归树的深度也就仅为对数级，从而其中所包含的节点数最多是多项式规模的。

相比之下，在典型的动态规划公式中，一个问题通常被归纳为一些仅比较自身规模小一点的子问题—— 例如，$L(j)$依赖于 $L(j\text{-}1)$。因此，其整个递归树通常具有多项式深度，从而节点规模也就是指数级的了。不过，由于大多数节点会重复出现，故其中所包含的不同子问题数量其实上并不很多。相比之下，动态规划的算法效率更多地来自于其显式地枚举不同的子问题，并采取了恰当的顺序对其进行逐个求解。

6.3 编辑距离

当拼写检查工具遇到一个可能的拼写错误时，它将在自己的词典中查找与之相近的单词。那么，这里所谓的“距离相近”是个什么概念呢？

关于两个字符串的距离，一种自然的度量是看它们能在多大程度上相互对齐，或者说，看它们相互匹配的程度如何。单纯从技术的角度，对齐就是在一个字符串上方书写另一个字符串。例如，对于 SNOWY 和 SUNNY，有两种不同的对齐方式：

```
S - N O W Y     - S N O W - Y
S U N N - Y     S U N - - N Y
```

代价：3　　　　　　　　　　　　代价：5

其中，“-”表示一个“空隙”；对齐时，可以将它随意插入到每个字符串中。对于一种对齐方式，其代价是指上下字符串对应字母不相同的列数。而所谓的编辑距离是指两个字符串的各种对齐所可能具有的最小代价。不知道您是否已经发现，对SNOWY和SUNNY而言，已不可能找到代价比3更小的对齐了。

编辑距离之所以会广为人知，原因在于它可以被视为将一个字符串变换为另一个字符串所需最小编辑操作——包括插入、删除以及字符替换的次数。举例来说，对于上例中左侧的对齐方式，完成变换只需三次编辑即可：插入U、替换O→N和删除W。

一般情况下，对于两个字符串，由于可能存在非常多的对齐方式，因此简单遍历搜索其中的最优(代价最小)者常常会变成非常可怕的任务。以下我们将转而使用动态规划来解决这一问题。

一种动态规划解法

使用动态规划进行问题求解，首当其冲的问题是如何定义子问题？如我们所知，子问题的定义必须满足此前所述的性质(*)见6.2节。有了这个基础，求解算法所要做的仅仅是按照子问题规模递增的顺序逐个求解。

规划？

动态规划(dynamic programming)的原意与编写程序代码几乎没有什么关系。Richard Bellman在1950年代提出这一概念时，计算机编程还是一项仅由极少数人参与的非常深奥的活动，因此这一新的方法当时并没有得到一个恰当的名称。在那个年代，编程通常意味着“规划、计划”，而“动态规划”构思的初衷正在于对一些多阶段的处理给出最优的计划。图6-2中的dag可以视为描述此类处理的演化过程的一种途径，其中：每个节点对应于一个状态，最左侧的节点为起始点，离开某个状态的边表示可能的动作，这些动作将在下一时刻导出其它的状态。

从词源含义出发，本书第7章的主题，线性规划，也具有以上类似的特点。

我们的目标是寻找两个字符串$x[1...m]$与$y[1...n]$之间的编辑距离。什么才是一个好的子问题呢？当然，它必须是解决整个问题的道路上的一部分。试着考虑一下这两个字符串的前缀(prefix)$x[1...i]$与 $y[1...j]$的编辑距离如何？我们记该子问题为$E(i, j)$(参见图6-3)。这样，我们最终的目标就变成了计算$E(m, n)$。

继续以上的工作，我们需要将 $E(i, j)$表示为较之更小的子问题的表达式。来看一下我们关于 $x[1\ldots i]$与 $y[1\ldots j]$的最佳对齐都能知道些什么。显然，该对齐中最右侧的列只可能为如下三种情况之一：

$$\begin{matrix} x[i] \\ - \end{matrix} \quad \text{或} \quad \begin{matrix} - \\ y[j] \end{matrix} \quad \text{或} \quad \begin{matrix} x[i] \\ y[j] \end{matrix}$$

第一种情况下，该列产生的代价为 1，余下的则是使 $x[1\ldots i\text{-}1]$和 $y[1\ldots j]$更好地对齐的问题，这正对应于子问题 $E(i\text{-}1, j)$！看来我们走对了一小步。第二种情况下，仍然产生代价 1，剩下的是对齐 $x[1\ldots i]$和 $y[1\ldots j\text{-}1]$，恰好又是另一个子问题 $E(i, j\text{-}1)$。最后一种情况下，代价要么为 1(如果 $x[i]\neq y[j]$)要么为 0(如果 $x[i]=y[j]$)，剩下的子问题为 $E(i\text{-}1, j\text{-}1)$。一句话，我们现在已能用较小的子问题 $E(i\text{-}1, j)$、$E(i, j\text{-}1)$和 $E(i\text{-}1, j\text{-}1)$来表示 $E(i, j)$了。由于我们并不知道三个子问题之中哪个才是正确的选择，因此需要对其逐个尝试并选择其中的最优者：

$$E(i, j)=\min\{1+ E(i\text{-}1, j),\ 1+ E(i, j\text{-}1),\ \text{diff}(i, j)+ E(i\text{-}1, j\text{-}1)\}$$

其中，为方便起见，我们令 diff(i, j)当 $x[i]=y[j]$时取 0，否则取 1。

举例来说，计算 EXPONENTIAL 和 POLYNOMIAL 的编辑距离，子问题 $E(4, 3)$对应于前缀 EXPO 和 POL。其最佳对齐的最右一列必为以下三种情况之一

$$\begin{matrix} \text{O} \\ - \end{matrix} \quad \text{或} \quad \begin{matrix} - \\ \text{L} \end{matrix} \quad \text{或} \quad \begin{matrix} \text{O} \\ \text{L} \end{matrix}$$

因此，$E(4, 3)=\min\{1+E(3, 3), 1+E(4, 2), 1+E(3, 2)\}$。

```
[E X P O N E N] T I A L
[P O L Y N] O M I A L
```

图 6-3 子问题 $E(7, 5)$

所有子问题 $E(i, j)$的解构成了一个二维的表，如图 6-4。对于这些子问题，求解顺序应该是怎样的呢？事实上，只要保证 $E(i\text{-}1, j)$、$E(i, j\text{-}1)$和 $E(i\text{-}1, j\text{-}1)$总是在 $E(i, j)$之前求解，怎样的顺序都可以。例如，我们可以从高到低地每次填写表中的一行，然后按照由左至右的顺序依次填满每一行。或者换一下，每次先填满一列，然后再逐行填满。这两种方法都能保证当我们需要计算某个单元格的值时，所有需要用到

的单元格都已经填好了。

(a)

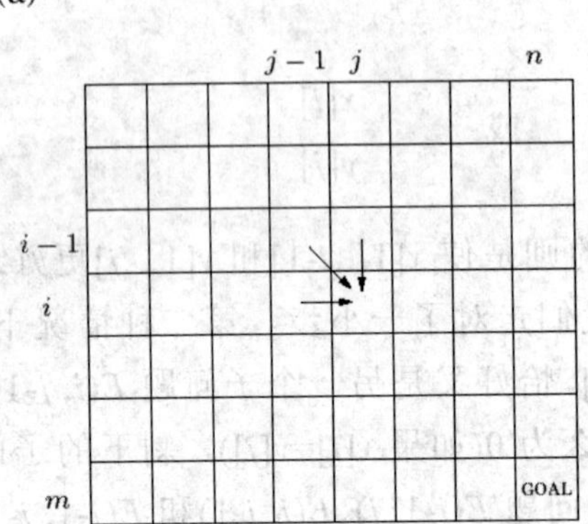

(b)

		P	O	L	Y	N	O	M	I	A	L
	0	1	2	3	4	5	6	7	8	9	10
E	1	1	2	3	4	5	6	7	8	9	10
X	2	2	2	3	4	5	6	7	8	9	10
P	3	2	3	3	4	5	6	7	8	9	10
O	4	3	2	3	4	5	5	6	7	8	9
N	5	4	3	3	4	4	5	6	7	8	9
E	6	5	4	4	4	5	5	6	7	8	9
N	7	6	5	5	5	4	5	6	7	8	9
T	8	7	6	6	6	5	5	6	7	8	9
I	9	8	7	7	7	6	6	6	6	7	8
A	10	9	8	8	8	7	7	7	7	6	7
L	11	10	9	8	9	8	8	8	8	7	6

图 6-4 (a)子问题表。填写 $E(i, j)$时需要用到 $E(i\text{-}1, j)$、$E(i, j\text{-}1)$和 $E(i\text{-}1, j\text{-}1)$。(b)按照动态规划计算所得的最终表格

给出了所有的子问题及其求解次序，可以说我们几乎已经完成了任务。余下要做的就是确定动态规划的“基准情形”，也即最小子问题了。这些问题是 $E(0, .)$和 $E(., 0)$，它们都很好解决。$E(0, j)$是 x 的长度为 0 的前缀——也即空串与 y 的前 j 个字母的编辑距离：显然，其值为 j。类似地，$E(i, 0)=i$。

至此，可以写出编辑距离的基本求解算法如下：

```
for i = 0, 1, 2, ..., m:
    E(i, 0) = i
for j = 1, 2, ..., n:
    E(0, j) = j
for i = 1, 2, ..., m:
    for j = 1, 2, ..., n:
        E(i, j) = min{E(i − 1, j) + 1, E(i, j − 1) + 1, E(i − 1, j − 1) + diff(i, j)}
return E(m, n)
```

该过程逐行地填写表格，在每一行中采取由左到右的顺序进行。其填写每个单元格的时间都是常数，因此总的运行时间恰为表格的规模，即 $O(mn)$。

对于我们此前的例子，最终的编辑距离为 6：

```
E X P O N E N - T I A L
- - P O L Y N O M I A L
```

隐含的 dag

每个动态规划都隐含着一个 dag 结构：试想用每个节点表示一个子问题，而每条边表示解决子问题时所需要遵循的先后约束。节点 $u_1, \ldots, u_k$ 指向 v 意味着“求解子问题 v 的前提是已经知道了子问题 $u_1, \ldots, u_k$ 的解”。

在编辑距离问题中，dag 中的节点对应于子问题，或者，等价地说，对应于表格中的位置(i, j)。其边为先后关系的约束，形如$(i-1, j)\rightarrow(i, j)$、$(i, j-1)\rightarrow(i, j)$和$(i-1, j-1)\rightarrow(i, j)$(图 6-5)。实际上，我们可以更进一步，在边上赋予一定的权值，于是求编辑距离就变成了求 dag 中的最短路径！为了看清这一点，除了令$\{(i-1, j-1)\rightarrow(i, j): x[i]=y[j]\}$(在图中为点状线)中边的长度都为 0 外，我们设其它所有边的长度均为 1。编辑距离的最终答案就是点 $s=\{0, 0\}$与 $t=\{m, n\}$之间的距离。而一个可能的最短路径也可以由我们此前得到的最佳对齐方式生成。在该路径上，向下的移动表示删除，向右为插入，而对角线移动表示要么匹配要么进行替换。

通过改变 dag 上的权重，我们可以得到形式更为一般的编辑距离问题，其中插入、删除和替换分别具有不同的代价。

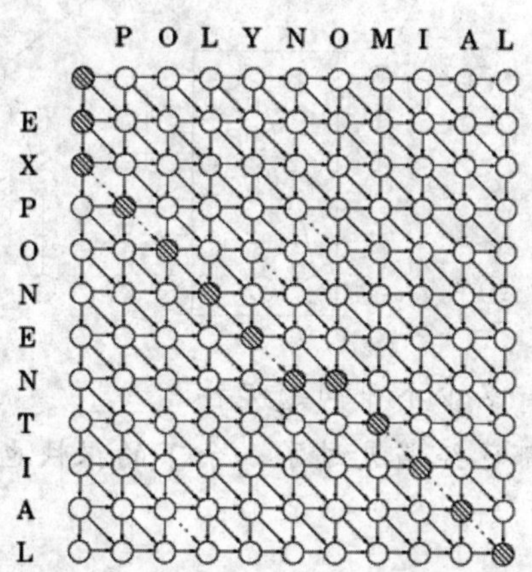

图 6-5 隐含的 dag，以及长度为 6 的路径

公共子问题

定义恰当的子问题通常要很强的创造力和反复的实验。不过，在动态规划中，也有一些经常出现的子问题模式。

i. 输入为 $x_1, x_2, \ldots, x_n$，子问题为 $x_1, x_2, \ldots, x_i$。

$\boxed{x_1 \quad x_2 \quad x_3 \quad x_4 \quad x_5 \quad x_6} \quad x_7 \quad x_8 \quad x_9 \quad x_{10}$

最终子问题的数量将是线性的。

ii. 输入为 $x_1, x_2, \ldots, x_n$ 和 $y_1, y_2, \ldots, y_n$，子问题为 $x_1, x_2, \ldots, x_i$ 和 $y_1, y_2, \ldots, y_j$。

$$\boxed{x_1\ x_2\ x_3\ x_4\ x_5\ x_6}\ x_7\ x_8\ x_9\ x_{10}$$

$$\boxed{y_1\ y_2\ y_3\ y_4\ y_5}\ y_6\ y_7\ y_8$$

最终子问题数量为 $O(mn)$。

iii. 输入为 $x_1, x_2, \ldots, x_n$，子问题为 $x_i, x_{i+1}, \ldots, x_j$。

$$x_1\ x_2\ \boxed{x_3\ x_4\ x_5\ x_6}\ x_7\ x_8\ x_9\ x_{10}$$

最终子问题数量为 $O(n^2)$。

iv. 输入为树。子问题为其子树。

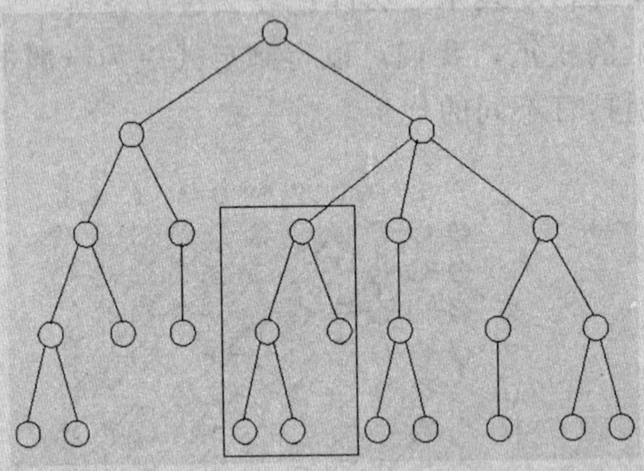

若树有 n 个节点，它有多少个子问题呢？

前面的两种情况我们都已经遇见过了，余下的很快也将看到。

人与鼠

我们的身体是无与伦比的机器，它同时具有灵活的功能、良好的适应性以及非凡的交互和复制再生能力。所有这一切都源于我们每个人都具有的一种特殊程序。它由四个基本字母 $\{A, C, G, T\}$ 构成，包含了多达 30 亿个字符，这就是我们的 DNA。

两个人的 DNA 序列的差异仅仅约 0.1%。然而，这仍然意味着其中约有 300 万个位置不同，可以说远远超过了人类自身的多样性。这些差异对于科学和医药研究是非常重要的——举例来说，我们也许可以通过它们来预测某人对于某种疾病的易受性。

DNA 看起来像是一个令人费解的庞大程序，但是它也可以被分解为一些小的单元。这些单元各自具有其特定的角色和功能，正如我们所熟知的子程序。我们称这些单元为基因。计算机是我们理解人类基因以及其他官能必不可少的工具，与之相关地，出现了计算基因学(computational genomics)这样一个独立的新兴研究领域。以下是其所研究的一些典型问题：

1. 当我们发现了一种新的基因，一个深入了解其功能的途径是寻找与之相近的已知基因。通过和一些熟知物种(比如老鼠)基因信息的对比，能够使我们更好地理解自身基因的特点。

开展这一研究的基础之一，是定义一种判断两个字符串匹配程度的高效的计算方法。生物学中就此给出了一种经过推广的编辑距离概念，并采用动态规划的方法进行求解。

接下来就是在海量的已知基因数据(GenBank 基因数据库的总数据长度已经超过了 10^{10}，并且仍在快速增长)中进行搜索了。目前采用的工具称为 BLAST，它巧妙结合了多种算法技巧和大量的生物学知识，是在计算生物学领域应用最为广泛的软件工具。

2. DNA 测序(即判断其字符串组成)通常能确定一些由 500-700 个字符组成的片段。在一个 DNA 中可能随机分布着成千上万的这种片段，它们是按什么样的次序组装的呢？最初，任意一个片段在序列中的位置都是未知的，因此只能通过与序列中相匹配片段的覆盖检查来进行查找。

与之相关的一项代表性工作是所谓的人类 DNA 图谱计划。该计划已在 2001 年由人类基因组联盟和私立的 Celera 基因公司分别同时完成了。

3. 对于一个特定的基因，一旦在多个物种中都对其完成了测序，将面临一个新的问题，那就是能否利用这些信息重建物种的进化史。

在本章最后的习题中，我们将进一步探讨这些问题。对于包括它们在内的许多更具普遍性的计算生物学问题，可以说动态规划都是价值不可估量的重要工具。

6.4 背包问题

在一次打劫中，盗贼发现他的战利品太多，以至于无法全部带走，于是他必须决定究竟要把哪些装入自己的背包(或者说，把哪些丢弃掉)。这里，假设他的背包最多能装 W 磅。一共有 n 件物品，分别重 $w_1, \ldots, w_n$，价值 $v_1, \ldots, v_n$。怎样的组合才能使他带走的价值最高呢[1]？

例如，W=10，且

物　品	重　量	价　值
1	6	$30
2	3	$14
3	4	$16
4	2	$9

该问题存在两个版本。如果每种物品的数量都是无限的，则最优的选择是拿 1 件物品 1 和 2 件物品 4(总价值：$48)。另一种情况，如果每种物品都只有一件(比方说盗贼正在打劫的是一个博物馆)，则最优的背包选择是物品 1 和物品 3(总价值：$46)。

在第 8 章中我们将看到，以上这两个版本的问题可能都没有多项式时间的算法。不过利用动态规划，它们都可以在 $O(nW)$的时间内求解。当 W 较小时，这一结果是完全可以接受的。只是由于输入规模是和 $\log W$ 而不是和 W 成正比，因此还达不到多项式时间。

多副本的背包问题

让我们从多副本(多件同种物品)的背包问题开始。和往常一样，动态规划的首要问题是，如何定义子问题？在此我们有两种途径缩小原来的问题：考虑容量较小的背包(新的容量 $w<W$)，或者，考虑较少的物品种类(例如，考虑物品 $1, 2, \ldots, j$，其中 $j<n$)。为了确定究竟哪个方式比较有效，通常需要一些小小的实验。

第一种途径是较小的容量。对应地，定义

$$K(w)=\text{容量 } w \text{ 可以容纳的最高价值。}$$

我们能否用更小的子问题来表示它呢？是这样的，如果 $K(w)$的最优解包含了物品 i，将其从背包中移走，则会留下 $K(w-w_i)$的最优解。换句话说，对于某些 i，$K(w)$就等于 $K(w-w_i)+v_i$。我们不知道究竟是哪些 i，因此需要尝试所有的可能。

1　如果这个例子显得有些轻浮，不妨将其中的“重量”替换为“CPU 时间”，这样“只能装 W 磅”就变成了“只有 W 个单位的可用 CPU 时间”。或者，也可以把“CPU 时间”替换成“带宽”，等等。背包问题广泛地应用于需要基于有限资源进行选择判断的领域。

$$K(w)=\max_{i:w_i\leq w}\{K(w-w_i)+v_i\},$$

其中按照惯例对空集取值为 0。这样就可以了！具体的算法如下，它显得非常简洁和优雅：

```
K(0) = 0
for w = 1 to W:
    K(w) = max{K(w − w_i) + v_i : w_i ≤ w}
return K(W)
```

以上这个算法将从左至右地填写一个长度 W+1 的一维表格。每个单元格所需的计算时间是 $O(n)$，于是总的计算时间为 $O(nW)$。

和之前一样，这里隐含着一个 dag。请试着构造它，您将会获得一个惊奇的发现：求背包所能容纳的最高价值最终归结成了寻找 dag 的最长路径！

单副本的背包问题

考虑第二种情形，如果不存在同种物品的多个副本又会如何呢？以上定义的子问题此时变得完全没有了用处。事实上，即使我们知道了 $K(w-w_n)$的数值很大也不可能带来什么帮助，因为我们不知道物品 n 是否已经在这个部分解中使用过了。为此，我们需要改进子问题的定义，使其包含关于哪件物品已经被使用过了的信息。我们引入第二个参数，$0\leqslant j\leqslant n$：

$K(w, j)$=基于背包容量 w 和物品 1, ..., j 所能得到的最高价值。

现在的目标是求 $K(W, n)$。

如何将 $K(w, j)$用更小的子问题来表示呢？很简单：要么需要选择物品 j 以获得最高价值，要么不需要：

$$K(w, j)=\max\{K(w-w_j, j-1)+v_j, K(w, j-1)\}。$$

(第一种情况仅当 $w_j\leqslant w$ 时才会出现)。换句话说，$K(w, j)$是可以用子问题 $K(\cdot, j-1)$来表示的。

于是，算法需要填写一个二维的表格，其中共有 W+1 行和 n+1 列。由于填写每个单元格仅需常数时间，所以即使这个表格比之前的表格大了许多倍，其计算时间仍然是一样的，即 $O(nW)$。以下是算法的描述：

```
Initialize all K(0, j) = 0 and all K(w, 0) = 0
for j = 1 to n:
   for w = 1 to W:
      if w_j > w: K(w, j) = K(w, j − 1)
      else: K(w, j) = max{K(w, j − 1), K(w − w_j, j − 1) + v_j}
return K(W, n)
```

记忆

在动态规划中，我们给出一个用较小问题表示较大问题的递归公式，然后基于这一公式，由最小的问题到最大的问题，自底向上地逐个填写结果的表格。

该公式暗示了一种递归算法。然而，我们之前已看到，由于总是要一遍遍地求解相同的子问题，一般的递归总是比较低效。那么，如果某个智能的递归算法能够记住此前的调用结果，是不是就可以做得更好呢？

对于(多副本)背包问题，该算法使用一个散列表(hash table，参见 1.5 节)记录事先计算过的 $K(\cdot)$值。当某个递归调用需要用到 $K(w)$时，算法首先检查散列表中是否已经存储了该值，如果没有再进行相应的计算。这种方法称为记忆：

```
function knapsack(w)
if w is in hash table: return K(w)
K(w) = max{knapsack(w − w_i) + v_i : w_i ≤ w}
insert K(w) into hash table, with key w
return K(w)
```

由于该算法不会重复计算任何一个子问题，其运行时间和动态规划相同，都是 $O(nW)$。然而，由于递归所具有的间接开销通常较高，其大 O 符号所包含的常数因子相对而言总是较大的。

不过，有些情况下记忆也能给我们带来回报。原因如下：动态规划自发地求解了所有的子问题，而记忆方式只会求解那些实际被用到的子问题。例如，在背包问题中，假设 W 和所有的 w_i 都是 100 的倍数。则对于所有不是 100 倍数的 w，求解子问题 $K(w)$将是毫无意义的。显然记忆递归算法根本不会去考虑这些毫不相干的单元格。

6.5 矩阵链式相乘

假设我们要求四个矩阵的乘积，记为 $A\times B\times C\times D$，其中每个矩阵的维度依次是 50×20，20×1，1×10 和 10×100(如图 6-6)。在计算过程中，我们每次将两个矩阵相乘。

矩阵的乘法不满足交换律(通常情况下，$A\times B\neq B\times A$)，但具有结合率，例如 $A\times(B\times C)=(A\times B)\times C$。因此，通过在公式的不同位置上插入括弧，我们可以得到很多不同的计算方式。那么，其中是否有一些是较好的呢？

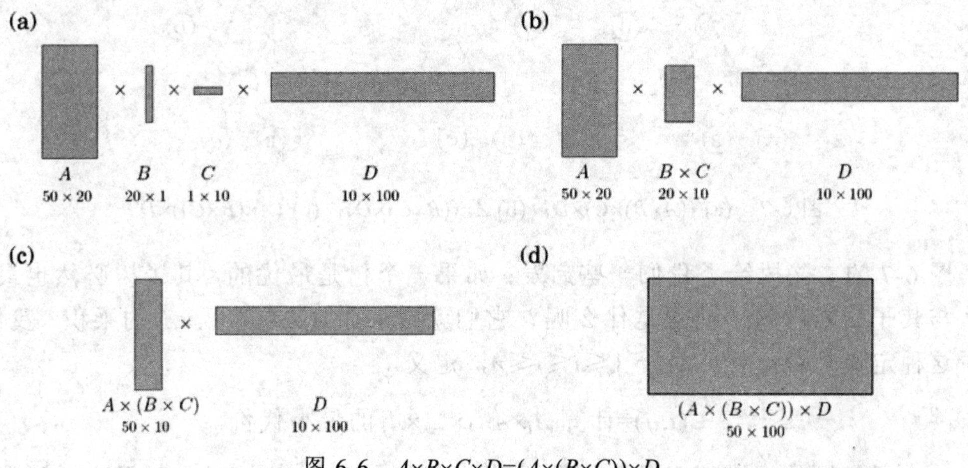

图 6-6 $A\times B\times C\times D=(A\times(B\times C))\times D$

一个 $m\times n$ 的矩阵与一个 $n\times p$ 的矩阵相乘，约需要进行 mnp 次乘法。按照这一公式，我们可以对比一下几种不同的计算 $A\times B\times C\times D$ 的方式的代价：

结合规则	代价公式	代价
$A\times((B\times C)\times D)$	$20\cdot1\cdot10+20\cdot10\cdot100+50\cdot20\cdot100$	120,200
$(A\times(B\times C))\times D$	$20\cdot1\cdot10+50\cdot20\cdot10+50\cdot10\cdot100$	60,200
$(A\times B)\times(C\times D)$	$50\cdot20\cdot1+1\cdot10\cdot100+50\cdot1\cdot100$	7,000

由此可见，乘法次序的不同会导致最终运行时间的巨大差异！并且，其中比较简单和自然的贪心方法(如以上的第二个结合规则)，即每次选择代价最小的矩阵相乘式，最终导致了较差的结果。

那么，我们应该如何确定最优的计算次序呢？这里假设我们需要计算 $A_1\times A_2\times\ldots\times A_n$，其中每个矩阵的维数分别为 $m_0\times m_1$, $m_1\times m_2$, …, $m_{n-1}\times m_n$。不难发现，每个特定的结合规则都可以很自然地表示为一个满二叉树，其中每个矩阵对应一个叶节点，树根为最终的乘积，而树的内部节点表示中间过程的部分乘积(如图 6-7)。各种可能的乘法次序对应于不同的满二叉树。每个树中包含 n 个节点，因此可能的树的总数为 n 的指数(参见习题 2.13)。我们当然不可能尝试所有的树，这种莽撞盲目的做法根本不在考虑之列，我们将再一次用到动态规划。

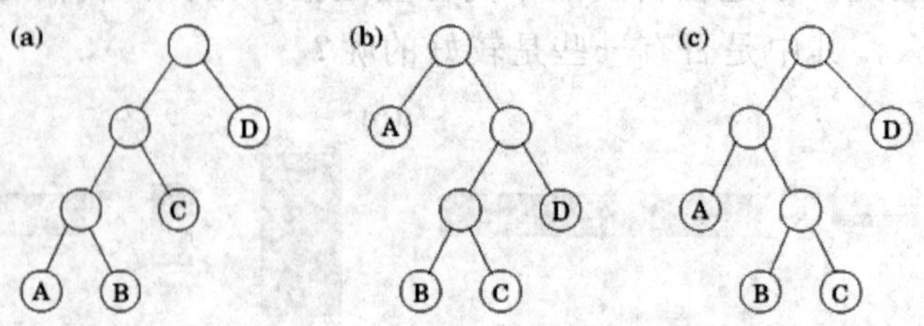

图 6-7 (a) $((A\times B)\times C)\times D$；(b) $A\times((B\times C)\times D)$；(c) $(A\times(B\times C))\times D$

图 6-7 的二叉树给了我们一些启发：如果一个树是最优的，其子树必然也最优。那么与其子树对应的子问题是什么呢？它们就是形如 $A_i\times A_{i+1}\times\ldots\times A_j$ 的乘积。我们来看看这种定义是否可行：对于 $1\leqslant i\leqslant j\leqslant n$，定义

$$C(i,j)=\text{计算 } A_i\times A_{i+1}\times\ldots\times A_j \text{ 的最小代价。}$$

这个子问题的规模等于其中矩阵乘法的次数，即$|j-i|$。$i=j$ 对应于最小的子问题，此时没有需要做乘法的矩阵，因此 $C(i,j)=0$。对于 $j>i$ 的情形，考虑对应于 $C(i,j)$的最优树。处于该树顶端的第一个分枝将问题分割为两个乘积片段，形如 $A_i\times\ldots\times A_k$ 和 $A_{k+1}\times\ldots\times A_j$，其中 k 的取值位于 i 和 j 之间。这样一来该子树的代价就等于两个乘积片段的乘积加上将其组合在一起的代价，即 $C(i,k)+C(k+1,j)+m_{i-1}\cdot m_k\cdot m_j$。我们所需要做的就是找到相应的分割点 k，使得以下的值最小：

$$C(i,j)=\min_{i\leq k<j}\{C(i,k)+C(k+1,j)+m_{i-1}\cdot m_k\cdot m_j\}\text{。}$$

现在可以写代码了！以下 s 表示子问题的规模。

```
for i = 1 to n:  C(i,i) = 0
for s = 1 to n-1:
  for i = 1 to n-s:
    j = i+s
    C(i,j) = min{C(i,k) + C(k+1,j) + m_{i-1} · m_k · m_j : i ≤ k < j}
return C(1,n)
```

以上的所有子问题构造出了一个二维表格，其中每个单元格需要的计算时间为 $O(n)$。因此，总的计算时间就是 $O(n^3)$。

6.6 最短路径问题

本章之初我们通过 dag 中的最短路径问题引入了动态规划的概念。接下来，我们将讨论一些更为复杂的最短路径问题，并介绍这一强有力的算法技术是如何应用于这些问题的。

最短可靠路径

应用的情况常常是复杂难测的，基于图、边长和最短路径的抽象有时并不能反映问题的全部。例如，在一个通信网络中，即使边的长度能够完全可靠地反映传输延迟，选定一条路径可能也还需要考虑一些其他的因素。说的更具体些，路径中的每条边可能都意味着一个充满了不确定和潜在数据丢失风险的跳步。这使得我们应该尽量避免在路径中包含过多的边。图 6-8 是对该问题的示意，其中从 S 到 T 的最短路径上有四条边，同时还存在一条只包含两条边的稍长的路径。如果四条边意味着在可靠性方面已变得不可接受，我们将不得不选择这第二条路径。

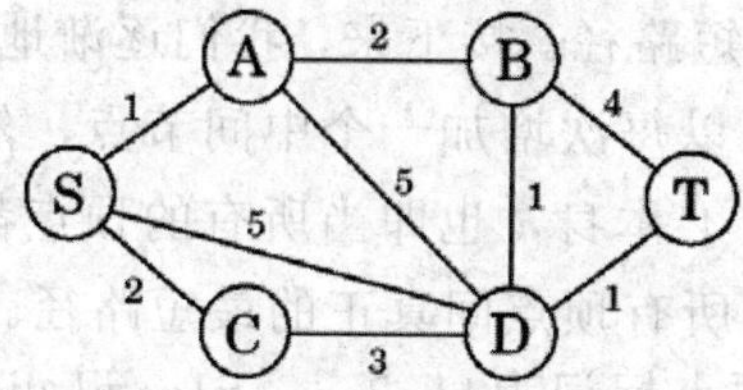

图 6-8 求一条由 s 到 t 较短且边数较少的路径

假设给定了一个图 G，其中每条边都有一定的长度(记为 $l(u, v)$，其中 u, v 为边的两端点)，同时给定节点 s 和 t 以及一个整数 k，我们需要求从 s 到 t 的最多经过 k 条边的最短路径。

有没有一种快捷的方式改造 Dijkstra 算法，使其适应这一新任务的要求呢？恐怕没有。事实上，Dijkstra 算法集中于关注每条最短路径的长度，没有留下任何关于其中跳步数的“记录”，而这一信息对于我们当前的问题却是至关重要的。

在动态规划中，恰当地选择子问题，使得所有重要的信息都得以保存并便于今后使用，是其最为精妙之处。在此，对于每个顶点 v 和任意整数 $i \leqslant k$，我们定义 $\text{dist}(v, i)$为由 s 到 v 经过 i 条边的最短路径长度。起始值 $\text{dist}(v, 0)$除了对 s 本身为 0 外，均取 ∞。于是，对应的迭代公式为：

$$\text{dist}(v, i) = \min_{(u,v)\in E} \{\text{dist}(u, i\text{-}1) + \ell(u, v)\}$$

剩下的我想就不必多说了吧？

所有顶点间的最短路径

如果我们要求的不仅仅是某对节点 s 和 t 之间，而是所有顶点间的最短路径呢？一个办法是每次以一个顶点为起点，运行 4.6.1 节的最短路径算法(由于可能存在负的边)$|V|$遍。这样下来总的运行时间将是 $O(|V|^2E)$。不过事实上我们有一种稍好的选择，所谓基于动态规划的 Floyd-Warshall 算法，其运行时间为 $O(|V|^3)$。

对于计算图上所有顶点间最短路径的问题，是否有比较好的子问题定义呢？在求解过程中，简单地增加顶点对或出发点的数量是没有用的，因为这些最终都会导致算法时间达到 $O(|V|^2E)$。

我们脑海间所浮现的想法是这样的：我们知道 u 和 v 间的最短路径 $u \rightarrow w_1 \rightarrow \cdots \rightarrow w_l \rightarrow v$ 通常需要用到一些中间节点——虽然也可能不。假设不允许路径上出现任何的中间节点，则我们可以立即求得所有节点间的最短路径：只要边(u, v)存在，则它就是 u, v 间的最短路径。接下来，我们逐渐地扩展可用的中间节点集合，会出现什么情况呢？我们可以每次增加一个中间节点，然后不断地更新所有的最短路径。一旦该集合扩展到了 V 本身，也即当所有的顶点都可以作为路径上的中间节点出现时，我们也就得到了所有顶点间真正的最短路径。

具体来说，将 V 中的顶点标记为$\{1, 2, \ldots, n\}$，记 dist(i, j, k)为仅仅允许使用$\{1, 2, .., k\}$作为中间节点时 i 到 j 的最短路径长度。初始状态下，当存在直接连接 i 和 j 的边时，dist$(i, j, 0)$为该边的长度，否则为∞。

当我们在中间节点集中加入一个新的顶点 k 时，会发生什么情况呢？我们需要对所有的节点对 i, j 检查是否使用 k 为中间节点会得到更短的路径。这是非常简单的事情：i 到 j 的使用了 k 和其他编号较小中间节点的最短路径最多经过 k 一次(为什么？因为我们假设没有负的环)。而我们已经计算得到了 i 到 k 和 k 到 j 的使用了较小编号顶点的最短路径长度：

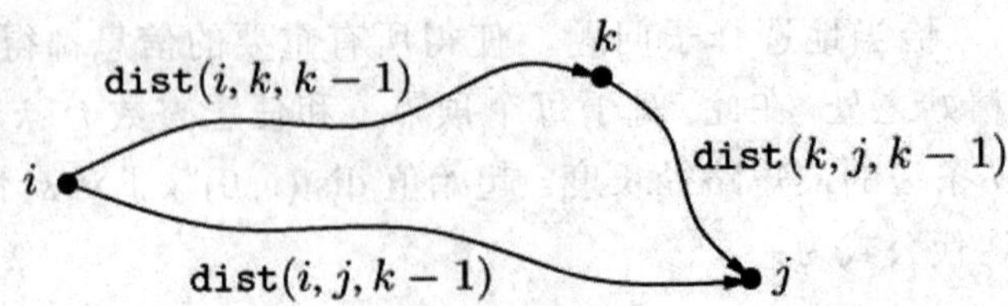

因此，使用 k 能够在 i 和 j 间得到一条更短的路径，当且仅当

$$\text{dist}(i, k, k\text{-}1)+ \text{dist}(k, j, k\text{-}1)< \text{dist}(i, j, k\text{-}1)$$

上式若满足，则利用左侧结果更新 dist(i, j, k)的值。

以下是 Floyd-Warshall 算法—— 不难看出，其运行时间为 $O(|V|^3)$。

```
for i = 1 to n:
   for j = 1 to n:
      dist(i, j, 0) = ∞
for all (i, j) ∈ E:
   dist(i, j, 0) = ℓ(i, j)
for k = 1 to n:
   for i = 1 to n:
      for j = 1 to n:
         dist(i, j, k) = min{dist(i, k, k − 1) + dist(k, j, k − 1),  dist(i, j, k − 1)}
```

旅行商问题

一个旅行商人已经准备好上路做一次大的销售旅行。从他的家乡出发，提着手提箱，他需要计划好旅行的路线，以保证在回家前能够到达所有的城市恰好一次。在给定两两城市间距离的前提下，现在需要确定一个最佳的访问次序，使他总的旅行距离最短(这意味着旅行的花费最低)。

用数字 1、…、n 标记所有的城市，其中商人的家乡为 1，记 $D=(d_{ij})$为城市间距离构成的矩阵。我们的目标是设计一个由 1 出发并最终回到 1 的旅行线路，要求其经过所有其它的城市各一次，且总长度最短。图 6-9 是一个包含 5 个城市的例子。您能找出其中的最佳旅行路线吗？您会发现，即使在这样一个很小的例子里，要找到最终的答案都非常困难。那么，不妨想想如果我们面对的是成百上千的城市又会如何。

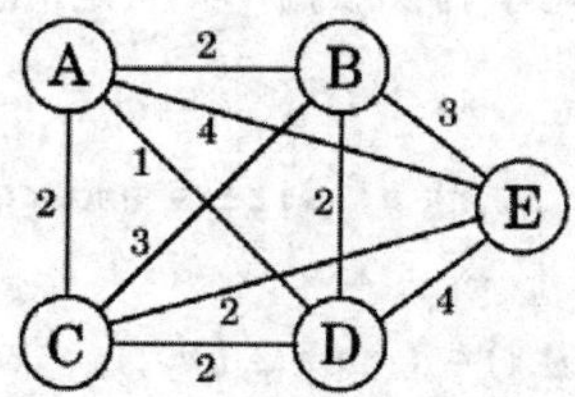

图 6-9 商人的最佳旅行路线长度为 10

这个问题对计算机也同样不简单。事实上，旅行商问题(TSP)是最声名狼藉的计

算问题之一。长期以来，人们一直在尝试解决该问题，其中包含了数不胜数的失败和少得可怜的局部成功。求解这一问题的历程见证了算法和复杂性理论研究领域的许多重大进展。在所有关于 TSP 的坏消息中，最广为人知的一条就是其极有可能无法在多项式时间内解决。第 8 章的介绍将使我们更好地理解这一点。

那么，求解一个 TSP 需要多少时间呢？显然，最简单的蛮力方法就是计算所有可能的旅行线路长度，然后选择其中最短的一条。由于存在$(n-1)!$种可能性，该方法最终将耗费 $O(n!)$的时间。我们下面要看到的是，动态规划方法可以给出一个相对而言快得多的解答，虽然它仍然不是多项式时间的。

对于 TSP，恰当的子问题定义是什么呢？子问题意味着某个部分解，而最显而易见的部分解是旅行路线最初的部分。假设我们按照要求从城市 1 出发，已经经过了几座城市，现在位于城市 j。扩展这个部分旅行路线(解)还需要哪些信息呢？我们当然需要知道 j，因为它将决定下一个最近便访问到的城市在哪。同时我们需要知道已经访问过哪些城市，以避免重复访问同一个座城市。这样，就有了一个比较恰当的子问题：

对于包含城市 1 的子集 $S\subseteq\{1, 2, ..., n\}$，以及 $j\in S$，令 $C(S, j)$为由 1 出发终点为 j 的经过 S 中所有节点恰好 1 次的最短路径长度。

当$|S|>1$ 时，由于路径不可能同时由 1 出发和结束，我们令 $C(S, 1)=\infty$。

现在，我们用较小的子问题来表示 $C(S, j)$。我们要从 1 出发并在 j 结束，其余的哪座城市将是商人倒数第二个要达到的呢？它必然是某个 $i\in S$，因此总的路径长度应该等于 1 到 i 的距离，也即 $C(S-\{j\}, i)$，加上最后一条边的长度 d_{ij}。我们需要选出其中最优的 i，满足：

$$C(S, j)=\min_{i\in S: i\neq j} C(S-\{j\}, i)+d_{ij}$$

所有的子问题是依据$|S|$的大小排列的。以下是相应的算法：

```
C({1}, 1) = 0
for s = 2 to n:
   for all subsets S ⊆ {1, 2, ..., n} of size s and containing 1:
      C(S, 1) = ∞
      for all j ∈ S, j ≠ 1:
         C(S, j) = min{C(S − {j}, i) + d_ij : i ∈ S, i ≠ j}
return min_j C({1, ..., n}, j) + d_j1
```

其中最多有 $2^n\cdot n$ 个子问题，解决每个子问题的时间是线性的。因此算法总的运行时间为 $O(n^2 2^n)$。

时间和空间

一个动态规划算法所需的时间很容易基于其子问题构成的dag进行计算：很多情况下，它恰好就是dag中边的数量！我们所要做的只是按照线性化得到的次序访问所有的节点，对每个节点的所有进入边做相关的计算。大多数情况下，每条边的计算只需常数时间即可完成。最终，dag中的每条边都被检验了一次。

但是，这样将需要多少计算机内存呢？在dag中没有任何能够反映这一点的相关变量。当然，利用数量与顶点(子问题)规模成正比的内存完成以上工作总是可能的，但事实上我们常常并不需要那么多。这是因为对于某个特定子问题的解，一旦依赖它的较大子问题已经解决，其值就不再有继续保存的必要了。因此，它们所占用的内存可以被释放并重复使用。

举例来说，在Floyd-Warshall算法中，一旦计算得到了$\mathrm{dist}(\cdot,\cdot,k+1)$的值，就没有必要再保存之前的$\mathrm{dist}(i,j,k)$了。因此，我们仅需要两个$|V|\times|V|$规模的数组来存储所有的dist值，分别对应于奇数和偶数k值的计算结果：计算$\mathrm{dist}(i,j,k)$时，我们将覆盖$\mathrm{dist}(i,j,k\text{-}2)$的值。

(需要指出的是，在动态规划中，我们通常都需要一个特别的数组，$\mathrm{prev}(i,j)$，用于存储由i到j的最短路径上紧邻最后顶点的节点，而这个值必须由$\mathrm{dist}(i,j,k)$决定。在动态规划算法中，我们省略了这个平凡但却重要的记录步骤。)

您知道为什么图6-5中编辑距离子问题的dag仅仅需要数量与最短字符串长度成正比的内存吗？

6.7 树中的独立集

节点集$S\subset V$称为图$G=(V,E)$中的一个独立集，是指对于其中任意两个节点，在E中都不存在将其相连的边。例如，图6-10中的节点{1, 5}就构成了一个独立集，而{1, 4, 5}却不是，原因是4和5之间有一条边。此外，该图中最大的独立集是{2, 3, 6}。

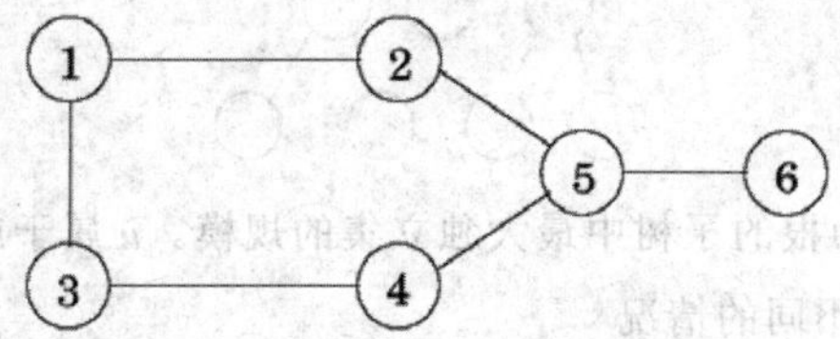

图6-10 该图中，最大的独立集规模为3

和本章的其它几个问题(背包问题，旅行商问题)类似，寻找一个图的最大独立集是非常困难的。然而，如果该图恰好是一个树，利用动态规划，该问题将能够在线性时间内求解。其中的子问题是怎样定义的呢？在矩阵的链式相乘中，我们发现，一旦某个节点被标记为树的根，则利用树的层次式结构可以很自然地定义出相应的子问题。

于是可以构造如下的算法：首先选择任意节点 r 为树根。对应于下方悬挂的子树，每个节点恰好可定义一个子问题：

$I(u)$=u 下悬挂子树的最大独立集规模。

我们的最终目标是求 $I(r)$。

动态规划总是从小到大地推进求解过程，也就是说，对于我们的问题，将自底向上地求解整个树。对于某个节点 u，假设我们已知其下方所有子树的最大独立集。也即，对于 u 的所有后裔节点 w，$I(w)$已知。该如何计算 $I(u)$呢？这里将分为两种情况：独立集包含 u 和不包含 u(如图 6-11)。

$$I(u) = \max\left\{1 + \sum_{w\text{为}u\text{孩子的子孙}} I(w), \sum_{w\text{为}u\text{的孩子}} I(w)\right\}。$$

显然，若独立集包含 u，则其中不可能包含 u 的子节点(直接后继)，也即其中的其它节点都应该是 u 子节点的后裔(后继)；而如果独立集不包含 u，则其子节点可能属于该独立集。

子问题的数量等于树的顶点数。稍加分析不难发现，该算法总的运行时间应该是线性的，即 $O(|V|+|E|)$。

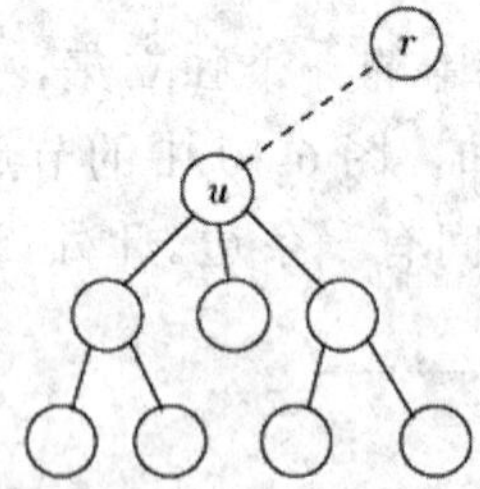

图 6-11 $I(u)$是以 u 为根的子树中最大独立集的规模。u 属于或不属于该独立集，对应于两种不同的情况

习题

6.1 列表 S 的相连子序列是由 S 中相邻元素构成的子序列。举例来说，若 S 为

$$5, 15, -30, 10, -5, 40, 10,$$

则 15, -30, 10 是一个相连子序列，而 5, 15, 40 不是。请给出针对如下任务的线性时间算法：

输入：数值列表 $a_1, a_2, \ldots, a_n$。

输出：和最大的相连子序列(长度为 0 的子序列的和为 0)。

对于以上的例子，其结果为序列 10, -5, 40, 10，和为 55。

(提示：对于每个 $j\in\{1, 2, \ldots, n\}$，考虑恰好在 j 结束的相连子序列。)

6.2 假设您准备开始一次长途旅行。以 0 英里为起点，一路路上共有 n 座旅店，距离起点的英里数分别为 $a_1<a_2<\ldots<a_n$。旅途中，您只能在这些旅店停留，当然在哪里停留完全由您决定。最后一座旅店(a_n)是您的终点。

理想情况下，您每天可以行进 200 英里，不过考虑到旅店间的实际距离，有时候可能还达不到这么远。如果您某天走了 x 英里，那么您将受到$(200-x)^2$的惩罚。您需要计划好行程，以使得总的惩罚——每天所受惩罚的总和最小。请给出一个高效的算法，用于确定一路上最优的停留位置序列。

6.3 Yuckdonald 公司计划沿着 Quaint Valley 高速公路修建一系列酒店。n 个可能的选址位于一条直线上，它们距离高速起点的距离依次(按照升序)为 $m_1, m_2, \ldots, m_n$。限制条件如下：

- 在每个地址上最多修建一座酒店。在位置 i 建设酒店可能带来的利润为 p_i，其中 $i=1, 2, \ldots, n$，$p_i>0$。
- 两个酒店间至少间隔 k 英里，其中 k 为正整数。

请给出一个高效的算法，计算修建这些酒店最多能获得的利润总额。

6.4 给定包含 n 个字符的字符串 $s[1\ldots n]$。该字符串可能来自于一本年代久远的书籍，只是由于纸张朽烂的缘故文档中所有的标点符号都不见了(因此该字符串看起来就像这样："itwasthebestoftimes...")。现在您希望在字典的帮助下重建这个文档。在此字典表示为一个布尔函数 dict(·)，对于任意的字符串 w，

$$\text{dict}(w)=\begin{cases} \textit{true} & w\text{是合法的单词} \\ \textit{false} & \text{否则} \end{cases}$$

(a) 请给出一个动态规划算法，判断 $s[\cdot]$是否能重建为由合法单词组成的序列。假设调用 dict 每次只需一个单位的时间，该算法运行时间应该不超过 $O(n^2)$。

(b) 若 $s[\cdot]$是由合法单词组成的，请在算法中输出对应的单词序列。

6.5 棋子的放置问题。有一个 4 列 n 行的棋盘，其中每个格子上写有一个整数。我们有 $2n$ 个棋子，需要将这些棋子(全部或一部分)放在棋盘的格子上(每个格子最多一个棋子)，以使得被棋子覆盖的整数总和最大。限制条件是：要使放置方式为合法的，必须保证任意两个棋子不能水平或垂直相邻(可以对角线相邻)。

(a) 判断每行可能出现的合法放置模式的数量(不考虑临近的行)，并具体描述这些模式。

如果两个模式能够被放入两个相邻的行中构成一个合法的放置，则称它们是相容的。让我们考虑由前 $k(1\leqslant k\leqslant n)$个列构成的子问题。每个子问题都有其特定的类型，它这取决于其最后一行的模式。

(b) 利用相容和类型的概念，给出一个 $O(n)$时间的动态规划算法，计算最优的放置方法。

6.6 根据下表我们可以定义三个字符 a、b、c 间的乘法运算，其中 $ab=b$, $ba=c$, 等等。请注意，这样定义的乘法操作既不满足结合律也不满足交换率。

	a	b	c
a	b	b	a
b	c	b	a
c	a	c	c

请给出一个高效的算法，对这些字符组成的字符串(比如 $bbbbac$)进行检测，以判断是否可以通过在其中插入括弧使得计算的最后结果为 a。例如，输入 $bbbbac$，算法应该输出 yes，因为$((b(bb))(ba))c=a$。

6.7 如果一个子序列从左向右和从右向左读都一样，则称之为回文。例如，序列

$$A, C, G, T, G, T, C, A, A, A, A, T, C, G$$

有很多回文子序列，比如 A, C, G, C, A 和 A, A, A, A。请给出一个算法，对于输入的序列 $x[1\ldots n]$，在 $O(n^2)$内返回其最长回文子序列(的长度)。

6.8 给定两个字符串 $x=x_1x_2\ldots x_n$ 和 $y=y_1y_2\ldots y_n$，我们希望求其最长共同子串的长度。即，求最大的整数 k，使得对某序号 i 和 j，有 $x_ix_{i+1}\ldots x_{i+k-1}=y_jy_{j+1}\ldots y_{j+k-1}$。请说明如何在 $O(mn)$时间内实现之。

6.9 某个字符串处理语言提供了一个将字符串一分为二的基本操作。由于该操作需要拷贝原来的字符串，因此对于长度为 n 的串，无论在其什么位置进行分割，都需要花费 n 个单位的时间。现在假设我们要将一个字符串分割成多段，具体的分割次序会对总的运行时间产生影响。例如，如果要在位置 3 和位置 10 分割一个长度为 20 的串，首先在位置 3 进行分割产生的总代价为 20+17=37，而首先在位置 10 进行分割产生的总代价为 20+10=30。

请给出一个动态规划算法，对于给出了 m 个分割位置的长度为 n 的字符串，计算完成所有分割的最小代价。

6.10 数人头问题。给定整数 n 和 k，以及 $p_1, \ldots, p_n \in [0, 1]$，您需要确定 n 个独立的形状不规则的硬币落地时恰好有 k 个人头面朝上的概率，其中，第 i 个硬币正面为人头的概率为 p_i。请就此给出一个 $O(nk)$时间的算法[2]。这里假定[0, 1]间任意两数的加法和乘法都能在 $O(1)$内完成。

6.11 给定两个字符串 $x=x_1x_2\ldots x_n$ 和 $y=y_1y_2\ldots y_n$，我们希望求其最长共同子串的长度。即，求最大的整数 k，使得存在序号 $i_1<i_2<\ldots<i_k$ 和 $j_1<j_2<\ldots<j_k$，满足 $x_{i_1}x_{i_1}\ldots x_{i_k} = y_{i_1}y_{i_1}\ldots y_{i_k}$。请说明如何在 $O(mn)$时间内实现之。

6.12 给定平面上包含 n 个顶点的凸多边形 P(给定各顶点的 x 和 y 坐标)。P 一个的三角剖分由 P 中(除端点外)不相交的 n-3 条对角线构成，该剖分将 P 分成了 n-2 个相互分离的三角形。三角剖分的代价为其中所有对角线的长度之和。请给出一个高效的算法，求 P 的代价最小的三角剖分。(提示：将 P 的顶点标记为 1, …, n，然后由任意一个顶点开始，逆时针方向前进。对于 $1\leqslant i<j\leqslant n$，令子问题 $A(i, j)$为包含顶点 $i, i+1, \ldots, j$ 的多边形的最小三角剖分代价。)

6.13 考虑如下的博弈。发牌手准备了一摞扑克牌 $s_1, \ldots, s_n$。从牌面上看，牌 s_i 的价值为 v_i。现在两个玩家轮流拿牌，每人每次只能拿最前或最后的一张。玩家的目标是使所拿到的牌总价值最高(不妨想象这些牌都是有面值的筹码)。假设 n 为偶数。

(a) 请给出一个序列，使得先开始的玩家如果采取贪心策略(即每次取走能拿的牌中面值较大的一张)，将总是无法达到最优。

(b) 给出一个 $O(n^2)$的算法，用于计算先开始玩家的最优策略。给定初始序列，该算法首先利用 $O(n^2)$的时间进行预先计算，然后在每次选择时，玩家只需通过查找预先计算的结果即可在 $O(1)$内做出最优选择。

---

2 事实上，除了本习题所列举的算法外，还有一个 $O(n \log^2 n)$的算法。

6.14 布料剪裁问题。您手中有一块大小 $X \times Y$(X 和 Y 均为正整数)的长方形布料，以及一个包含 n 种服装产品的清单。已知制造每种产品 $i \in [1, n]$，需要大小 $a_i \times b_i$ 的长方形布料，且该产品的最终售价为 c_i。假设 a_i, b_i 和 c_i 都是正整数。有一台布料切割机，每次可以从水平或垂直方向将布料一分为二。请设计一个算法，用于确定大小 $X \times Y$ 的布料的最优产出，也即，提供一种剪裁策略，使得按照该策略分割后，由该布料生产出的产品总价最高。这里对于生产某种产品的具体数量没有要求，您可以选择生产 1 件或多件，或者根本不生产。

6.15 假设 A, B 两支队伍在开展一场竞赛，看谁能够首先赢得 n 场比赛。A 和 B 具有相同的竞争力，也即，他们各有 50%的概率赢得任意一场比赛。在已经结束的 $i+j$ 场比赛中，A 获胜了 i 场，B 获胜了 j 场。请给出一个高效的算法，计算在此条件下 A 最终获得胜利的概率。例如，如果 $i=n-1$ 且 $j=n-3$，则 A 最终获胜的概率为 7/8，因为它只需在接下来的三场比赛中任意获胜一场即可。

6.16 旧货销售问题。在某个星期日的早晨，将召开 n 场旧货拍卖会 $g_1, g_2, \ldots, g_n$。假设对每个 g_j，您有一个心理估价 v_j。任意两个会场 i, j 间的交通费用为 d_{ij}。同时，从您家到任意一个会场 j 之间的往返费用分别为 d_{0j} 和 d_{j0}。您需要确定一条线路，从家里出发，访问一部分的旧货拍卖会，并最终返回家中，目标是使得您的总收益与总交通费用之差最大。

希望您给出的算法能在 $O(n^2 2^n)$内运行完成。(提示：这看起来是不是很像旅行商问题？)

6.17 给定数量无限的面值分别为 $x_1, x_2, \ldots, x_n$ 的硬币，我们希望将价格 v 兑换成零钱。也即，我们希望找出一堆总值恰好为 v 的硬币。这有时候是不可能的：例如，如果硬币只有 5 和 10 两种面值，则我们可以兑换 15 却不能兑换 12。请给出一个针对如下问题的 $O(nv)$的动态规划算法：

输入：$x_1, \ldots, x_n$; v。

问题：能否用面值分别为 $x_1, \ldots, x_n$ 的硬币兑换价格 v?

6.18 考虑以上零钱兑换问题(习题 6.17)的一个变型：您有面值 $x_1, x_2, \ldots, x_n$ 的硬币，希望兑换的价格为 v，但是，每种面值的硬币最多只能使用一次！举例来说，如果硬币面值为 1, 5, 10, 20，则可以兑换的价格包括 16=1+15 和 31=1+10+20，但是无法兑换 40(因为 20 不能用两次)。

输入：正整数 $x_1, x_2, \ldots, x_n$；以及另一个整数 v。

输出：是否能够仅使用面值分别为 $x_1, x_2, \ldots, x_n$ 中的硬币最多一次，兑换价格 v。

请说明如何在 $O(nv)$时间内求解该问题。

6.19 这里还有一个零钱兑换问题(习题 6.17)的变型。

给定无限多的面值 $x_1, x_2, \ldots, x_n$ 的硬币，我们希望用其中最多 k 枚硬币兑换价格 v。即，我们需要找到不超过 k 枚的硬币，使其总面值为 v。这也可能是无法实现的：例如，若面值为 5 和 10，k=6，则我们将可以兑换 55，但却不能兑换 65。请给出以下问题的动态规划算法：

输入：$x_1, x_2, \ldots, x_n$；k；v。

问题：是否有可能用不超过 k 枚面值分别为 $x_1, x_2, \ldots, x_n$ 的硬币兑换价格 v?

6.20 最优二叉搜索树。假设我们已知在某个程序设计语言中，每个关键字的出现频率，例如：

begin	5%
do	40%
else	8%
end	4%
if	10%
then	10%
while	23%

我们希望用一个二叉搜索树将它们组织起来，使得根(分枝点)上的关键字按照字母顺序大于左子树中的关键字，同时又小于右子树中的关键字。

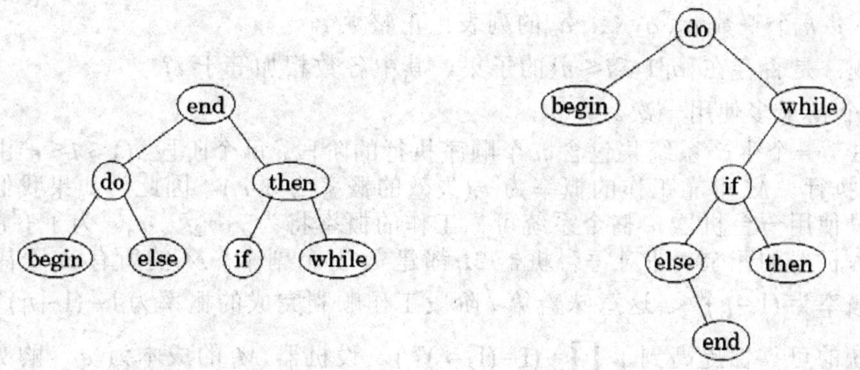

图 6-12 关于某程序设计语言关键字的两个二叉搜索树

图 6-12 左侧是一个平衡的例子。其中，当需要查询某个关键字时，最多需要进

行三次比较：例如，查找"while"时，只需要检验三个节点"node"、"then"和"while"。但是由于我们知道每个关键字被访问的频度，我们可以考虑一个更为精确的代价函数，即查询每个单词的平均比较次数。比如，对于左侧的搜索树，该值为：

$$代价=1(0.04)+2(0.40+0.10)+3(0.05+0.08+0.10+0.23)=2.42。$$

根据这一函数，最优的搜索树应该如图 6-12 的右侧，其代价为 2.18。

请就以下任务给出高效的算法：

输入：n 个单词(按顺序排列)以及每个单词的出现频度 $p_1, p_2, \dots, p_n$。

输出：代价最小的二叉搜索树。

6.21 图 $G=(V, E)$的一个顶点覆盖 S 是 V 的子集，满足：E 中的每条边都至少有一个端点属于 S。请给出如下任务的一个线性时间的算法：

输入：无向树 $T=(V, E)$。

输出：T 的最小覆盖的大小。

例如，对如下的树，可能的顶点覆盖包括$\{A, B, C, D, E, F, G\}$和$\{A, C, D, F\}$，不包括$\{C, E, F\}$。最小顶点覆盖的大小为 3，对应集合$\{B, E, G\}$。

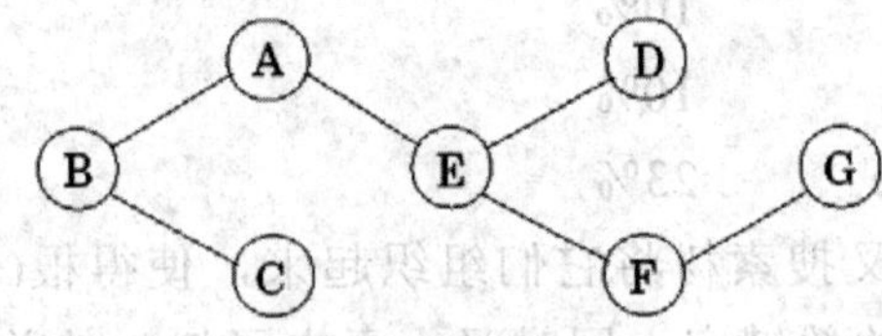

6.22 请就如下任务给出一个 $O(nt)$时间的算法：

输入：n 个整数 $a_1, a_2, \dots, a_n$ 的列表；正整数 t。

问题：是否存在$\{a_i | 1 \leqslant i \leqslant n\}$的子集，其中各数相加等于 t?

(每个 a_i 最多使用一次。)

6.23 一个生产系统共包含 n 个顺序执行的阶段。每个阶段 $i(1 \leqslant i \leqslant n)$由对应的机器 M_i 执行。M_i 可靠工作的概率为 r_i(失效的概率为 $1-r_i$)。因此，如果我们在每个阶段都只使用一台机器，整个系统可靠工作的概率将为 $r_1 \cdot r_2 \cdot \ldots \cdot r_n$。为了有所改进，我们引入机器的冗余，即对每台机器 M_i 都建立 m_i 个副本。M_i 的所有 m_i 个副本同时失效的概率为 $(1-r_i)^{m_i}$，这意味着第 i 阶段工作顺利完成的概率为 $1-(1-r_i)^{m_i}$，从而整个系统的可靠性提高到了 $\prod_{i=1}^{n}(1-(1-r_i)^{m_i})$。设机器 M_i 的成本为 c_i，购买机器的总预算为 B(假设 B 和 c_i 都是正整数。)

给定概率 $r_1, r_2, \cdot\ldots,\cdot r_n$，成本 $c_1, c_2, \dots, c_n$ 和预算 B，请给出在预算范围内进行

冗余配置的策略$(m_1, m_2, \ldots, m_n)$，以最大限度地保证系统的可靠运行。

6.24 动态规划的时空复杂度。计算两个长度分别为 m 和 n 的字符串之间编辑距离的动态规划算法将产生一个 $n\times m$ 的表格，因此该算法需要 $O(mn)$的时间和空间。在实际应用中，它可能在时间上限到达之前就已经耗尽了所有的空间。那么，如何才能减少空间需求呢？

(a) 请说明如果我们仅仅求编辑距离的值(而不是最优的编辑操作序列)，则只需要 $O(n)$的空间，因为在任意给定时刻，表中事实上只有很少一部分数据需要保存。

(b) 假设我们同时也求最优的编辑序列。如前可知，该问题可转换成一个网格状的 dag，目标相应地变成了求节点$(0, 0)$到(n, m)的最优路径。用这种方式工作起来非常方便，当然，这里我们需要假设 m 是 2 的方幂。

让我们为编辑距离算法稍微增加一些将会有用的东西：对于某个 k，dag 中的最优路径必须经过一个中间节点$(k, m/2)$。请说明如何修改算法使之也返回这个 k 值。

(c) 考虑一种递归方式：

```
procedure find-path((0,0) → (n,m))
compute the value k above
find-path((0,0) → (k,m/2))
find-path((k,m/2) → (n,m))
concatenate these two paths, with k in the middle
```

证明对应的算法可以在 $O(mn)$的时间和 $O(n)$的空间内运行。

6.25 考虑如下的三分(3-PARTITION)问题。给定整数 $a_1, \ldots, a_n$，判断是否可以将$\{1, \ldots, n\}$分割为三个相互分离的子集 I, J, K，使得

$$\sum_{i\in I} a_i = \sum_{j\in J} a_j = \sum_{k\in K} a_k = \frac{1}{3}\sum_{i=1}^{n} a_i$$

例如，输入$\{1, 2, 3, 4, 4, 5, 8\}$，回答是 yes，因为可以将其分为$\{1, 8\}$, $\{4, 5\}$, $\{2, 3, 4\}$(和都为 9)。而另一方面，对输入$\{2, 2, 3, 5\}$，回答是 no。

请设计一个三分问题的动态规划算法，使之能在关于 n 和$\Sigma_i a_i$ 的多项式时间内运行。

6.26 序列对齐。新的基因被发现后，为了了解其功能，一个常用的方法是查找已知基因中与之相似的基因。两个基因之间的相似度是由它们可以相互对齐的程度决定的。为了对它进行量化，考虑基于字母表$\Sigma=\{A, C, G, T\}$定义的字符串。设两个基因(字符串)分别为 $x=ATGCC$，$y=TACGCA$。x 和 y 的一个对齐是指将它们都横向

书写，然后将其中相同的字符进行匹配的方式，例如：

```
- A T - G C C
T A - C G C A
```

其中：“-”表示一个“空隙”；串中的所有字符必须保持原有顺序，且每行必须包含来自至少一个字符串的某个字符。对齐的分值基于一个$(|\Sigma|+1)\times(|\Sigma|+1)$的评分矩阵定义，其中包含特定的行和列对应于空隙的情况。举例来说，此前列举的对齐方式分值如下：

$$\delta(-, T)+\delta(A, A)+\delta(T, -)+\delta(-, C)+\delta(G, G)+\delta(C, C)+\delta(C, A)。$$

请给出一个动态规划算法，以两个字符串 $x[1\ldots n], y[1\ldots m]$以及评分矩阵为 δ 为输入，返回分值最高的对齐。要求运行时间为 $O(mn)$。

6.27　带有空隙惩罚的对齐。习题 6.26 的对齐算法有助于识别两个 DNA 序列是否相似。两个相近 DNA 间的差异常常源于 DNA 复制中的错误。基于对生物学中基因复制过程的实际观察发现，我们此前采用的评分函数可能存在一些缺陷：自然界中，核苷中更多地会发生整个子串的插入或移除(从而产生很长的空隙)，而较少出现每次只修改其中一个位置的情况。因此，对于长度为 10 的空隙的惩罚不应该等于长度为 1 的空隙所获惩罚的 10 倍，而是应该略微小于后者。

请重复习题 6.26，不过这一次采用修改后的评分函数，其中对于长度为 k 的空隙的惩罚为 c_0+c_1k，c_0 和 c_1 为给定常数($c_0>c_1$)。

6.28　局部序列对齐。通常情况下，两个 DNA 是截然不同的，仅仅包含一些看起来非常相似和高度保守的区域。请设计一个算法，以两个字符串 $x[1\ldots n], y[1\ldots m]$以及一个评分矩阵 δ 为输入(参见习题 6.26 的定义)，分别输出 x 和 y 的子序列 x'和 y'，使之在所有成对的子序列中是对齐分值最高的。算法运行时间应该为 $O(mn)$。

6.29　显子拼接。每个基因对应于整个基因组(DNA 序列)的一个子区域。这个子区域中可能包含一部分“垃圾 DNA”。经常可以看到一个基因中包含了多个所谓的显子片段，而它们被称为内区的垃圾片段所分隔。于是，在一个新的基因组中识别基因就变得更加困难了。

假设我们有一个新的基因序列，我们想要检测其中是否包含某个基因(字符串)。因为我们不能保证基因是相连的子序列，因此我们需要对其进行部分匹配——即将其片段与已知的基因进行比对(实际上，即使这一部分匹配结果是近似的，也还谈不上完美)。然后我们将尝试拼接这些片段。

令 $x[1\ldots n]$为 DNA 序列。每个部分匹配可以表示为一个三元组(l_i, r_i, w_i)，其中$x[l_i\ldots r_i]$为一个片段，而权重 w_i 表示匹配的强度(可能是一个局部匹配分值或其它的统计量)。这些潜在的匹配有许多是错误的，因此我们的目标是寻找所有三元组的一个子集，使其在保持一致(不相互覆盖)的同时总的权重最大。

请说明如何高效地实现以上任务。

6.30　基于最大节俭原则重构进化树。现在我们希望对来自许多不同物种的同一特定基因进行排列。说的具体些，假设有 n 个物种，其对应的基因序列都是基于字母表$\Sigma=\{A, C, G, T\}$的长度为 k 的字符串。我们需要利用这一信息重建这些物种的进化史。

进化史通常表示为一个树，其中叶节点表示不同的物种，根为其后裔节点共同的祖先，而中间的分枝表示物种的分化(也即新物种从原有物种中分离出来)。因此，我们需要寻找如下信息：

- 一个(二叉)进化树，其中树叶为给定的物种。
- 对于每个内部节点，确定一个长度为 k 的字符串，表示节点对应祖先的基因序列。

对于每个可能的树 T，在其每个节点 u 上标注序列 $s(u)\in\Sigma^k$，然后基于节俭原则——变异越少越好，对其进行评分：

$$\text{分值}(T)=\sum_{(u,v)\in E(T)}(s(u)\text{与 }s(v)\text{中相同的位置数})。$$

寻找分值最高的树是非常困难的。这里我们只考虑其中的一小部分：假设我们已知树的结构，我们需要对其内部节点 u 填写 $s(u)$。以下是一个 k=4 且 n=5 的例子：

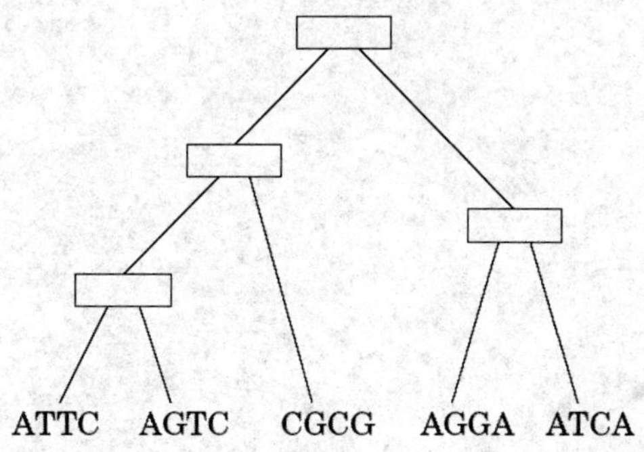

(a) 在这个例子中，基于最大节俭原则，有多种内部节点序列重构方式。请找出其中之一。

(b) 对该任务给出一个高效的算法。(提示：虽然序列可能非常长，但您可以每次只考虑其中的一个位置。)

chapter 7

线性规划与归约

我们关注的很多算法设计问题都以某种优化为目的：最短路径、最低代价生成树、最长递增子序列诸如此类。对于这类问题，我们力求找到这样的解：(1)满足一定的约束条件(例如路径必须由指定的边 s 到 t 构成，树必须包含图上所有的节点，子序列必须是递增的等等)；(2)在所有满足约束的可能解中，根据某个定义良好的评判标准，该解是最优的。

线性规划描述了一大类这样的优化任务，这些任务的共同特征是约束条件和优化准则都可以表示为线性函数。在现实生活中，这样的问题数量非常庞大。

由于本章论题的庞杂，以下我们将其分为几个部分，其中每一部分都可作为一个独立专题进行阅读。

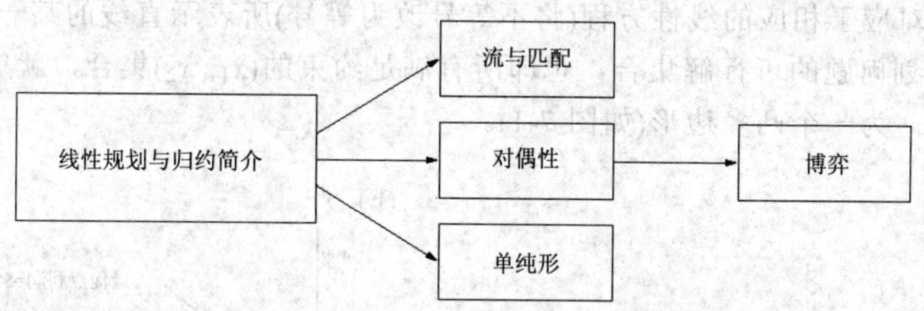

7.1 线性规划简介

在线性规划问题中，通常会给定一个变量集合，我们的任务是为其赋予实际的值，使其满足：(1)一组关于这些变量的线性方程或不等式；(2)使给定的目标线性函数值最大或最小。

7.1.1 示例：利润最大化

某家巧克力作坊生产两种产品：一种是其旗舰产品，称为 Pyramide 的三角形巧克力，还有一种是较为奢华高级的 Pyramide Nuit(简称 Nuit)。我们关心的是这两种产品各生产多少能使该作坊的利润最高。假设每天生产 x_1 盒 Pyramide 和 x_2 盒 Nuit，已知前者每盒的利润为\$1，而后者利润要高得多，每盒\$6。我们需要确定 x_1 和 x_2 的值。当然还有一些约束条件是必须满足的(当然，最明显的是 $x_1, x_2 \geqslant 0$)。首先是市场对于这家作坊生产的巧克力的需求量，每日最多为 200 盒 Pyramide 和 300 盒 Nuit。同时，根据巧克力作坊现有的条件，每天最多能生产 400 盒(各类)巧克力。试问最优的生产方案是什么？

我们将该问题表述为如下的线性规划

目标函数 $\max x_1+6x_2$

约束条件

$$x_1 \le 200$$
$$x_2 \le 300$$
$$x_1+x_2 \le 400$$
$$x_1, x_2 \ge 0$$

关于 x_1 和 x_2 的线性方程定义了二维平面上的一条直线，线性不等式则定义了一个半平面，对应于相应的线性方程(将不等号改为等号)所表示直线的某一侧。因此，以上线性规划问题的可行解集合，也即所有满足约束的(x_1, x_2)集合，就等于五个半平面的交集，为一个凸多边形(如图 7-1)。

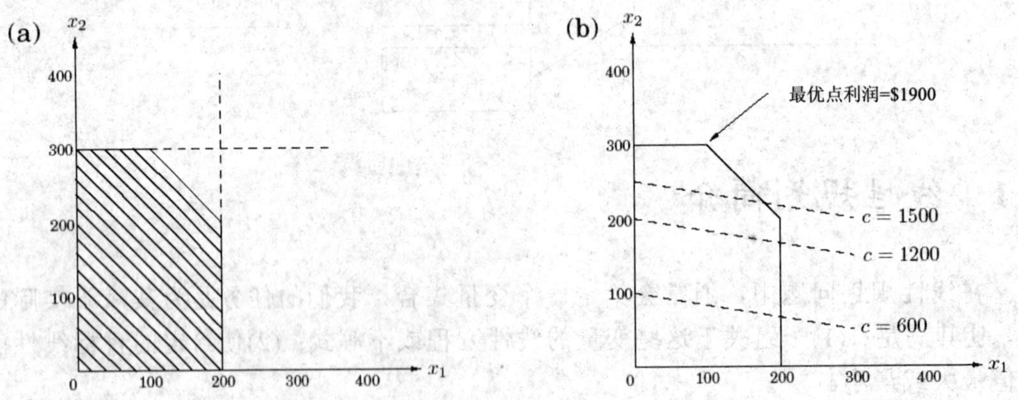

图 7-1 (a)线性规划的可行区域。(b)对于不同的利润值 c，目标函数 $x_1+6x_2=c$ 对应的利润等高线

我们需要找到该多边形中的某点，以使得目标函数——总利润的值最大。如图 7-1，利润为 c 的点都位于直线 $x_1+6x_2=c$ 上，该直线的斜率为-1/6，图中用虚线画出了一些特定 c 值对应的直线，我们称之为“利润线”。当 c 增加时，对应的利润线将向图的右上方平行移动。由于目标是使 c 最大，因此在保持这条线与可行区域接触的同时，应该使其位置尽可能靠上。问题的最优解应该就位于其中位置最高的利润线上，如图所示，此时该直线恰与多边形交于多边形的一个顶点，该顶点对应的坐标就是我们所求的最优解。当然，如果利润线的斜率稍有不同，它与多边形的最后交集也可能不是一个顶点，而是多边形的一条边。此时，最优解将是不唯一的，不过其中一定也包含至少一个最优的顶点。

在可行区域的顶点上寻找最优解，是线性规划中的一条通用规则。唯一的例外是最优解不存在，这对应于两种可能：

1. 该线性规划本身不可行，也即，约束条件过紧，导致所有的约束不可能全部同时满足(可行区域为空)。例如

$$x\leq 1,\ x\geq 2$$

2. 约束条件过松，导致可行区域无界，目标函数可能得到任意大(或小)的值。例如

$$\begin{aligned}\max \quad & x_1+x_2\\ & x_1,\ x_2\geq 0。\end{aligned}$$

求解线性规划

线性规划(LPs)都可以用单纯形法求解(7.6 节将对其做详细介绍)。该方法 1947 年由 George Dantzig 提出。简单地说，算法从一个顶点开始，例如在我们的例子中可能是(0, 0)，不断重复地寻找利润(目标函数)值较高的邻居顶点(该顶点与原顶点由可行区域的一条边相连)，并向其移动。通过一种历经多边形顶点的爬山方法，从一个邻居到下一个邻居，算法将沿路不断提高利润。以下是一条可能的轨迹：

一旦再也找不到利润更高的邻居，单纯形法将得出结论，宣布当前顶点为最优解，同时结束计算。为什么基于这种局部测试的方法能够得到全局的最优解呢？通过简单的几何分析不难说明这一点。请回想一下我们之前分析指出的利润线的移动特征。由于最终相交顶点的所有邻居都位于该直线之下，因此可行多边形中的剩余部分也必然都位于该直线的下方(请注意可行区域是一个凸多边形！)。

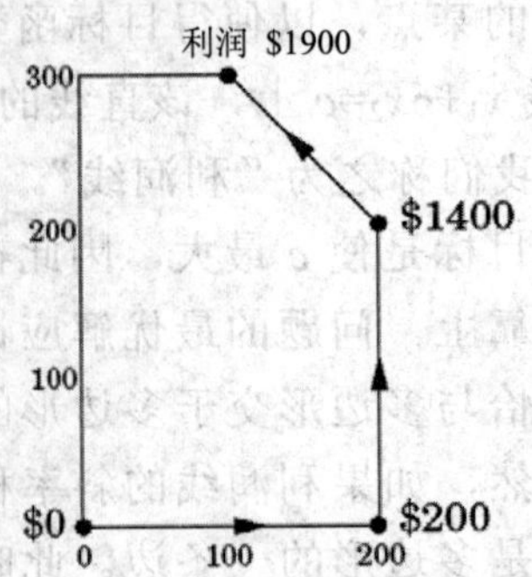

更多产品

鉴于顾客的积极响应，巧克力作坊决定推出一种新产品，Pyramide Luxe(简称 Luxe)。每盒 Luxe 的利润为$13。用 x_1、x_2、x_3 分别表示每天生产三种巧克力的数量，其中 x_3 对应于 Luxe。仍然保持关于 x_1 和 x_2 的约束条件，同时原来存在的加工能力限制在增加 x_3 后同样有效——三种巧克力每天最多生产 400 盒。此外，由于 Nuit 和 Luxe 需要使用相同的包装设备，而且每个 Luxe 的包装需要使用三次该设备，从而引出了一个新的约束 $x_2+3x_3\leqslant 600$。这样一来，最优的生产计划应该又是怎样的呢？

以下是修改后的线性规划：

$$\max x_1+6x_2+13x_3$$
$$x_1\leq 200$$
$$x_2\leq 300$$
$$x_1+x_2+x_3\leq 400$$
$$x_2+3x_3\leq 600$$
$$x_1, x_2, x_3\geq 0$$

现在，解空间由二维变成了三维。每个线性方程定义了一个 3D 平面，而每个不等式对应于平面某一侧的半个空间。可行区域变成了七个半空间的交集，也即一个多面体(参见图 7-2)。对于该图，你能指出其中每个面都分别和哪个不等式对应吗？

在图中，总利润 c 对应于平面 $x_1+6x_2+13x_3=c$。当 c 增加时，该“利润平面”将向着正象限(三个坐标值都大于零的象限)的方向平行移动，并最终与可行多面体不再相交。利润平面与可行多面体最后的交点即为最优解对应的顶点，其坐标为(0, 300, 100)，此时总利润 c=$3100。

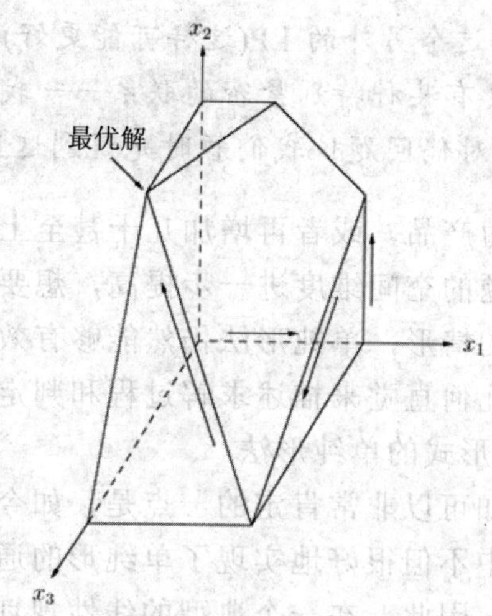

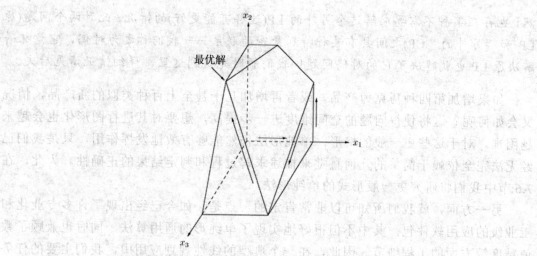

图 7-2　三变量线性规划问题的可行多面体

对于修改后的问题，单纯形法是怎样工作的呢？和之前一样，它仍然不断沿着多面体的边由一个顶点移向另一个顶点，在此过程中不断提高利润值。图 7-2 中标出了一条可能的求解轨迹，其对应的顶点和利润序列如下：

$$\begin{matrix}(0,0,0)\\ \$0\end{matrix} \longrightarrow \begin{matrix}(200,0,0)\\ \$200\end{matrix} \longrightarrow \begin{matrix}(200,200,0)\\ \$1400\end{matrix} \longrightarrow \begin{matrix}(200,0,200)\\ \$2800\end{matrix} \longrightarrow \begin{matrix}(0,300,100)\\ \$3100\end{matrix}$$

一旦到达了某个找不到利润更高邻居的顶点，算法将停止并宣布找到了最优解。对以上过程有效性的解释仍然可以依赖于简单的几何学，因为如果该顶点的所有邻居都位于利润平面的另一侧，则整个(凸)多面体也应该位于与它们相同的一侧。

对偶性，一个魔术

下面解释一下为什么我们可以确信(0, 300, 100)(总利润$3100)就是最优解。我们将约束条件中的第二和第三个不等式相加，再将其结果与第四个不等式两边乘四后的结果相加，可得到

$$x_1+6x_2+13x_3\leq 3100。$$

显而易见，这个不等式说明不可能有哪个可行解能够获得比$3100 更高的利润。所以以上的解当然就是最优解！唯一的问题是，关于这四个不等式的乘法因子(0, 1, 1, 4)是如何得到的呢？

在 7.4 节中，我们将说明通过求解另一个 LP，总是能够求得这些乘法因子。当

然，也存在某种不需要求解这个另外的LP(这样可能更好)的情况，此时两个问题(原LP和“另外的”LP)之间具有某种特别紧密的联系——我们称之为对偶，它意味着解决原LP也就解决了它的对偶问题！我们暂时先说到这里，详细情况请见后文。

如果增加第四种巧克力产品，或者再增加几十甚至上百种类似的新产品，情况又会如何呢？这将使得问题的空间维度进一步提高，想要对其进行图形化也会越来越困难。对于这些更一般的情形，单纯形法仍然能够有效地发挥作用，只是我们已经无法完全依赖于简单的几何直觉来描述求解过程和判定结果的正确性。为此，在7.6节中我们将研究更一般形式的单纯形法。

另一方面，就我们所知可以非常肯定的一点是，如今已经出现了许多专业化和工业级的应用软件包，其中不但很好地实现了单纯形的通用算法，同时也兼顾了数值精度等方面的工程细节。因此，在一个典型的线性规划应用中，我们主要的任务通常就只是考虑如何正确地将问题描述为一个线性规划，剩下的工作交给软件包自动完成就可以了。

有了这些认识，下面我们来看一个高维的例子。

7.1.2 示例：生产计划

本例中某公司生产手工编制的地毯，这是一种季节性极强的产品。分析师已就下一年度每个月的需求量进行了估算，依次为d_1、d_2、…、d_{12}。正如我们所担心的，这些数值间的差异非常之大，从440到920不等。

公司的基本情况如下：现有30名员工，员工每人每月能够织造20条地毯，月工资$2,000。公司最初没有任何产品库存。

我们应该如何应对起伏不定的需求呢？一般有以下三种途径：

1. 加班。相对于正常工时，加班的成本是昂贵的，每小时需多支付工人80%的工资。此外，每个工人的加班时间不能超过正常工时的30%。

2. 聘用和解雇。对应的一次性费用分别为每人次$300和$400。

3. 仓储囤积。每条地毯的月仓储费用为$8。目前我们手上没有需要存储的过剩产品，到年底时也应该如此。

这样一个看起来有些棘手的问题也可以用线性规划来描述。

我们首先定义一些变量：

w_i=第i个月时的工人数，其中w_0=30。

x_i=第i个月正常工时生产的地毯数。

o_i=第 i 个月加班生产的地毯数。

h_i, f_i=第 i 个月开始时新聘用和解雇的工人数。

s_i=第 i 个月底库存的地毯数，其中 s_0=0, s_{12}=0。

最终统计下来，共有 72 个变量(如果算上 w_0 和 s_0 则为 74 个)。

现在来写约束条件。首先，所有的变量都应该是非负的：

$$w_i, x_i, o_i, h_i, f_i, s_i \geq 0,\ i=1, \ldots, 12$$

每月生产的地毯数包含了正常工时和加班时间生产的总量：

$$x_i = 20w_i + o_i\ (i=1, \ldots, 12)$$

每月初工人的数量可能会发生一些变化：

$$w_i = w_{i-1} + h_i - f_i\ (i=1, \ldots, 12)$$

每月底库存的地毯数等于月初的库存数加上本月生产数再减去销售(需求)的数量：

$$s_i = s_{i-1} + x_i - d_i\ (i=1, \ldots, 12)$$

以及加班的限制：

$$o_i \leq 6w_i\ (i=1, \ldots, 12)$$

最后，目标函数是实现总成本的最小化：

$$\min \quad 2000\sum_i w_i + 320\sum_i h_i + 400\sum_i f_i + 8\sum_i s_i + 180\sum_i o_i$$

它是一个线性函数。利用单纯形法软件包求解该问题可能只需要不到一秒的时间，所获得的输出正是该公司所需要的最佳生产策略。

当然，很多时候最优解中可能会包含一些小数部分。例如，以上实例的最优解中就包含了在三月初雇用 10.6 个工人这样的情况。在实际操作中，常常需要将这样的值进行四舍五入(用 10 或者 11 代替 10.6)，而这将导致最终成本有所增加。在我们的例子中，多数变量的值都是相当大(两位以上)的，因此这种四舍五入并不会对结果造成很实质性的影响。不过，总有一些其它的 LP，对其结果中分数部分的取舍必须要非常小心谨慎，原因就在于要保证最终所得的解仍然具有可接受的质量。

通常情况下，简单求解线性规划解所得到的分数值和人们所期望得到的整数值之间往往存在一定的差距。正如我们在第 8 章中将要看到的，寻求 LP 的最优整数解构成了一类非常重要且具有挑战性的问题，所谓的整数线性规划。

7.1.3 示例：最优带宽分配

下面的问题对于网络服务提供商来说是常常会碰到的，只不过我们将讨论的问题规模较实际而言要稍小一些。

假设我们管理着一个网络，其中每条线路的带宽如图 7-3 所示。我们需要在三个用户 A、B、C 间两两建立连接。每个连接至少需要两个单位的带宽，当然多了也无所谓。A-B、B-C 和 A-C 的连接中每单位带宽的收益分别为\$3、\$2 和\$4。

每个连接都有两种可能的基本路由方式，长路径的和短路径的，有时有可能是两者的结合：例如两个单位的带宽使用短路由，而另一个单位的带宽使用长路由。我们的问题是，应该如何规划连接的路由以使得网络的收益最高呢？

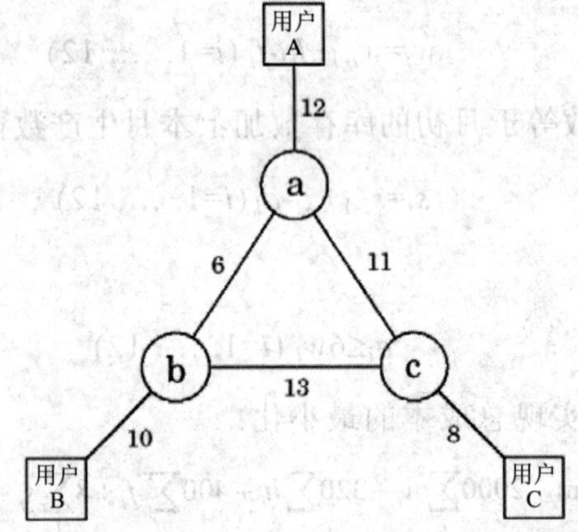

图 7-3 用户 A, B, C 之间的通信网络，图中标注了相应的带宽

这也是一个线性规划问题。其中每个连接和每条路径(不论是长的还是短的)都有对应的变量。例如，记 x_{AB} 为 A、B 之间为短路径路由分配的带宽，而 x'_{AB} 为其为长路径路由分配的带宽。约束条件是任意一条边分配的带宽不超过其容量，并且每个连接至少要分配 2 个单位的带宽。

$$\max \quad 3x_{AB}+3x'_{AB}+2x_{BC}+2x'_{BC}+4x_{AC}+4x'_{AC}$$

$$x_{AB}+x'_{AB}+x_{BC}+x'_{BC}\leq 10 \qquad [\text{边}(b, B)]$$

$$x_{AB}+x'_{AB}+x_{AC}+x'_{AC}\leq 12 \qquad [\text{边}(a, A)]$$

$$x_{BC}+x'_{BC}+x_{AC}+x'_{AC}\leq 8 \qquad [\text{边}(c, C)]$$

$$x_{AB}+x'_{BC}+x'_{AC}\leq 6 \qquad [\text{边}(a, b)]$$

$$x'_{AB}+x_{BC}+x'_{AC}\leq 13 \qquad [边(b, c)]$$
$$x'_{AB}+x'_{BC}+x_{AC}\leq 11 \qquad [边(a, c)]$$
$$x_{AB}+x'_{AB}\geq 2$$
$$x_{BC}+x'_{BC}\geq 2$$
$$x_{AC}+x'_{AC}\geq 2$$
$$x_{AB}, x'_{AB}, x_{BC}, x'_{BC}, x_{AC}, x'_{AC}\geq 0$$

就算是对这样一个规模不大的例子，想凭个人的计算能力进行求解也几乎是不可能的(其实你不妨尝试一下！)，但是使用单纯形法(软件包)则几乎能在瞬间得到答案：

$$x_{AB}=0, x'_{AB}=7, x_{BC}=x'_{BC}=1.5, x_{AC}=0.5, x'_{AC}=4.5$$

该解中的数值不全是整数，但是好在当前的问题并不强调这一点，因此我们不需要做任何的四舍五入。回到最初的网络中，我们可以看到，除了线路 *a-c*，网络中其它线路的容量都已得到了充分利用。

不难发现，我们的 LP 对用户间的所有可能路径都设置了变量。对于更大规模的网络，其中的路径数量可能是指数级的，以上的这种方式这将导致所定义的 LP 面临难以扩展的问题。7.2 节中，我们将看到一种更为精巧且具有良好可扩展性的问题描述方法。

此外，这里还有一个小小的问题留给您思考。假设我们移除每个连接必须分配最少两个单位带宽这一约束条件，最优解会发生变化吗？

归约

有时候一个计算任务可能非常具有代表性，使得其求解程序能被应用于其它许多类型各异的问题。当然，这些问题之间的联系看起来并不总是那么明显的。例如，在第 6 章中，我们已经看到了一个求解 dag 中最长路径的算法是如何被应用于求解最长递增子序列的。对于这一现象我们有一个特别的称呼—— 归约(reduce)。我们说最长递增子序列问题可以归约到某个 dag 的最长路径问题；而 dag 的最长路径问题又可以归约到某个 dag 的最短路径问题。下面的代码说明如何利用针对以上最后一个问题的子程序求解我们原先的问题：

```
function LONGEST PATH(G)
  negate all edge weights of G
  return SHORTEST PATH(G)
```

现在来看看更加规范的归约概念。如果解决某个计算任务 Q 的算法可以用于求

解计算任务 P，则我们说 P 可被归约到 Q。很多时候，解决 P 只需调用求解 Q 的子程序，这意味着 P 的任意一个实例 x 都可以被转换为 Q 的某个实例 y，对此我们称之为 $P(x)$被归约到了 $Q(y)$：

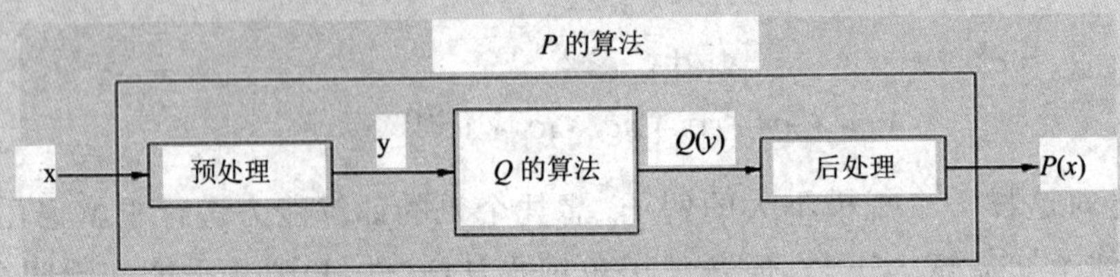

(我想你应该发现了，将以上的 P=“最长路径问题”归约到 Q=“最短路径问题”的归约过程正符合该模式。)如果其中的预处理和后处理过程都是高效可计算的，则我们将可以基于解决问题 Q 的任意算法构造出解决问题 P 的同样高效的算法。

归约增强了算法的能力，因为一旦我们得到了某个问题 Q(比如最短路径问题)的求解算法，则可以利用其解决其它的许多问题。在本书中，我们所讨论的大多数计算问题在计算科学中都具有某种核心地位。这意味着在实际应用中，许多问题都可以最终被归约为这些问题。对于线性规划来说这一点是尤为重要的。

7.1.4 线性规划的变体

通过前面的示例我们可以看到，一个普通的线性规划形式上往往具有很大的自由度：

1. 它可能是最大化问题也可能是最小化问题；
2. 约束条件可能是等式也有可能是不等式；
3. 变量通常非负，但事实上它们也可以具有任意符号。

以下我们要说明的是，这些不同形式的 LP 都可以通过简单的归约实现相互转化。具体的方法如下：

1. 目标函数两边同时乘以-1，将最大值问题转变为最小值问题(或者反之)；

2a. 引入新的参数 s，将条件中的不等式(形如 $\sum_{i=1}^{n} a_i x_i \leqslant b$)转变为等式，形如

$$\sum_{i=1}^{n} a_i x_i + s = b$$

$$s \geq 0。$$

其中 s 称为不等式的松弛变量。观察不难发现，向量$(x_1, \ldots, x_n)$满足最初的不等式约束当且仅当存在某个 $s\geq 0$ 使得新的等式约束成立。

2b. 将等式约束变为不等式约束较为简单：只需将 $ax=b$ 写为一对不等式 $ax\leqslant b$ 和 $ax\geqslant b$。

3. 最后，对于不确定符号的变量 x：

- 引入两个非负的变量，$x^+, x^-\geqslant 0$。
- 用 x^+-x^-替代 x。这里不必理会 x 是出现在约束条件中还是目标函数中。

这样一来，通过适当添加新的变量，可以使 x 取到任意的实数值。更准确地说，原 LP 的任意包含 x 的可行解均可以映射为新 LP 的包含 x^+和 x^-的某个可行解，反之也是一样。

有了这些变换，我们可以将任意 LP(不论是最大化还是最小化问题，采用不等式约束还是等式约束，变量非负还是具有任意符号)归约到具有某种特定形式的 LP。这种形式称为 LP 的标准型，其中所有的变量非负，采用等式约束条件，并且都以目标函数最小化为目标。

矩阵与向量符号

形如 x_1+6x_2 的线性函数可以写为如下两个向量的点积：

$$\mathbf{c}=\begin{pmatrix}1\\6\end{pmatrix} \text{ 和 } \mathbf{x}=\begin{pmatrix}x_1\\x_2\end{pmatrix}$$

形如 $\mathbf{c}\cdot\mathbf{x}$ 或 $\mathbf{c}^T\mathbf{x}$。类似地，线性的约束条件也可以转换为矩阵和向量的形式：

$$\begin{array}{r} x_1 \le 200 \\ x_2 \le 300 \\ x_1+x_2 \le 400 \end{array} \quad\Longrightarrow\quad \underbrace{\begin{pmatrix}1 & 0\\0 & 1\\1 & 1\end{pmatrix}}_{\mathbf{A}} \underbrace{\begin{pmatrix}x_1\\x_2\end{pmatrix}}_{\mathbf{x}} \underbrace{\le}_{\le} \underbrace{\begin{pmatrix}200\\300\\400\end{pmatrix}}_{\mathbf{b}}$$

其中矩阵 **A** 的每一行对应于一个约束条件：该行与 **x** 的点积不超过 **b** 中相应行的值。换句话说，如果将 **A** 中的每行对应地记为向量 $\mathbf{a}_1, \ldots, \mathbf{a}_m$，则表达式 $\mathbf{Ax}\leqslant\mathbf{b}$ 等价于

$$\mathbf{a}_i\cdot\mathbf{x}\le b_i\ (i=1, \ldots, m)。$$

有了这样一种便利的记法，通常的 LP 都可以简单地表示为

$$\max \quad \mathbf{c}^T\mathbf{x}$$
$$\mathbf{Ax} \le \mathbf{b}$$
$$\mathbf{x} \ge 0$$

举例来说，我们的第一个线性规划可以重写为

$$\begin{array}{lcl} \max x_1+6x_2 & & \min -x_1-6x_2 \\ x_1 \le 200 & & x_1+s_1=200 \\ x_2 \le 300 & \Rightarrow & x_2+s_2=300 \\ x_1+x_2 \le 400 & & x_1+x_2+s_3=400 \\ x_1, x_2 \ge 0 & & x_1, x_2, s_1, s_2, s_3 \ge 0 \end{array}$$

当然，我们最初使用的 LP 形式——基于特定的不等式约束求某目标函数的最大值，也是非常有用的。利用归约法则，同样也可以将任意的 LP 转换为该形式。

7.2 网络流

7.2.1 石油运输

图 7-4(a)的有向图代表一个输送石油的管道网络。我们的目标是利用这一网络由源点 s 向汇点 t 输送尽可能多的石油。每条管线都有自身的容量，并且在输送过程中原油无法被存储。图 7-4(b)表示由 s 到 t 的一个流，总输送量为 7 个单位。它是最优的吗？

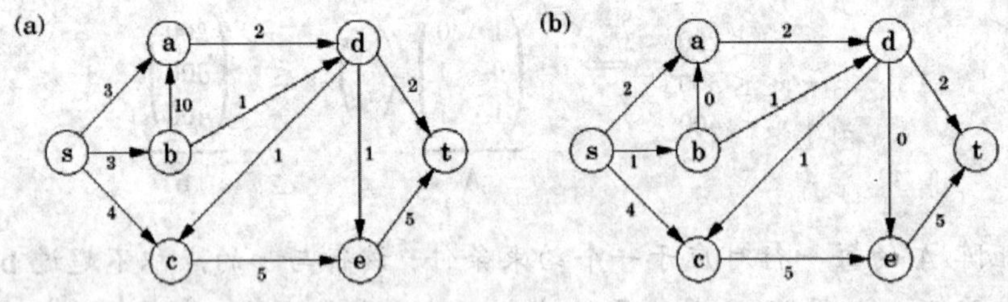

图 7-4 (a)一个限定容量的网络。(b)网络中的一个流

7.2.2 最大流

我们所关注的网络包含了一个有向图 $G=(V, E)$；G 中有两个特殊节点 $s, t \in V$，

分别称为 G 中的源点和汇点；最后，G 中每条边的容量 $c_e>0$。

在不超过每条边容量的前提下，我们希望由 s 向 t 输送尽可能多的石油。所谓流是指一种特定的输送方式，其中对每条边赋予一个变量 f_e，使其满足如下性质：

1. 不超过边的容量，即对所有 $e\in E$，$0\leqslant f_e\leqslant c_e$。
2. 对于 s 和 t 之外的任意节点 u，流入 u 的流量等于流出 u 的流量：

$$\sum_{(w,u)\in E} f_{wu} = \sum_{(u,z)\in E} f_{uz}$$

换句话说，流量是守恒的。

流的规模为由 s 流向 t 的总流量。由守恒律，其等于离开 s 的流量：

$$\text{规模}(f)=\sum_{(s,u)\in E} f_{su}\text{。}$$

简单地说，我们的目的就是为$\{f_e\colon e\in E\}$赋予恰当的值，使之满足一定的线性约束，同时使某个线性目标函数的取值最大。这是一个线性规划问题。或者换句话说，最大流问题被归约成了一个线性规划问题。

举例来说，图 7-4 的网络的 LP 共有 11 个变量，每条边一个；目标是使 $f_{sa}+f_{sb}+f_{sc}$ 的值最大；有 27 个约束条件，包括 11 个非负性条件(比如 $f_{sa}\geqslant 0$)，11 个容量条件(比如 $f_{sa}\leqslant 3$)，以及 5 个流守恒条件(除了 s 和 t，每个节点一个，比如 $f_{sc}+f_{dc}=f_{ce}$)。利用单纯形法可以非常快速地求解该问题，这里需要说明的是，以上问题的最大流量恰好就是 7。

7.2.3 对算法的深入观察

目前我们对于单纯形法的认识主要还停留在其直观的几何特征方面：该方法沿着凸可行区域的表面移动，不断改进(提高或降低)目标函数值，最终找到最优解。一旦我们对其中的细节有所掌握(7.6 节)，将能够对其如何处理流的 LP 问题获得更为深刻的理解，而这正是提出直接最大流算法的思想出发点之一。

单纯形法的求解过程可以被分解为如下的基本操作：

由最小的流(流量为 0)开始。

重复如下动作：选择由 s 到 t 的一条可能路径，然后尽可能地提高该路径上的流量。

图 7-5(a)-(d)是一个较为简单的单纯形法实例，仅用两次迭代就完成了求解。最

终的流规模为 2，而且很容易验证它是最优的。

有一种更复杂的情况。如果我们起初选择了不同的路径，如图 7-5(e)。该路径最多仅允许规模为 1 的流，并且它阻断了所有的其它路径。单纯形法对于该问题的处理方式是允许撤销路径上的某些流。在我们的例子中，它将随后选择图 7-5(f)的路径。该路径上的边(b, a)并不在最初的网络中，加入该边产生的一个效果是取消了原来分配给边(a, b)的流。

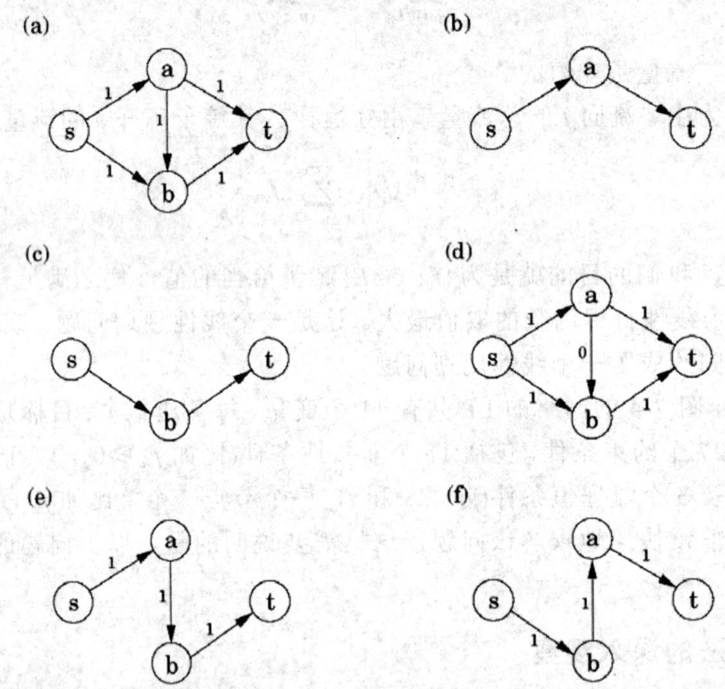

图 7-5 最大流算法示意。(a)一个网络示例。(b)选定的第一条路径。(c)选定的第二条路径。(d)最终的流。(e)我们可以首先选择该路径。(f)在什么情况下，我们会选择该路径为第二条路径

总结一下，在每次迭代中，单纯形法寻找 s 到 t 的一条路径，其中的任意边(u, v)可能为如下两种类型之一：

1. (u, v)包含在最初的网络中，并且未达到最大流量；
2. 其反向边(v, u)在最初的网络中，并且其中已存在一定的流量。

如果当前的流为 f，则对于第一种情况，边$(u,\ v)$最多还能接受 c_{uv}-f_{uv} 的多余流量；而在第二种情况下，最多增加的流量为 f_{vu}(取消(v, u)上的全部或部分流量)。这类增加流量的机会可以由剩余网络 $G^f=(V, E^f)$来判定，该网络包含了所有的以上两类边，并标出了其剩余流量 c^f：

$$c^f=\begin{cases} c_{uv}-f_{uv} & 若(u,v)\in E且f_{uv}<c_{uv} \\ f_{vu} & 若(v,u)\in E且f_{vu}>0 \end{cases}$$

因此，我们可以等价地认为单纯形法就是要在剩余网络中寻找一条 s 到 t 的路径。

通过模拟单纯形法的行为，我们得到了一个解决最大流问题的直接算法。该算法采取迭代的方式进行，每次先构造一个 G^f，然后利用线性时间的广度优先搜索在 G^f 中寻找 s 到 t 的一条可行的(能够继续提高流量的)路径，找不到任何这样的路径时算法停止。

图 7-6 是该算法在石油运输问题上的应用。

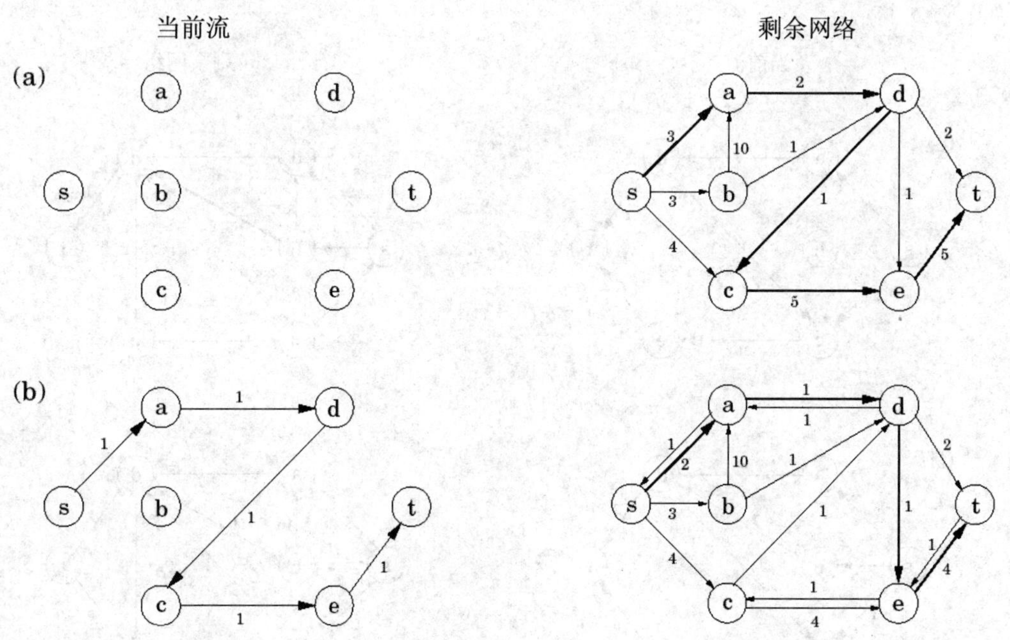

图 7-6　最大流算法应用于图 7-4 的网络。对应于每次迭代，左侧为当前的流，右侧为对应的剩余网络。选定路径加粗表示

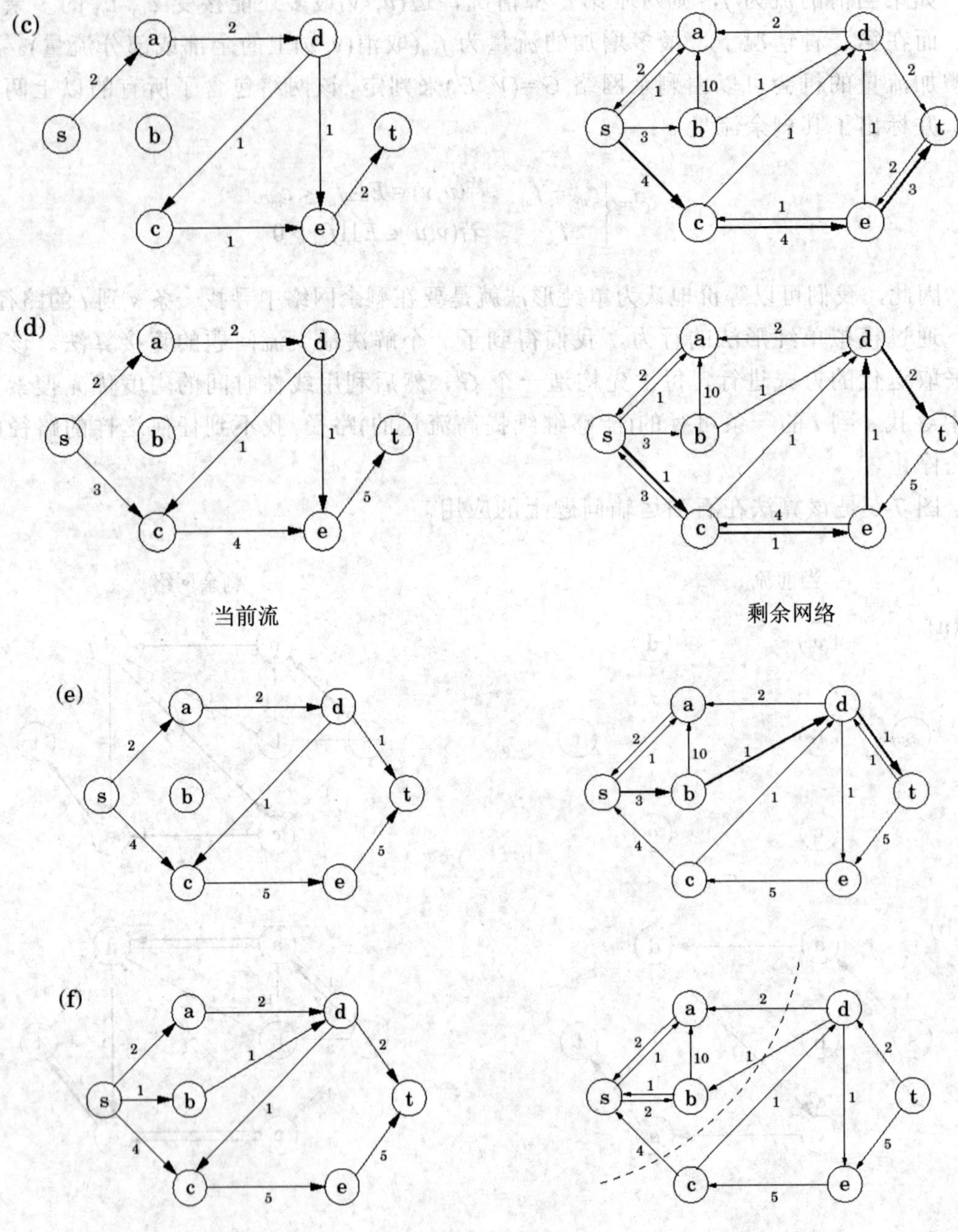

图 7-6 (续)

7.2.4 最优性的保证

现在我们将关注一个非常重要的事实：单纯形法不仅正确地找到了一个最大流，它同时也给出了该流最优性的一个简单证明！

让我们通过一个例子来解释这句话的含义。将石油网络(图 7-4)中的节点分为两组：$L=\{s, a, b\}$和 $R=\{c, d, e, t\}$：

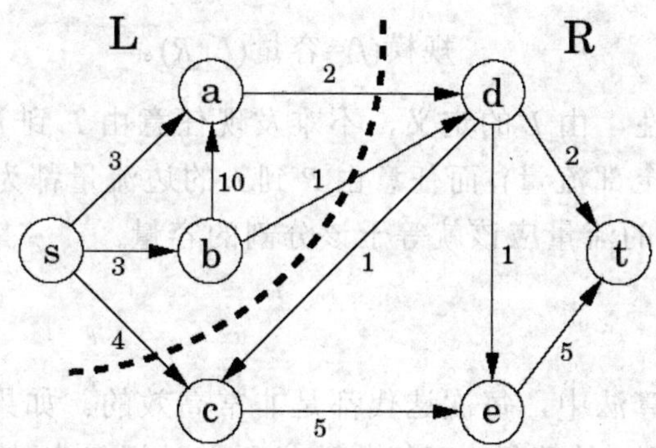

显然，任意一次石油传输都必须经过 L 到达 R。因此，没有哪个流的规模能够超过 L 到 R 的边的总容量(7)。而这恰恰说明了我们之前找到的(规模为 7 的)流是最优的。

更一般地，一个(s, t)分割将所有节点分为两个不相交的集合 L 和 R，并使 s 和 t 分别属于 L 和 R。我们定义该分割的容量为 L 到 R 的所有边的容量之和。由刚才的讨论可知，该值应该是所有流规模的上界，即：

对于任意流 f 和任意(s, t)分割(L, R)。规模$(f)\leq$容量(L, R)。

有些分割给出的上界是较大的，例如分割$(\{s, b, c\}$、$\{a, d, e, t\})$的容量为 19。但是也存在容量为 7 的分割，而这恰恰就是所求得流的最优性的保证。显然，这一性质不仅对于石油运输这一问题有效，对于所有的最大流问题也都同样成立。

最小分割最大流定理　网络中最大流的规模等于其中(s, t)分割的最小容量。

更进一步地，最小分割可以作为我们算法中的副产品自然地得到。

我们来看看为什么是这样。假设 f 为算法终止时得到的流。我们知道此时在剩余网络 G^f 中已无法找到任何由 s 到 t 的路径。记 L 为 G^f 中可由 s 出发到达的所有节点集合，$R=V-L$ 为剩余的节点。于是(L, R)构成了图 G 的一个分割：

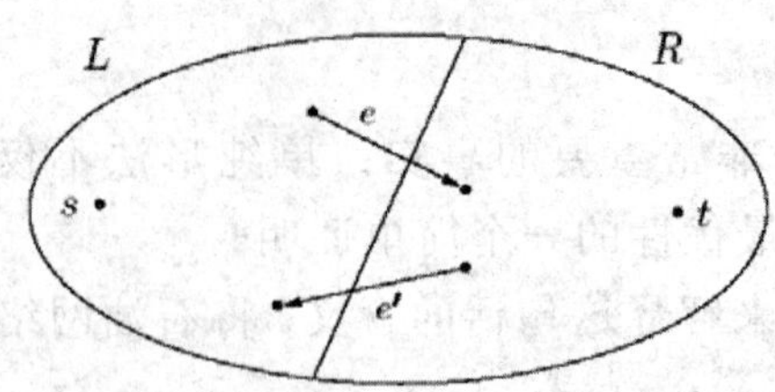

我们断言

$$\text{规模}(f)=\text{容量}(L, R)。$$

为了证明其正确性，由 L 的定义，不难发现任意由 L 到 R 的边必然都是“满”的(当前流 f 使用了其全部流量)，而任意由 R 到 L 的边流量都为 0。也即 $f_e=c_e$ 且 $f_{e'}=0$。由此可知，跨越(L, R)的流量应该就等于该分割的容量。

7.2.5 算法的效率

在我们的最大流算法中，每次迭代都是非常高效的。如果使用了深度优先或广度优先搜索来寻找 s 到 t 的路径，则每此迭代所需时间仅为 $O(|E|)$。因此我们主要关心进行了多少次迭代。

假设在最初的网络中所有边的容量都是一个不大于 C 的整数。由归纳法可以证明，在算法的每次迭代中，流的规模总是一个整数。因此，注意到最大流量最多为 $C|E|$(为什么？)，迭代的次数应该也最多为 $C|E|$。但是仅有这样一个上界显然是无法令人满意的(因为 C 可能非常大)。

关于这一问题我们将在习题 7.31 中作进一步讨论。其中的例子说明确实存在某种很糟糕的情况，如果不能选择恰当的路径，最终的迭代次数将与 C 成正比。还好的是，如果采取某种更加明智的策略进行路径选择——例如，采用广度优先搜索将使得找到的路径包含最少的边，则不论边的容量如何，最终的迭代次数将不超过 $O(|V|\cdot|E|)$。而该上界保证了对最大流来说算法总的运行时间为 $O(|V|\cdot|E|^2)$！

7.3 二部图的匹配

在图 7-7 中，左侧四个节点代表男孩，右侧四个节点代表女孩。[1]如果在某一对男孩和女孩之间存在相连的边，则意味着他们彼此喜欢(例如，Al 喜欢所有的女孩)。

1 该图中，节点可以被分为两组，并且使得所有的边都跨越组的边界。具有类似特征的图通常被称为是二部(bipartite)图。

是否可能使得所有的男孩女孩都两两配对，并且配对双方总是相互喜欢呢？在图论中，这样的配对称为一个完美匹配。

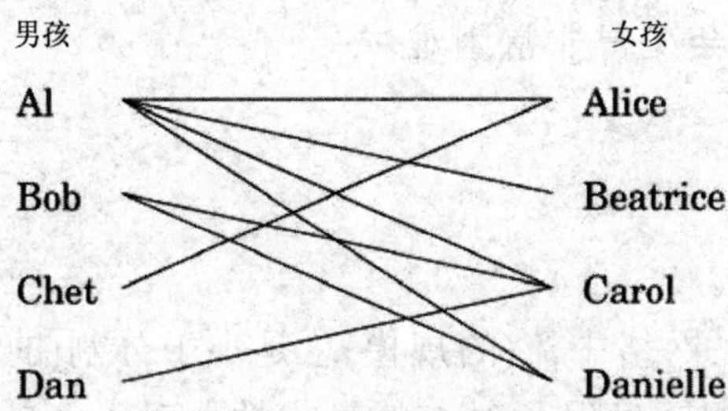

图 7-7　两人之间存在一条边则意味着他们彼此喜欢。有没有一个使得所有人都满意的配对方式呢

以上的配对游戏可以被归约到最大流问题，因此它也是一个线性规划问题！定义一个拥有流向所有男孩的边的源节点 s；一个拥有从所有女孩流出的边的汇节点 t；同时对应于原图中的所有(男孩女孩之间的)边在新图中加入由男孩流向女孩的边(图 7-8)。最后，赋予所有的边容量 1。于是存在一个男孩女孩间完美匹配的充分必要条件就是，新定义的图中存在一个规模与最终配对数相等的最大流。你能在这个例子中找到该流吗？

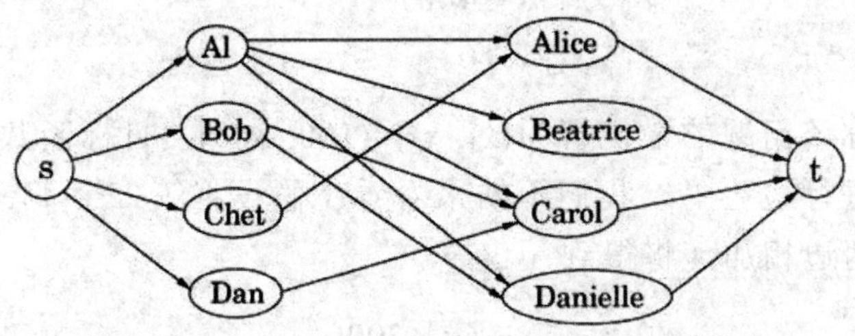

图 7-8　一个配对网络。其中每条边的容量为 1

实际上，我们这里的情形比刚才所说的要稍微复杂一些：容易看到最优的整数容量流对应于最优的配对。但是在我们的例子中，如果出现 Al 到 Carol 流量为 0.7 的边，就会有些难以解释了。幸运的是，最大流问题具有如下的性质：

性质：如果所有边的容量为整数，则由我们的算法得到的最大流的规模也为整数。这一点可以由算法直接得出，因为在其每次迭代中我们给流增加的都是一个整数值的流量。

这样一来，在最大流问题中流量的整数性就得到了保证。但是，并不是所有的线性规划问题都具有这样的性质，在第 8 章中我们将看到，如果要求解必须由整数值组成，则对于大多数较为一般的线性规划问题，找到最优解(有时甚至只是找到任意一个普通的可行解)将会变得非常困难。

7.4 对偶

我们已经了解到，在网络中流(的规模)总是小于分割(的容量)，只有最大流和最小分割完全一致，并且相互确保了对方的最优性。对于 LP 而言，这一现象非常重要，我们以下将着手把它由最大流问题推广到能够用线性规划解决的任意问题！最终我们将说明，每个线性的最大化问题都有一个对偶的最小问题，而且前后两个问题之间的关系非常类似于流与分割之间的关系。

为了理解什么是对偶性，可以回忆一下介绍 LP 概念时关于巧克力作坊的例子：

$$\max x_1+6x_2$$
$$x_1\leq 200$$
$$x_2\leq 300$$
$$x_1+x_2\leq 400$$
$$x_1, x_2\geq 0。$$

单纯形法声称该问题的最优解为$(x_1, x_2)=(100, 300)$，目标函数值 1900。这个答案能用其它方法进行检验吗？我们不妨来看看：假设将第二个不等式两边同时乘 6 后与第一不等式两边相加，将得到

$$x_1+6x_2\leq 2000$$

这看起来很有趣，因为它告诉我们不可能获得比 2000 更高的利润。我们能够再通过类似的乘法和加法，将 LP 的约束条件组合成一个更接近于 1900 的上界吗？通过一些实验，我们找到了如下的乘法因子：0、5 和 1，三个不等式分别与这些因子相乘后不等号两边相加得到

$$x_1+6x_2\leq 1900$$

因此 1900 的确是最优的可能值！这里乘法因子(0, 5, 1)扮演了最优性保证的角色。对于这个 LP，这一点非常重要。现在的问题是，即使我们能够确知这样的保证

存在，又如何能以一种比较系统的方法找到它呢？

为了就此进行研究，我们首先需要描述一下对这些乘法因子的预期。在此，不妨将这些乘法因子分别记为 y_1、y_2 和 y_3

乘法因子	不等式
y_1	$x_1 \le 200$
y_2	$x_2 \le 300$
y_3	$x_1 + x_2 \le 400$

显然，这些 y_i 必须都是非负的，否则将无法用其与约束不等式相乘再把结果相加(不等式两边乘以负数将导致不等号方向反转)。根据其定义，我们得到如下公式：

$$(y_1+y_3)x_1+(y_2+y_3)x_2 \le 200y_1+300y_2+400y_3$$

我们希望上式的左侧与目标函数 x_1+6x_2 一致，这样就能保证该式的右侧值恰为最优解的一个上界。也即我们需要 $y_1+y_3=1$ 且 $y_2+y_3=6$。更进一步地，如果 y_1+y_3 大于 1 显然也具有以上性质，只不过其得到的上界会更大。因此，我们得到如下的上界约束：

$$\text{如果}\begin{cases} y_1, y_2, y_3 \ge 0 \\ y_1 + y_3 \ge 1 \\ y_2 + y_3 \ge 6 \end{cases}，\text{则 } x_1+6x_2 \le 200y_1+300y_2+400y_3$$

对于以上的不等式组，不难找到满足约束的 y 值，因为只需简单地使所有的 y 值都较大即可，比如$(y_1, y_2, y_3)=(5, 3, 6)$。但是这样的组合能告诉我们的只是 LP 的最优解上界为 $200\cdot5+300\cdot3+400\cdot6=4300$，显然它过于松弛了。我们需要的上界应该越紧越好，因此我们要做的是在有关的不等式约束下求 $200y_1+300y_2+400y_3$ 的最小值。这恰好又是一个新的线性规划问题！

于是，寻找能够得到原 LP 最优上界的乘法因子等价于求解如下的新 LP：

$$\begin{aligned} \min \quad & 200y_1+300y_2+400y_3 \\ & y_1+y_3 \ge 1 \\ & y_2+y_3 \ge 6 \\ & Y_1, y_2, y_3 \ge 0 \end{aligned}$$

根据以上的设计，这一对偶 LP 的可行目标函数值为原 LP 问题目标函数值的一个上界。因此，如果我们能够使得原问题和对偶问题具有相同的目标函数值，则其对应于两个问题的一对解各自都应该是最优的。以下是与前面例子对应的解：

原问题：$(x_1, x_2)=(100, 300)$；　对偶问题：$(y_1, y_2, y_3)=(0, 5, 1)$。

其目标函数值都是 1900，从而对于各自的 LP 都是最优的(如图 7-9)。

令人惊奇的是，这并不是唯一一个幸运的例子，事实上以上的现象对于 LP 具有普遍性。具体来说，首先我们要为每个约束条件指定一个乘法因子；然后，对原问题中的每个变量，写出对偶问题中相应的约束，使得不等式约束的右侧值总是大于原问题目标函数中该变量的系数；最后，对以原问题约束条件右侧值为系数的对偶问题目标函数求最优解。LP 对偶问题的基本形式如图 7-10，显然，任意 LP 都可以有一个对偶问题。图 7-11 给出的是对偶问题更为一般的形式。关于该图，需要特别说明的是：如果原问题中有一个等式约束，则该约束对应的乘法因子(对偶问题中的变量)无需为非负的。原因很简单，等式两边乘以负数仍然为一个等式，因此等式约束的乘法因子可以是任意值。此外，在两个 LP 之间可能存在一种简单的对称关系，即存在某个矩阵 $A=(a_{ij})$，其行和列分别对应于原问题和对偶问题中的约束系数。

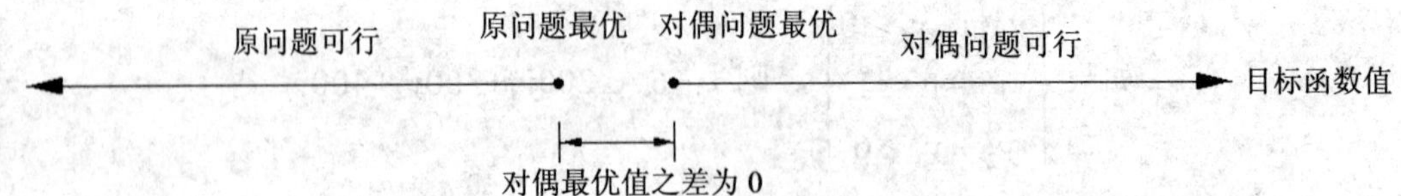

图 7-9　根据设计，对偶问题的可行值总是大于等于原问题的可行值。对偶定理在告诉我们这一点的同时，也指出了其可行值一致时双方的最优性

由构造方法可知，对偶问题的任意目标函数值都是原问题目标函数值的一个上界。同时，二者的最优值相等。

对偶定理：如果一个线性规划的最优目标函数值有界，则其对偶的最优目标函数值也有界，并且二者相等。

当原 LP 为最大流问题时，我们可以将其对偶问题解释为最小分割问题(参见习题 7.25)。因此，流和分割之间的关系可以说是对偶定理的一次实例化。不过，类似于最小分割最大流定理超出了最大流算法分析的范围，对该定理的证明也已经超出了单纯形算法的研究范畴。

原 LP：

$$\max\ \mathbf{c}^T\mathbf{x}$$
$$\mathbf{A}\mathbf{x} \le \mathbf{b}$$
$$\mathbf{x} \ge 0$$

对偶 LP：

$$\min\ \mathbf{y}^T\mathbf{b}$$
$$\mathbf{y}^T\mathbf{A} \ge \mathbf{c}^T$$
$$\mathbf{y} \ge 0$$

图 7-10 用矩阵-向量形式表示的原 LP 及其对偶

原 LP：

$$\max\ c_1x_1 + \cdots + c_nx_n$$
$$a_{i1}x_1 + \cdots + a_{in}x_n \le b_i \quad \text{for } i \in I$$
$$a_{i1}x_1 + \cdots + a_{in}x_n = b_i \quad \text{for } i \in E$$
$$x_j \ge 0 \quad \text{for } j \in N$$

对偶 LP：

$$\min\ b_1y_1 + \cdots + b_my_m$$
$$a_{1j}y_1 + \cdots + a_{mj}y_m \ge c_j \quad \text{for } j \in N$$
$$a_{1j}y_1 + \cdots + a_{mj}y_m = c_j \quad \text{for } j \notin N$$
$$y_i \ge 0 \quad \text{for } i \in I$$

图 7-11 最一般形式的线性规划。其中包含 n 个变量(其中的 N 个非负)，以及由关于这些变量的不等式集合 I 和等式集合 $E(m=|I|+|E|)$组成的约束条件。对偶问题包含 m 个变量，其中只有与 I 中约束对应的变量必须是非负的

对偶的图形化

最短路径问题存在一种“模拟”的求解方法：给定一个加权有向图，首先为其建造一个对应的“物理模型”，其中用线(可能是棉的或塑料的随便什么线)代表图中的边，且使线的长度恰好等于对应边的权重；所有的线根据图中的连接关系将端点绑在一起，形成的结代表图中的节点。于是，求 s 到 t 的最短路径，就只需简单地提起 s 和 t 对应的结，将其分别向相反方向移动。直到出现一条连接 s 和 t 的绷紧的直线时(假设我们使用的线没有任何弹性)，该直线所对应的(原图中的)路径就是我们所求的最短路径。

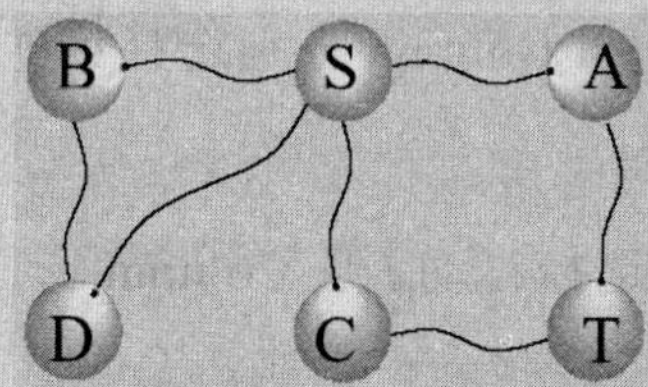

以上方法令人大开眼界，不过其原理其实非常简单。注意到我们所求的最短路径问题是一个最小化问题，而将 s 和 t 向相反方向移动的动作将使得其间的距离不断增大(最大化！)。因此，以上动作事实上解决了最短路径问题的对偶问题！该对

偶问题的形式非常简单(参见习题 7.28)，令变量 x_u 对应于节点 u:

$$\max \quad x_s - x_t$$
$$\text{对所有的边}\{u, v\}，\text{有}|x_u - x_v| \le w_{uv}。$$

简单地说，该对偶问题就是要将 s 和 t “拉”的尽可能远，而只需满足任意边 $\{u, v\}$ 对应线的端点距离不超过线的长度 w_{uv} 即可。

7.5 零和博弈(游戏)

生活中许多竞争冲突的情况都能表示为所谓的矩阵博弈。例如，上学时我们常玩的“石头—剪刀—布”游戏，它可以用如下的支付矩阵表示。有 Row 和 Column 两个玩家，分别从 $\{r, p, s\}$(r-石头，p-剪刀，s-布)中选择一个行动，然后在矩阵中对应的位置进行查询，这里每个位置对应的数值代表 Column 需要支付给 Row 的钱数：

$G =$

		Column		
		r	p	s
Row	r	0	−1	1
	p	1	0	−1
	s	−1	1	0

重复以上游戏。假设 Row 每次都选择相同的行动，Column 观察到以后，一定会做出有针对性的选择。因此 Row 可能需要采取更为复杂的策略：我们称之为一种混合策略，在每一回合中 Row 以 x_1 的概率选择 r、以 x_2 的概率选择 p、以 x_3 的概率选择 s。该策略用向量形式表示为 $\mathbf{x}=(x_1, x_2, x_3)$，其中的分量值均非负且总和为 1。类似地，将 Column 的混合策略记为 $\mathbf{y}=(y_1, y_2, y_3)$。[2]

在游戏的任一回合，Row 和 Column 分别选择第 i 和第 j 种行动的概率为 $x_i y_j$。因此，总的期望支付为

$$\sum_{i,j} G_{ij} \cdot \text{概率[Row 选择行动 } i \text{ 且 Column 选择行动 } j] = \sum_{i,j} G_{ij} x_i y_j。$$

Row 希望使该值最大化，而 Column 希望使该值最小。他们最终可能在这个“石

2 还有一种更为复杂的情形，其中玩家每回合都改变策略，这将使得可能出现的情况变得非常复杂，由此将带来许多值得研究的问题。

头一剪刀一布”的游戏中获得怎样的收益呢？假设 Row 采用一种“完全随机”的策略 $\mathbf{x}=(1/3, 1/3, 1/3)$。则若 Column 总是一成不变地选择行动 r，平均支付(从博弈矩阵的第一列得出)将为

$$\frac{1}{3}\cdot 0+\frac{1}{3}\cdot 1+\frac{1}{3}\cdot(-1)=0。$$

若 Column 总是选择 p 或 s 也会得到同样的结果。由于任意混合策略(y_1, y_2, y_3)的支付为单纯选择 r, p 和 s 所得支付的加权平均，因此其值也应该为 0。由如下的公式很容易得到该结论：

$$\sum_{i,j} G_{ij}x_i y_j = \sum_{i,j} G_{ij}\cdot\frac{1}{3}y_j = \sum_j y_j\left(\sum_i \frac{1}{3}G_{ij}\right) = \sum_j y_j\cdot 0 = 0，$$

其中倒数第二个等式的成立源于 G 的每行相加都为 0。因此，如果 Row 使用“完全随机”的策略，则无论 Column 如何行动，Row 所得支付总为 0。这意味着，Column 不可能指望得到一个负的(期望)支付(还记得吗，Column 的目标是使得支付越小越好)。相对应地，若 Column 也采取完全随机的策略，他获得支付也同样是 0，因此 Row 也不可能指望获得正的(期望)支付。简言之，每个玩家的最优策略都是采取完全随机行为，期望收益都为 0。这可以说是从数学的角度再次验证了我们儿时关于“石头一剪刀一布”游戏的经验。

现在换一种稍微不同的方式，考虑以下两种场景：

1. 首先由 Row 宣布自己的策略，然后 Column 再选定策略；
2. 首先由 Column 宣布自己的策略，然后 Row 再选定策略。

我们已知知道了如果玩家都采取最优的策略，则对于任何一种情况，平均支付都相同(此前为 0)。但是这可能仅仅是由于“石头一剪刀一布”游戏自身具有的对称性造成的。从更为一般的角度，我们认为这里的第一种场景应该对 Column 更有利，因为他事先了解了 Row 的策略，因此可以做出针锋相对的选择。同样地，第二种场景似乎对 Row 更有利。然而，令人感到惊奇的是，实际情况并不是这样：如果双方都采用了最优策略，则任何人先宣布自己的策略并不意味着对方能够在游戏中占优！更进一步地，这一重要的性质事实上源自线性规划的对偶性——或者说，该性质与对偶性是等价的。

让我们通过一个非对称的博弈对其进行研究。考虑一个总统选举的场景。其中有两名候选人，他们的行动表现为选择不同的核心议题(比如经济(e)、社会(s)、道

德(m)和减税(t))纲领。支付矩阵 G 中的每个位置对应于 Column(在此他和 Row 一起变成了总统候选人)丢失的选票数。

$$G = \begin{array}{|c|cc|}\hline & m & t \\ \hline e & 3 & -1 \\ s & -2 & 1 \\ \hline\end{array}$$

假设 Row 声称将采取混合策略 $\mathbf{x}$=(1/2, 1/2)，Column 应该如何做呢？行动 m 将导致 1/2 的损失，而行动 t 产生的损失为 0。因此，Column 的对策应该是一个单纯策略 $\mathbf{y}$=(0, 1)。

更一般地，一旦 Row 的策略 $\mathbf{x}=(x_1, x_2)$确定了，对 Column 来说最优的对策都将是与以上类似的单纯策略：要么选择行动 m，支付为 $3x_1-2x_2$；要么选择行动 t，支付为$-x_1+x_2$，具体哪个更小就选哪个。此外，y 的任一混合策略的期望支付都是以上两个单纯策略期望支付的加权平均，故不可能比两个单纯支付都更优。

因此，如果 Row 必须在 Column 行动前宣布自己的策略，则她可以断定 Column 的期望支付将是 $\min\{3x_1-2x_2, -x_1+x_2\}$。于是，她将采取一种防御性)策略 $\mathbf{x}$ 加以应对：

$$\text{选择}(x_1, x_2)\text{，使得}\ \underbrace{\min\{3x_1-2x_2, -x_1+x_2\}}_{\text{Column针对x的最优对策所获支付}}\ \text{最大}$$

这样的策略将确保 Row 获得所期望的支付。下面我们将看到这将通过一个 LP 来实现！其中最有趣的一点是，对于混合策略中的 x_1 和 x_2，以下两者是等价的：

$$z=\min\{3x_1-2x_2, -x_1+x_2\} \qquad \begin{array}{l} \max\ z \\ z\le 3x_1-2x_2 \\ z\le -x_1+x_2 \end{array}$$

于是 Row 需要选择能使 z 最大化的 x_1 和 x_2。

$$\begin{array}{rcl} & \max z & \\ -3x_1+2x_2+z & \le & 0 \\ x_1 - x_2 + z & \le & 0 \\ x_1+ x_2 & = & 1 \\ x_1, x_2 & \ge & 0 \end{array}$$

对称地，如果 Column 先宣布自己的策略，则他必须要选择一个混合策略 $\mathbf{y}$，以

应对 Row 的最佳策略下的最小代价，也即

$$\text{选择}(y_1, y_2)\text{，使得} \underbrace{\max\{3y_1 - y_2, -2y_1 + y_2\}}_{\text{Row针对y的最优对策所获支付}} \text{最小}$$

写成 LP 的形式就是

$$\begin{aligned} &\min w \\ -3y_1 + y_2 + w &\geq 0 \\ 2y_1 - y_2 + w &\geq 0 \\ y_1 + y_2 &= 1 \\ Y_1, y_2 &\geq 0 \end{aligned}$$

至此我们有一个重要发现：以上两个 LP 互为对偶(如图 7-11)！因此，他们的最优值相同，在此记为 V。

现在总结一下。通过求解一个 LP，Row(追求最大化者)能够在无视 Column 策略的情况下，确保至少 V 的支付。而通过求解对偶 LP，Column(追求最小化者)也能够在无视 Row 策略的情况下确保最多 V 的支付。接下来还可以发现，对于二人这都是唯一可行的最优策略—— 即使在我们事先无法确定游戏中宣布策略先后的情况下，双方也应该优先选择该策略。在此，V 称为该游戏的价值。在我们的例子中，该值为 1/7，分别对应于 Row 的最优混合策略(3/7, 4/7)和 Column 的最优混合策略(2/7, 5/7)。

这个例子能够很容易地推广到任意的(博弈)游戏，以上的现象说明，在这些游戏中，两个玩家总存在目标值相同的最优混合策略—— 这称为最小最大定理，是博弈论中的基本结论之一。该定理写成等式就是：

$$\max_x \min_y \sum_{i,j} G_{ij} x_i y_j = \min_y \max_x \sum_{i,j} G_{ij} x_i y_j$$

这看起来有些令人意想不到，因为等式左侧对应于 Row 先宣布策略的场景，我们曾经推测会产生有利于 Column 的结果，而右侧对应的 Column 先宣布策略的场景也曾被认为是对 Row 有利的。现在我们看到，正如对偶性对最大流和最小分割所做的那样，它使得两种不同情形的结果变得完全相同了。

7.6 单纯形算法

线性规划强大的功能给人留下了深刻的印象，然而如果缺乏有效的求解方法，所有的一切都将毫无意义。这正是单纯形算法的任务。

从较高层次来说，单纯形算法以一组线性不等式以及一个线性的目标函数为输入，采取如下的策略求最优的可行点(optimal feasible point)：

```
let v be any vertex of the feasible region
while there is a neighbor v′ of v with better objective value:
   set v = v′
```

对于我们曾经给出的 2 维和 3 维示例(参见图 7-1 与图 7-2)，能够比较容易地得到直观形象的几何描述。但是，如果有 n 个变量(例如：$x_1, \ldots, x_n$)呢？

无论各个 x_i 是如何构造的，我们都可以将问题的变量表示为一个实数值的 n 元组，并将其描绘在 n 维空间 R^n 中。关于 x_i 的线性方程(等式)定义了 R^n 上的一个超平面，与其对应的线性不等式则定义了一个半空间，几何上正好对应于超平面某一侧的所有点。最后，线性规划的可行区域就是由多个约束不等式定义的半空间的交集，即一个凸多面体。

但是，在这种更一般的几何描述中，顶点和邻居的含义又是什么呢？

7.6.1 *n* 维空间中的顶点和邻居

图 7-12 回顾了我们此前列举的一个例子。仔细观察可以发现，其中每个顶点都是多个超平面的唯一交汇点。例如：顶点 A 就是约束②、③和⑦对应(等式定义的)超平面的唯一共同交点；而对应于约束④和⑥的超平面却无法确定一个顶点，因为其交集是一条直线而不是一个点。

以下是一个精确的定义。

选择约束不等式的一个子集。如果存在唯一的点满足其对应的所有等式，且该点恰好也是可行的，则其为一个顶点。

唯一确定一个点需要多少个等式？当存在 n 个变量时，如果要求解唯一，则至少需要 n 个线性方程。另一方面，当解唯一时，超过 n 个的线性方程也是不必要的。因为其中至少会有一个方程可以表示为其它方程的线性组合，因此可以被忽略。总之，

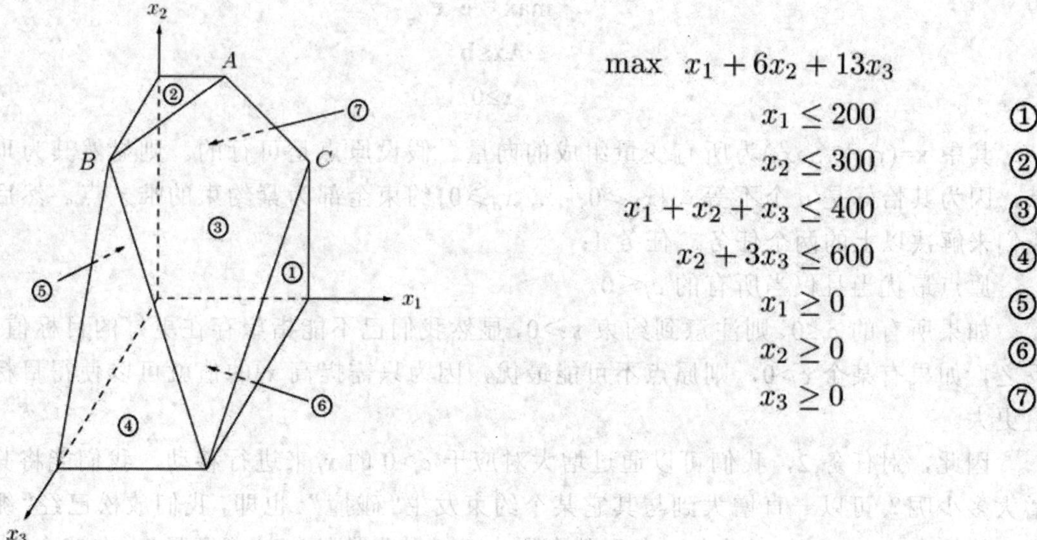

图 7-12 由 7 个不等式定义的多面体

每个顶点都是由 n 个不等式所定义的。[3]

于是可以比较自然地得到邻居的概念。

若两个顶点对应的所有不等式中有 n-1 个相同，则它们互为邻居。

例如，图 7-12 中，顶点 A 和 C 对应的不等式中都包含{③，⑦}，因此它们是邻居。

7.6.2 算法

在每次迭代中，单纯形法需要完成如下两项任务：

1. 检查当前顶点是否最优(如果是，则退出)。
2. 决定向哪里移动。

我们将看到，如果当前顶点恰为原点，则以上两项任务都很容易完成。而如果顶点在别处，我们将通过坐标变换将其移动到原点！

首先，让我们看看为什么原点的情况是很简单的。假设我们面临一个一般的 LP

3 有一点有趣的事情。有可能存在这样的情况，一个顶点可以由多组不同的不等式所定义。图 7-12 中，顶点 B 既可由{②,③, ④}定义，也可由{②, ④, ⑤}定义。这类顶点称为是退化的(degenerate)，这种情况需要特别加以考虑。当前我们先假设不存在这样的顶点，稍后再对其进行讨论。

$$\max \quad \mathbf{c}^T\mathbf{x}$$
$$\mathbf{A}\mathbf{x} \le \mathbf{b}$$
$$\mathbf{x} \ge 0$$

其中 $\mathbf{x}=(x_1, \ldots, x_n)$为所有变量组成的向量。假设原点是可行的。则显然其为顶点，因为其恰好是 n 个不等式$\{x_1 \geqslant 0, \ldots, x_n \geqslant 0\}$约束全部为紧约束的唯一点。然后我们来解决以上的两个任务。任务 1：

原点最优当且仅当所有的 $c_i \leqslant 0$。

如果所有的 $c_i \le 0$，则注意到约束 $\mathbf{x} \geqslant 0$，显然我们已不能指望存在更好的目标值。反之，如果有某个 $c_i>0$，则原点不可能最优，因为只需提高 x_i 的值就可以使得目标值更大。

因此，对任务 2，我们可以通过增大对应于 $c_i>0$ 的 x_i 来进行移动。我们能将其增大多少呢？可以一直增大到与其它某个约束发生“碰撞”。也即，我们放松已经“绷紧”的约束 $x_i \geqslant 0$，让 x_i 增大，直到某个原来“松弛”的约束被“绷紧”。在该点上，我们再次得到了恰好 n 个紧的不等式，故我们到达的是一个新的顶点。

举例来说，假设我们要处理如下的线性规划：

$$\begin{array}{rcll} \max & & 2x_1+5x_2 & \\ 2x_1-x_2 & \le & 4 & ① \\ x_1+2x_2 & \le & 9 & ② \\ -x_1+x_2 & \le & 3 & ③ \\ x_1 & \ge & 0 & ④ \\ x_2 & \ge & 0 & ⑤ \end{array}$$

对该问题，单纯形法可以从原点开始，该点对应于约束④和⑤。开始移动时，我们放松约束 $x_2 \geqslant 0$。随着 x_2 逐渐增大，其首先进入约束$-x_1+x_2 \leqslant 3$ 的范围，并最终在 $x_2=3$ 时停止，此时恰好使得该不等式变紧。新的顶点由约束③和④给出。

这样一来我们就知道了处于原点时该如何做。但如果当前的顶点 $\mathbf{u}$ 在别处呢？巧妙之处在于可以通过坐标变换将通常的坐标$(x_1, \ldots, x_n)$变换到 $\mathbf{u}$ 的“局部视图”，从而使得 $\mathbf{u}$ 成为新的坐标原点。这类重新定义的局部坐标包含了其中的点到 n 个超平面的距离(经过适当放缩后)$y_1, \ldots, y_n$，而这 n 个超平面定义和包围了 $\mathbf{u}$：

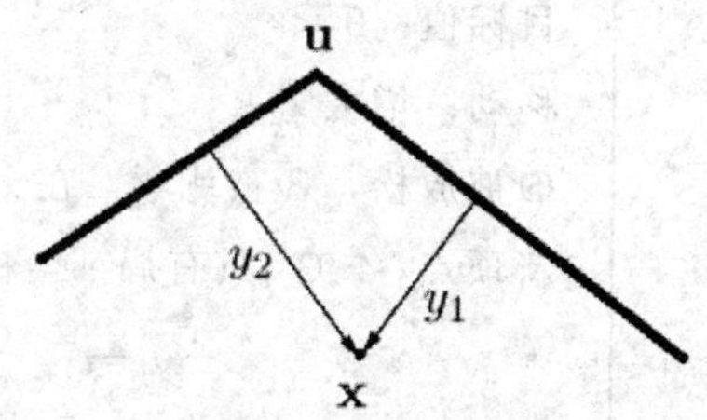

特别地，如果包围 **u** 的一堵“墙”(超平面)对应的不等式为 $\mathbf{a}_i \cdot \mathbf{x} \leqslant b_i$，则由一个点 **x** 到这堵“墙”的距离为

$$y_i = b_i - \mathbf{a}_i \cdot \mathbf{x}$$

类似的，包围 **u** 的每堵墙对应一个方程，一共有 n 个方程，将 y_i 定义成了关于所有 x_i 的线性函数。同样，也可以通过反转，将 x_i 表示为所有 y_i 的线性函数。于是，我们可以基于变量 y 重写原 LP。这并不会从根本上改变该问题(比如最优值仍然是相同的)，只不过将其在一个不同的坐标框架下进行了重新表示。“修改”后的 LP 具有如下三点性质：

1. 包含不等式 $\mathbf{y} \geqslant 0$，而它仅仅是定义 **u** 的不等式的一个变换后的版本。
2. **u** 自身为 y-空间中的原点。
3. 代价函数变为 max $c_{\mathbf{u}} + \tilde{\mathbf{c}}^T \mathbf{y}$，其中 $c_{\mathbf{u}}$ 为 **u** 处的目标函数值，$\tilde{\mathbf{c}}$ 是一个变换代价向量。

简单地说，我们又回到了我们能够处理的情形！图 7-13 延续我们此前的例子，展示了该算法的具体行为。

至此，单纯形算法就已定义完毕。它由当前顶点向其邻居移动，当目标函数为局部最优时停止，此时局部代价向量对应的坐标都为 0 或负值。如我们所知，具有以上性质的顶点必然也是全局最优的。另一方面，如果当前顶点不是局部最优的，则其局部坐标系统必然包含了某个可以继续改进目标函数值的维度，于是我们沿着其正向——也即沿着多面体的这条边——继续移动，直到达到一个邻居顶点。根据非退化假定(参见 7.6.1 节的脚注)，这条边的长度非零，故这一行为将严格增大目标函数的值。因此，以上过程最终将能够终止。

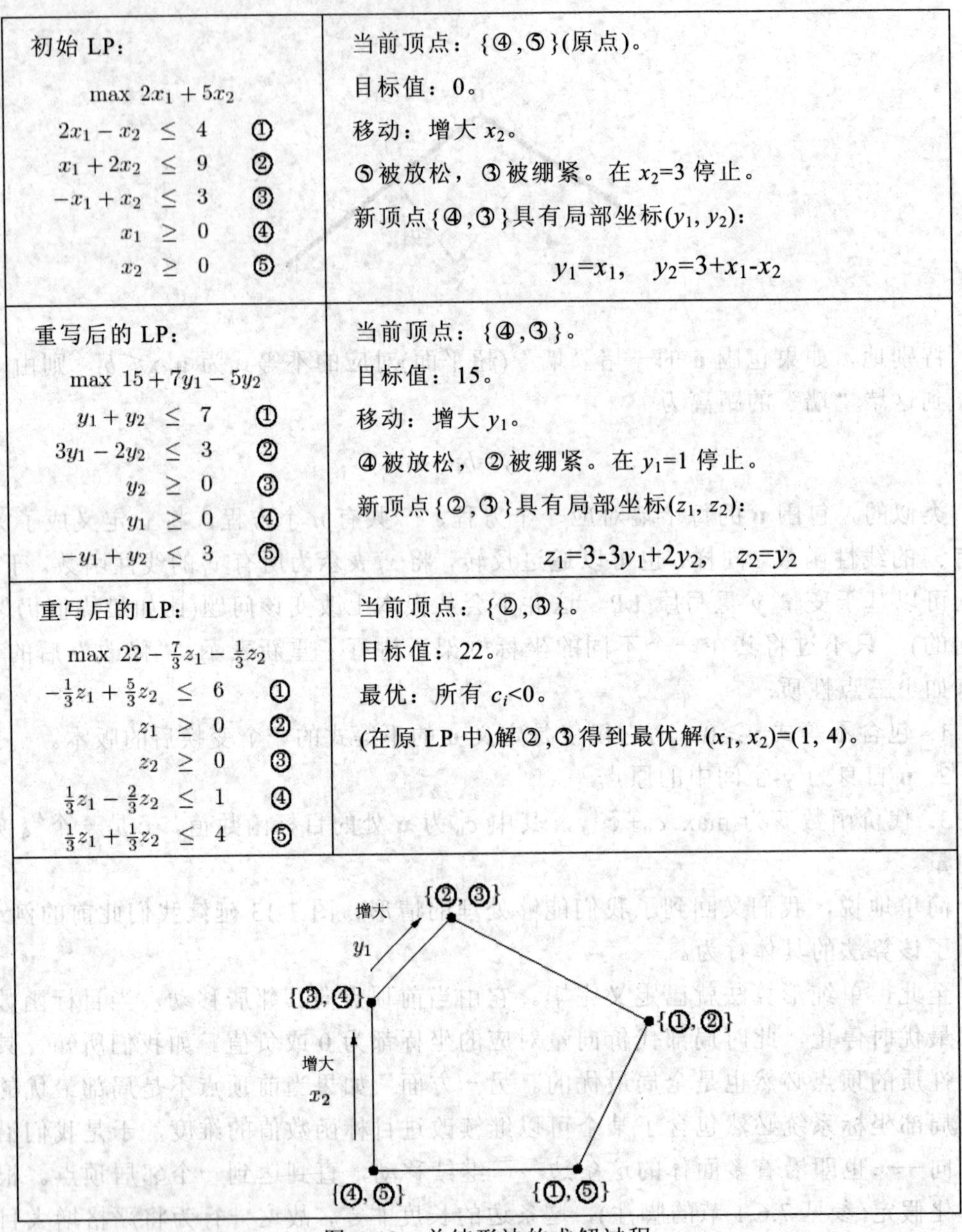

初始 LP： $\max\ 2x_1+5x_2$ $2x_1-x_2 \le 4$ ① $x_1+2x_2 \le 9$ ② $-x_1+x_2 \le 3$ ③ $x_1 \ge 0$ ④ $x_2 \ge 0$ ⑤	当前顶点：{④,⑤}(原点)。 目标值：0。 移动：增大 x_2。 ⑤被放松，③被绷紧。在 x_2=3 停止。 新顶点{④,③}具有局部坐标(y_1, y_2)： $y_1=x_1,\quad y_2=3+x_1-x_2$
重写后的 LP： $\max\ 15+7y_1-5y_2$ $y_1+y_2 \le 7$ ① $3y_1-2y_2 \le 3$ ② $y_2 \ge 0$ ③ $y_1 \ge 0$ ④ $-y_1+y_2 \le 3$ ⑤	当前顶点：{④,③}。 目标值：15。 移动：增大 y_1。 ④被放松，②被绷紧。在 y_1=1 停止。 新顶点{②,③}具有局部坐标(z_1, z_2)： $z_1=3-3y_1+2y_2,\quad z_2=y_2$
重写后的 LP： $\max\ 22-\frac{7}{3}z_1-\frac{1}{3}z_2$ $-\frac{1}{3}z_1+\frac{5}{3}z_2 \le 6$ ① $z_1 \ge 0$ ② $z_2 \ge 0$ ③ $\frac{1}{3}z_1-\frac{2}{3}z_2 \le 1$ ④ $\frac{1}{3}z_1+\frac{1}{3}z_2 \le 4$ ⑤	当前顶点：{②,③}。 目标值：22。 最优：所有 c_i<0。 (在原 LP 中)解②,③得到最优解(x_1, x_2)=(1, 4)。

图 7-13　单纯形法的求解过程

7.6.3　补遗

单纯形算法中，还有一些重要的问题我们尚未提及。

起始顶点：

如何为单纯形算法寻找一个起始的顶点？在 2 维和 3 维的示例中，我们总是从原点开始，之所以可以这样做是因为对应的线性规划恰好包含了右端为正数的不等式。在一个一般的 LP 中，我们不可能总是那么幸运。不过还好，寻找一个起始顶点的问题总可以被归约为一个 LP 并用单纯形法求解！

来看看我们是如何做到这一点的。我们知道所有的 LP 都可写成某个标准形式(参见 7.1.4 节)，因此我们从如下的线性规划开始：

$$\min \mathbf{c}^T\mathbf{x}，满足 \mathbf{Ax}=\mathbf{b} 且 \mathbf{x}\geq 0。$$

首先我们保证所有等式的右端均非负：如果 $b_i<0$，则在第 i 个等式两边同时乘以-1。

然后我们如下生成一个新的 LP：

- 增加 m 个新的人工变量 $z_1, \ldots, z_m\geqslant 0$，其中 m 为方程的总数。
- 将 z_i 加入第 i 个方程的左端。
- 令目标函数为求 $z_1+z_2+\ldots+z_m$ 的最小值。

对于这个新的 LP，容易找到一个起始顶点，即对所有 i 满足 $z_i=b_i$ 且其它变量都为 0 的点。因此我们可以用单纯形法求得其最优解。

存在两种情况。如果 $z_1+z_2+\ldots+z_m$ 的最优值为 0，则由单纯形法求得的所有 z_i 都为 0。由新 LP 的这一最优顶点可知，我们只需忽略所有的 z_i，即可得到原 LP 的一个可行的起始顶点。然后我们就可以开始运行单纯形法了！

但是，如果以上的最优值是正的呢？让我们想一想。我们尝试使 z_i 的和最小，但是单纯形法决定了其不可能为 0。这意味着原线性规划是不可行的：它需要几个非零的 z_i 使之变成可行的。这就是单纯形法如何发现和报告一个 LP 是不可行的途径。

退化：

在图 7-12 的多面体中，顶点 B 是退化的。几何上，这意味着它是该多面体超过 $n=3$ 个表面(此时为②，③，④，⑤)的交集。从代数的角度，这意味着我们任意选择四个包含三个不等式的集合({②，③，④}, {②，③，⑤}, {②，④，⑤}, {③，④，⑤})之一，求解其对应的线性方程组，所得的解都是一样的，同为{0,300,100}。这是个不容忽视的问题：单纯形法可能返回一个次优的顶点，仅仅由于该顶点的所有邻居与其目标值相同，因此无法再进一步提高目标值。并且，假设我们修改单纯形法，使之能够检测到退化，并在发生退化时采取由一个顶点跳到另一个顶点的措施以使其继续运行，这种脱离次优的措施的初衷是好的，它期望以短期内成本得不到改进为代价换得长期的目标值增大，但结果却可能事与愿违，导致单纯性法最终陷入无限循环。

修正的途径之一是引入一个扰动：为 b_i 引入某个随机的微小改变 ε_i，使之变为 $b_i \pm \varepsilon_i$。由于 ε_i 很小，这并不会改变 LP 的本质特征，但是却能够起到区分各线性方程组解的作用。从几何上解释，可以将其想象为四个平面②,③,④,⑤都发生了微小的位置偏移。你知道为什么顶点 B 不会分裂为 2 个相互非常靠近的顶点吗？

无界性：

有些情况下 LP 是无界的，此时目标函数能够取任意大的值(如果是最小化问题，则为任意小)。如果存在这样的情况，单纯形法将会发现它：在探索某个顶点的邻居时，单纯形法会注意到移除一个不等式并加入一个新的不等式后，新的线性方程组将没有确定的解(也即其有无穷多的解)。并且事实上(这是一个简单的测试)其解空间包含了一整条直线，沿着该直线能够使得目标函数值变得越来越大，直到∞。此时单纯形法将会退出并报告该情况。

7.6.4 单纯形法的运行时间

单纯形法的运行时间是怎样呢？考虑一个普通的线性规划

$$\max \mathbf{c}^T\mathbf{x}\text{，满足 }\mathbf{A}\mathbf{x}\leq 0\text{ 且 }\mathbf{x}\geq 0,$$

其中共有 n 个变量且 $\mathbf{A}$ 中包含了 m 个不等式约束。由于单纯形法是一个由顶点到顶点的迭代过程，因此，让我们从计算每次迭代的时间开始。设当前顶点为 $\mathbf{u}$。根据定义，它是使 n 个不等式约束中等号同时满足的唯一点。其邻居与其共享其中的 n-1 个不等式，因此 $\mathbf{u}$ 最多可能有 $n \cdot m$ 个邻居—— 考虑到可能移除和可能加入的最大不等式数量。

在每次迭代中，一种朴素的作法是逐个检查所有的邻居，看其是否是多面体的一个顶点并计算其代价。计算代价的过程是非常快的，只需进行一次点乘运算即可，但是检验一个点是否为顶点则包含了求解包含 n 个未知数的方程组(也即验证是否恰好能使 n 个不等式都同时取等号)和检验其结果是否可行这两个步骤。利用高斯消去法(Gaussian elimination)这需要 $O(n^3)$的时间，从而最终每次迭代的时间约为 $O(mn^4)$，实在有点不尽如人意。

高斯消去法

从代数学的角度讲，在求解关于某个顶点的线性方程组时，很少需要写出该顶点的坐标。这是如何做到的呢？

设 n=4，给定关于 n 个未知数的 n 个线性方程如下：

$$\begin{aligned} x_1 \quad\quad - 2x_3 \quad\quad &= 2 \\ x_2 + x_3 \quad\quad &= 3 \\ x_1 + x_2 \quad\quad - x_4 &= 4 \\ x_2 + 3x_3 + x_4 &= 5 \end{aligned}$$

高中时，求解以上方程组的基本方法是反复地使用如下规则：将某个方程两边乘以相同倍数后与另一个方程相加，新的方程组与原方程组等价。例如，第一个方程两边同乘-1 后与第三个方程相加，我们将得到等价的方程组：

$$\begin{aligned} x_1 \quad\quad - 2x_3 \quad\quad &= 2 \\ x_2 + x_3 \quad\quad &= 3 \\ x_2 + 2x_3 - x_4 &= 2 \\ x_2 + 3x_3 + x_4 &= 5 \end{aligned}$$

这种变换从以下意义上说是非常明智的：它消去了第三个方程中的变量 x_1，使得最终只剩下一个包含 x_1 的方程。换句话说，忽略第一个方程，我们将得到一个由包含 3 个未知数的 3 个方程构成的方程组，也即：我们使 n 减小了 1！我们可以先求解这个关于 x_2, x_3 和 x_4 的较小的方程组，然后将其结果代入第一个方程求得 x_1。

由此引入一个算法——它的发明将再一次被归功于高斯。

```
proceduregauss (E, X)
Input:  A system E = {e_1,...,e_n} of equations in n unknowns X = {x_1,...,x_n}:
        e_1 : a_11 x_1 + a_12 x_2 + ··· + a_1n x_n = b_1; ···; e_n : a_n1 x_1 + a_n2 x_2 + ··· + a_nn x_n = b_n
Output: A solution of the system, if one exists


If all coefficients a_i1 are zero:
   halt with message "either infeasible or not linearly independent"
if n = 1: return b_1/a_11


choose the coefficient a_p1 of largest magnitude, and swap equations e_1, e_p
for i = 2 to n:
      e_i = e_i - (a_i1/a_11)·e_i
(x_2,...,x_n) = gauss(E - {e_1}, X - {x_1})
x_1 = (b_1 - Σ_{j>1} a_1j x_j)/a_11
return (x_1,...,x_n)
```

(当要选择方程替换到第一个位置时，出于数值精度的考虑，我们挑选具有最大$|a_{p1}|$的方程，然后，我们将使用 a_{p1} 作为除数。)

高斯消去法将一个问题由规模 n 减至 n-1 需要 $O(n^2)$次算术运算，因此其总体上共需进行 $O(n^3)$次操作。为了说明该结果是对总运行时间的一个较好的估计，我们必须证明其中涉及的数字都保持多项式有界—— 举例来说，解$(x_1, \ldots, x_n)$中的数字并不要求具有比原有系数 a_i 和 b_i 高出许多的精度。你知道这是为什么吗？

幸运的是，还有一种比这好得多的方法，且因子 mn^4 能被改进为 mn，从而使得单纯形法得以成为一个具有实用价值的算法。请回忆我们此前关于顶点 **u** 局部视图的讨论(7.6.2 节)。我们能够使得每次迭代在新的局部坐标下重写 LP 的开销仅为 $O((m+n)n)$；其原因在于很好地利用了两次迭代间局部视图仅仅发生微小改变—— 仅有一个不等式被替代这一事实。

其次，为了选择最优的邻居，我们回忆(局部视图下)形如“max $c_{\mathbf{u}}+\tilde{c}^T\mathbf{y}$”的目标函数，其中 $c_{\mathbf{u}}$ 为 **u** 处的目标函数值。它立即告诉了我们一种可靠的移动方向，即选取任意 $\tilde{c}_i>0$ 的方程加入(如果没有满足该条件的方程，则说明当前顶点已经是最优的，从而算法退出)。由于 LP 的剩余部分已经在 **y**-坐标系下进行了重写，因此我们总能够在其它某个不等式约束被破坏前很容易地判断出 y_i 能够被增大的幅度。(如果我们能将 y_i 无穷地增大，则可知 LP 是无界的。)

如此一来单纯形法每次迭代的运行时间就仅为 $O(mn)$了。但是又会有多少次迭代呢？很显然，该值不可能超过$\binom{m+n}{n}$，也即顶点数的一个上界。但是这个上界是 n 的指数。事实上也确实存在这样的 LP，其上的单纯形法需要指数次的迭代。换句话说，单纯形法是一个指数时间的算法。然而，这种指数的例子在实际应用中很少出现，也正是这一点使得单纯形法被认为深具价值并被广泛使用。

多项式时间的线性规划

单纯形法不是一个多项式时间的算法。在求解过程中，其总是由可行区域的一角(顶点)移动到目标值稍好的另一角，然后继续移动到一个更好的。对于某些不常见的线性规划，这种方式最终意味着指数次的移动(迭代)。因此，很长时间以来，线性规划被认为是一个悖论，一个在实际中可行，却在理论上说不通的怪物！

直到 1979 年，一个来自前苏联的年轻数学家 Leonid Khachiyan 提出了椭圆算法，一个完全不同于单纯形法，概念上极其简单(但其证明过程极其复杂)且能在多项式时间内求解任意线性规划的算法。不同于单纯形法从多面体的一个角移动到另一个角以寻找解的方式，Khachiyan 的算法将多面体限制在越来越小的椭球体(歪斜的高维球体)内。该算法被公布之初，曾被视作一个"数学上的 Sputnik(前苏联的人造地球卫星)"，一个惹人注目，却令美国军方忧心忡忡的成就。它甚至曾被提到了冷战的高度，被认为暗示着前苏联在科学领域所潜在具备的优势。最终椭圆算法还是被认定为一个重要的理论成就，但在实际应用中它却没有和单纯形法形成过什么真正的对抗。它的出现使得关于线性规划的悖论被进一步加深：在该问题的两种算法中，一个拥有了理论上的成功，另一个却在应用中非常高效！

几年之后，Narendra Karmarkar，一个来自 UC Berkeley 的研究生，提出了一种与过去截然不同的思路，从而引出了关于线性规划的另一个可证明为多项式时间的算法。Karmarkar 的算法称为内点法，之所以这样称呼它，仅仅是因为它奔向最优角的过程不再像单纯形法那样沿着多面体的表面逐个角地迂回前进，而是在多面体内切割出一条非常巧妙的路径。在实际应用中该算法也有着很好的表现。

但是，也许线性规划研究中最伟大的成就既不是 Khachiyan 的理论突破也不是 Karmarkar 的创造性方法，而是来自后者引发的一个意外收获：由于单纯形法和内点法之间的惨烈竞争，最终发展出了极其高效的线性规划求解程序。

7.7　后记：电路值

线性规划的重要性体现在有很多不同种类的问题都可以被归约为线性规划问题，这些问题的种类之多，范围之广也进一步验证了其强大的应用能力。某种意义上说，下面的问题可以说是线性规划的终极应用。

给定一个布尔电路，即：一个由以下几类门电路(简称门)构成的有向无环图(dag)：

- 输入门(input gate)：入度为 0，值为 true 或 false。
- 与门(AND gate)：入度为 2。
- 非门(NOT gate)：入度为 1。

此外，某一个门被指定为输出。以下是一个例子：

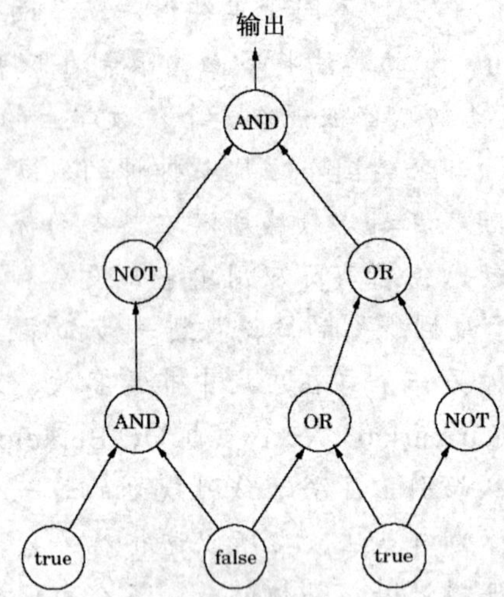

所谓电路值问题是这样的：如果将布尔逻辑按照门的拓扑顺序加以应用，输出是否为 true？

有一种简单且自动的途径可以将该问题转换为一个线性规划。首先为每个门 g 指定一个变量 x_g，满足 $0 \leqslant x_g \leqslant 1$。然后参照下图为各类门增加不同的约束：

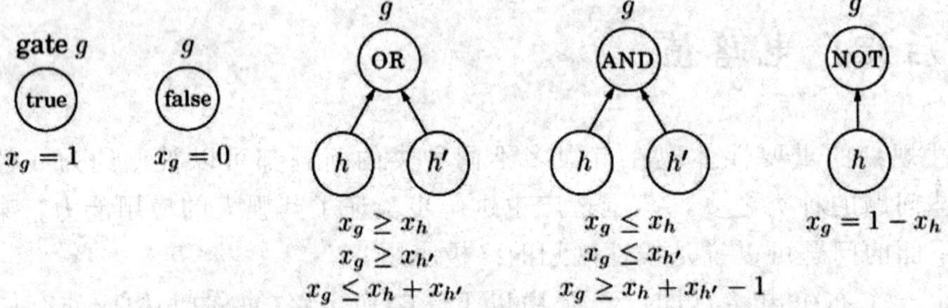

这些约束要求所有的门都必须取正确的值—— 0 代表 false，1 代表 true。我们不必求最大值或最小值，而只需从对应于输出门的变量 x_o 中读取结果。

这是一个到线性规划的直截了当的归约，而其最初的问题看起来似乎并不那么有趣。电路值问题某种意义上说是能在多项式时间内求解的最普通问题！毕竟任意算法最终都要在计算机上运行，而计算机最终不过是刻录在某个芯片上的一堆布尔电路而已。如果算法能运行在多项式时间内，则它就能被视为是一个包含了多项式数量的计算机电路拷贝的布尔电路。这些电路拷贝每单位时间一个，其中包含着下一次计算所需的所有门电路值。因此，电路值问题能够被归约到线性规划的事实意味着：所有能在多项式时间内求解的问题也都可以这样做！

在我们的下一个主题—— **NP** 完全性(NP-completeness)——中，我们将看到，很多困难的问题都可以采取非常相近的方式被归约为线性规划的一个同胞兄弟，即所谓的整数规划问题。

题外话：求解电路值问题是否还有其它途径？让我们想一想——电路是一个 dag。哪种算法技术最适合求解关于 dag 的问题呢？对，动态规划！在现实应用中，动态规划和线性规划一起，并称为世界上最具通用性的算法技术。

习题

7.1　考虑如下的线性规划：

$$
\begin{aligned}
\text{求 } 5x+3y \text{ 最大}\\
5x-2y &\geq 0\\
x+y &\leq 7\\
x &\leq 5\\
x &\geq 0\\
y &\geq 0
\end{aligned}
$$

请绘出其可行区域并指出最优解。

7.2　苦荞麦产自堪萨斯和墨西哥，主要的消费地则在纽约和加州。堪萨斯和墨西哥的苦荞麦产量分别为 15 和 8。同时，纽约和加州的消费量分别为 10 和 13。根据运输路线不同，每单位苦荞麦的运费依次为：墨西哥至纽约\$4，墨西哥至加州\$1，堪萨斯至纽约\$2，堪萨斯至加州\$3。

请写出一个线性规划，判断每个产地应该分别向不同的消费地运输多少苦荞麦，能够使得总的运费最少。

7.3　货运飞机的单次最大载货限制为重量 100 吨和体积 60 立方米。现有三种需要运送的物资，为了使运输的总收益最大，货运公司需要决定每种物资的具体装载量。

- 物资 1 每立方米重量 2 吨，可运送总量 40 立方米，每立方米收益\$1,000。
- 物资 2 每立方米重量 1 吨，可运送总量 30 立方米，每立方米收益\$1,200。
- 物资 1 每立方米重量 3 吨，可运送总量 20 立方米，每立方米收益\$12,000。

请写出相应的线性规划。

7.4 Moe 需要考虑每周进多少 Duff 啤酒。该啤酒分为常规的和烈性的两类。常规 Duff 每品脱进价\$1，售价\$2；烈性 Duff 每品脱进价\$1.5，售价\$3。不过，作为其复杂的市场规划的一部分，Duff 公司在卖给 Moe 啤酒时，每 1 品脱的烈性啤酒必须搭售 2 品脱或更多的常规啤酒。并且，出于某种不能透露的历史原因，Duff 每周卖给 Moe 的啤酒总量不会超过 3,000 品脱。此外，Moe 知道，不论进多少啤酒最后总能卖光。请为 Moe 建立一个线性规划，决定他每周进货的常规和烈性啤酒数量，目的是使得总的利润最高。然后，请用几何方法求解该问题。

7.5 狗食产品公司生产两种狗食，欢闹小淘气(简称小淘气)和爱斯基摩猎犬(简称猎犬)，生产的基本原料为谷物和肉。生产一包小淘气需要 1 磅谷物和 1.5 磅肉，售价\$7。生产一包猎犬则需要 2 磅谷物和 1 磅肉，售价\$6。原料谷物每磅售价\$1，原料肉为每磅\$2。此外，小淘气和猎犬的包装费用分别为\$1.40 和\$0.60。每月共有可用的谷物和肉类 240,000 磅和 180,000 磅。生产能力的唯一限制是每月最多能包装 110,000 包小淘气。不用说，管理层当然希望利润越高越好。

(a) 请写出该问题对应的包含两个变量的线性规划。

(b) 绘出其可行区域，给出每个顶点的坐标，并标出使得利润最大的顶点。计算最大的可能利润是多少。

7.6 请给出一个线性规划示例，其中包含两个变量且可行区域无限，但却存在一个代价有界的最优解。

7.7 请给出关于实数值 a 和 b 的充要条件，使得以下线性规划

$$\begin{gathered}\max \\ x+y \\ ax+by\leq 1 \\ x, y\geq 0\end{gathered}$$

分别具有下列性质：

(a) 不可行。

(b) 无解。

(c) 具有有限且唯一的最优解。

7.8 给定平面上的点：

$$(1, 3), (2, 5), (3, 7), (5, 11), (7, 14), (8, 15), (10, 19)。$$

你需要找到一条近似通过这些点的直线 $ax+by=c$(不存在恰好经过以上所有点的直线)。请写出一个线性规划(不必求解)使得所得直线的最大绝对误差

$$\max_{1\le i\le 7} |ax_i+by_i-c|$$

最小。

7.9　二次规划的目标是基于一组线性约束使某个二次目标函数(形如 $3x_1^2$ 或 $5x_1x_2$)取值最大。请给出一个包含两个变量 x_1 和 x_2 的二次规划，其可行区域是非空且有界的，但是该区域的任一顶点都无法使得(二次)目标函数取值最优。

7.10　对如下的网络(边容量如图所示)，寻找由 S 到 T 的最大流，并指出其对应的分割。

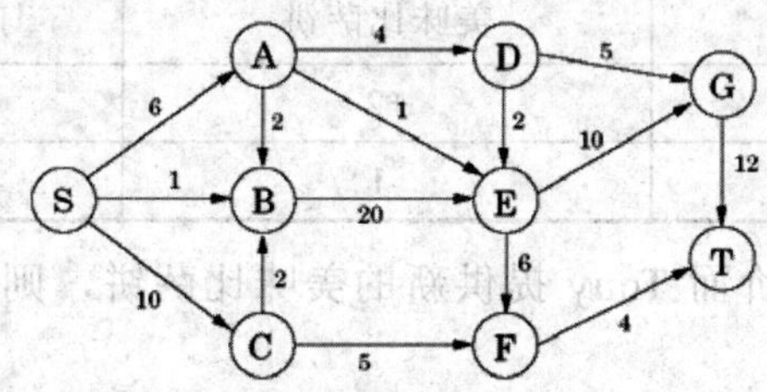

7.11　写出以下线性规划的对偶问题

$$\begin{aligned} &\max \\ &x+y \\ &2x+y\le 3 \\ &x+3y\le 3 \\ &x, y\ge 0 \end{aligned}$$

并求原问题及对偶问题的最优解。

7.12　对线性规划

$$\begin{aligned} \max \quad & x_1-2x_3 \\ & x_1-x_2\le 1 \\ & 2x_2-x_3\le 1 \\ & x_1, x_2, x_3 \ge 0 \end{aligned}$$

证明解$(x_1, x_2, x_3)=(3/2, 1/2, 0)$最优。

7.13　便士配对。在这个简单的二人游戏中，玩家(分别称为 R 和 C)每人每次选择硬币的一面，正面或反面。如果两个玩家的选择一样，C 付给 R 一元；反之 R 付给 C 一元。

(a) 请用一个 2×2 矩阵表示其支付；

(b) 该游戏的价值是多少？两个玩家的最优策略又分别是什么？

7.14 小镇的比萨饼业务由两家竞争对手提供，Tony 和 Joey。它们都希望采取有力的策略夺取对手的市场。Joey 考虑采取降价或将比萨饼切割得更大的方法；而 Tony 希望采取的手段则是推出新的美味比萨饼生产线、提供户外订座或在午餐中提供免费苏打。这些不同策略产生的结果最终反映在如下的支付矩阵中(每个单元格对应于 Joey 从 Tony 处赢取的比萨饼打数)：

		Tony		
		美味比萨饼	订座	免费苏打
Joey	降价	+2	0	-3
	更大块	-1	-2	+1

例如：如果 Joey 降价而 Tony 提供新的美味比萨饼，则 Tony 将输给 Joey 相当于两打比萨饼的业务量。

7.15 该博弈的价值是多少？Tony 和 Joey 各自的最优策略又分别是什么呢？求如下支付矩阵描述的博弈的价值。

$$
\begin{matrix}
0 & 0 & -1 & -1 \\
0 & 1 & -2 & -1 \\
-1 & -1 & 1 & 1 \\
-1 & 0 & 0 & 1 \\
1 & -2 & 0 & -3 \\
0 & -3 & 2 & -1 \\
0 & -2 & 1 & -1
\end{matrix}
$$

(提示：考虑混合策略(1/3, 0, 0, 1/2, 1/6, 0, 0)和(2/3, 0, 0, 1/3)。)

一种沙拉由以下几种食材混合而成：(1)西红柿，(2)莴苣，(3)菠菜，(4)胡萝卜，(5)食用油。每份沙拉必须包含：(A)最少 15 克蛋白质，(B)最小 2 克最多 6 克脂肪，(C)最少 4 克碳水化合物，(D)最多 100 毫克钠。此外，(E)你不希望沙拉中绿色蔬菜的总比例超过 50%。每种食材的营养成分含量(每 100 克)如下：

营养成分	热量 (千卡)	蛋白质 (克)	脂肪 (克)	碳水化合物 (克)	钠 (毫克)
西红柿	21	0.85	0.33	4.64	9.00
莴苣	16	1.62	0.20	2.37	8.00
菠菜	371	12.78	1.58	74.69	7.00
胡萝卜	346	8.39	1.39	80.70	508.20
食用油	884	0.00	100.00	0.00	0.00

请在 Web 上找一个线性规划小程序，使用其计算出满足前述约束且具有最低卡路里的沙拉配方。请写出该线性规划及最优解(每种食材的配比与最优值)，并列出你所引用的 Web 资源地址。

7.17　考虑如下的网络(其中的数字为对应边的容量)

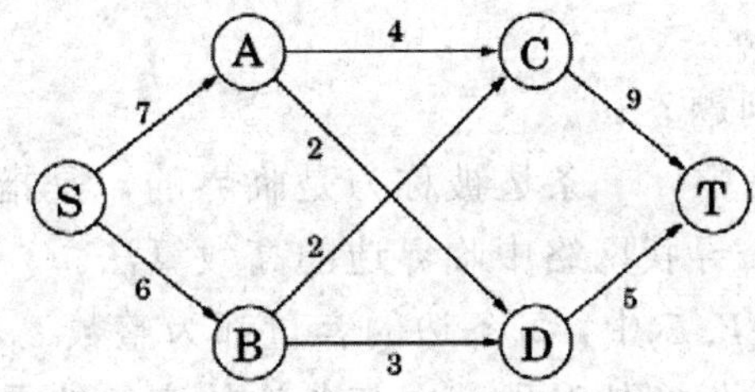

(a) 求其最大流和最小分割。

(b) 画出剩余网络 G_f(标准其剩余流量)。在剩余网络中，标出由 S 可达的顶点和可达 T 的顶点。

(c) 网络中的一条边被称为瓶颈边是指其容量的增加将导致最大流规模的增加。请指出以上网络中所有的瓶颈边。

(d) 请给出一个不含瓶颈边的简单(最多包含四条边)网络。

(e) 请给出一个识别网络中瓶颈边的高效算法。(提示：由运行一般的网络流算法开始，然后检查其剩余网络。)

7.18　最大流问题有许多常见的变型。以下是其中的四个：

(a) 图中有多个源点和汇点，我们希望使得由所有源点到所有汇点的流最大。

(b) 每个顶点也有能够流入的最大流量限制。

(c) 每条边不仅有容量限制，而且要求其承载的流量不能低于某个下界。

(d) 节点 u 的流出流量与流入流量不同，前者仅为后者的$(1-\varepsilon_u)$倍，其中ε_u是与

u 相关的一个流量损耗系数。

这些问题都能够被有效解决。请参照如下思路证明这一点：将(a)和(b)归约为原最大流问题，将(c)和(d)归约为线性规划。

7.19　假设有人告诉你某个网络上最大流问题的解。请给出一个线性时间的算法判断该解是否真的最优。

7.20　考虑对最大流问题的如下推广：给定有向网络 $G=(V, E)$，其边容量为$\{c_e\}$。网络中不再只包含一对源-汇点，而是存在多个$(s_1, t_1), (s_2, t_2), \ldots, (s_k, t_k)$，其中 s_i 和 t_i 分别为 G 中的源点和汇点。现在有 k 个需求值 $d_1, \ldots, d_k$。我们的目标是找到满足以下性质的 k 个流 $f^{(1)}, \ldots, f^{(k)}$：

- $f^{(i)}$为 s_i 到 t_i 的一个可行流。
- 对每条边 e，总载流量 $f_e^{(1)}+f_e^{(2)}+\ldots+f_e^{(k)}$不超过边容量 c_e。
- 每个流 $f^{(i)}$的规模最多为 d_i。
- 总流量尽可能大。

你准备如何求解该问题？

7.21　在一个流网络中，一条边被称为是临界的，是指降低其容量将导致最大流规模下降。请给出一个寻找网络中临界边的高效算法。

7.22　在某网络 $G=(V, E)$中，每条边的容量都为整数 c_e，且我们已经得到了由 s 到 t 的最大流 f。但是，我们突然发现其中某条边的容量被弄错了，不妨：对边(u, v)，我们错误地使用 c_{uv} 代替了其真实的流量 c_{uv}-1。非常不幸的是，最大流 f 恰好完全占用了(u, v)，即：$f_{uv}=e_{uv}$。

我们可以从头开始再计算一次新的最大流，不过其实还有某种更简便的方法。请说明如何在 $O(|V|+|E|)$的时间内求得新的最大流。

7.23　无向图 $G=(V, E)$的一个顶点覆盖是顶点集的一个与所有边都保持接触的子集——即：顶点覆盖集 $S\subset V$ 满足：对任意$\{u, v\}\in E$，u 和 v 之一必属于 S。

请证明求二部图的最小顶点覆盖问题能够被归约为最大流问题。(提示：你能否将该问题与求对应网络的最小分割问题建立联系？)

7.24　直接的二部图匹配。我们已经掌握了如何通过将原问题归约为最大流问题来求解二部图的最大匹配。现在，我们来研究一种更直接的方法。

令 $G=(V_1\cup V_2, E)$为一个二部图(每条边都一个端点在 V_1，另一个端点在 V_2)。同时，令 $M\subset E$ 为该图的一个匹配(即相互不连的边的集合)。我们说一个顶点被 M 覆盖，是指它是 M 中某条边的端点。交替路径是一条长度为奇数的路径，其以某个未被覆盖的顶点为起始和终结，其组成边交替地属于 M 和 E-M。

(a) 在如下的二部图中，加粗的边代表一个匹配 M。请找出图中的一个交替路径。

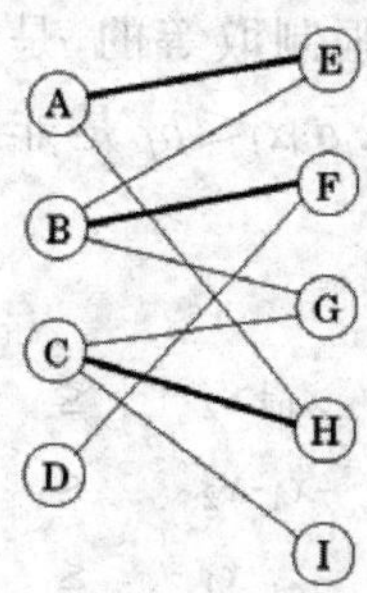

(b) 证明一个匹配是最大的当且仅当不存在与之相关的交替路径。

(c) 使用广度优先搜索，设计一个求交替路径的算法，要求时间在 $O(|V|+|E|)$内。

(d) 请给出一个时间 $O(|V|\cdot|E|)$的求最大匹配的直接算法。

7.25　最大流的对偶。考虑如下包含边容量的图

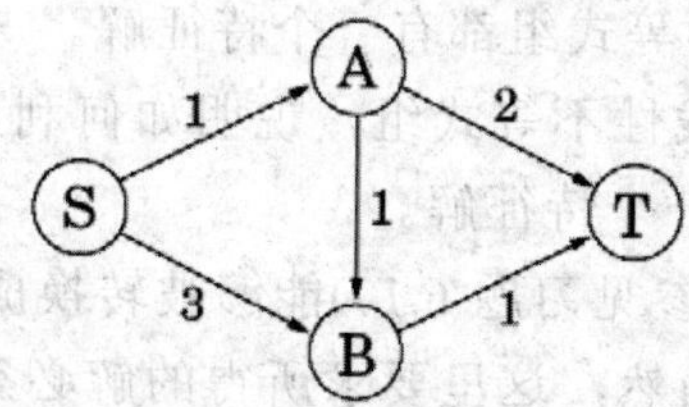

(a) 写出求 S 到 T 最大流的线性规划问题。

(b) 写出该问题的对偶问题。其中应包含和每条边及不包含 S 和 T 在内的每个顶点对应的对偶变量。

现在我们用最一般的方式求解该问题。还记得求一般最大流问题的线性规划吗(7.2 节)?

(c) 写出该一般 LP 的对偶，使用 y_e 为每条边对应的变量，x_u 为除 s, t 外每个顶点对应的变量。

(d) 证明一般对偶 LP 的任意解都必须满足以下性质：对网络中由 s 到 t 的任意有向路径，沿着该路径的 y_e 值之和至少为 1。

(e) 对偶变量的直观含义是什么？请说明网络的任意 s-t 分割都可以被转换为一个对偶可行解，且该可行解的代价恰为分割的容量。

7.26　在如下一个可满足的线性不等式组中：

$$a_{11}x_1+\ldots+a_{1n}x_n \le b_1$$

$$\vdots$$
$$a_{m1}x_1+\ldots+a_{mn}x_n\le b_m$$

我们称其中的第 j 个不等式是强制取等的，是指以上不等式组的任意解 $\mathbf{x}=(x_1, \ldots, x_n)$都会令该式取等号。等价地，$\Sigma_i a_{ji}x_i \leqslant b_j$ 是非强制取等的是指存在某个解 $\mathbf{x}$ 使 $\Sigma_i a_{ji}x_i<b_j$。

举例来说，在

$$\begin{aligned} x_1+x_2 &\le 2 \\ -x_1-x_2 &\le -2 \\ x_1 &\le 1 \\ -x_2 &\le 0 \end{aligned}$$

中，最前面的两个不等式都是强制取等的，而后两个则不是。不等式组的某个解 $\mathbf{x}$ 被称为特征解，是指对于每个非强制取等的不等式 I，$\mathbf{x}$ 使 I 取不等号。在以上的例子中，$(x_1, x_2)=(-1, 3)$就是这样一个解，其满足 $x_1<1$ 和 $-x_2<0$，且有 $x_1+x_2=2$ 和 $-x_1-x_2=-2$。

(a) 证明每个可满足的不等式组都有一个特征解。

(b) 给出一个可满足的线性不等式组，说明如何利用线性规划判断其中哪些不等式是强制取等的，并给出一个特征解。

7.27 证明换零钱问题(参见习题 6.17)能够被转换成一个整数线性规划。我们能够以 LP 的方式求解它吗？当然，这里要求所得的解必须都是由整数值组成的(类似于二部图的匹配)。请证明你的判断或者给出反例。

7.28 最短路径问题的线性规划。假设我们需要在一个有向图(边长 $l_e>0$)中求节点 s 到 t 的最短路径。

(a) 证明以上问题等价于求一个 s-t 流 f，使得在 f 规模为 1 的前提下$\Sigma_e l_e f_e$ 最小。这里没有任何流量限制。

(b) 将最短路径问题写成一个线性规划。

(c) 证明其对偶问题可写成

$$\max x_s-x_t$$
$$\text{对所有}(u, v)\in E\text{，有 } x_u-x_v\le l_{uv}$$

(d) 图 7-11 给出了对偶的一个解释。为什么我们的对偶 LP 与之不同？

7.29 好莱坞。一家电影制品厂正在为新电影寻找演员和投资人。有 n 个可供选择的演员，每个演员 i 的出场费为 s_i。出于预算需要，共联系了 m 个可选的投资人。投资人 j 愿意提供 p_j 元，但前提是某些演员 $L_j \subset \{1, 2, \ldots, n\}$ 必须被选中(L_j 中的所有人都必须被选中)。

制片商的利润等于所有投资人的投资总额减去支付给演员的出场费之和。目标是使得利润最高。

(a) 请将该问题表达为一个整数规划，要求其中变量的取值范围都是 $\{0, 1\}$。

(b) 现在将其放松为一个线性规划，请证明其确实存在一个整数值的最优解(与最大流和二部图匹配中的情形一样)。

7.30　Hall 定理。回到 7.3 节的匹配场景，假设在我们的二部图中，左侧的男孩数和右侧的女孩数恰好相等。Hall 定理告诉我们存在一个完美匹配的充要条件是：男孩的任意子集 S 至少与 $|S|$ 个女孩相连接。

请证明该定理。(提示：最小分割最大流定理在此可能会派上用场。)

7.31　考虑如图标注了边容量的简单网络：

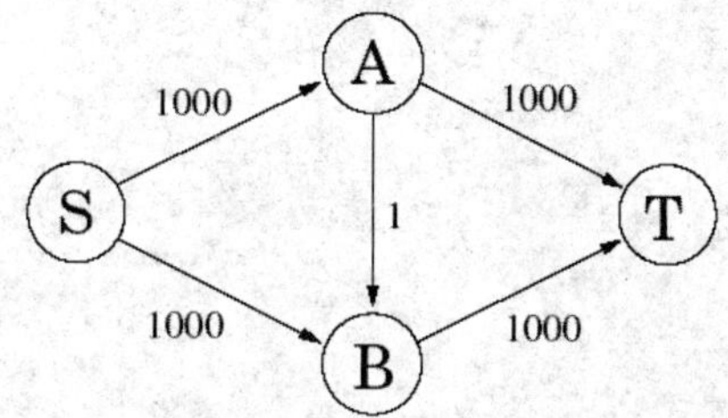

(a) 请证明，如果在该图上运行 Ford-Fulkerson 算法，不当的更新选择将导致算法最终需要 1000 次迭代。想象一下如果这里的数字不是 1000 而是 1 百万！

现在我们来寻找一个选择路径的可靠策略，以保证该算法的迭代次数能够处于可接受的范围。

考虑任意的有向网络($G=(V, E), s, t, \{c_e\}$)，我们要求其最大流。为了简化问题，我们假设所有边的容量都至少为 1，且定义任一 s-t 路径的容量为其组成边的最小容量。s 到 t 的最丰满路径即容量最大的路径。

(b) 证明图中 s-t 的最丰满路径可通过 Dijkstra 算法的一个变体求得。

(c) 证明 G 中的最大流为由 s 到 t 的沿最多 $|E|$ 条路径的独立流之和。

(d) 证明如果我们总是沿着剩余网络中的最丰满路径增大流，则 Ford-Fulkerson 算法最多需要 $O(|E| \log F)$ 次迭代，其中 F 为最大流的规模。(提示：也许你可以从 5.4 节的覆盖集贪心算法中得到一些启发。)

事实上，还有一个更加简单的规则——利用广度优先搜索寻找剩余网络中的路

径能保证算法最多需要 $O(|V|\cdot|E|)$次迭代。

chapter 8

NP-完全问题

8.1 搜索问题

在此前的 7 章中，我们已经为很多计算问题建立了算法，例如：图的最短路径和最小生成树、二部图的匹配、最大递增子序列、网络最大流等。所有这些算法都可以说是高效的，因为随着输入规模(n)的递增，它们所需的计算时间仅仅呈现多项式(例如 n、n^2 或 n^3)的变化。

为了更好地理解这些算法的效率，我们来换个角度思考一下。在这类问题中，我们通常需要在指数量级的可能情形中搜索一个解(如路径、树、匹配等)。事实上，n 个男孩和 n 个女孩间可能有 $n!$种不同的匹配方式，包含 n 个顶点的图最多可能有 n^{n-2} 个不同的生成树，而在一个典型的图中，由 s 到 t 的可能路径数也是指数量级的。所有这些问题，都可以通过逐个检查所有的可能解而最终在指数时间内得到解决。但是，一个时间为 2^n 或更长的算法，无论多么有效都没有任何实用价值(参见稍后灰色方框中的内容)。高效算法的任务就是要避开笨拙的穷举式搜索，利用输入提供的线索大幅缩减搜索空间的规模，从而以一种巧妙的方式找到答案。

迄今为止，在本书中我们已经看到了许多成功完成以上任务的案例，并从中了解到一些应对指数规模搜索的算法技术，例如贪心策略、动态规划、线性规划(分治方法更多地是使已经能在多项式时间内解决的问题求解得更快)。下面，我们将遇到一些最令人头疼甚至注定为不可能成功的任务。我们将看到另外一些“搜索问题”，其中仍然需要在指数量级的繁杂的可选对象中搜索某个具有特定性质的解。不同以往的是，求解这些问题似乎没有什么捷径可行。关于这些问题，目前我们所知的最快算法都是指数时间的—— 相比穷举搜索没有本质性的改善。下面，首先介绍其中一些重要的例子。

可满足性问题

可满足性问题(简称SAT)(参见习题3.28和本书5.3节)是一类具有重要应用价值的问题，其应用范围涉及从芯片测试、计算机设计到图像分析与软件工程等众多领域。它是一个标准的困难问题。SAT的一个实例形如：

$$(x\vee y\vee z)(x\vee \overline{y})(y\vee \overline{z})(z\vee \overline{x})(\overline{x}\vee \overline{y}\vee \overline{z})$$

Sissa与Moore的故事

传说中，国际象棋游戏是印度人Brahmin Sissa发明的，其目的是为了娱乐和教导他的国王。当心存感激的国王问Sissa想要什么赏赐时，充满智慧的Sissa向国王提出了这样的请求：请在棋盘的第一个格子里放上一粒稻谷、第二个格子里放上两粒稻谷、第三个四粒，然后依次类推，每次在下一个格子里放上前一格加倍数量的稻谷，直到2的64次方个。国王立刻答应了。结果这位国王成了领教指数级增长威力的第一人。因为满足Sissa的请求一共需要2^{64}-1=18 446 744 073 709 551 615粒稻谷，足够将整个印度国土覆盖好几层！

在自然界中，从细菌的繁殖到胚胎的细胞分裂，我们都可以见到一些指数增长的例子，只不过它们持续的时间通常比较短暂。1798年，英国哲学家T. Robert Malthus在一篇文章中预测，全球人口的指数增长(他称之为“几何增长”)将很快耗尽线性增长的各类资源。这一结论最终对Charles Darwin产生了深刻的影响。Malthus的预测源于这样一个基本事实：指数增长迟早会战胜任何多项式增长。

1965年，计算机芯片业的先驱Gordon E. Moore注意到，在20世纪60年代早期，芯片中的晶体管密度每两年会翻一番，于是他预测这一规律会一直延续下去。经过适当的修正，如今这一规律被表述为，每18个月计算机的处理速度将翻一番，也就是著名的Moore定律。40年来，Moore定律很好地预测了计算机硬件的发展。而在最近几十年中，Moore定律和高效的算法技术已经成为了支撑信息技术爆炸式发展的两大源动力。

表面上看，Moore定律对于多项式时间算法的发展产生了某种反面刺激。毕竟，如果算法是指数级的，为什么不能等到Moore定律使它的实现成为可能呢？但是现实的情况却恰恰相反：Moore定律对高效算法的发展产生了巨大的激励，其原因在于人们需要这样的算法来充分发挥计算机速度指数级提升的好处。

让我们举例说明，如果给定1小时的时间用于执行一个$O(2^n)$的布尔可满足性问题(SAT)，倒退到1975年，当时的计算机在此时间内最多可以处理完包含25个变量的问题实例，对 1985 年的较快计算机而言，问题实例可包含 31 个变量，1995 年 38 个，今天则约为 45 个。这确实是在一点点进步——只是每增加一个新变量平均需要等待一年半时间，而应用需求的增长(具有讽刺意味的是，它常常源于计算机设计本身的改变)常常比这快得多。作为对比，一个 $O(n)$或 $O(n \log n)$算法所能解决问题的最大规模，每 10 年可增长约 100 倍；$O(n^2)$算法所能解决问题的规模，每 10 年可增长约 10 倍；即使是 $O(n^6)$这样一种令人望而却步的算法，其所能解决问题的规模每 10 年也至少可提高一倍以上。也就是说，观察一个算法所能解决问题的规模在固定时间内的增长速度，我们最终可以得到这样一个结论：指数时间算法的能力将以多项式速度提高，而多项式时间算法能力的提升速度却是指数级的。结论中多项式和指数级二者的地位恰好做了一个互换！因此，为了反射 Moore 定律的光辉，我们确实需要更高效的算法。

Sissa 和 Malthus 都清楚，指数级增长不可能在我们这个资源有限的世界上一直持续下去。细菌最终会耗尽所有食物；芯片的粒度最终也将触及原子的边界。在 10 到 20 年内，Moore 定律将不再能使计算机的速度继续翻番。到那时，计算能力的提升也许将更多地依赖算法上的创造——当然，或许真的可以另辟蹊径，比如利用所谓的量子计算技术(请参见第 10 章)。

这是一个采用合取范式(Conjunction Normal Form，CNF)的布尔公式。它由一组子句——括号内的公式组成，每个子句都是多个文字的析取(逻辑或(or)，记为$\vee$)，这里的文字要么为一个布尔变量(例如 x)要么为其否定(例如 $\overline{x}$)。一个可满足赋值是对每个变量的一个 false 或 true 赋值，使得每个包含文字的子句都取值为 true。SAT 问题即为：给定一个采取合取范式的布尔公式，为其找到一个可满足赋值或判定该赋值不存在。

在前述的例子中，如果令所有的变量取 true，则除最后一个子句外所有的子句都被满足。那么是否存在能使所有子句都满足的真赋值呢？

稍加思考，不难发现这样的真赋值不存在。(提示：中间的三个子句要求三个变量 x, y, z 必须取值相同)。那么，一般情况下我们该如何进行判断呢？当然，我们总是可以逐个搜索变量赋值的所有组合。但是，对于包含 n 个变量的公式，所有可能的赋值总数是指数级的，共有 2^n 个。

SAT 是一个典型的搜索问题。给定一个问题实例 I(即一组用于确定当前问题的输入数据。此刻我们关注的问题是采用合取范式的布尔公式)，我们需要求它的一个解 S(即某个符合特定描述的对象。在我们当前的问题中为一组满足所有子句的赋值)。如果这样的解不存在，则称该问题不可解。

说得更具体些，一个搜索问题必须具有如下性质：对实例 I，其任意一个解 S 的正确性都应该能被快速地检验。这意味着什么呢？一方面，S 必须足够简明(可被快速阅读)，长度在 I 规模的多项式范围内。对于 SAT，这一点显然成立，其中 S 为变量的赋值。对快速检验给出一个规范的描述如下：能被快速检验意味着存在一个以 I 和 S 为输入的多项式时间算法，用于验证 S 是否为 I 的一个解。对于 SAT，这是非常容易的，仅需将 S 中的赋值逐个代入 I，检查每个子句的运算结果是否为真即可。

在本章的后面部分，我们有必要稍微转换一下观察的角度，并将检验解的高效算法作为对搜索问题的定义。因此：

一个搜索问题是由一个算法 C 描述的，以问题实例 I 和一个可能的解 S 为输入，运行在关于$|I|$的多项式时间内。我们说 S 是 I 的一个解，当且仅当 $C(I, S)$=true。

由于 SAT 搜索问题的重要性，为了找到求解它的有效途径，过去的 50 年中学者们付出了艰苦努力，但是至今也没有获得成功。目前所知最快的求解算法在最差情况下仍需要指数时间。

不过，有趣的是，SAT 有两个自然的变型，它们都存在高效的算法。如果每个子句都最多包含一个肯定文字，则该布尔公式称为 Horn 公式，如果其存在真可满足赋值，则必可利用 5.3 节的贪心算法求得。另一种情形，如果每个子句仅包含两个文字，则采用图论的方法，可以通过寻找实例所对应图中的强连通部件(参见习题 3.28)在线性时间内求解该 SAT。事实上，第 9 章中我们还将看到针对此特殊情形(我们称之为 2SAT)的另一个多项式算法。

另一方面，如果我们更加宽容一些，允许子句中包含 3 个文字，则对应的问题，我们称之为 3SAT(我们此前已经看到了该问题的一个实例)，将再一次变得难以求解！

旅行商问题

在旅行商问题(TSP)中，我们给定 n 个顶点 1、…、n 和它们之间的 $n(n\text{-}1)/2$ 个两两距离值，以及旅行预算 b。我们需要确定一条旅行路线，该路线为一个恰好经过每个顶点一次的环，且总的旅行费用不能超过 b——否则将报告不存在这样的路线。也即，我们寻求所有顶点的一个排列 $\tau(1), \ldots, \tau(n)$，使得按照该排列的顺序旅行，总共最多产生费用 b：

$$d_{\tau(1),\ \tau(2)}+d_{\tau(2),\ \tau(3)}+\ldots+d_{\tau(n),\ \tau(2)}\leq b$$

图 8-1 为一个示例(图中仅标出了一部分距离值；我们假设未标出的距离都非常大)。

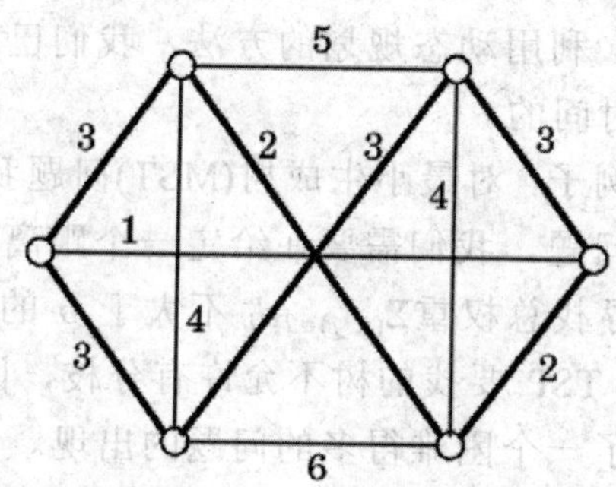

图 8-1　加粗的边表示商人的最佳旅行线路，长度为 18

请留意我们如何将 TSP 定义为一个搜索问题：给定一个实例，寻找一个总费用在预算内的可行路线(或者报告其不存在)。为什么我们用这种方式来表达旅行商问题呢？我们知道其本来是一个最优化问题，目标是求最短的可能线路。为什么要采取另一种描述方式呢？

一个合理的解释是，本章中我们的目的就是要对一些问题进行比较和联系。出于这一考虑，采用搜索问题的基本描述框架会对我们有所帮助，因为这种描述方式能够同时概括类似 TSP 的最优化问题和类似 SAT 的真值搜索问题的某些特征。

将一个最优化问题转变成一个搜索问题并不会改变其困难程度，因为这两种问题是可以相互归约的。任意一个解决了最优 TSP 问题的算法事实上也解决了其对应的搜索问题：寻找最优线路，如果其不超出预算，则返回之；否则，无解。

反之，一个求解搜索问题的算法也能被用于解决最优化问题。为什么呢？首先，假设我们知道最优路线的代价；然后，以之为预算，调用搜索问题的算法可以得到对应的旅行路线。但是，怎样才能知道最优代价呢？这很容易：通过二分查找法！(参见习题 8.1)

顺带提一句，这里有一个有趣之处：我们为什么非要引入一个预算值呢？从搜索一个具有最优性质的解这一意义上说，难道就不存在某个同时也是搜索问题的最优化问题吗？关键在于，一个搜索问题的解应该是容易被验证的，正如我们此前所指出的，其正确性应该能在多项式时间内得到确认。给定 TSP 问题的一个可能解，容易检验其是否为“一个旅行路线”(仅需判断它是否恰好经过每个顶点一次)以及是否“总代价不大于 b”。但是，该如何检验它是否“最优”呢？

和 SAT 一样，TSP 到目前为止还不存在任何多项式时间的算法，而就此问题人们所做的尝试已长达一个世纪。当然，有一种指数时间的算法，就是尝试所有$(n-1)!$种可能路线。在 6.6 节中，利用动态规划的方法，我们已经研究过一种相对更快的算法，不过它仍然是指数时间的。

作为一个完全反面的例子，对最小生成树(MST)问题我们已经有了高效的算法。为了将其表达成一个搜索问题，我们需要在给定一个距离矩阵的基础上再给定一个上界 b，目标于是变成了寻找总权重$\Sigma_{(i,\ j)\in T}d_{ij}$不大于 b 的生成树 T。TSP 可以说是 MST 的一个近亲，只不过 TSP 要找的树不允许有分枝，因此它是一条路径[1]。对树结构的这一额外限制导致了一个困难得多的问题的出现。

Euler 和 Rudrata

1735 年夏的一天，著名瑞士数学家 Leonhard Eular 正在东普鲁士哥尼斯堡某座公园的桥群中散步。走着走着，他突然感到有些困惑，因为不管从哪个位置开始，也不管他怎样精心地选择行走的路线，他都不可能恰好走遍所有的桥一次。正是这看似一念之间的冲动，最终导致了图论的诞生。

Eular 很快找到了问题的根源。首先，他将公园的地形转换成一个图，其中的顶点对应于四个不同的地点(两座小岛、两条堤岸)，连接它们的边则是对应的七座桥梁：

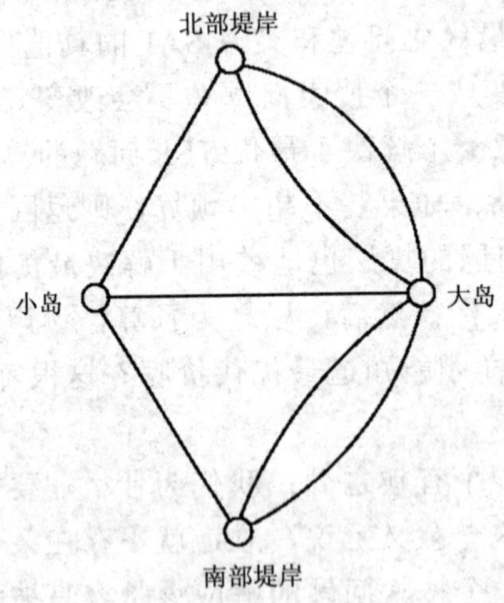

1 虽然 TSP 要求的是一个环，但是我们总可以将其转换成路径搜索问题，并且不难看出变换后的问题在难度上与原问题是一致的。

在这个图中，两个顶点间可能存在多条边——这一特征在本书此前的讨论中都不曾出现。在这一特定的问题中，由于每座桥都将被独立计数，因此这样的特征有其特别的意义。我们需要找一条恰好经过每条边一次的路径(该路径可以重复通过同一节点)。换句话说，我们的想知道的是：在什么条件下，可以一笔画出某个图形？

Eular 的答案是非常简洁、优雅和直观的：以上结论成立，当且仅当(a)该图是连通的且(b)除最多两个顶点(行走路线的起点和终点)外，所有顶点上的边数为偶数(习题 3.26)。这就是为什么哥尼斯堡公园的桥群不可能被一次性遍历的原因——所有四个顶点的度数都为奇数。

在上述背景下，我们定义一个称为 Euler 路径的搜索问题如下：给定一个图，寻找一条恰好包含每条边一次的路径。从 Euler 给出的答案出发，稍加思考不难发现，这一搜索问题能在多项式时间内求解。

冥冥中巧合的是，时间上溯到 Euler 在东普鲁士的那个夏天的一千年前，一个克什米尔诗人 Rudrata 曾经问过这样的问题：采用规定的国际象棋骑士步法，我们能否从某个棋盘格出发，不重复地走遍所有的棋盘格，并最终回到出发的格子？这也是一个图论问题：该图包含 64 个节点，如果骑士能够在一步内从某个格子走到另一个格(即如果格子间两个维度的坐标的差的绝对值分别是 2 和 1)，则在对应节点间就存在一条边。图 8-2 表示棋盘左上角对应的图。您能在其中为骑士找到一条路径吗？

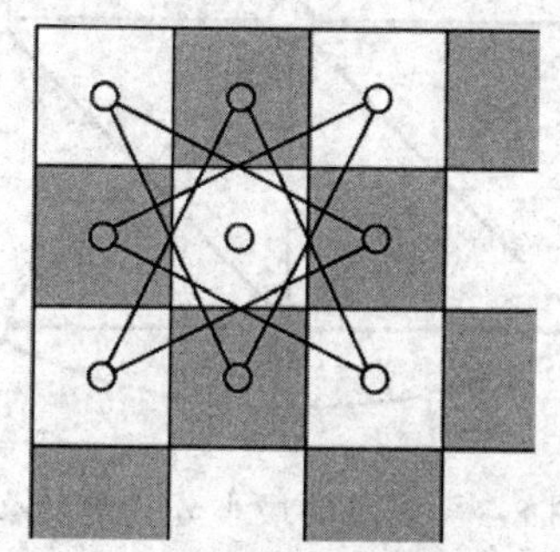

图 8-2　骑士在棋盘一角的移动

这是一类不同的图论搜索问题：我们要求一个经过所有顶点(不同于 Euler 问题中的所有边)恰好一次的环路。不拘泥于棋盘，我们可以针对任意图提出相同的问题。定义 Rudrata 环路搜索问题如下：给定一个图，求一条经过每个顶点恰好一次的环路——或者，报告该环路不存在[2]。它不禁令我们想起了 TSP，与 TSP 相似的是，该问题目前也不存在任何多项式时间算法。

Euler 问题和 Rudrata 问题的定义有两个不同之处。首先，前一个问题要求访问所有的边，而后者则关注所有的顶点。其次，前者要求的是一条路径，而后者则要求一个环。究竟是以上的哪一点使这两个问题在计算复杂度上呈现出了如此巨大的差别？应该会是第一点，因为我们可以说明后一个差别通过对 Rudrata 问题进行一些修改后将不复存在。事实上，我们可以定义一个与 Rudrata 环路问题类似的 Rudrata 路径问题，其中仅需将问题的目标修改为求一条恰好经过每个顶点一次的路径。我们很快将会看到，两个不同版本的 Rudrata 问题是等价的。

分割与二等分

分割是一个边的集合，将其从图中移除将导致图不再连通。最小分割常常是令人感兴趣的，我们如下定义最小分割问题：给定一个图和预算 b，求最多包含 b 条边的分割。图 8-3 中的最小分割规模为 3。最小分割问题可以在多项式时间内通过计算 n-1 次最大流而求解。具体来说，令每条边容量为 1，然后求某个确定节点到其它每个节点的最大流。其中最小的流(根据最小分割最大流定理)就对应于最小分割。您能解释这是为什么吗？我们此前还介绍过一个与此完全不同的随机算法(参见图 5-9 后的灰色方框)。

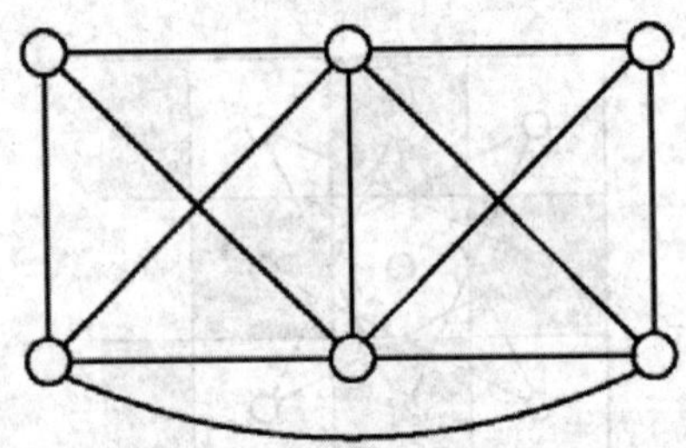

图 8-3 该图的最小分割是什么

在很多图(例如图 8-3)中，最小分割使得某个顶点被单独分在一边——分割包含了与该顶点相连的所有边。一种更令人感兴趣的情况是能够将图中顶点近似平分的最小分割。具体来说，平衡分割问题可以表述为：给定一个包含 n 个顶点的图和预算 b，平衡分割将所有的顶点分成两个集合 S 和 T，使得$|S|$、$|T|\geqslant n/3$，并且 S 和 T

2 文献中该问题常被称为 Hamilton 环问题。Hamilton 是在 19 世纪再次提出该问题的伟大以色列数学家。

之间最多有 b 条边。这又是一个困难的问题。

平衡分割问题来源于一些重要的应用，例如聚类问题。举例来说，考虑将一幅图片(比方说，图上的内容是一头大象站在草地上，头顶着蓝天)分割成若干构成元素(例如大象、草地、蓝天)的问题。一个较好的途径是为其生成一个图，在图上对应于图片的每个像素建立一个节点，同时在位置和色彩都相近的节点间建立一条边。这样一来，图片中的每个对象(比方说那头大象)将对应于图中一组紧密相连的节点。在此基础上，平衡分割将对图片中的像素进行划分，同时不破坏图片中主要构成元素的完整性。对于我们的小例子，通过第一次分割，可能会先分割出一头大象，对剩下的图再进行分割将进一步得到相互分离的草地和蓝天。

整数线性规划

尽管单纯形法并不是一个多项式时间算法，但我们曾在第 7 章中提到，对于线性规划的确存在另一个多项式时间算法。因此，线性规划无论在理论上还是实践中都是可以高效求解的。但如果在保持原有线性目标函数和线性约束不等式的前提下，还要求解中的数值必须都是整数，则情况将完全不同。这类问题我们称之为整数线性规划(ILP)。让我们来看看如何将其表述为一个搜索问题：给定一组线性不等式 $\mathbf{Ax}\leqslant\mathbf{b}$，其中 $\mathbf{A}$ 是一个 $m\times n$ 的矩阵，$\mathbf{b}$ 是一个 m 维向量；一个由 n 维向量 $\mathbf{c}$ 定义的目标函数；以及最后，一个目标值 g(相当于最大化问题中的预算值)。我们需要求一个非负整数构成的向量 $\mathbf{x}$ 使得 $\mathbf{Ax}\leqslant\mathbf{b}$ 且 $\mathbf{c}\cdot\mathbf{x}\geqslant g$。

这种表述形式略显臃肿，事实上，最后一个约束 $\mathbf{c}\cdot\mathbf{x}\geqslant g$ 本身也是一个线性不等式，因此可以被融入 $\mathbf{Ax}\leqslant\mathbf{b}$ 中。于是，我们将 ILP 定义为如下的搜索问题：给定 $\mathbf{A}$ 和 $\mathbf{b}$，求一个非负整数值向量 $\mathbf{x}$ 满足不等式 $\mathbf{Ax}\leqslant\mathbf{b}$；或者，报告其不存在。虽然该问题有许多重要应用，并且吸引了众多学者的热切关注，但是它至今还没有任何高效的算法。

ILP 有一个形式特别简洁但也非常困难的特例：目标是求由 0 和 1 构成的向量 $\mathbf{x}$，满足 $\mathbf{Ax}=\mathbf{1}$，其中 $\mathbf{A}$ 是一个由 0 和 1 构成的 $m\times n$ 阶矩阵，而 $\mathbf{1}$ 是由 1 构成的 m 维向量。该问题显然是由 7.1.4 节的问题归约而来，但事实上它是 ILP 的一个特例，我们称之为零一方程(ZERO-ONE EQUATION，ZOE)。

至此，我们已经介绍了一些重要的搜索问题，其中的一部分是我们在前面的章节中就已熟知的，它们存在高效的算法；剩余的则常常因为一些细小而重要的变化成为非常困难的问题。作为本部分的结束，我们还要介绍一些更加困难的问题。这些问题在本章后面的内容中都有着自己的角色，到时我们将对所有这些问题的困难程度进行一一梳理。读者可以跳过接下来的这部分内容，直接进入 8.2 节，并在需要的时候回头查找以下针对这些问题的定义。

3D 匹配

回忆二部图匹配问题：给定一个每一侧包含 n 个节点(男孩和女孩)的二部图，求 n 条互不相连的边组成的集合，或者指出该集合不存在。在 7.3 节中，我们已经了解了如何通过将其归约到最大流问题来进行求解。然而，二部图匹配问题有一个有趣的推广，即所谓 3D 匹配(3D MATCHING)问题，该问题还不存在已知的多项式算法。在 3D 匹配问题中，除了 n 个男孩和 n 个女孩，新增了 n 个宠物；它们之间的相容关系被表达为一个三元组的集合，集合中每个元素都包含一个男孩、一个女孩和一个宠物。直观上，三元组(b, g, p)意味着男孩 b，女孩 g 和宠物 p 能够融洽相处。我们需要求 n 个独立的三元组，从而最终形成 n 个和谐的“家庭组合”。

您能在图 8-4 中标出该问题的一个解吗？

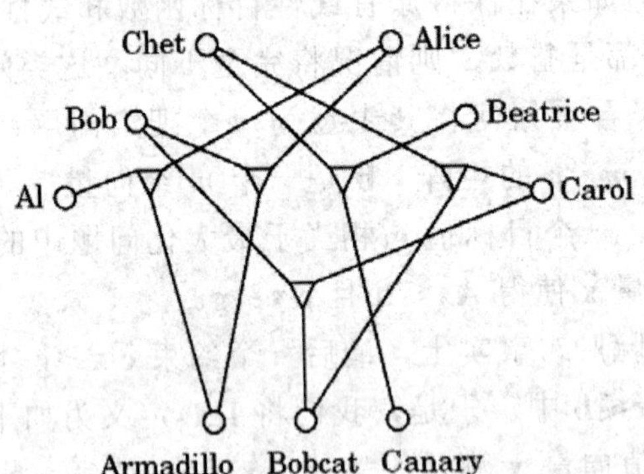

图 8-4 一个更加复杂的匹配场景。每个三元组都被表示为连接了一个男孩、一个女孩和一个宠物的三角形节点

独立集、顶点覆盖和团

在独立集问题(6.7 节)中，给定一个图和整数 g，目标是求图中的 g 个相互独立的顶点，即：任意两个这样的顶点间都不存在相连的边。您能在图 8-5 中找到一个由三个顶点构成的独立集吗？如果要求有四个顶点呢？在 6.7 节中，我们了解到该问题在图为树结构的情况下能被高效求解，但是对于一般的图还没有任何多项式时间的算法。

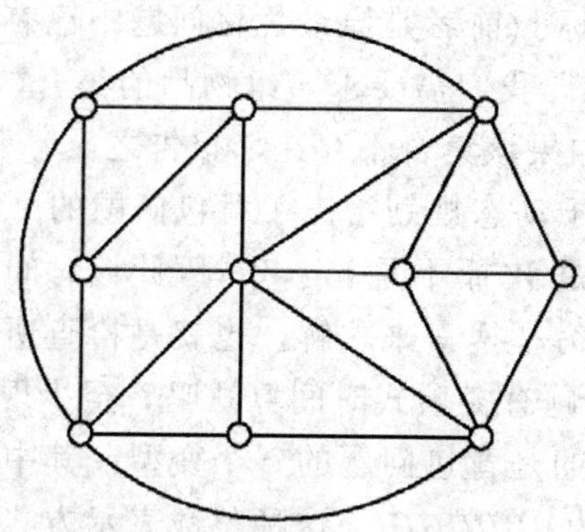

图 8-5　该图的最大独立集规模是多少

图论中还有许多其它的搜索问题。例如，在顶点覆盖问题中，输入为一个图和预算 b，求 b 个能够覆盖到每条边的顶点。您能用 7 个顶点覆盖图 8-5 吗？6 个顶点呢？(您是否能看出该问题与独立集问题之间的联系？)

顶点覆盖问题是集合覆盖问题的一个特例，后者我们在第 5 章已经接触过。在集合覆盖问题中，给定一个集合 E 和它的多个子集 S_1、…、S_m，以及预算 b，我们需要从这些子集中选出 b 个使它们的并为 E。若令 E 包含图中的所有边，且对每个顶点 i 定义子集 S_i，使 S_i 包含与 i 相连的所有边，则不难看出顶点覆盖只是集合覆盖问题的一个特殊情形。您能说明为什么 3D 匹配问题也是集合覆盖问题的一个特例吗？

最后还有一个团(CLIQUE)问题：给定一个图以及目标 g，求图中的 g 个顶点，使得这些顶点间两两都存在相连的边。图 8-5 中最大的团是什么呢？

最长路径问题

我们知道最短路径问题是可以被高效求解的，但是对最长路径问题又如何呢？这里我们给定一个图 G，其边权重非负，两个不同的顶点 s 和 t，以及目标 g，求一条由 s 到 t 总权重至少为 g 的路径。自然地，为了避开平凡解，我们要求该路径是简单的，即其中不包含任何重复的顶点。

截止目前，还没有任何针对该问题的高效算法(该问题有时也称为出租车敲竹杠(TAXICAB RIP-OFF)问题)。

背包问题与子集和

回忆背包问题(6.4 节)：给定 n 件物品的整数值重量 $w_1, \ldots, w_n$ 和整数值价值 $v_1, \ldots,$

v_n，以及背包容量 W 和目标 g(前者是原最优化问题中已有的，后者的加入是为了使该问题成为一个搜索问题)。我们需要求一组物品的集合，使其总重量不超过 W 且总价值为 g。一如从前，如果该集合不存在，报告之。

在 6.4 节中，我们基于动态规划给出了背包问题的一个 $O(nW)$的算法。由于该算法的运行时间中包含的是 W 而不是 $\log W$，因此该时间与输入规模是指数关系。当然，我们还是可以使用穷举搜索来求解，也就是检查所有的物品组合——但是这些组合共有 2^n 种。背包问题有多项式时间算法吗？至少现在还没人知道答案。

但若我们现在感兴趣的是背包问题的一个变型：其中所有的整数都被表示为一元数——例如 12 将被写为 *IIIIIIIIIIII*。这种整数表示方式虽然会带来指数量级的浪费，但它却定义了一个合理的问题，我们称之为一元数背包问题。从我们此前的讨论可知，这一看似生造的问题却存在多项式时间算法。

另一个变型：假设每件物品的价值都等于其重量(都用二进制表示)。并且，为了取最大的可能值，令目标 g 等于容量 W。(相应地，在背包问题最初的打劫场景中，假设强盗们面对的都是一块块金砖，他们此刻的心情当然是希望装得越多越好)。这一特例等价于一个求整数集子集的问题，目标是使子集中所有元素的和恰好为 W。作为背包问题的一个特例，该问题不会难于背包问题。但是能在多项式时间内解决该问题吗？实际上，这一被称为子集和(SUBSET SUM)的问题，同样也非常困难。

此时此刻，有人可能会问：如果子集和问题这一特例和普通的背包问题难度相当，那为什么我们还要对它如此感兴趣呢？原因在于子集和问题在一定程度上还是实现了某种简化(simplicity)。对于我们在本章中将要探讨的介于搜索问题之间的复杂归约关系，类似子集和和 3SAT 这样在概念上相对简单的问题，其价值可以说是难以估量的。

8.2 NP-完全问题

困难的问题与容易的问题

这个世界充满了各种搜索问题，有些可以被高效求解，有些看起来则非常困难。下表罗列了其中的一些：

困难的问题(**NP**-完全)	容易的问题(**P**)
3SAT	2SAT，HORN SAT
旅行商问题	最小生成树
最长路径	最短路径
3D 匹配	二部图匹配
背包问题	一元数背包问题
独立集	树的独立集
整数线性规划	线性规划
Rudrata 路径	Euler 路径
平衡分割	最小分割

这张表真是耐人寻味。表右侧的问题都可以被高效求解，左侧的则像是一堆顽固的坚果，为了高效“破解”它们人们已花费了几十年甚至几个世纪！

表右侧的众多问题可以用各种不同的方法进行求解，例如：动态规划、网络流、图搜索、贪心方法等。而它们之所以简单，原因也各不相同。

与之相对地，表左侧的问题却都因为相同的原因而变得困难！事实上，这些问题都具有相同的核心部分，只是它们的外在表现有所不同！因此可以说，所有这些问题都是相互等价的：我们将在 8.3 节中了解到，它们之中的任意两个都可以相互归约。

P 和 NP

是时候介绍一些重要概念了。我们已经了解了什么是一个搜索问题，其特征性定义是：任意可能解的正确性都能被快速检验，也即：存在以问题实例 I(用于确定待求解问题的数据)和可能解 S 为输入的高效检验算法 C，其输出为 true 的充要条件是 S 确实是 I 的解。此外，$C(I, S)$必须是关于实例长度$|I|$的多项式时间算法。我们将所有这些搜索问题称为 **NP**-问题。

我们已经见过许多能在多项式时间内求解的 **NP** 搜索问题。在这些例子中，存在一个算法以问题实例 I 为输入并且运行在关于$|I|$的多项式时间内。如果 I 的解存在，算法将返回之；而如果 I 无解，算法也会做出正确的报告。所有能在多项式时间内求解的搜索问题被记为 **P**。也即，前述表右侧的问题都是属于 **P** 的。

是否存在不能在多项式时间内求解的搜索问题呢？换句话说，**P≠NP** 吗？多数算法研究者都会同意这一点。很难相信所有的指数量级搜索都可以避免，因为这意味着所有的难题将不复存在，而事实上，其中很多著名的问题已经困扰了人们几十甚至上百年。同时，有一个很好的理由让数学家们相信 **P≠NP**——为某个数学断言寻求证明的任务是一个搜索问题并因此为 **NP** 的(如果能将一个数学证明中那些令人痛苦的细节都一一写出，它将有可能用某个高效的算法进行机械式检验)。因此，如果 **P=NP**，则必然存在某个证明定理的高效途径，数学家们也就无事可做了！总之，关于人们为什么要相信 **P≠NP**，有着各种各样的理由。不过，证明它也是极其困难的，完全可以称得上是数学家们所面临的最为重要也最艰深难解的问题之一。

为什么是 P 和 NP？

显然，**P** 意味着“多项式的”。但是为什么采用缩写 **NP**(在公共聊天室里，这个缩写意味着“没有问题”)来描述搜索问题类呢，要知道其中有些问题真是难的可怕啊？

NP 的真实含义是“不确定多项式时间”，根源于复杂性理论。直观来说，**NP** 意味着所有搜索问题的解都可能通过某类特殊(和相当不切实际)的算法在多项式时间内求解和验证，这类算法常被称为“不确定算法”。此类算法的神奇之处在于其每一步都能猜到正确的结果。

顺带说一句，**NP** 最初的(也是现今最广为认可的)定义并不是针对搜索问题类的，而是用在所谓的决策问题类——一类总是以是或否为答案的算法问题——中。比如：“是否存在满足某布尔公式的可满足赋值？”它反映了这样一个历史现实：在 **NP**-完全性理论构建的过程中，计算理论研究者们的主要兴趣在于研究形式语言，而决策问题正是其中最为核心和重要的问题。

再论归约

即使我们接受了 **P≠NP**，关于表左侧的那些问题我们还能说些什么呢？还有哪些证据能使我们相信这些特定的问题没有高效的算法呢(当然不包括许多聪明的数学家和计算机科学家虽然刻苦努力却仍然找不到任何高效算法这一历史事实)？证据来自于归约，它可以将一个问题转化为另一个。事实上，除了采用不同的语言表述，关于表左侧的问题，已经证明都可以在某种意义下被归约为完全相同的问题。此外，我们还将使用归约来说明这些问题是 **NP** 搜索问题中最难的——只要其中某一个存在多项式时间算法，则所有 **NP** 问题也都存在类似的算法。因此，如果我们相信 **P≠NP**，则所有这些搜索问题都是困难的。

第 7 章中我们定义了什么是归约，并给出了一些相关的例子。现在我们给出针对搜索问题的归约概念。由搜索问题 A 到搜索问题 B 的归约是一个多项式时间算法 f，其将问题 A 的任意实例 I 转换为问题 B 的实例 $f(I)$；同时存在另一个多项式时间

算法 h，将 $f(I)$的任意解 S 映射到 I 的一个解 $h(S)$，具体过程如下图。如果 $f(I)$无解，则 I 也无解。基于算法过程 f 和 h 可以将求解问题 B 的算法可以转化为求解问题 A 的算法。

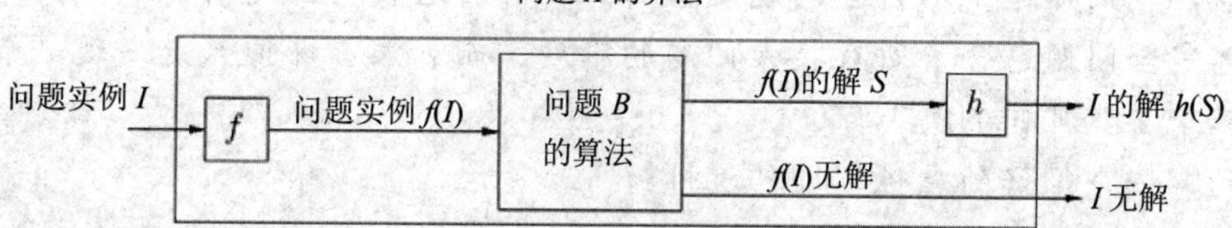

现在我们终于可以定义什么是最困难的搜索问题类了。

称一个搜索问题是 **NP**-完全的，是指其它所有搜索问题都可以归约到它。

这是一个非常强的条件。一个问题要成为 **NP**-完全的，它必须能用于解决世界上所有的搜索问题！这样的问题当然是非常引人注目的。不过它确实存在，在此前的表中，左侧所列出的正是其中最著名的一些例子。在 8.3 节中，我们还将看到这些问题是如何相互归约的，以及为什么其它问题都可以归约到这些问题。

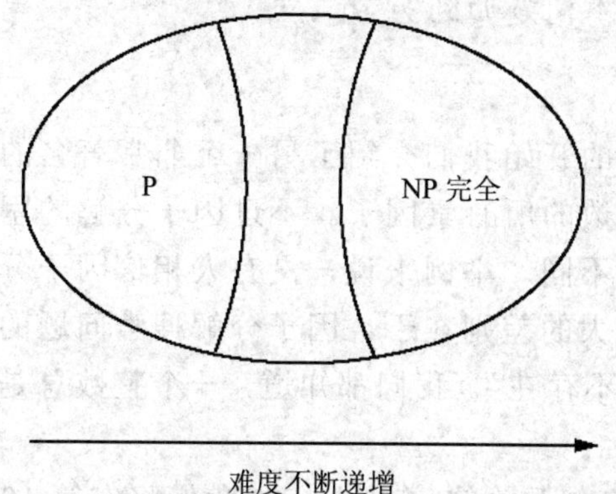

图 8-6　所有 NP 搜索问题的空间，假设 P≠NP

使用归约的两种途径

截止目前，本书对归约目的的描述都非常直接和充满敬意：如果问题 A 可以归约为问题 B，则意味着如果我们知道如何高效求解 B，也一定能高效求解 A。然而在本章中，将 A 归约为 B 的目的却显得多少有些保守：如果我们知道 A 是难的，则归约将证明 B 也是难的！

如果我们将 A 归约为 B 记为

$$A\rightarrow B,$$

则我们可以说问题的难度在沿着箭头方向流动，而高效的算法则反之。通过这种难度的传播，我们知道 **NP**-完全问题是难的：所有其它搜索问题都可以归约到它们，因此 **NP**-完全问题包含了所有搜索问题的难度。而如果，即便只是发现一个 **NP**-完全问题属于 **P**，则 **P**=**NP**。

归约有一个很好的属性，即传递性：

$$若 A\rightarrow B 且 B\rightarrow C，则 A\rightarrow C。$$

为了解释这一点，首先注意到归约本身完全是由预处理和后处理函数 f 和 h 定义的。如果(f_{AB}, h_{AB})和(f_{BC}, h_{BC})分别定义了从 A 到 B 和从 B 到 C 的归约，则从 A 到 C 的归约就可以由复合函数 $f_{BC}\circ f_{AB}$ 以及 $h_{AB}\circ h_{BC}$ 定义，它们分别将 A 的实例映射为 C 的实例以及将 C 的解映射为 A 的解。

以上这些结论意味着，一旦我们知道 A 是 **NP**-完全的，则我们可以用它来证明另一个新的问题 B 也是 **NP**-完全的，仅需将 A 归约到 B。同时这样的归约表明，借助 A 可以将任意 **NP**-完全问题归约为 B。

因子分解

最后一点：在本书的开始我们介绍了另一个非常著名的难的搜索问题：因子分解，其目标是求给定整数的所有素因子。不过因子分解的困难之处与我们刚才看到的那些难的问题还有所不同。举例来说，没有人相信因子分解是 **NP**-完全问题。它与其它 NP-完全问题最大的差别在于，因子分解搜索问题的定义中不存在我们所熟悉的句子“或者报告解不存在”。我们都知道，一个整数总是可以被分解为素数的乘积的。

另一个(也许并非完全无关的)差别是：如我们将在第 10 章所见，因子分解问题最终将被量子计算所解决——而 SAT、TSP 以及其它的 **NP**-完全问题看起来却都并非如此。

8.3 所有的归约

下面我们将开始介绍 8.1 节的各种搜索问题是如何按图 8-7 的顺序相互归约的。

并由此说明，这些问题都是 **NP**-完全的。

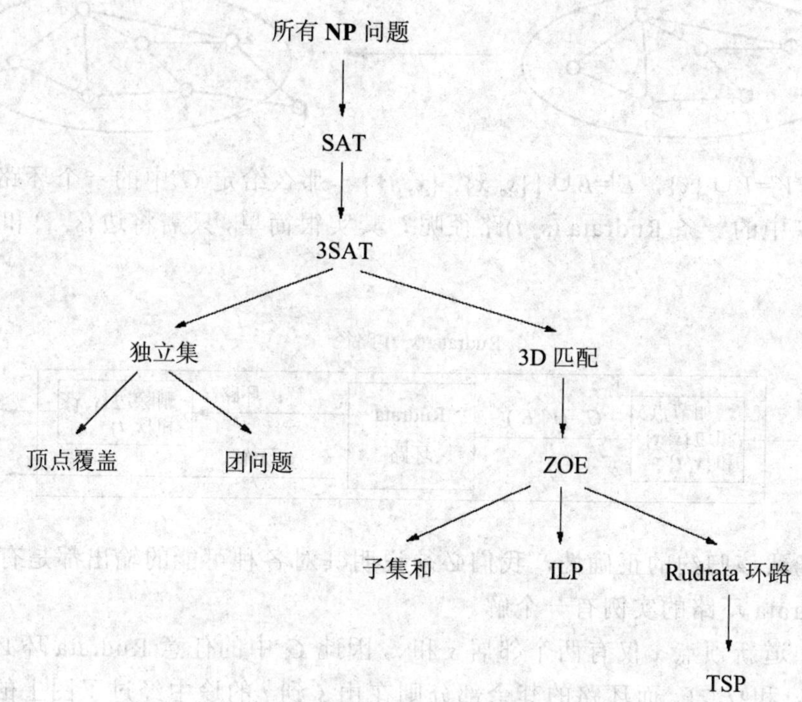

图 8-7 搜索问题的相互归约

在开始图中的归约之前，作为一个热身，让我们先来看看两个不同版本 Rudrata 问题是如何相互归约的。

Rudrata (*s*, *t*)-路径→Rudrata 环路

Rudrata 环路问题定义如下：给定一个图，求是否存在一个恰好经过每个顶点一次的环路？而它的“近亲”，所谓 Rudrata (*s*, *t*)-路径问题，需要指定两个特殊的顶点 *s* 和 *t*，然后求一条由 *s* 到 *t* 的恰好经过每个顶点一次的路径。Rudrata 环路问题会比 Rudrata (*s*, *t*)-路径问题更简单吗？以下的归约给出了否定的答案。

归约将 Rudrata (*s*, *t*)-路径的一个实例($G=(V, E)$, *s*, *t*)映射到 Rudrata 环路的一个实例 $G'=(V', E')$，其中 G' 仅为 G 加上一个新顶点 *x* 以及两条新边$\{s, x\}$和$\{x, t\}$。例如下图：

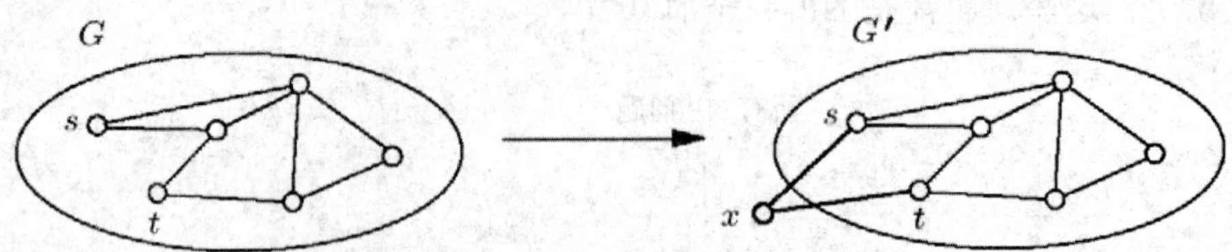

因此，$V'=V\cup\{x\}$，$E'=E\cup\{\{s, x\}, \{x, t\}\}$。那么给定 G'中的一个环路，如何将其恢复为 G 中的一条 Rudrata (s, t)路径呢？其实很简单，只需将边$\{s, x\}$和$\{x, t\}$从环中删除即可。

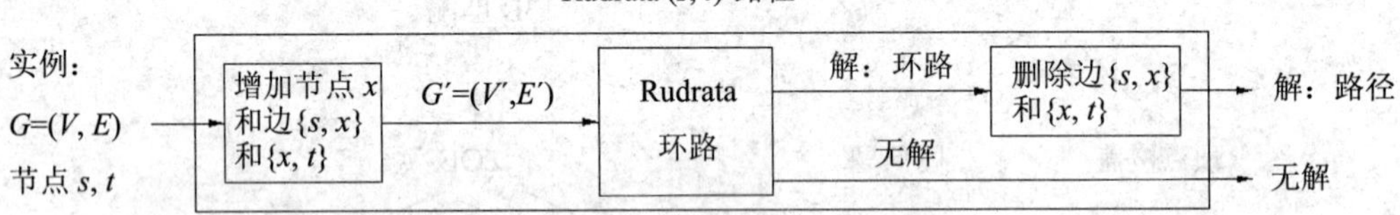

为了确认该归约的正确性，我们必须说明其对各种可能的输出都是有效的。

1. Rudrata 环路的实例有一个解。

我们知道新顶点 x 仅有两个邻居 s 和 t，因此 G'中的任意 Rudrata 环必然连续地经过边$\{x, s\}$和$\{t, x\}$。而环路的其余部分则在由 s 到 t 的途中经过了图上的所有其它顶点。因此，将边$\{x, s\}$和$\{t, x\}$从 Rudrata 环路中删除将恰好留下原图 G 中的一条由 s 到 t 的 Rudrata 路径。

2. Rudrata 环路的实例无解。

这种情况下我们需要说明原 Rudrata (s, t)-路径问题实例也不可能有解。考虑其逆否命题，即：若 G 中存在一条 Rudrata (s, t)-路径，则 G'中也必有一个 Rudrata 环路。事实上，只需在 Rudrata 路径的基础上增加两条边$\{s, x\}$和$\{x, t\}$使其构成一个环路即可。

最后一点是一个很重要但也很容易验证的细节：预处理和后处理过程关于实例(G, s, t)的规模必须为多项式时间的。

我们同样可以从另一个方向将 Rudrata 环路问题归约为 Rudrata (s, t)-路径问题。这两个归约说明了两个不同形式的 Rudrata 问题本质上是同一个问题——考虑到它们的问题表述几乎相同，这似乎也并不令人意外。接下来我们所要接触的许多归约将更多地在看似完全不同的问题间进行。为了证明它们本质上都是同一个问题，在归约的过程中我们必须进行非常灵活而巧妙的转换。

3SAT→独立集

好像很难再找到彼此间差异比它们两个更大的两个问题了。在 3SAT 中，问题的输入是一个子句集，每个子句包含不超过 3 个的文字，例如

$$(\overline{x}\vee y\vee\overline{z})(x\vee\overline{y}\vee z)(x\vee y\vee z)(\overline{x}\vee\overline{y}),$$

目标是求它的一个可满足赋值。在独立集问题中，输入是一个图和一个数 g，目标是求 g 个互不相邻的顶点。这次我们必须用某种方式把布尔逻辑和图联系起来！

让我们想一想。为了构造一个可满足赋值，我们需要从每个子句中选取一个文字并将其赋值为 true。但是我们的选择必须是相互一致的，例如：如果我们从某个子句中选择了 $\overline{x}$，就不能再从别的子句中选择 x。从每个子句选择一个(与其它赋值)保持一致的文字后，则可确定一个可满足赋值(即一组变量，对其而言没有哪个文字能够同时取两个不同的值)。

于是我们可以将一个子句，比如 $(x\vee\overline{y}\vee z)$，表示为一个三角形，其中的顶点分别标注为 x、$\overline{y}$、z。为什么用三角形？因为三角形的三个顶点是完全相连的，独立集只能从三个顶点中选择其一。对所有的子句重复这一做法——仅包含两个文字的子句可以简单地表示为连接两个文字的一条边。(仅含一个文字的子句是没有意义的，因为对应变量的值已经确定了，在预处理过程中可以将其删除。)在最终的图中，每个独立集最多可以从每个组(子句)中选择一个文字。为了保证每个子句恰好被选择一次，令目标 g 等于子句的数量；在我们的例子中，g=4。

现在唯一缺少的是在不同的子句中阻止选择相反文字(比如 x 和 $\overline{x}$)的方法了。要做到这一点其实很简单：在两个相反的文字间添加一条边即可。最后，对以上的示例我们得到了图 8-8。

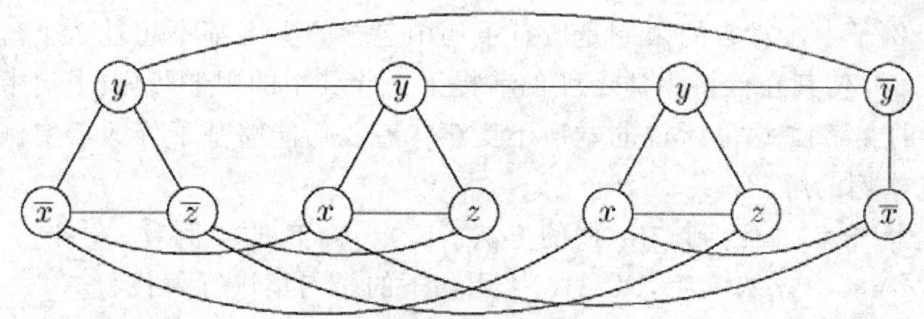

图 8-8　与 $(\overline{x}\vee y\vee\overline{z})(x\vee\overline{y}\vee z)(x\vee y\vee z)(\overline{x}\vee\overline{y})$ 相对应的图

让我们对构造过程进行一番整理。给定 3SAT 的一个实例 I，我们采用如下方式生成一个独立集问题实例 (G, g)：

- 对每个子句，图 G 中包含一个对应的三角形(或者一条边，对应于两个文字的子句)，其顶点用子句中的文字标注。同时，在两个相反的文字间，存在一条额外的边。
- 目标值 g 等于子句的数量。

很明显，完成这样的构造仅需多项式时间。然而，对于一个归约，我们不仅需要一个实现问题实例映射的高效方法(本书 8.2 节中的函数 f)，还需要一种反向映射问题实例解的方法(函数 h)。和通常一样，需要证明以下两点：

1. 给定图 G 中包含 g 个顶点的独立集 S，可以将其高效地恢复成 I 的一个可满足赋值。

对于任意变量 x，集合 S 不可能同时包含标注 x 和 $\overline{x}$ 的顶点，因为在这样的一对顶点间总是存在相连的边。因此，如果 S 包含标注 x 的顶点则将 x 赋值为 true，包含标注 $\overline{x}$ 的顶点则将 x 赋值为 false(如果二者都不包含，则可将 x 赋为任意值)。由于 S 包含 g 个顶点，因此其中必然每个顶点对应于一个子句；以上给出的真赋值满足了对应的文字，也使得所有子句得到了满足。

2. 如果图 G 不存在规模为 g 的独立集，则布尔公式 I 是不可满足的。

考虑其逆否命题，即如果 I 存在可满足的赋值，则 G 也有规模为 g 的独立集。对于每个子句，任意选择一个在可满足赋值中取值为 true 的文字(其中至少会有一个这样的文字)，将对应的顶点加入 S。您能看出为什么 S 是一个独立集吗？

<u>SAT→3SAT</u>

我们下面将看到一类有趣同时也很常见的归约类型，即由一个问题归约到其特例。我们将说明，即便加入了一些关于输入的限制，该问题(特例)仍然是很难的——在当前这个例子中，对应的限制是所有子句中包含的文字都不超过 3 个。归约将修改给定的实例，使其在保持本质不变的前提下去除其中的限制规则(子句中将可包含 4 个或更多的文字)。这里所说的本质不变意味着我们能够基于修改后实例的任意解得到原问题实例的解。

以下是将 SAT 归约到 3SAT 的方法：给定 SAT 的实例 I，对于 I 中的子句 $(a_1 \vee a_2 \vee \ldots \vee a_k)$(其中 a_i 为文字，$k>3$)，采用如下的子句集进行替代

$$(a_1 \vee a_2 \vee y_1)(\overline{y}_1 \vee a_3 \vee y_2)(\overline{y}_2 \vee a_4 \vee y_3)\ldots(\overline{y}_{k-3} \vee a_{k-1} \vee a_k),$$

其中 y_i 是一些新增的变量。我们记这样生成的 3SAT 实例为 I'。由 I 到 I'的转换显然是多项式时间的。

为什么这样的归约是有效的？I'和 I 之所以在可满足性上等价，是因为对于 a_i

的任意赋值，有

$$\left\{\begin{array}{c}(a_1 \vee a_2 \vee \ldots \vee a_k)\\ \text{满足}\end{array}\right\} \Leftrightarrow \left\{\begin{array}{c}\text{存在一组}y_i\text{值，使得}\\ (a_1 \vee a_2 \vee y_1)(\overline{y}_1 \vee a_3 \vee y_2)\ldots(\overline{y}_{k-3} \vee a_{k-1} \vee a_k)\\ \text{满足}\end{array}\right\}$$

为了证明该式成立，首先假设右侧的子句都满足。则 $a_1, \ldots, a_k$ 中至少有一个为真——否则 y_1 必须为真，并进而使得 y_2 必须为真，依次类推，最终导致右侧最后一个子句不满足。因此，$(a_1 \vee a_2 \vee \ldots \vee a_k)$也必然是满足的。

反之，若$(a_1 \vee a_2 \vee \ldots \vee a_k)$满足，则必有某个 a_i 为真。令 $y_1, \ldots, y_{i-2}$ 为 true，其余的都为 false。将使得右侧的子句都满足。

因此，SAT 的任意实例都可以被转换为 3SAT 的一个等价的实例。事实上，即使在 3SAT 中增加每个变量最多在不同子句中出现三次这一限制，其仍然是很难的。为了说明这一点，我们需要将出现次数过多的变量都想办法删除。

以下是由 3SAT 到这个附加限制版本的归约。假设在 3SAT 的实例中，变量 x 在 $k>3$ 个子句中出现。则将其第一次的出现替换为 x_1，第二次的替换为 x_2，如此继续，将其所有的 k 次出现都替换为一个新的变量。接下来，增加一组子句

$$(\overline{x}_1 \vee x_2)(\overline{x}_2 \vee x_3)\ldots(\overline{x}_k \vee x_1)$$

然后对所有出现超过三次的变量重复以上过程。

我们很容易发现，在新的公式中不再存在出现次数超过 3 的变量(事实上，已没有出现超过两次的文字)。同时，包含 $x_1, x_2, \ldots, x_n$ 的附加子句使得这些变量都必须取值相同。(您知道是为什么吗？)因此原 3SAT 实例可满足当且仅当加入限制后的实例可满足。

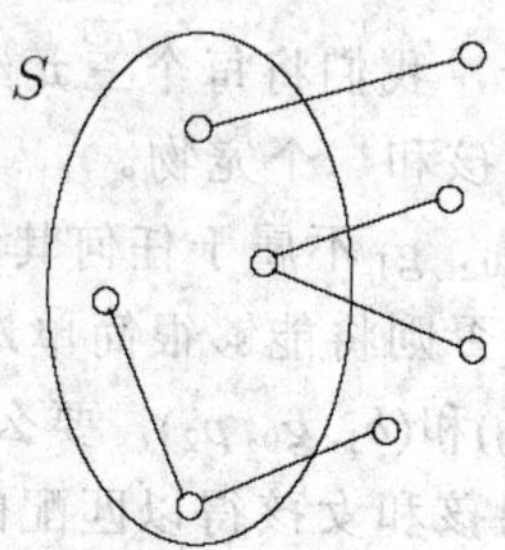

图 8-9　S 是一个顶点覆盖当且仅当 V-S 是一个独立集

独立集→顶点覆盖

为了在两个不同的问题间建立联系，有些归约需要依赖非常精巧的创造构造。然而另一些归约却反映了这样一种事实，即：有些问题不过是其它问题稍加修饰的结果。为了将独立集问题归约为顶点覆盖问题，我们只需要注意一点：节点集合 S 是图 $G=(V, E)$的一个顶点覆盖，当且仅当剩余节点的集合 V-S 是 G 中的一个独立集(图 8-9)。

因此，为了求解独立集问题的一个实例(G, g)，仅需找到 G 的一个包含$|V|$-g 个节点的顶点覆盖。如果存在这样的顶点覆盖，则选择所有未包含在其中的节点即可构成一个独立集。如果不存在这样的顶点覆盖，则 G 不可能有一个规模为 g 的独立集。

独立集→团问题

独立集问题和团问题之间的归约也是非常简单的。定义图 $G=(V, E)$的补集为 $\overline{G}=(V,\overline{E})$，其中 $\overline{E}$ 包含所有不属于 E 的无序结点对。于是节点集 S 是 G 的一个独立集当且仅当 S 是 $\overline{G}$ 中的一个团。理解这一点只需注意到，这些节点在 G 中都相互不连当且仅当在 $\overline{G}$ 中任意两个节点间都有边相连。

因此，我们能够通过将独立集的实例(G, g)映射到相应的团问题实例$(\overline{G}, g)$，实现两者间的归约；并且这两个实例的解是一致的。

3SAT→3D 匹配

这又是两个非常不同的问题。我们需要将 3SAT 问题归约到在男孩-女孩-宠物的三元组集合中寻找一个恰好包含每个男孩、女孩和宠物各一次的子集的问题。简单来说，我们需要构造一个男孩-女孩-宠物三元组的集合，使之具有与布尔变量和逻辑门相类似的行为！

考虑如下四个三元组的集合，我们将每个三元组表示为一个三角形节点，三个角分别连接了一个男孩、一个女孩和一个宠物。

假设男孩 b_0、b_1 以及女孩 g_0、g_1 不属于任何其它的三元组。(四个宠物 p_0、…、p_3 当然也就属于其它的三元组；否则将能够很简单地证明该实例无解。)则任意的匹配要么包含两个三元组(b_0, g_1, p_0)和(b_1, g_0, p_2)，要么包含(b_0, g_0, p_1)和(b_1, g_1, p_3)，因为这是仅有的两种使得这两对男孩和女孩得以匹配的方式。因此，以上的“器件”就具有了两个可能的状态，恰好类似于一个典型的布尔变量的行为！

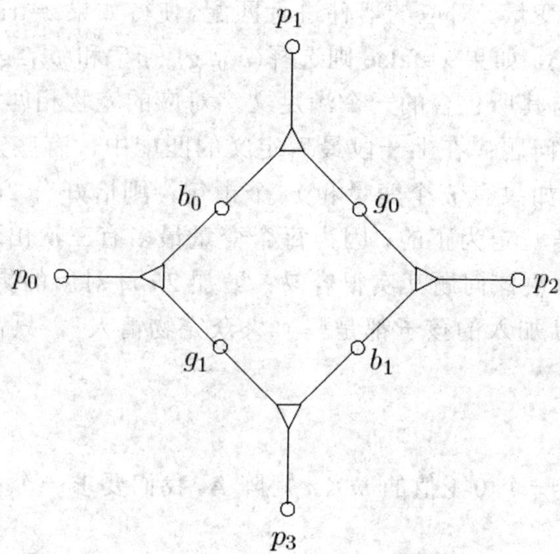

然后我们来将一个 3SAT 实例转换成一个 3D 匹配实例。首先我们为每个变量 x 生成一个以上器件的拷贝。记生成的节点形如 p_{x1}、b_{x0}、g_{x1}。其中蕴涵的意义是：若 x=true，则男孩 b_{x0} 与女孩 g_{x1} 相匹配，否则与 g_{x0} 相匹配。

接下来我们需要生成一些三元组以模仿子句。对于每个子句，比如 $c=(x\vee \overline{y}\vee z)$，引进一个新的男孩 b_c 和一个新的女孩 g_c。他们将被包含在三元组中，子句中每个文字对应一个三元组。同时，这些三元组中的宠物将用于反映这些子句被满足的三种途径：(1)x=true，(2)y=false，(3)z=true。对于(1)，我们有三元组(b_c, g_c, p_{x1})，其中 p_{x1} 即 x 的器件中的宠物 p_1。以下是为什么选择 p_1 的理由：若 x=true，则 b_{x0} 与 g_{x1} 匹配且 b_{x1} 与 g_{x0} 匹配，因此采用宠物 p_{x0} 和 p_{x2}。在此情况下，b_c 和 g_c 可以和 p_{x1} 相匹配。但如果 x=false，则 p_{x1} 和 p_{x3} 将被采用，于是 g_c 和 b_c 就无法采用这种方式进行匹配了。对于子句中的另外两个文字我们采取同样的方式，最终产生的包含 b_c 和 g_c 的三元组将分别包含 p_{y0} 或 p_{y2}(对应于变量 y 的否定)和包含 p_{z1} 或 p_{z3}(对应于变量 z)。

我们需要确定一点，即对于一个文字在子句 c 中的每次出现，都有不同的宠物与 b_c 和 g_c 相匹配。这其实很简单：由此前的一个归约，我们可以假定每个文字的出现都不会超过两次，因此每个变量的器件都有足够多的宠物，其中两个对应于否定的出现，另两个对应于非否定的。

归约到此似乎已经完成了：通过简单地查看每个变量的器件中哪个女孩 b_{x0} 被匹配，我们可以从任意的匹配中恢复出一个可满足赋值。并且，由任意的可满足赋值我们可以对与每个变量 x 对应的器件进行匹配，使得如果 x=true 则选择三元组(b_{x0}, g_{x1}, p_{x0})和(b_{x1}, g_{x0}, p_{x2})，如果 x=false 则选择(b_{x0}, g_{x0}, p_{x1})和(b_{x1}, g_{x1}, p_{x3})；并且每个子句 c 将使得 b_c 和 g_c 与其所包含的一个满足文字对应的宠物相匹配。

还存在最后一个问题：在上一段最后定义的匹配中，有些宠物可能被剩余下来无从匹配。事实上，如果有 n 个变量和 m 个子句，则恰好有 $2n-m$ 个宠物将不会被匹配(您可以检验该值一定为正的，因为每个变量最多有三次出现，且每个子句中最少有两个文字)。要解决该问题其实很容易：增加 $2n-m$ 对新的男孩和女孩(两者已配对好了)，假设这些新加入的孩子都是些“大众宠物情人”，只需将他们与所有剩下的宠物配对即可！

3D 匹配→ZOE

在 ZOE 中，给定一个 0-1 值的 $m\times n$ 矩阵 $\mathbf{A}$，我们要求一个 0-1 值向量 $\mathbf{x}=(x_1, \ldots, x_n)$使得

$$\mathbf{Ax}=\mathbf{1}$$

成立，其中 $\mathbf{1}$ 表示所有分量都为 1 的列向量。如何用这样一个框架来表示 3D 匹配问题呢？

ZOE 和 ILP 都是非常有用的问题，其原因在于它们正好提供了一种表达许多组合问题的形式。在这种形式中，我们将 0-1 值变量的组合视为一个解，并用方程来表达问题的约束条件。

举例来说，使用 ZOE 的语言，我们可以这样表达 3D 匹配问题(m 个男孩、m 个女孩、m 个宠物和 n 个男孩-女孩-宠物三元组)。对每个三元组，我们设置一个 0-1 变量 x_i (i=1, …, n)，x_i=1 意味着第 i 个三元组被用于匹配，反之则表示没有被使用。

现在我们要做的是写下一些方程以说明由 x_i 所表达的解是一个合法的匹配。对每个男孩(或者女孩，或者宠物)，假设包含他(她、它)的三元组下标为 $j_1, j_2, \ldots, j_k$，于是对应的方程就是

$$x_{j1}+x_{j2}+\ldots+x_{jk}=1$$

其含义为恰好有一个三元组被包含在匹配中。例如，以下矩阵 $\mathbf{A}$ 对应于我们此前看到的 3D 匹配实例：

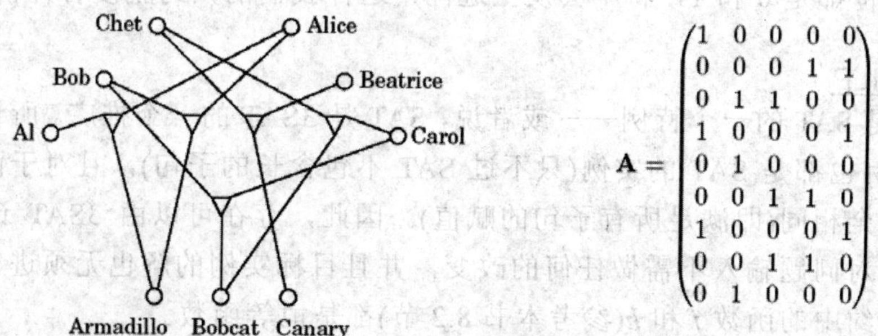

$$\mathbf{A}=\begin{pmatrix}1&0&0&0&0\\0&0&0&1&1\\0&1&1&0&0\\1&0&0&0&1\\0&1&0&0&0\\0&0&1&1&0\\1&0&0&0&1\\0&0&1&1&0\\0&1&0&0&0\end{pmatrix}$$

A 中的 5 列对应于 5 个三元组，9 行则分别对应于 Al、Bob、Chet、Alice、Beatrice、Carol、Armadillo、Bobcat 和 Canary。

两个实例的解可以直接进行相互转换，在此不再赘述。

ZOE→子集和

这是一个发生在 ILP 的两个特例间的归约：一个包含很多方程但是系数都为 0-1，另一个只有一个方程却允许任意整数系数。这个归约的灵感来自于一个简单却闪烁着当今科学技术光辉的思想：0-1 向量可以用于数字编码！

例如，给定如下的 ZOE 实例：

$$\mathbf{A}=\begin{pmatrix}1&0&0&0\\0&0&0&1\\0&1&1&0\\1&0&0&0\\0&1&0&0\end{pmatrix}$$

我们要求 **A** 的一个列集合，将其相加恰好为值全部为 1 的向量。如果我们将列看成是二进制整数(自上向下地读)，则我们所求的就是整数 18、5、4、8 的一个子集，其中的数相加等于二进制数 11111_2=31。这恰好是子集和问题的一个实例。归约就这样完成了！

不过还存在一个细节问题，一个通常会导致 0-1 向量和二进制整数间紧密联系被破坏的操作——进位。由于进位的原因，即使对应向量的和不是(1,1,1,1,1)，几个 5-比特二进制整数相加也可能等于 31(例如，5+6+20=31，用二进制表示为，$00101_2+00110_2+10100_2=11111_2$)。但是这很容易解决：将列向量视为不是以 2 为基数的整数，而是以 n+1——列号加 1 为基数的。这样一来，因为最多有 n 个整数相加，且它们的各位都是 0 和 1，将不会发生进位，这样我们的归约就没有任何问题了。

ZOE→ILP

3SAT 是 SAT 的一个特例—— 或者说，SAT 是 3SAT 的一个推广。所谓特例是指 3SAT 的实例也都是 SAT 的实例(只不过 SAT 不包含长的子句)，且对于两个问题其解的定义完全相同(即满足所有子句的赋值)。因此，存在可以由 3SAT 迁移到 SAT 的赋值，其对问题输入不需做任何的改变，并且目标实例的解也无须进行转换。换句话说，归约中的函数 f 和 h(参考本书 8.2 节)都是恒等函数。

这看起来很平常，但却是证明 **NP**-完全性的一种非常常见和有效的方法：只需说明该问题是某个已知 **NP**-完全问题的推广即可。举例来说，集合覆盖问题是顶点覆盖问题的一个推广(同样地，3D 匹配也是)，因此它是 **NP**-完全的。更多的这类例子请参见习题 8.10。

说明一个问题是另一个问题的特例常常并不需要很多的工作。从 ZOE 到 ILP 的例子也是这样。在 ILP 中，对于给定的矩阵 $\mathbf{A}$ 和向量 $\mathbf{b}$，我们要求一个满足 $\mathbf{Ax} \leqslant \mathbf{b}$ 的整数向量 $\mathbf{x}$。为了将 ZOE 的一个实例也写成这种形式，我们只需要将 ZOE 中的每个约束方程重写为两个不等式(参见 7.1.4 节的变换)，然后对于每个变量 x_i，增加新的约束 $x_i \leqslant 1$ 和 $-x_i \leqslant 0$。

ZOE→Rudrata 环路

在 Rudrata 环路问题中我们要求图中的一个环路，使其恰好经过每个顶点一次。证明其为 **NP**-完全的需要分为两步：首先我们将 ZOE 归约为 Rudrata 环路的一个推广问题，所谓含有成对边的 Rudrata 环路(RUDRATA CYCLE WITH PAIRED EDGES)问题，然后我们去除它的附加特征，将其归约为一个普通的 Rudrata 环路问题。

含有成对边的 Rudrata 环路实例给定一个图 $G=(V, E)$和一个边对集合 $C \subseteq E \times E$。我们要求一个满足以下条件的环：(1)经过所有的顶点一次，这也是 Rudrata 环路所要求的；(2)对 C 中的每个边对(e, e')，环路恰好使用了其中的一条边—— 要么 e，要么 e'。在图 8-10 的简单示例中，加粗的线条标出了一个解。请注意在此我们允许两个节点间存在两条或更多的平行边—— 一个大多数图都不具备的特征—— 原因在于同一条边的不同拷贝可以通过该边与其它边的相互配对而有所区别。

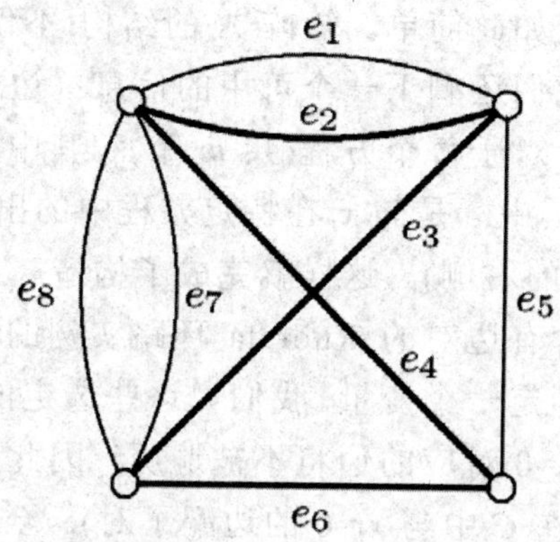

图 8-10　包含成对边的 Rudrata 环路：$C=\{(e_1, e_3), (e_5, e_6), (e_4, e_5), (e_3, e_7), (e_3, e_8)\}$

现在考虑由 ZOE 到含有成对边的 Rudrata 环路问题的归约。给定一个 ZOE 实例，$\mathbf{Ax}=\mathbf{1}$(其中 $\mathbf{A}$ 是一个 $m\times n$ 的 0-1 值矩阵，描述了 m 个方程和 n 个变量)，我们为其所创建的图结构非常简单，如图 8-11：一个连接了 $m+n$ 个平行边集合的环。对每个变量 x_i，我们创建两条平行边(对应于 $x_i=1$ 和 $x_i=0$)。对包含 k 个变量的方程 $x_{j_1}+\ldots+x_{j_k}=1$，我们创建 k 条平行边，每条边对应于方程的一个变量。这就是图的全部了。很显然，该图的 Rudrata 环路需要依次遍历 $m+n$ 个平行边集，其中恰好从每个边集中选择一条边。按照这种方式，环路为每个变量“选择”了一个值——0 或 1，并为每个方程选择了一个出现在其中的变量。

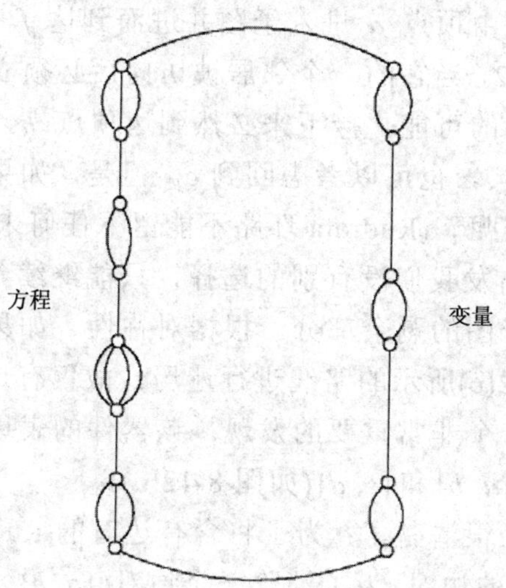

图 8-11　将 ZOE 归约为含有成对边的 Rudrata 环路

当然，整个归约不可能如此简单。矩阵 **A** 的结构(不仅是它的维数)必须要在新问题中有所反映，而现在我们还剩下一个可用的信息：边对集合 C，环路应该恰好从每个边对中选择一条边。对于每个方程(共 m 个)和其中的所有变量 x_i，我们在 C 中加入如下的边对(e, e')，其中 e 是与 x_i 在特定方程中的出现对应的边(图 8-11 的左侧)，e'是 x_i=0 对应的边(图的右侧)。这样就完成了构造。

如前所述，以上这一含有边对的 Rudrata 环路实例的解，将在为每个变量选定一个值的同时为每个方程选定一个变量。我们说这些选定的值恰好就是原 ZOE 实例的一个解。如果 x_i=1，则 x_i=0 对应的边将不被遍历，因此所有方程一侧与 x_i 有关的边都将被遍历(因为它们都在 C 中与 x_i=0 的边配了对)。至此每个方程中恰好有一个变量取值为 1—— 这也就是说所有的方程都满足了。反向的过程也是很直截了当的：从 ZOE 实例的一个解很容易得到一个对应的 Rudrata 环路。

去除边对：

我们已经有了由 ZOE 到含有边对的 Rudrata 环路的归约，但是我们真正的兴趣还是 Rudrata 环路，它可以说是含有边对问题的一个特例—— 其边对集合 C 为空集。为了实现我们的目标，和往常一样，要想办法去除那些不需要的特征—— 边对。

考虑图 8-12 中的图，假设其为某个更大的图 G 的一部分，并且假设只有四个节点 a、b、c、d 与剩余部分的图相连。我们说这个图具有如下的重要性质：G 的任意 Rudrata 环路必然采用图 8.12(b)和(c)两者之一的方式(加粗的线条)遍历该子图。原因如下：假设环路首先由顶点 a 进入子图并进而到达 f。于是它必然继续到达顶点 g。这是因为 g 的度为 2，当它的一个邻居被访问后必须立即访问它—— 否则将再也没有把该顶点纳入环路的可能。接下来必然到达顶点 h，在此我们似乎面临一个选择。我们可以继续到达 j，也可以考虑回到 c。但是，如果我们采用后一选择，该如何访问子图的剩余部分呢？(Rudrata 环路不能留下任何未被访问的顶点。)因此这是不可能的，于是从 h 出发我们没有别的选择，只能继续到达 j 并由它继续按照图 8-12(b)所示的路线访问子图的剩余部分。根据对称性，如果 Rudrata 环由 c 进入该子图，它必然按照图 8-12(c)所示的路线进行遍历。故仅有这两种可能的路线。

这一性质带给我们一个非常重要的发现：该器件的表现非常类似于含有边对的 Rudrata 环路中的两条边$\{a, b\}$和$\{c, d\}$(如图 8-12(d))。

归约剩余的部分已经很清楚了：为了将含有边对的 Rudrata 环路归约为 Rudrata 环路，我们逐个考虑 C 中的边对。为了消除一个边对($\{a, b\}$, $\{c, d\}$)，我们用图 8-12(a)中的器件替代原来的两条边。对于 C 中其它包含$\{a, b\}$的边对，使用一条新边$\{a, f\}$

进行替代，其中 f 来自于器件：从现在开始，经过 $\{a, f\}$ 的遍历意味着原图中的边 $\{a, b\}$ 被遍历。类似地，用 $\{c, h\}$ 替代 $\{c, d\}$。经过 $|C|$ 次这样的替代(由于每次替代仅在图中增加 12 个顶点，故替代操作仅需多项式时间)，我们最终完成了任务。最后得到的图中的 Rudrata 环路与包含 C 相关约束的原图的 Rudrata 环路是一一对应的。

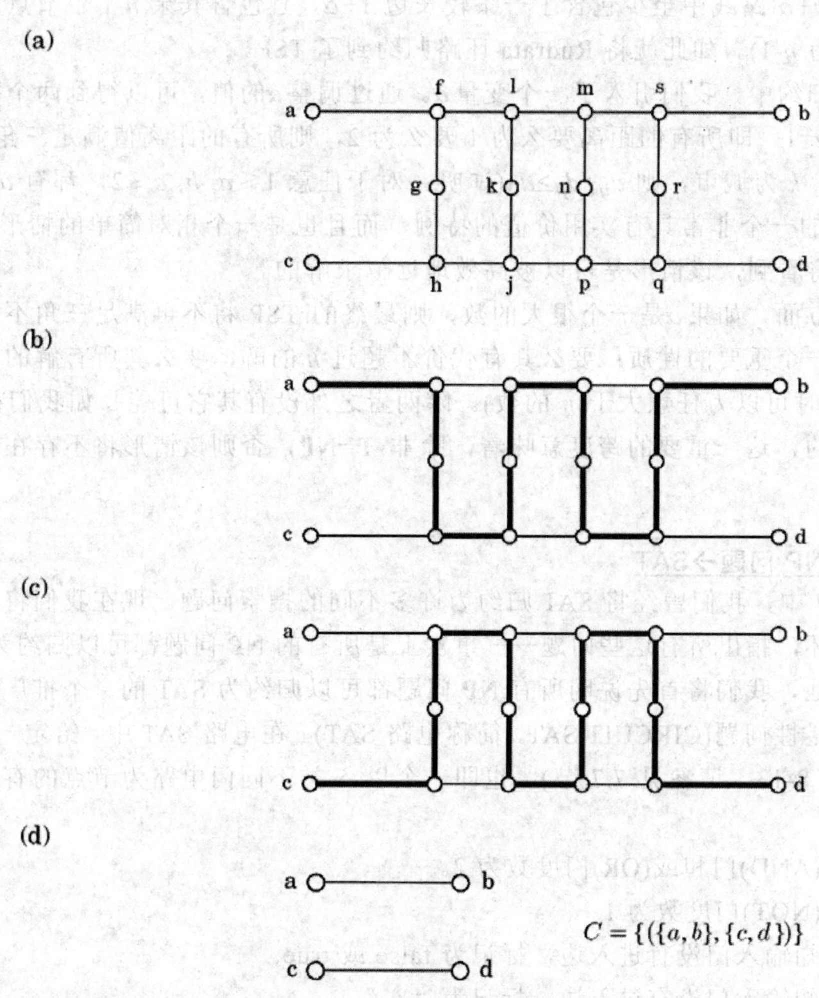

图 8-12　表现出配对边行为的器件

Rudrata 环路→TSP

给定一个图 $G=(V, E)$，构造如下的 TSP 实例：城市集合等同于 V，如果 $\{u, v\}$

为 G 中的一条边，则令城市 u 和 v 间的距离为 1，否则为 $1+\alpha$，其中 $\alpha \geqslant 1$ 待定。TSP 实例的预算等于节点数量$|V|$。

容易看到，如果 G 有一个 Rudrata 环路，则该环路同样也是 TSP 实例在预算内的一条旅行路线。反之，如果 G 没有 Rudrata 环路，则无解：最经济的 TSP 路线代价至少为 $n+\alpha$(路线中至少包含了一条较长边 $1+\alpha$，且包含其余 n-1 个节点的路径的最小长度为 n-1)。如此就将 Rudrata 环路归约到了 TSP。

在该归约中，我们引入了一个变量α。通过调整α的值，可以得到两个有趣的结果：如果α=1，即所有的距离要么为 1 要么为 2，则所有的距离值满足三角不等式，即：若 i, j, k 为城市，则 $d_{ij}+d_{jk} \geq d_{ik}$(证明：对于任意 $1 \leqslant a, b, c \leqslant 2$，都有 $a+b \geqslant c$)。这是 TSP 的一个非常具有实用价值的特例，而且也是一个相对简单的情形。在第 9 章中我们将看到，该情形是可以被高效地近似求解的。

另一方面，如果α是一个很大的数，则最终的 TSP 将不再满足三角不等式，但却具有另一个重要的性质：要么其有代价不超过 n 的解，要么其所有解的代价至少为 $n+\alpha$(此时可以为任意大于 n 的数)。除两者之外没有其它可能！如我们在第 9 章中将看到的，这一重要的跨度意味着，除非 **P=NP**，否则该情形将不存在任何近似算法。

任意 NP 问题→SAT

图 8-7 中，我们曾经将 SAT 归约为许多不同的搜索问题。现在我们将完成整个归约的循环，指出所有这些问题——事实上是所有的 **NP** 问题都可以归约为 SAT。

特别地，我们将首先说明所有 **NP** 问题都可以归约为 SAT 的一个推广，所谓的电路可满足性问题(CIRCUIT SAT，简称电路 SAT)。在电路 SAT 中，给定一个(布尔)电路(如图 8-13，请参见 7.7 节)，也即一个以 5 类不同门电路为节点的有向无环图(dag)：

- 与(AND)门和或(OR)门度数为 2。
- 非(NOT)门度数为 1。
- 已知输入门没有进入边，标记为 false 或 true。
- 未知输入门没有进入边，标记为“？”。

最后，dag 的一个汇点被标注为输出门。

给定对未知输入的一个赋值，我们可以根据布尔逻辑(例如 fasle∨true=true)按照电路的逻辑次序对其求值，并最终在输出门上读出结果。这是电路关于特定输入赋值的值。举例来说，图 8-13 在 true、false、true 的赋值(由左至右)下求值结果为 false。

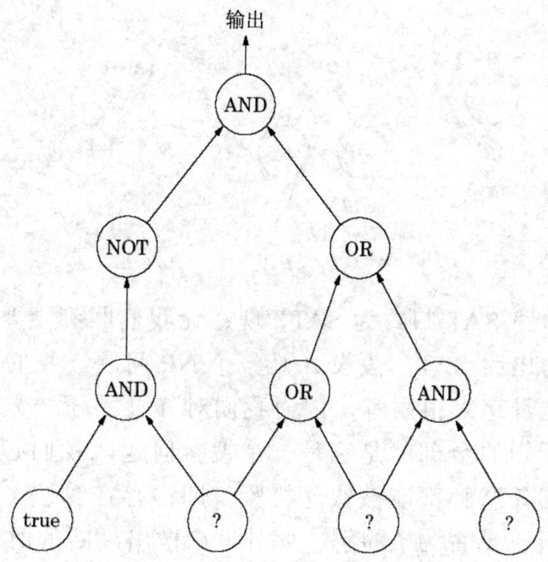

图 8-13　电路 SAT 的一个实例

于是电路 SAT 就成为如下的搜索问题：给定一个电路，求其中未知输入的一个可满足赋值，使得输出门上的值为 true，或者报告这样的赋值不存在。举例来说，对图 8-13 的电路将返回(true, false, true)，因为用这些值(从左至右地)替代图中的未知赋值，最后的输出将是 true。

电路 SAT 是 SAT 的一个推广。为了说明这一点，只需注意 SAT 所要求的是一类具有较简单结构电路的可满足赋值，这类电路的特点是：在其顶端，一组与(AND)操作将所有子句联合起来，最终以这组与操作的联合结果为输出。每个子句都是其中文字的或(OR)操作。并且每个文字要么是一个未知的输入门，要么是其否定(NOT)。且其中不包含任何已知输入门。

从另一个方面来看，电路 SAT 也可以被归约为 SAT。我们可以将电路重写为合取范式(子句的与(AND)操作)，具体来说：为电路中的每个门生成一个变量 g，并利用如下的子句模仿门的效果：

(您能否看出这些子句确实产生了我们所期望的效果？)作为结束，如果 g 是一个输出门，我们通过加入子句(g)强制其为 true。最后得到的 SAT 实例等价于所给的电路 SAT 实例：该合取范式的可满足赋值与电路的满足赋值是一一对应的。

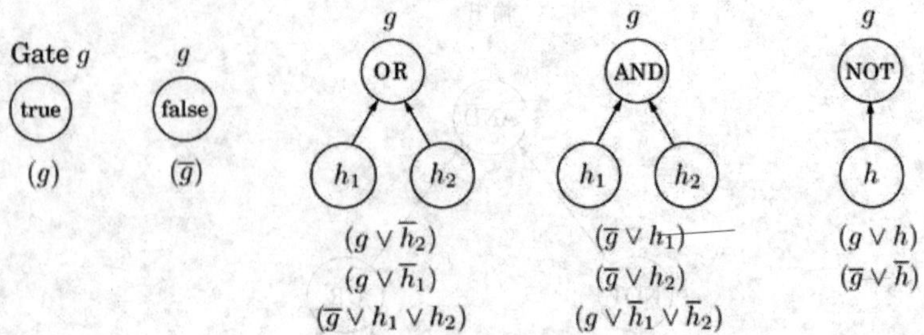

了解了如何将电路 SAT 归约为 SAT，现在让我们回到主要的工作，证明所有的搜索问题都能归约为电路 SAT。假设 A 是一个 **NP** 问题。我们必须找到由 A 到电路 SAT 的一个归约。这看起来很困难，因为我们对 A 几乎还一无所知！

关于 A，我们所知的全部就是它是一个搜索问题，我们必须利用这一点。搜索问题的主要特征是其任意解都能被快速检验，即：存在算法 C，以问题实例 I 和可能解 S 为输入，判断 S 是否为 I 的解。此外，C 做出判断的时间关于 I 的长度(我们可以假设 S 本身是用二进制串表示的，且我们知道该串的长度关于 I 的长度是多项式规模的)为多项式规模的。

回顾 7.7 节的结论，任意多项式算法都可以被表示为一个电路，其输入门将用于编码算法的输入。对任意长度(输入的比特数)的输入，电路可以扩展出适当数量的输入门，但电路中门的总数关于输入数量是多项式规模的。如果问题的多项式时间算法给出的是一个是或否的答案(类似如下情形的 C：“S 所编码信息的是否为 I 所编码实例的解？”)，则该答案将由输出门给出。

总结一下，给定问题 A 的一个实例 I，我们可以在多项式时间内构造一个电路，其已知输入为 I 对应的比特，未知输入为 S 对应的比特，则其最终输出为 true 当且仅当未知输入对应的 S 为 I 的解。换句话说，电路未知输入的可满足赋值与 A 的实例 I 的解是一一对应的。归约到此结束。

不可解的问题

一个 **NP**-完全问题总可以用某个算法求解——但该算法是指数时间的。这其实还不算什么，因为有些看起来完全规范的计算问题甚至根本不存在任何算法！

此类问题中一个著名的例子来自 SAT 的一个算术版本。给定一个包含多个变量的多项式方程，例如

$$x^3yz+2y^4z^2-7xy^5z=6,$$

是否存在使其成立的整数值 x, y, z？该问题没有求解算法。是的，没有任何算法，无论是多项式的、指数的、还是加倍指数的、甚至更糟糕的，都没有！这样的问题被称为是不可解的。

第一个不可解问题 1936 年由 Alan M. Turing 发现，当时他还是英国剑桥大学数学系的一名学生。当 Turing 提出该问题时，世界上还没有任何计算机和编程语言(事实上，可以说正是 Turing 的智慧造就了它们的诞生)。不过今天我们已经可以用熟悉的词汇来叙述它了。

假设有一个用您所喜欢的编程语言写的程序以及它的某个输入。从该输入开始，这个程序的运行会停止吗？这是个非常合理的问题。如果能找到一个如下的算法，我们中的许多人都会感到欣喜若狂，不妨称该算法为 terminates(p, x)，它以一个包含程序 p 的文件和一个包含数据 x 的文件为输入，经过一段时间的运行后，最终将告诉我们开始于输入 x 的程序 p 是否会停止。

如果要您来写这个 terminates 呢？(如果您此前对此问题并不了解，我认为您有必要花些时间稍作思考，以此来体会一下创造这个所谓的“通用无限循环探测器”的艰难。)

不过，您一定写不出来。因为这样的算法根本不存在！

以下是有关的证明：假设我们确实有一个程序 terminates(p, x)。则我们可以用它来编写一个如下的程序：

```
function paradox(z: file)
1: if terminates(z, z) goto 1
```

注意到 paradox 的特点：它能终止的充要条件是当程序 z 以自身代码为输入时不会终止。

您应该已经发现了问题。如果我们将这个程序保存为文件 paradox，然后再运行 paradox 会怎样呢？这次的运行会终止吗？不会吗？答案是二者都不是。我们关于存在程序停止判定算法的假设导致了矛盾出现，因此我们说这一程序停止判定问题是不可解的。

顺便说一句，以上这些结果告诉了我们一件重要的事情，即：程序设计永远不可能完全自动化，它始终需要依赖于知识、天赋和灵感。我们已经知道了无法利用算法判断程序中是否存在无限循环。那么您能利用算法判断一个程序是否会发生缓冲区溢出吗？您能利用“停机问题”的不可解性证明这一问题也是不可解的吗？

习题

8.1 最优化 vs.搜索。回忆旅行商问题：

TSP

输入：一个距离矩阵；预算值 b

输出：一条经过所有城市且长度不超过 b 的旅行线路，前提是该线路存在。

该问题的最优化版本直接求最短的旅行线路：

TSP-OPT

输入：一个距离矩阵

输出：经过所有城市的最短路径。

请证明如果 TSP 能够在多项式时间内求解，则 TSP-OPT 也能。

8.2 搜索 vs.决策。假设有一个判断图中是否存在 Rudrata 路径的多项式时间程序。请证明可以用它构造一个求 Rudrata 路径(如果该路径存在，返回之)的多项式时间算法。

8.3 吝啬 SAT 问题是这样的：给定一组子句(每个子句都是其中文字的析取)和整数 k，求一个最多有 k 个变量为 true 的满足赋值—— 如果该赋值存在。证明吝啬 SAT 是 **NP**-完全问题。

8.4 考虑顶点度数不超过 3 的图的团问题。我们将该问题记为 CLIQUE-3。

(a) 证明 CLIQUE-3 属于 **NP**。

(b) 请说明以下 CLIQUE-3 **NP**-完全性的证明有何问题？

我们知道一般的团问题是 **NP**-完全的，因此仅需找到一个由 CLIQUE-3 到团问题的归约。给定一个顶点度数不超过 3 的图 G 以及参数 g，归约保持该图和参数不变：显然归约的输出是团问题的一个可能输入。此外，两个问题的解相同。这样就证明了归约的正确性，因此，CLIQUE-3 是 **NP**-完全的。

(c) 当顶点覆盖问题中的图限定了顶点度数不超过 3 时，我们称之为 VC-3，VC-3 仍然是 **NP**-完全的。请说明以下关于 CLIQUE-3 **NP**-完全性的证明有何问题？

给出由 VC-3 到 CLIQUE-3 的如下归约：给定图 $G=(V, E)$，其中节点的度数不超过 3，以及一个参数 b。图保持不变，同时将参数改为 $|V|-b$，我们可以得到一个相对应的 CLIQUE-3 实例。子集 $C\subseteq V$ 是 G 的一个顶点覆盖当且仅当其补集 $V-C$ 是 G 中的团。因此 G 有一个规模不超过 b 的顶点覆盖当且仅当它有一个规模不小于 $|V|-b$

的团。这证明了归约的正确性，故 CLIQUE-3 是 **NP**-完全的。

(d) 给出 CLIQUE-3 的一个 $O(|V|)$算法。

8.5　请分别给出由 3D 匹配和 Rudrata 环路到 SAT 的简单归约。(提示：后一个问题中您可以先引入变量 x_{ij}，其直观含义为"顶点 i 是 Rudrata 环路上的第 j 个顶点"；然后再写出表达相关约束的子句。)

8.6　在介绍 SAT 到 3SAT 的归约时我们看到，即使限定每个文字最多在公式中出现两次，3SAT 问题仍然是 **NP**-完全的。

(a) 请证明如果限定每个文字最多出现一次，则该问题在多项式时间内可解。

(b) 请证明即使限定图中所有节点度数不超过 4，独立集问题仍然是 **NP**-完全的。

8.7　考虑 3SAT 问题的一个特殊情形，其中所有子句都恰好包含三个文字，且每个变量恰好出现三次。请证明该问题是多项式时间可解的。(提示：构造一个二部图，左侧为子句，右侧为变量，如果某变量在某子句中出现则用边将二者相连。利用习题 7.30 证明该图存在一个匹配。)

8.8　在精确的 4SAT(EXACT 4SAT)问题中，输入为一组子句，每个子句都是恰好 4 个文字的析取，且每个变量最多在每个子句中出现一次。目标是求它的满足赋值——如果该赋值存在。证明精确的 4SAT 是 **NP**-完全问题。

8.9　在碰撞集(HITTING SET)问题中，给定一组集合$\{S_1, S_2, \ldots, S_n\}$和预算 b，我们希望求一个所有的 S_i 相交且规模不超过 b 的集合 H，当然，前提是这样的集合确实存在。换句话说，我们希望对所有的 i 满足 $H \cap S_i \neq \phi$。

请证明该问题是 **NP**-完全的。

8.10　利用推广的方法证明 **NP**-完全性。对以下每个问题，请通过证明它是本章某个 **NP**-完全问题的推广说明它是 **NP**-完全的。

(a) 子图同构：给定两个作为输入的无向图 G 和 H，判断 G 是否为 H 的一个子图(即删除 H 中的某些顶点或边后，所得的新图最多只需再修改某些顶点的名称，即可与 G 相同)，且如果是，返回由 $V(G)$到 $V(H)$的相关映射。

(b) 最长路径：给定图 G 和整数 g，求 G 中一条长为 g 的简单路径。

(c) 最大 SAT：给定一个 CNF 公式和整数 g，求满足其中至少 g 个子句的真赋值。

(d) 稠密子图：给定一个图和两个整数 a 和 b，求 G 中的 a 个顶点，使得它们之间最少有 b 条边。

(e) 稀疏子图：给定一个图和两个整数 a 和 b，求 G 中的 a 个顶点，使得它们

之间最多有 b 条边。

(f) 集合覆盖。(该问题衍生了两个著名的 **NP**-完全问题。)

(g) 可靠网络：给定两个 $n \times n$ 矩阵，一个距离矩阵 d_{ij}，一个连接需求矩阵 r_{ij} 以及预算 b。我们要求一个图 $G=(\{1, 2, \ldots, n\}, E)$ 使得：(1)其中所有边的总代价不超过 b；(2)在任意两个不同的顶点 i 和 j 之间，存在 r_{ij} 条顶点互不相交的路径。(提示：假设所有 d_{ij} 都为 1 或 2，$b=n$，所有的 $r_{ij}=2$。想一下这会是哪个著名的 **NP**-完全问题？)

8.11 Rudrata 问题有很多变型，取决于其中的图是有向的还是无向的，以及所要求的是一个环还是一条路径。请将有向 Rudrata 路径(DIRECTED RUDRATA PATH)问题分别归约到如下的问题：

(a) (无向)Rudrata 路径(RUDRATA PATH)问题。

(b) 无向的 Rudrata (s, t)-路径问题，它和 Rudrata 路径的唯一不同是输入中指定了路径的两个端点。

8.12 k-生成树(k-SPANNING TREE)问题是这样的：

输入：无向图 $G=(V, E)$

输出：G 的一个生成树，其中所有节点度数都不超过 k—— 如果该树存在。

请证明对任意 $k \geq 2$：

(a) k-生成树问题是一个搜索问题。

(b) k-生成树问题是 **NP**-完全的。(提示：由 $k=2$ 开始，考虑该问题与 Rudrata 路径问题的关联。)

8.13 判断以下问题中哪些是 **NP**-完全的，哪些在多项式时间内可解。在每个问题中，我们给定一个无向图 $G=(V, E)$，以及：

(a) 节点集合 $L \subseteq V$，求 G 的一个生成树，使其叶节点集合包含集合 L。

(b) 节点集合 $L \subseteq V$，求 G 的一个生成树，使其叶节点集合等于集合 L。

(c) 节点集合 $L \subseteq V$，求 G 的一个生成树，使其叶节点集合含于集合 L。

(d) 一个整数 k，求 G 的一个叶节点数不超过 k 的生成树。

(e) 一个整数 k，求 G 的一个叶节点数不少于 k 的生成树。

(f) 一个整数 k，求 G 的一个叶节点数恰好等于 k 的生成树。

(提示：除了一个问题外，以上所有问题的 **NP**-完全性都可以采用推广的方式证明。)

8.14 证明如下问题是 **NP**-完全的：给定一个无向图 $G=(V, E)$和整数 k，求 G

中一个规模为 k 的团以及一个规模为 k 的独立集。假定它们都是存在的。

8.15 最大公共子图

证明如下问题是 **NP**-完全的：

输入：两个图 $G_1=(V_1, E_1)$和 $G_2=(V_2, E_2)$；预算 b。

输出：两个节点集合 $V_1'\subseteq V_1$ 和 $V_2'\subseteq V_2$，它们被移除后，将在两图中分别留下至少 b 个节点，且图的剩余部分完全一样。

8.16 我们正在进行一项实验以开发出新的菜品。有多种材料可供选择，我们也希望尽可能多地使用它们，但是有些材料是不适合搭配在一起的。假设有 n 中可用的材料(记为 1 到 n)，我们可以将任意两种材料之间的不和谐度表示为一个 $n\times n$ 矩阵。这里的不和谐度是一个位于 0.0 到 1.0 间的实数值，其中 0.0 意味着“可以完美地搭配”，1.0 则意味着“千万不要把它们放在一起”。以下是关于 5 种材料相互搭配的情况：

	1	2	3	4	5
1	0.0	0.4	0.2	0.9	1.0
2	0.4	0.0	0.1	1.0	0.2
3	0.2	0.1	0.0	0.8	0.5
4	0.9	1.0	0.8	0.0	0.2
5	1.0	0.2	0.5	0.2	0.0

其中：材料 2 和 3 能完美配合，而 1 和 5 的搭配则非常糟糕。请注意该矩阵总是对称的；且其对角线上总是 0.0。由于采用了一些不是完美和谐的材料，每种材料组合都会受到一定的负面影响，对它进行量化后，等于其中不搭配材料间的不和谐度之和。举例来说，材料组合{1, 3, 5}的负面影响值为 0.2+1.0+0.5=1.7。我们希望这个值尽可能小。

烹调实验(EXPERIMENTAL CUISINE)问题

输入：可选材料的数量 n；$n\times n$ 的不和谐矩阵 D；某个值 $p\geq 0$

输出：使得负面影响值不超过 p 的最大材料数量。

证明如果烹调实验问题在多项式时间内可解，则 3SAT 也能。

8.17 请证明对 **NP** 中的任意问题Π，存在运行时间在 $O(2^{p(n)})$内的求解算法，其中 n 为输入的规模，$p(n)$为一个多项式(具体由Π决定)。

8.18 请证明若 **P**=**NP**，则 RSA 密码(参见 1.4.2 节)将能在多项式时间内被破解。

8.19 所谓风筝图是这样的，其顶点数为偶数(比如 $2n$)，且其中的 n 个顶点构成了一个团，剩余的 n 个顶点则由一条称为“尾巴”的路径连接，尾巴的某个端点与团中一个顶点相连。给定一个图和目标 g，风筝图问题要求该图的一个包含 $2g$ 个顶点的风筝子图。请证明该问题是 **NP**-完全的。

8.20 在一个无向图 $G=(V, E)$中，我们称 $D\subseteq V$ 为一个占优集，是指每个 $v\in V$ 都属于 D 或与 D 中一个节点为邻。在占优集问题中，输入为一个图和预算 b，目标是求图的一个规模不超过 b 的控制集——如果该集存在。证明该问题是 **NP**-完全的。

8.21 杂化测序。识别新基因的一种实验方法会对该基因进行反复检测，以判断其中包含哪些 k-串(长度为 k 的子串)。然后基于它们重组整个基因序列。

我们可以将其描述为一个组合问题。对于任意字符串 x(DNA 序列)，记$\Gamma(x)$为其所有 k-串的集合的超集(multiset)。特别地，$\Gamma(x)$共有$|x|-k+1$ 个元素。

重组问题是这样的：给定一个长度为 k 的字符串组成的多样集，求 x 使得$\Gamma(x)$恰为该集。

(a) 证明重组问题可以归约为 Rudrata 路径问题。(提示：构造一个有向图，其中每个节点对应一个 k-串，如果 a 的最后 k-1 个字符与 b 的前 k-1 个字符相同，则在 a 和 b 间增加一条边。)

(b) 事实上，还有一个更好的办法：证明该问题可以被归约为 Euler 路径问题。(提示：每个 k-串对应一个有向边。)

8.22 在任务调度中，常常会用到图。其中节点对应于任务，任务 i 到 j 的有向边表示 i 是 j 的先期条件。这样的图描述了调度问题中的任务先后关系(约束)。显然，一个调度是可行的当且仅当该图无环；如果调度不可行，我们需要求使其无环所需的最小约束数量。

给定有向图 $G=(V, E)$，子集 $E'\subseteq E$ 称为一个反馈弧集合是指：将其移除后将使得 G 无环。

反馈弧集合(FEEDBACK ARC SET，简称 FAS)问题：给定有向图 $G=(V, E)$和预算 b，求包含不超过 b 条边的反馈弧集合——如果这样的集合存在。

(a) 证明 FAS 属于 **NP**。

通过将顶点覆盖问题归约为 FAS，可以证明 FAS 是 **NP**-完全的。给定一个顶点覆盖实例(G, b)，我们如下构造一个 FAS 实例(G', b)：如果 $G=(V, E)$包含 n 个顶点 $v_1, \ldots, v_n$，则生成一个包含 $2n$ 个顶点 $w_1, w_1', \ldots, w_n, w_n'$和 $n+2|E|$条边的有向图 $G'=(V', E')$，其中的边为：

- 对所有 i=1, 2, …, n，有(w_i, w_i')。
- 对每个$(v_i, v_j)\in E$，有(w_i', w_j)和(w_j', w_i)。

(b) 证明如果 G 包含规模为 b 的顶点覆盖，则 G'有规模为 b 的反馈弧集合。

(c) 证明如果 G'包含规模为 b 的反馈弧集合，则 G 有规模不超过 b 的顶点覆盖。(提示：给定 G'的规模为 b 的反馈弧集合，您首先需要对其进行一点修改，得到一个形式更简洁但规模不超过原反馈弧集合的集合。然后说明 G 必然包含一个与修改后的反馈弧集合规模相同的顶点覆盖即可。)

8.23　在节点互不相交的路径(NODE-DISJOINT PATH)问题中，输入是一个无向图。该图的一些节点具有特殊标记：节点 $s_1, s_2, \ldots, s_k$ 被标记为“出发点”，另一些同等数量的节点 $t_1, t_2, \ldots, t_k$ 被标记为“目的地”。目标是对所有的 i=1, 2,…, k，求由 s_i 到 t_i 的 k 条节点互不相交的路径(即不包含相同节点的路径)。请证明该问题是 **NP**-完全的。

以下是针对证明过程的一系列循序渐进的提示：

(i) 由 3SAT 开始归约。

(ii) 对于包含 m 个子句和 n 个变量的 3SAT 公式，使用 $k=m+n$ 个出发点和目的地。对于每个变量 x 引入一个节点对(s_x, t_x)，同样地对每个子句 c 引入一个节点对(s_c, t_c)。

(iii) 对每个 3SAT 子句，引入 6 个中间节点，对于出现在子句中的每个文字都有一个节点与之对应，同时还有另一个节点对应于该文字的补。

(iv) 注意到如果 s_c 到 t_c 的路径经过某个中间节点(代表变量 x 在子句中出现过)，则其它路径不能再经过该节点。除此之外，您希望其它路径都经过哪些节点呢？

chapter 9

NP-完全问题的处理

假定您是一个经验丰富的项目组中的新人。您现在要为一个包含图和数字的看起来颇为简单的问题编写代码。您打算怎么做呢？

幸运的话，您所面对的可能正是我们在本书中已经解决了的带边权重的众多图论问题之一(例如最短路径问题、最小生成树问题、最大流问题，等等)。即便如此，将这些问题从其所处的环境(它常常被现实中错综复杂的情况弄得有些扑朔迷离)，中识别出来，也需要一定的经验和技巧。很多情况下，您可能需要将您的问题归约为以上这些幸运的问题之一——或者，干脆使用动态规划或线性规划来求解它。

但是以上这些可能都不会发生。由于人们针对搜索问题研究成果的匮乏，因此这个领域可谓黯淡。其中的少数光亮——一些精彩机智的算法思想常常仅能照亮各自周围的小片领地(一个类比，泛指能够归约为该算法所能解决的问题。相对而言，线性规划和动态规划所"照耀"的范围是相当大的)。余下则是大片的"黑暗"——**NP**-完全问题。您能做些什么呢？

您可以从证明问题的**NP**-完全性开始。这常常只需要一个基于推广的证明(参见8.3节的ZOE到ILP的归约和习题8.10)；有时则是一个类似由3SAT到ZOE的简单归约。听起来就像是个理论习题，但如果您成功了，将会获得非常实际的回报：您在项目组中的地位将获得提升，您将不再是个需要别人帮助的毛头小孩，您此刻更像是一个无坚不摧的高贵骑士。

但是，证明了问题的**NP**-完全性，并没有最终解决问题。您面临的真正挑战是，下一步该做些什么？

这正是本章的主题，同时这也是当代许多非常重要的算法和复杂性研究的出发点。**NP**-完全性并不是一张"死亡证书"，恰恰相反，它应该说是接下来一段奇异旅程的起点。

在问题的**NP**-完全性证明中，您可能构造了一些复杂而奇特的图，它们看起来和您从应用中得到的那些完全不同。举例来说，SAT 问题虽然是 **NP**-完全的，但对于 HORN 公式的 SAT 问题(SAT 问题在逻辑规划中的实例)，仍然能够高效地求得其可满足赋值(参见 5.3 节)。或者，假定从应用中抽象得到的图为树，则对很多 **NP**-完全问题例如独立集问题，常常可以用动态规划方法在线性时间内对其进行求解(参见 6.7 节)。

然而，这条路也并不总是可行。例如，我们知道 3SAT 问题是 **NP**-完全的；包括独立集问题在内的众多 **NP**-完全问题，对于平面图(即指那些可以在平面上画出且没有边交叉的图)都未找到有效的解决途径。此外，您常常也许根本无法清晰刻画应用问题实例。反而您将不得不依赖于某种形式的智能指数搜索(intelligent exponential search)，比如回溯(backtracking)和分支定界。虽然在最坏情况下这些方法完成搜索也需要指数时间，但是如果设计得当，常常能使它们对求解特定实例变得十分高效。我们将在 9.1 节讨论这些方法。

或者，您可以尝试为 **NP**-完全的最优化问题写一个并非最优却“相去不远”的算法。例如，在 5.4 节中，我们发现贪心算法总是能产生一个规模不超过最优覆盖 log *n* 倍的覆盖集。类似这样的算法被称为近似算法。9.2 节中我们将看到，对于许多 **NP**-完全的最优化问题都存在这样的算法，而这些算法称得上是所有算法中最精妙和复杂的一类。**NP** 完全性理论可以指导近似算法中对问题最优解的逼近过程，通过对一些问题的近似算法进行研究，我们将发现近似算法的解与最优解的近似程度将有更加严格的限制——除非 P=NP。

本章的最后，将介绍启发式方法，一种对于运行时间和逼近程度都不做保证的方法。用启发式方法解决问题将更多地依赖于灵感和直觉，加之对应用本身的深刻理解、精心设计的实验过程和对物理学或生物学原理的洞察力。我们将在 9.3 节中看到启发式方法的一些常用类型。

9.1 智能穷举搜索

9.1.1 回溯

回溯的原理基于以下经验，即常常可以通过观察解的某一部分来判定解本身不可行。例如，若 SAT 问题的一个实例包含子句$(x_1 \vee x_2)$，则所有 $x_1=x_2=0$(赋值为 false)的赋值都可以被排除。通过尝试不同的变量赋值，快速检查和排除这类不可行的部分赋值，我们将能够使搜索空间规模缩减到原来的四分之一。这是一个有前途的方向，但是该如何更为系统地利用它呢？

以下是具体的做法。考虑由一组子句构成的布尔公式 $\Phi(w,x,y,z)$

$$(w \vee x \vee y \vee z),(w \vee \overline{z}),(x \vee \overline{y}),(y \vee \overline{z}),(z \vee \overline{w}),(\overline{w} \vee \overline{z})$$

接下来我们将循序渐进地生成一个部分解树。首先，选择任意变量作为树分枝的起点，不妨为 w：

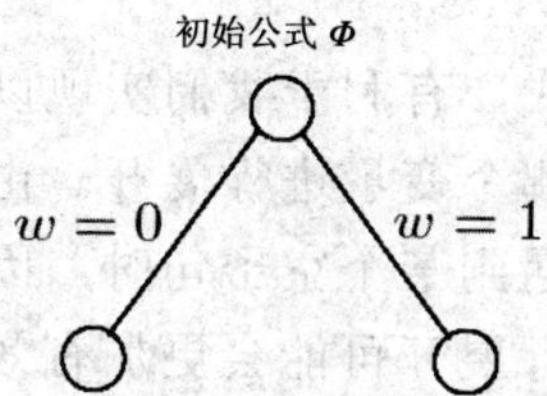

在 Φ 中插入 w=0 和 w=1。我们发现没有任何子句被破坏(变得无法满足)，因此，这两个部分赋值都不能立即被排除。接下来继续进行分枝。我们可以任意选择一个变量，然后在两个可用节点之一进行展开。比方说：

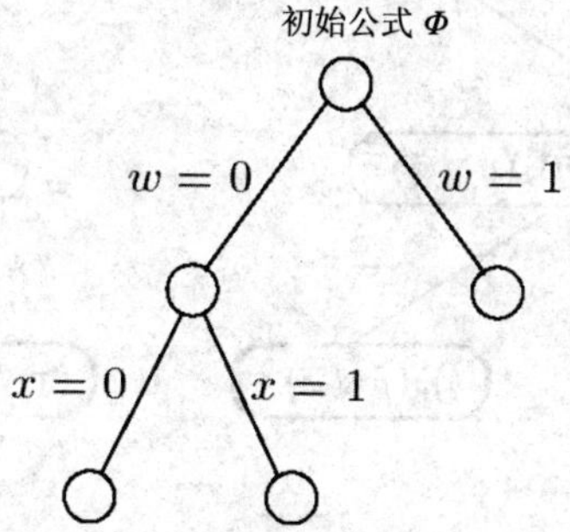

这次我们很幸运。部分赋值 w=0，x=1 与子句$(w \vee \overline{x})$冲突，因此将被终止，这样也就削减了一大块搜索空间。我们通过回溯来离开这个死胡同，并从剩下的两个节点开始继续搜索过程。

按照这种方式，回溯方法将遍历整个赋值空间，在输出不确定的节点上继续生成分枝，直到遇到可满足的赋值时停止。

在布尔可满足性问题中，树的每个节点都可以用一个部分赋值或插入这些值后剩余的子句来描述。例如，如果 w=0 且 x=0，则所有包含 $\overline{w}$ 或 $\overline{x}$ 的子句将满足，而在包含 w 或 x 的子句中，对应的文字由于不满足将被删除。于是剩下：

$$(y \vee z), (\overline{y}), (y \vee \overline{z})$$

类似地，若 w=0 且 x=1，将剩下

$$(), (y \vee \overline{z})$$

其中空子句“( )”意为不可满足。因此，在搜索树中对应于部分赋值的节点，本身即为一个 SAT 子问题。

以上这两种不同的描述方式，有利于我们实现以下两个经常重复出现的决策：继续展开哪个子问题，以及用哪个变量进行展开。由于回溯的好处在于其削减搜索空间的能力，而这仅仅发生在遇到某个空子句时，因此选择展开包含最小子句的子问题，同时选择其中的变量进行展开可能会更加有效。如果这个子句恰巧为一个独元子句(singleton)，则至少会有一个结果分枝将被终止。(如果存在两个以上地位相当的子问题，合理的策略是选择在树中层次较低的一个进行展开，因为它可能更接近某个可满足赋值)。图 9-1 是我们此前例子对应的结果。

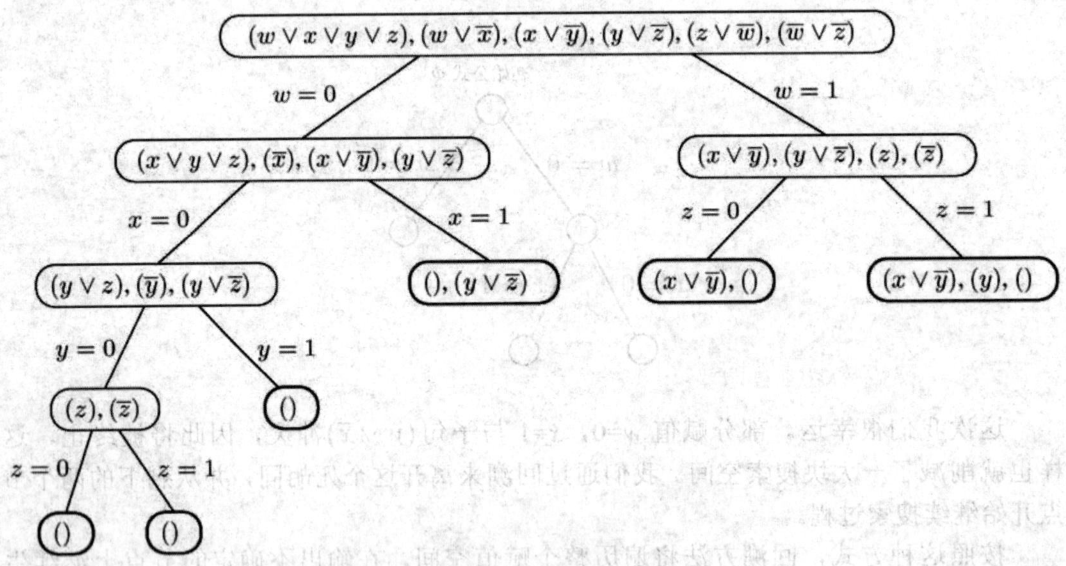

图 9-1 回溯显示 Φ 是不可满足的

说得更抽象些，回溯算法需要一个检验过程，用于检视子问题并快速给出以下三种输出之一。

1. 失败：子问题无解。

2. 成功：找到了子问题的一个解。

3. 不确定。

在 SAT 中，当测试过程中出现一个空子句时返回失败，当没有子句时返回成功，否则返回不确定。因此，回溯可以表示为如下过程：

```
Start with some problem P_0
Let S = {P_0}, the set of active subproblems
Repeat while S is nonempty:
    choose a subproblem P ∈ S and remove it from S
    expand it into smaller subproblems P_1, P_2, ..., P_k
    For each P_i:
        If test(P_i) succeeds: halt and announce this solution
        If test(P_i) fails: discard P_i
        Otherwise: add P_i to S
Announce that there is no solution
```

对于 SAT，以上的 choose 过程选择一个待展开的子句，expand 选取该子句中的一个变量作为展开参数。具体的选取策略参见我们此前的讨论。

有了正确的 test、expand 和 choose 过程，回溯机制将能在实际中非常有效地工作。我们所介绍的 SAT 的回溯算法是许多成功的可满足性问题程序的基础。回溯的另一个重要标志是：给定一个 2SAT 实例，如果它存在一个可满足赋值，则总可以利用回溯在多项式时间内找到它(参见习题 9.1)!

9.1.2 分支定界

同样的原理可以从 SAT 这样的搜索问题推广到最优化问题。具体来说，假设我们有一个最小化问题—— 最大化问题可以采用相同的模式。

和前面一样，我们将处理一些部分解，它们每个都代表了某个子问题。得到完整解的最好(最低代价)途径是什么呢？经验告诉我们仍然需要一个削减部分解的依据，而除此之外在我们的方法中不再有其它提高效率的途径。为了否定一个子问题，我们必须确定其代价超过了某个我们已经遇到过的解。但是我们并不了解它的确切代价，并且对该值通常也没有高效的计算方法。因此，我们转而使用该代价的一个能够快速计算的下界作为替代。

```
Start with some problem P_0
Let S = {P_0}, the set of active subproblems
bestsofar = ∞
Repeat while S is nonempty:
  choose a subproblem P ∈ S and remove
  it from S
  expand it into smaller subproblems P_1, P_2, ..., P_k
  For each P_i:
    If P_i is a complete solution: update bestsofar
    else if lowerbound(P_i) < bestsofar: add P_i to S
return bestsofar
```

来看一下该算法在旅行商问题中是如何工作的。这里给定一个图 $G=(V, E)$，边长 $d_e>0$。该问题的部分解是顶点 a 经过顶点集 $S\subseteq V$ 到 b 的一条简单路径，这里的 S 包含端点 a 和 b。我们将该部分解记为三元组$[a, S, b]$——事实上，在该算法中 a 是固定不变的。对应的子问题需要求完成旅行的最优线路，也即，一条由 b 经过中间节点 $V\text{-}S$ 到 a 的最经济的补充路径。此外，对于任意选定的 $a\in V$，最初的问题都形如$[a, \{a\}, a]$。

在分支定界算法的每一步中，我们将为部分解$[a, S, b]$增加一条新的边(b, x)，其中 $x\in V\text{-}S$。因此，我们共有$|V\text{-}S|$个具体的选择，其中的每一个都将导出形如$[a, S\cup\{x\}, x]$的子问题。

如何才能确定完成部分旅行路线$[a, S, b]$的代价下界呢？就此问题已经有很多精妙而复杂的方法，我们来看其中一个相对简单的。旅行线路剩余的部分包含了一条经过 $V\text{-}S$ 的路径，外加由 a 和 b 到 $V\text{-}S$ 的边。因此，其代价至少是以下几部分边权重的和：

1. a 到 $V\text{-}S$ 的最轻边。
2. b 到 $V\text{-}S$ 的最轻边。
3. $V\text{-}S$ 的最小生成树。

(您知道是为什么吗？)利用最小生成树算法可以快速求得该下界。图 9-2 是一个示例的运行过程：树的每个节点代表分支定界过程在某阶段所考虑的一个部分旅行路线(即：由出发点到该节点的路径)。请注意其中仅仅考虑了 28 个部分解，而不是穷举搜索将遇到的 7!=5,040 个。

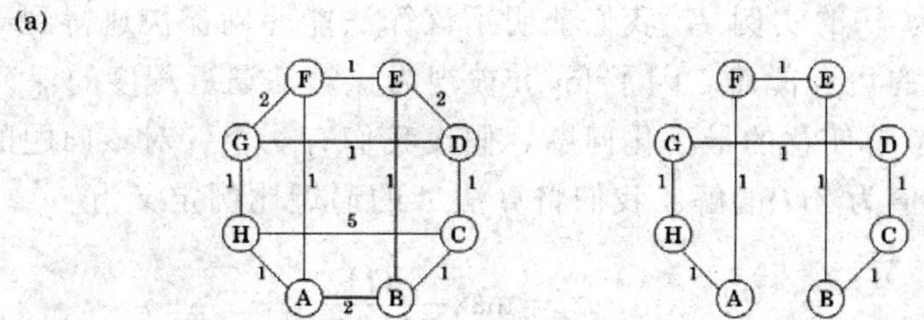

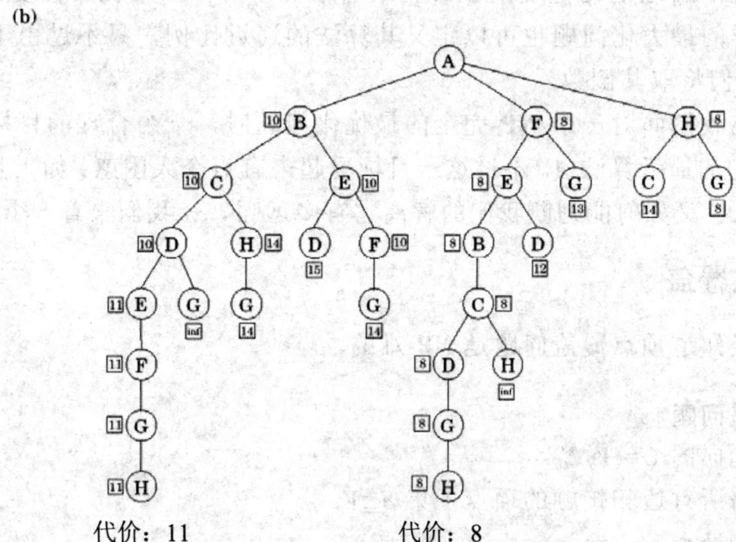

图 9-2　(a)一个图及其中的旅行商最佳路线。(b)分支定界搜索树，从左至右。方盒中的数字为代价的下界

9.2　近似算法

在最优化问题中，给定一个问题实例 I，我们要求其最优解——对于独立集这样的最大化问题最优解意味着最大收获，而对于 TSP 这样的最小化问题最优解则意味着最小代价。对于每个实例 I，我们记 $\mathrm{OPT}(I)$为其最优解对应的目标值(收益或代价)。出于数学上的便利(这样做不会与实际情况有很大差异)，我们假设 $\mathrm{OPT}(I)$总是一个正整数。

在 5.4 节中，我们已经看到了近似算法的一个著名例子：集合覆盖问题的贪心算法。对于规模为 n 的实例 I，我们证明了该算法能够确保快速得到一个规模不超过 OPT(I)log n 倍的集合覆盖。因子 log n 被视为该算法逼近程度的保证。

更一般地，考虑任意的最小化问题。假设我们有一个针对该问题的算法 A，给定实例 I，A 返回值为 $A(I)$的解。我们将算法 A 的逼近比例定义为

$$\alpha_A = \max_I \frac{A(I)}{\mathrm{OPT}(I)}$$

换句话说，α_A 通过比值度量了 A 在最坏情况下解偏离最优的程度。类似地，对于独立集这样的最大化问题也可以定义其算法的逼近比例，只不过由于所得到的数值超过 1，我们将取其倒数。

于是，当我们面对一个 **NP**-完全的最优化问题时，一个合理的目标就是为其寻找α_A尽可能小的逼近算法 A。不过这一目标看起来有点令人困惑：如果我们都不知道最优解是什么，又如何能判断我们的解离它有多远呢？让我们来看一个简单的例子。

9.2.1 顶点覆盖

我们已经知道顶点覆盖问题是 **NP**-难的。

顶点覆盖问题

输入：无向图 $G=(V, E)$。

输出：与所有边相接触的顶点子集 $S\subseteq V$。

目标：$|S|$最小。

图 9-3 是一个例子。

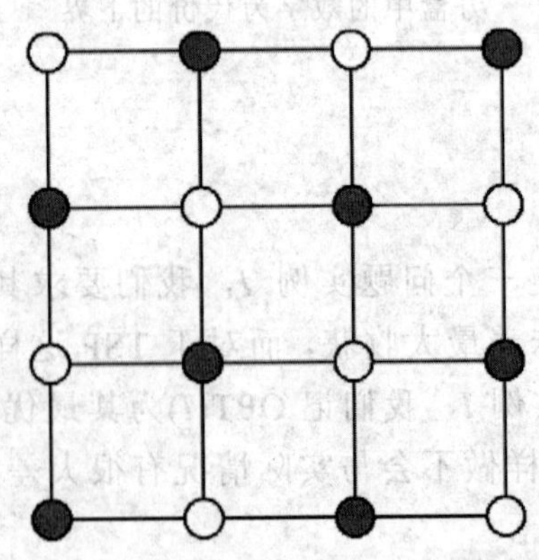

图 9-3 图中的最优顶点覆盖(标注阴影的)的规模为 8

由于顶点覆盖问题是集合覆盖问题的特例，由第 5 章可知，利用贪心算法可以在 $O(\log n)$的范围内逼近其最优解。具体只需重复地删除度数最高的顶点并将其加入顶点覆盖即可。此外，对于特定的图，利用贪心算法恰好可以得到顶点数为最优解规模 $\log n$ 倍的顶点覆盖。

顶点覆盖的一个更好的近似算法是基于匹配(matching)概念构造的。所谓匹配就是没有共同端点的边组成的集合(如图 9-4 所示)。当没有更多的边可以加入时，匹配达到了最大。最大匹配能够帮助我们找到比较好的顶点覆盖，同时，它是很容易生成的，只需重复地选择与已选定边不相交的边，直到没有可加入的边即可。

匹配和顶点覆盖之间是什么关系呢？请注意以下这样一个非常重要的事实：图 G 的任意顶点覆盖规模都至少与 G 的任意匹配规模(边数)一样大。也即，每个匹配都给出了 OPT 的一个下界。原因很简单，因为匹配中的每条边都必然有一个端点属于某个顶点覆盖！找到这样的下界是设计近似算法的一个关键步骤，因为我们必须要将该算法求得的解与 OPT 进行比较，而计算 OPT 则是 **NP**-完全的。

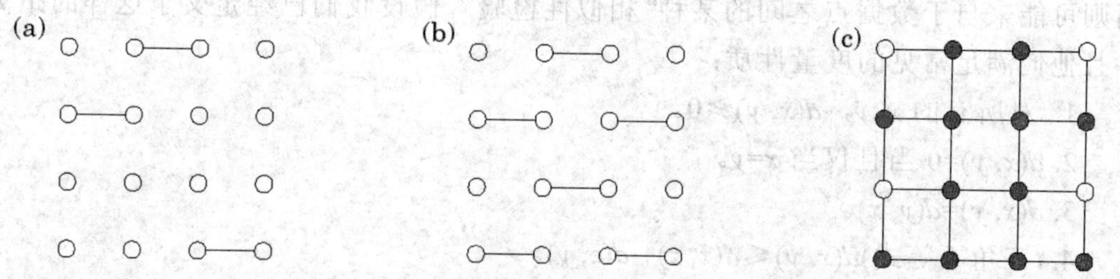

图 9-4　(a)一个匹配，(b)达到最大匹配的状态，(c)最终得到的顶点覆盖

为了完成我们的近似算法，还需要进行一些观察：令 S 是包含某最大匹配 M 中所有边的端点的集合。则 S 必然是一个顶点覆盖—— 如果不是，则意味着它可能没有接触到某条边 $e\in E$，于是 M 也不可能是最大的，因为 e 显然可以继续加入到其中。我们的工作到此完成。覆盖集 S 包含了 $2|M|$个顶点。从上一段的分析我们知道任意顶点覆盖的规模至少为$|M|$。

以下是相应的顶点覆盖算法：

```
Find a maximal matching M ⊆ E
Return S = {all endpoints of edges in M}
```

这个简单的算法总是能返回不超过最优解规模两倍的顶点覆盖！

总结一下，即使我们不知道如何求最优的顶点覆盖，我们也能很容易地找到最大匹配这样一种结构，它具有如下两点性质：

1. 其规模给出了最优顶点覆盖的一个下界。

2. 可以以之为基础构造一个顶点覆盖，且利用性质 1 可以将该顶点覆盖的规模与最优覆盖相比较。

因此，这样一个简单算法的逼近因子$\alpha_A \leqslant 2$。事实上，不难找到一个确实会造成 100%错误(相对于最优覆盖的规模，近似解的规模增加了 100%)的例子；故实际上$\alpha_A=2$。

9.2.2 聚类

下面我们来看聚类问题。在该问题中，我们需要将一些数据(比如文本文档、图像或者声音采样等)划分为多个组。为了反映这些数据之间的关联关系，常常需要在其对应的“点”之间定义“距离”的概念。通常情况下，我们面对的数据就是某个高维空间中真实的点，其间的距离可以用欧几里德距离来度量。还有其他情况，距离则可能来自于数据点之间的某种“相似性检验”。假设我们已经定义了这样的距离，并且他们满足常见的度量性质：

1. 对所有的 x, y，$d(x, y) \geqslant 0$。

2. $d(x, y)=0$ 当且仅当 $x=y$。

3. $d(x, y)=d(y, x)$。

4. (三角不等式)$d(x, y) \leqslant d(x, z)+ d(z, y)$。

我们希望把数据点划分为不同的组，使这些组从直径较小的意义上来说是紧凑的。

***k*-聚类(*k*-CLUSTERING)**

输入：点集 $X=\{x_1, \ldots, x_n\}$，距离函数 $d(\cdot, \cdot)$，整数 k。

输出：k 个聚类 $C_1, \ldots, C_k$。

目标：聚类直径

$$\max_j \max_{x_a, x_b \in C_j} d(x_a, x_b)$$

最小。

一种将该任务形象化的方法是假设空间中有 n 个点，我们需要给出 k 个大小相等的圆将它们完全覆盖。这些圆的最小直径是多少呢？图 9-5 是一个例子。

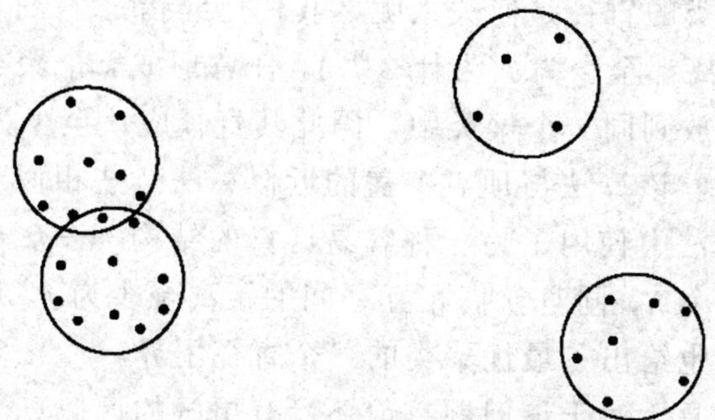

图 9-5　一些数据点和 k=4 的最优聚类

该问题是 **NP**-难的，但它却有一个很简单的逼近算法。基本思想是选择 k 个数据点作为聚类的中心点，然后将剩余点中与之最靠近的都划为一组(包括中心点本身)，从而构造出 k 个聚类。每次选择一个中心点，且每次选择都采用如下的直观法则：下一个中心点应该与现有中心点距离最远(如图 9-6 所示)。

```
Pick any point μ_1 ∈ X as the first cluster center
for i = 2 to k:
  Let μ_i be the point in X farthest from μ_1, ..., μ_{i-1}
  (i.e., that maximizes min_{j<i} d(·, μ_j))
Create k clusters: C_i = {all x ∈ X whose closest center is μ_i}
```

显然该算法将返回一个合法的划分。此外，它可以保证结果所得的聚类直径最多为最优解的两倍。

以下是关于这一点的解释。令 $x \in X$ 为距离 $\mu_1, \ldots, \mu_k$ 都最远的点(换句话说，x 是我们所要选择的下一个中心点—— 如果我们需要 k+1 个中心点的话)，并令 r 为 x 与离自己最近的中心点间的距离。于是 X 中的每个点都必须与其聚类中心距离不超过 r。由三角不等式，这意味着每个聚类的直径最多为 $2r$。

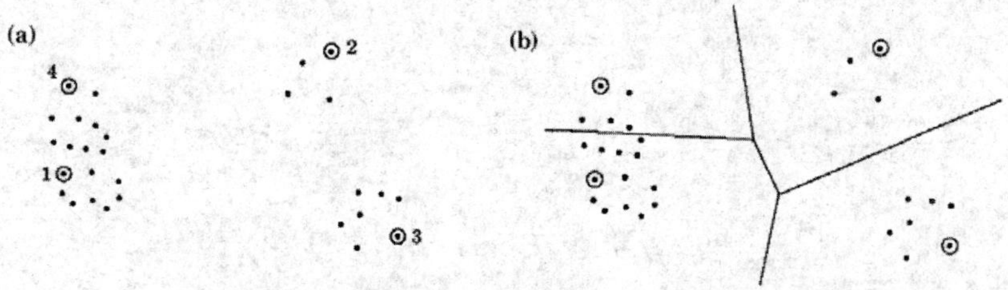

图 9-6　(a)最远优先法则选定的 4 个中心点。(b)最终得到的聚类

但是 r 和最优聚类的直径是何关系呢？我们已经指定了 $k+1$ 个点$\{\mu_1, \mu_2,\ldots, \mu_k, x\}$，这些点之间的距离都至少为 r(为什么？)。任意形成 k 个聚类的划分至少会将这些中心点中的某两个放到同一个聚类中，因此其直径应该至少为 r。

从较高层次上看，该算法与顶点覆盖的近似算法有些相似。我们没有使用最大匹配，而是在新的算法中使用了另一种容易计算的结构——k 个点的集合，这些点能够以半径 r 覆盖整个 X，同时它们相互之间的距离至少为 r。这一结构不仅可用于产生一个聚类，同时也给出了最优聚类的一个直径下界。

最后需要指出的是，对于该问题目前还没有更好的近似算法。

9.2.3 TSP

三角不等式在 k-聚类问题的近似算法中扮演了十分重要的角色，它同样也能在旅行商问题中发挥作用：如果各个城市间距离满足前述的度量性质，则存在一个可输出长度最多为最优解 1.5 倍路线的算法。下面我们将看到一个近似程度稍微差一些的算法例子，其逼近比例为 2。

继续采用以上两个逼近算法的思路，我们想知道是否存在某个容易计算的结构，能与最优的商人旅行路线建立起某种可能的联系(给出 OPT 的一个较好下界)。不须过多的思索和实验，答案是最小生成树。

试着理解一下其中的关系。从商人的旅行路线中任意删除一条边，将剩下一条经过所有顶点的路径，该路径是一个生成树。因此，

$$\text{TSP 的代价} \geq \text{该路径的代价} \geq \text{MST 的代价}$$

现在，我们需要从 MST 构造出一个商人旅行线路。如果我们能使用每条边两次，则依据 MST 的构造我们可以得到一条访问所有城市的路线，只是可能会经过某些城市不止一次。下面是一个例子，左侧为 MST，右侧则是对应的旅行路线(数字用来标出访问的次序)。

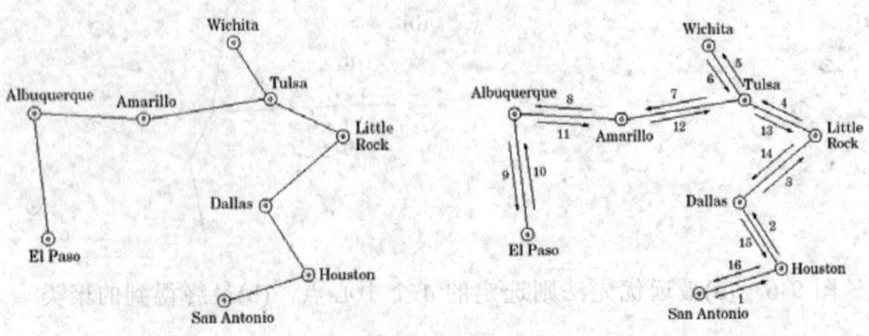

显然，该路线的长度最多为 MST 代价的两倍，而我们已经知道后者应该为 TSP 的代价的两倍。

这就是我们想要的结果，但仍然存在一些不合理的地方，因为路线中有些城市可能被访问了不止一次，因此该路线可能是不合法的。为了修正这一问题，只需使路线跳过它已经访问过的城市，直接移动到序列中下一个新(未访问)的城市即可：

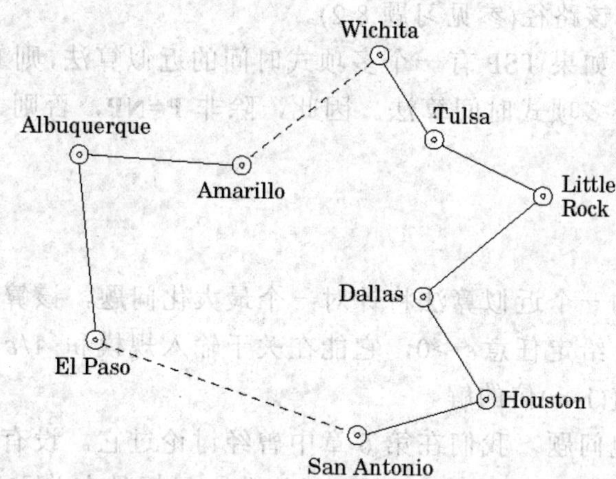

由三角不等式可知，这种跳跃只会使得总的线路长度更短。

普通 TSP

但是如果我们感兴趣的是不一定满足三角不等式的 TSP 实例呢？对这个问题求近似算法将变得困难得多。

原因如下：请回忆 8.2 节“Rudrata 环路→TSP”中我们曾给出的一个多项式时间归约，给定图 G 和整数 $C>0$，能够生成一个 TSP 实例 $I(G, C)$，使其满足：

(i) 如果 G 有一条 Rudrata 路径，则 $\mathrm{OPT}(I(G, C))=n$，其中 n 为 G 中的顶点数。

(ii) 如果 G 没有 Rudrata 路径，则 $\mathrm{OPT}(I(G, C))\geqslant n+C$。

这意味着即使 TSP 的一个近似解也可以帮助我们求得 Rudrata 路径！具体细节如下：

考虑 TSP 的一个近似算法 $\mathcal{A}$，记 $\alpha_{\mathcal{A}}$ 为其逼近比例。给定 Rudrata 路径的任意实例 G，基于参数 $C=n\alpha_{\mathcal{A}}$，我们可以生成一个 TSP 实例 $I(G, C)$。在该 TSP 上运行 $\mathcal{A}$ 会发生什么呢？对于情形(i)，它将输出一条长度最多为 $\alpha_{\mathcal{A}}\mathrm{OPT}(I(G, C))=n\alpha_{\mathcal{A}}$ 的线路；而对于情形(ii)，其输出的线路长度至少为 $\mathrm{OPT}(I(G, C))>n\alpha_{\mathcal{A}}$。因此，我们可以判断出 G 是否存在 Rudrata 路径！最终的过程如下：

```
Given any graph G:
  compute I(G,C) (with C = n·α_A) and run algorithm A on it
  if the resulting tour has length ≤ nα_A:
    conclude that G has a Rudrata path
  else: conclude that G has no Rudrata path
```

它告诉我们 G 是否存在 Rudrata 路径。通过多次(多项式规模的次数)调用该过程，我们将能够求得该路径(参见习题 8.2)。

我们已经说明了如果 TSP 有一个多项式时间的近似算法，则 **NP**-完全的 Rudrata 路径问题也将有一个多项式时间算法。因此，除非 **P**=**NP**，否则 TSP 不可能存在高效的近似算法。

9.2.4 背包问题

我们最后讨论的一个近似算法将针对一个最大化问题，该算法所能提供的保证是令人印象深刻的：给定任意$\varepsilon > 0$，它能在关于输入规模和 $1/\varepsilon$ 的多项式时间内返回一个最少为最优值$(1-\varepsilon)$倍的解。

该问题就是背包问题，我们在第 6 章中曾经讨论过它。设有 n 种物品，其重量和价值分别为 $w_1, \ldots, w_n$ 和 $v_1, \ldots, v_n$(都为正整数)，目标是在总重量不超过 W 的前提下挑选出价值最高的物品组合。

关于该问题，此前我们已看到过一个运行时间为 $O(nW)$的动态规划解法。此外，采用类似的方法，还可以得到一个 $O(nV)$的算法，其中 V 是物品价值的总和。但是，这两个算法的运行时间都不是多项式的，因为 W 和 V 都可能非常大，达到输入规模的指数量级。

我们来考虑一下 $O(nV)$的算法。在 V 很大的情况下，如果我们只是简单地缩小所有的价值，会发生什么呢？举例来说，如果

$$v_1=117\ 586\ 003,\ v_2=738\ 493\ 291,\ v_3=238\ 827\ 453$$

我们不妨去掉其所有的尾数，留下 117、738 和 238。这并不会使问题有太大的不同，但算法却会快上很多！

算法细节如下。在输入问题实例的同时，用户需要给出某个逼近比例$\varepsilon>0$，然后：

```
Discard any item with weight > W
Let v_max = max_i v_i
Rescale values v̂_i = ⌊v_i · n/(ε v_max)⌋
Run the dynamic programming algorithm with values {v̂_i}
Output the resulting choice of items
```

我们来看看它为什么是有效的。首先，由于缩小后的价值 $\hat{v}_i$ 最多为 n/ε，动态规划程序将是高效的，运行时间在 $O(n^3/\varepsilon)$内。

现在假定原问题的最优解选出了某个物品集合 S，其总价值为 K^*。同样的物品搭配经过缩减后价值将是

$$\sum_{i\in S}\hat{v}_i=\sum_{i\in S}\left\lfloor v_i\cdot\frac{n}{\varepsilon v_{\max}}\right\rfloor\geq\sum_{i\in S}\left(v_i\cdot\frac{n}{\varepsilon v_{\max}}-1\right)\geq K^*\cdot\frac{n}{\varepsilon v_{\max}}-n$$

因此，缩小版本问题的最优物品搭配，不妨记为 $\hat{S}$，对应的缩小后的价值最少也会有这么大。在原问题中，物品搭配 $\hat{S}$ 的价值至少为

$$\sum_{i\in\hat{S}}v_i\geq\sum_{i\in\hat{S}}\hat{v}_i\cdot\frac{\varepsilon v_{\max}}{n}\geq\left(K^*\cdot\frac{n}{\varepsilon v_{\max}}-n\right)\cdot\frac{\varepsilon v_{\max}}{n}=K^*-\varepsilon v_{\max}\geq K^*(1-\varepsilon)$$

9.2.5 逼近的层次

给定一个 **NP**-完全的最优化问题，我们会寻求其可能的最佳近似算法。如果不成功，我们将进而尝试证明其在多项式时间内能获得的逼近比例下界(我们刚刚对普通 TSP 完成了这样的证明)。综合下来，可以对 **NP**-完全问题归类如下：

- 一部分类似于 TSP，无法确定一个有限的逼近比例。
- 一部分可能有一个近似比例，但却被限定了最小的逼近极限。顶点覆盖、k-聚类以及满足三角不等式的 TSP 都是这样的问题。(对于这些问题我们都没有给出其逼近的极限，但是该极限确实存在，关于它们的证明构筑了这个领域中一些最为复杂深奥的论证。)
- 接下来是一类比较幸运的 **NP**-完全问题，对它的逼近没有极限，且其多项式时间近似算法的误差比例可以任意接近 0。背包问题就是这样。
- 最后，还有一类问题，位于最前面的两者之间，其逼近比例约为 $\log n$。比如集合覆盖问题。

(一个或许会让您沮丧的提醒：以上层次分类的前提是 **P≠NP**。如果这一前提不成立，所有的层次都将不复存在，因为此时所有问题都属于 **P**，也即所有的 **NP**-完全问题都可以在多项式时间内求解。)

关于近似算法需要说明的最后一点是：通常情况下，这些算法，或者它们的变型，在一些特定实例中的表现要远远好于您所看到的最糟糕的情况。

9.3 局部搜索中的启发方法

我们处理 **NP**-完全性的下一个策略源于进化的思想(进化堪称是世界上最经得起考验的优化过程)。它是一个不断增长的过程，不断地重复着如下的行为：引进小的突变、对其进行测试、有效则保留之。这种模式被称为局部搜索，它可以被应用于任意的最优化任务。在一个最小化问题中，它看起来是这样的：

```
let s be any initial solution
while there is some solution s′ in the neighborhood of s
   for which cost(s′) < cost(s): replace s by s′
return s
```

在每一步迭代中，当前解都被一个靠近它的更好的解所取代，这些靠近它的解被称为它的邻居。邻居结构是我们特意加入到问题当中的，它是局部搜索方法设计的核心之一。让我们再次以旅行商问题为例说明之。

9.3.1 重新审视旅行商问题

假设我们知道所有 n 个城市两两之间的距离，于是就有了一个规模为$(n-1)!$的旅行路线搜索空间。对于旅行路线而言，好的邻居的定义是什么呢？

最显而易见的想法是将不同边数量较少的两条路线认为是相近的。两条路线之间不可能只有一条边不同(您知道为什么吗？)，因此我们考虑两条边不同的情形。定义路线 s 的 2-改变邻居如下：从 s 中删除两条边然后再加入其它两条边而得到的路线的集合。以下是一个局部改变的例子：

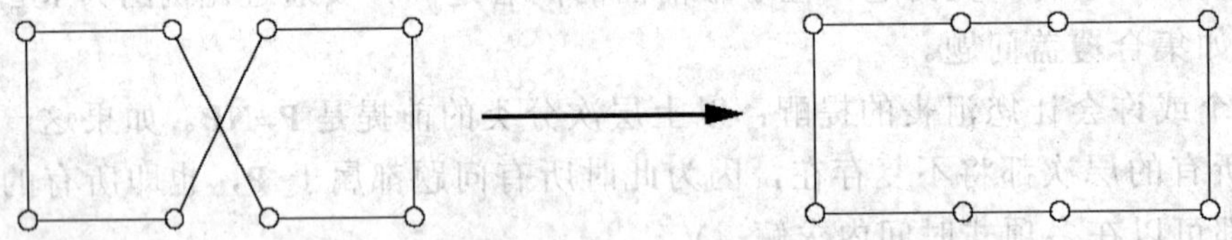

这样我们就有了一个定义良好的局部搜索过程。如果按照我们常用的两个准则——总运行时间和是否总返回最优解——进行评价，它是个怎样的算法呢？

令人失望，这两方面我们都没有得到满意的回答。因为每条路线只有 $O(n^2)$个邻居，所以算法的每步迭代都很快。但是，我们不清楚到底需要多少次迭代——不论是什么样的实例，都有可能需要指数次。同样，虽然我们可以很容易地断定最终得到的线路是局部最优的——也即它总比紧挨着它的邻居要更好，但是在更远的地方可能还存在比它要好的解。例如，下图中一个可能的最终解显然是局部最优的；但简单的局部改变对于解质量的改进很有限。

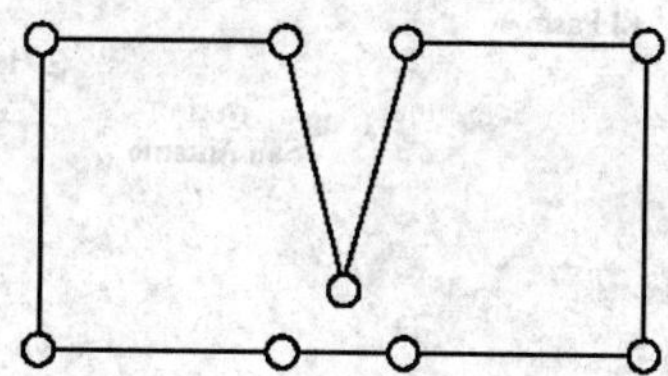

为了克服这一问题，我们尝试一种更加宽泛的邻居概念，所谓 3-改变邻居，即其中包含了和当前路线最多有三条边不同的路线。事实证明这确实使得之前的糟糕情形有所改善：

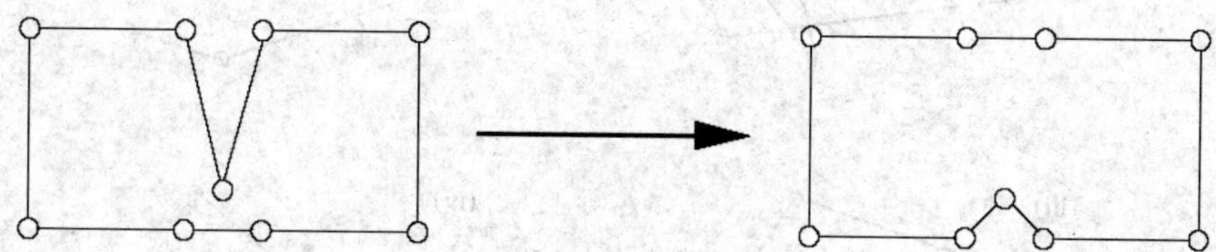

但是，它带来一个负面影响，就是邻居的规模变成了 $O(n^3)$，每次迭代将变得更加复杂。此外，仍然可能存在局部的最优，只是数量比之前略有减少。为了避免这一负面影响，我们可能又不得不引进 4-改变的邻居，或者更多。如此一来，在局部搜索中效率和质量就成了一对矛盾：高的效率要求能够快速地搜索邻居，但是较少的邻居却会使得质量较差的局部最优更多。两者之间恰当的折衷常常需要由实验来决定。

图 9-7 给出了局部搜索的一个运行范例。图 9-8 是对局部搜索的一个更为抽象和程式化的描述。其中所有的解积聚在未加阴影的区域里，当我们向下移动时解的代价将降低。从一个初始的解开始，算法采用“下山”的方法进行移动，直到到达一个局部最优。

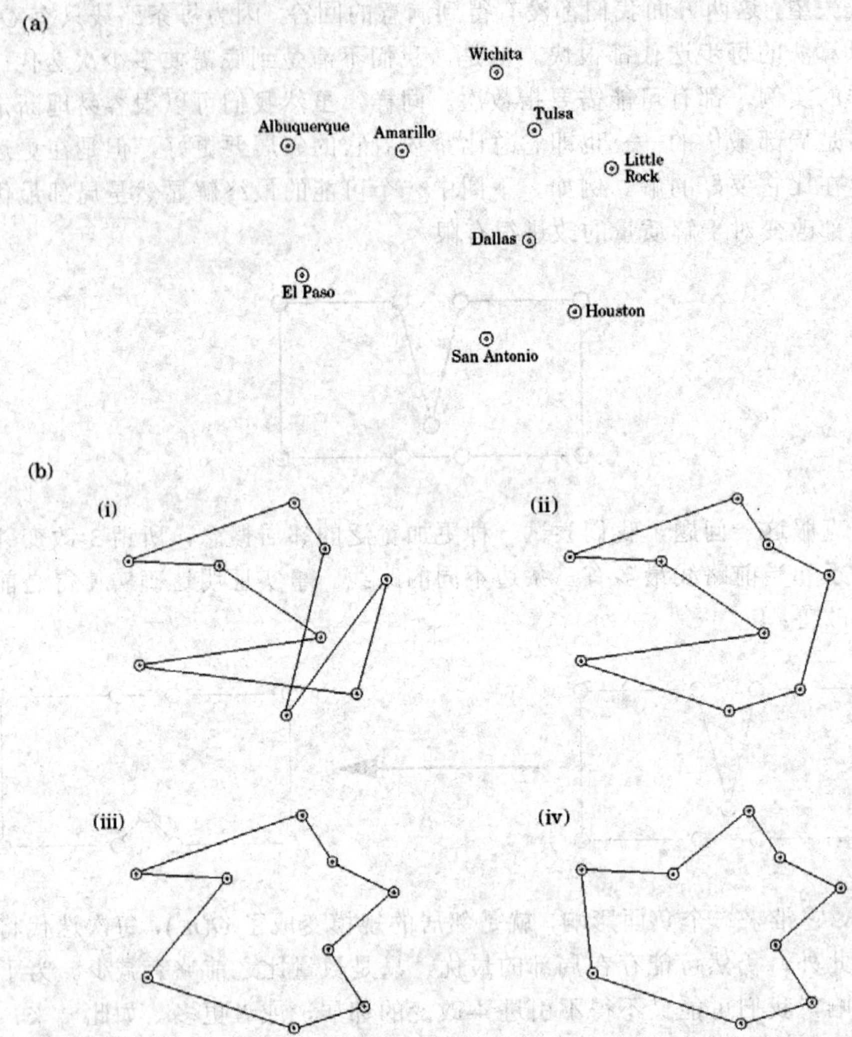

图 9-7 (a)9 座美国城市。(b)由随机路线开始的局部搜索，使用 3-改变邻居。经过三次改变得到了商人的旅行路线

一般来说，搜索空间中可能掺杂了许多的局部最优解，它们中有很多质量都非常差。问题的关键在于我们能够对邻居结构有一个明智的选择，从而保证局部最优的质量也是可接受的。不论是因为现实的确如此，抑或这只是我们的一厢情愿，经验告诉我们，局部搜索算法针对应用背景广泛的最优化问题大都有着一流的表现。让我们来看一个这样的例子。

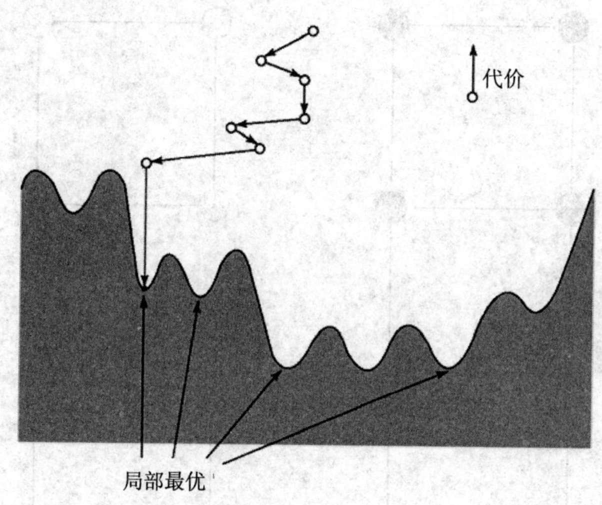

图 9-8　局部搜索

9.3.2　图划分

图划分问题源自类型各异的应用，从电路布局到程序分析再到图形分割，等等。在第 8 章中，我们曾看到过它的一个特例，所谓平衡分割问题。

图划分问题

输入：具有非负边权重的无向图 $G=(V, E)$；实数 $\alpha\in(0, 1/2]$。

输出：将顶点划分为 A, B 两组，每组的规模都不小于 $\alpha|V|$。

目标：分割(A, B)的容量最小。

图 9-9 为包含 16 个节点的图，其中每条边的权重均为 0 或 1，最优解的代价为 0。移除关于 A, B 规模的约束条件，将得到最小分割(MINIMUM CUT)问题，我们知道利用计算网络流的方法可以高效地求解该问题。然而，我们目前看到的这个变型是 **NP**-难的。在为其设计局部搜索算法时，专注于$\alpha=1/2$ 的特殊情形将能够带来很大的便利，也即我们将要求 A, B 恰好各包含图中一半的顶点。虽然这看似会丧失问题的普遍性，但其实只是表面现象，因为一般的图划分问题都可以被归约到这一特例。

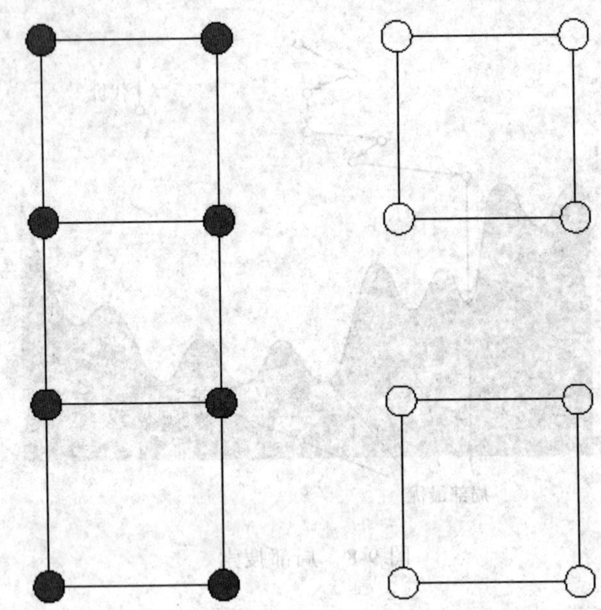

图 9-9 图划分问题的一个实例，其中α=1/2。阴影节点标出了划分后的一半顶点

我们需要为该问题决定一种邻居结构，而这里存在一种比较显而易见的方式。令满足$|A|=|B|$的分割(A, B)为一个候选解。我们将其邻居定义为可以通过交换一对跨分割顶点而得到的所有解，形如$(A-\{a\}+\{b\}$、$B-\{b\}+\{a\})$，其中 $a\in A, b\in B$。以下是一个局部改变的例子：

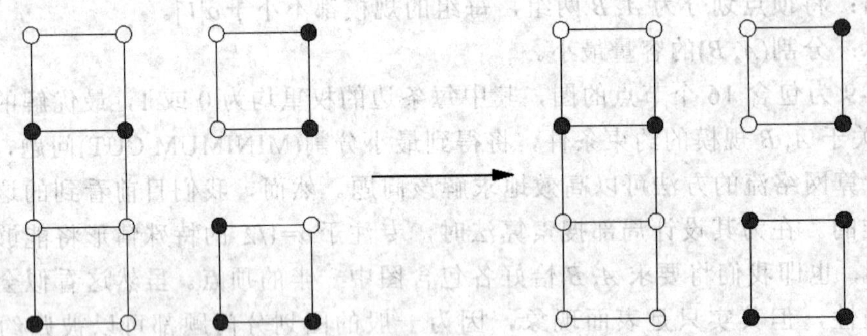

现在我们有了一个可行的局部搜索过程，似乎大功告成了。但是，要提高所得解的质量还有很长的一段路要走。搜索空间中包含了与全局最优距离相差很远的一些局部最优解。以下是一个代价为 2 的例子：

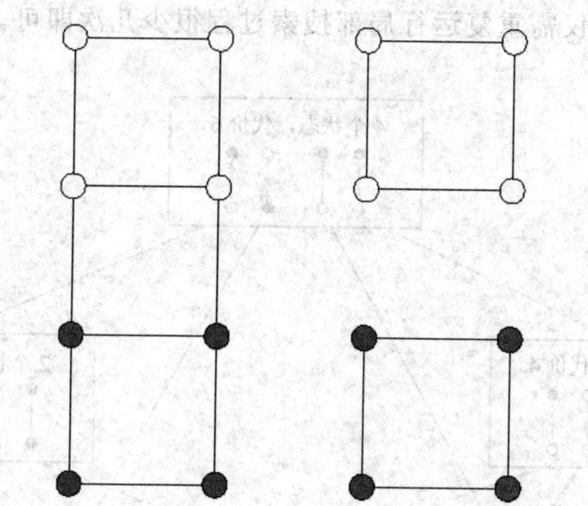

对于这样的次优解还能做些什么呢？我们可以扩大邻居的范围，允许每对邻居间存在两次顶点交换，但是对于以上这个糟糕的问题实例这一方法并不能带来解质量的改善。我们转而寻求能够提高局部搜索质量的其它常用途径。

9.3.3　处理局部最优

随机化与重启

随机化(randomization)对局部搜索的帮助是无法估量的。它通常有两种用途：选择一个随机的初始解，例如一个随机的图划分；或者，当存在多个选择时，随机选定下一个局部改变。

当存在许多局部最优时，随机化能够保证以至少某个概率得到其中一个较好的解。这样一来，可以通过多次重复局部搜索过程——每次使用不同的随机种子(random seed)以最终返回质量最好的解。如果每次运行返回一个较好的局部最优解的概率为 p，则在 $O(1/p)$次重复运行中应该可以得到该解(参见习题 1.34)。

图 9-10 为图划分问题的一个较小规模的实例，同时给出了其解空间。其中有 $\binom{8}{4}=70$ 种可能的状态，但是基于分割两侧的互换使得每个状态都有一个等价的状态，因此有意义的解其实只有 35 个。图中出于阅读的方便，将这些解分成了 7 组。该问题有 5 个局部最优解，其中 4 个代价为 2，质量较差，剩下的一个代价为 1，质量较好。如果局部搜索由随机的解开始，算法每一步随机选择一个代价较低的邻居，则整个搜索最多运行 4 次就可以排除一个较差的局部最优。因此，按照这一方法改

善该例中解的质量，仅需重复运行局部搜索过程很少几次即可。

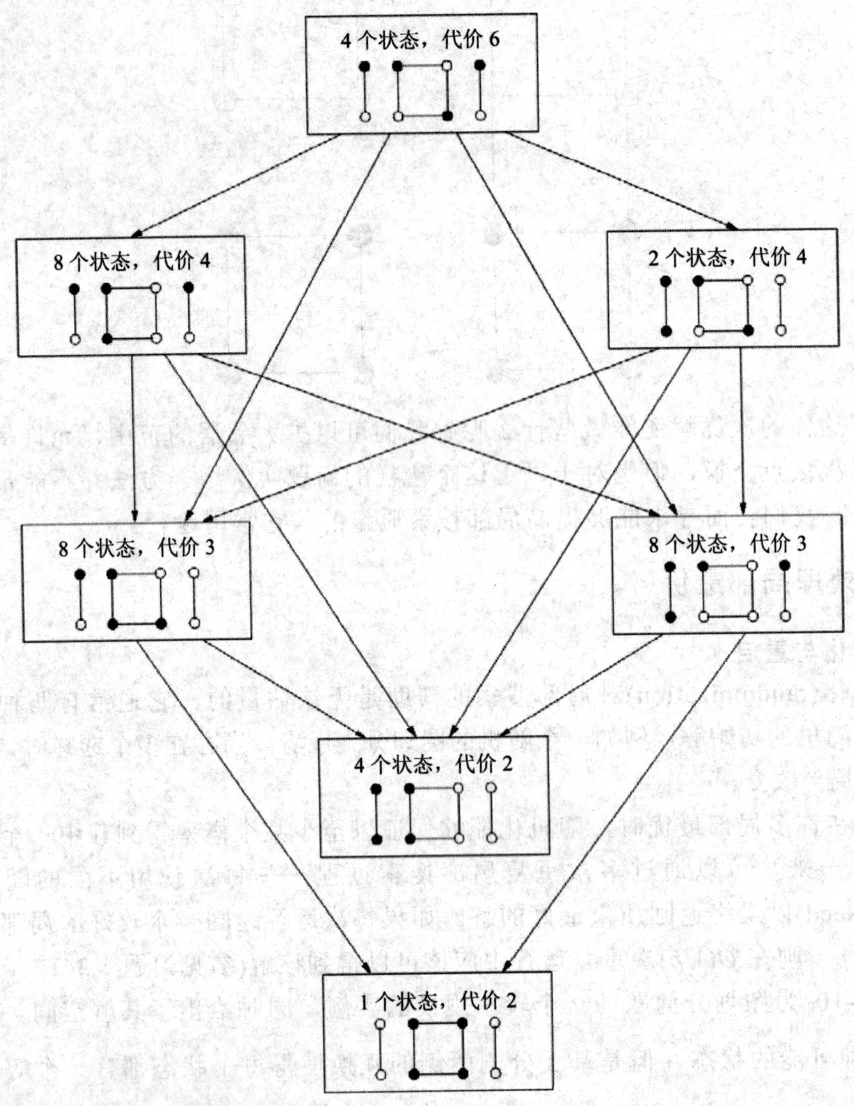

图 9-10 一个包含 8 个顶点的图的搜索空间。该空间包含 35 个解，为了便于分辨，我们将其分成 7 个组。每个组列出一个代表。该问题共有 5 个局部最优

模拟退火

图 9-10 的例子中，局部搜索的每次运行都可能以某个可接受的概率找到全局最优。然而事实并非总是如此。当问题的规模增大，较差局部最优对较好局部最优的数量比常常也会增加，严重时甚至会达到指数量级。这种情况下，仅仅简单重复几次局部搜索不会有太大的效果。

解决问题的另一个途径是时不时地接受一些解代价提高的局部改变，希望能够借此让步，绕过搜索中的死胡同。例如，对图 9-10 中那些较差的最优，该方法就是非常有效的。通过引入一个温度值 T，模拟退火方法重新定义了局部搜索过程：

```
let s be any starting solution
repeat
   randomly choose a solution s′ in the neighborhood of s
   if Δ = cost(s′) − cost(s) is negative:
      replace s by s′
   else:
      replace s by s′ with probability e^{−Δ/T}.
```

如果 T 为 0，则以上就是我们熟悉的局部搜索。但是如果 T 很大，则会时不时地出现导致解代价提高的改变。那么，T 应该如何取值呢？

一个技巧是起初让 T 取值较大，然后逐渐减少到 0。这样一来，最初局部搜索的行为是较自由的，对低代价解的倾向并不明显。随着时间的推进，这种倾向逐渐加强，搜索将更多地在搜索空间中代价较低的区域进行。最终，当温度降得很低时，搜索将收敛到一个解。图 9-11 是对该过程的示意。

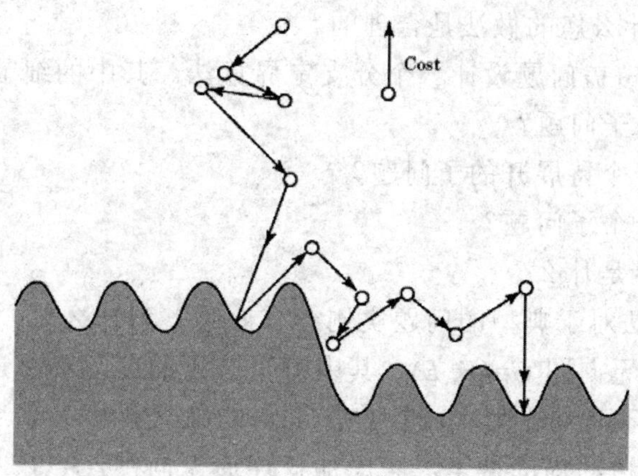

图 9-11　模拟退火

模拟退火方法受到了物理学中结晶过程的启发。物质的结晶过程开始于其液体状态，最初所有粒子的行动都是不受约束的。随着物质慢慢冷却，粒子也开始进行较为规则的运动。然后这一运动规律不断强化，最终形成了物质的晶格。

模拟退火的好处也伴随着明显的代价：因为变化的温度和最初的自由运动，完成最终解的收敛需要更多的局部改变。此外，为温度下降过程制定一个好的时间表常常需要很高的技巧，这个时间表通常被称为退火进度。但是在很多情况下，由于解的质量会因此得到很大的改善，这一代价还是值得的。

习题

9.1 假设在 SAT 的回溯算法中，我们总是选择具有最小子句的子问题(CNF 公式)；且我们基于出现在该子句中的某个变量进行展开。请证明如果输入的公式中仅包含含有两个文字的子句(即它是一个 2SAT 实例)，则如果它存在满足赋值，该赋值必可在多项式时间内求得。

9.2 请为从固定点 s 出发的 Rudrata 路径问题设计回溯算法。为了完整地描述该算法，您需要定义如下几点：

(a) 什么是一个子问题？

(b) 如何选定一个子问题？

(c) 如何展开一个子问题？

请简要说明为什么您的做法是合理的。

9.3 请为集合覆盖问题设计一个分支定界算法。其中的细节应包括：

(a) 什么是一个子问题？

(b) 如何选择一个待展开的子问题？

(c) 如何展开一个子问题？

(d) 恰当的下界是什么？

您认为您的方法对于典型的问题实例会有效吗？为什么？

9.4 给定一个无向图 $G=(V, E)$，其中每个节点的度都不超过 d，请说明如何高效地找到一个规模至少为最大独立集 $1/(d+1)$倍的独立集。

9.5 最小生成树的局部搜索。考虑加权连通无向图 $G=(V, E)$的所有生成树(不仅是最小的)集合。

回忆 5.1 节，给某个生成树 T 增加一条边 e 使之产生唯一一个环，然后随意从

环上删除一条边 $e' \neq e$，可得到一个新的生成树 T'。我们说 T 和 T'的差异仅为一次边交换(e, e')，并称它们为邻居。

(a) 请证明通过一系列的边交换，也即进行一系列邻居到邻居的变换，可以把任意生成树 T 变换成另一任意的生成树 T'；并说明最多需要多少次边交换？

(b) 请证明如果 T'是 MST，则有可能选择一系列边交换，使得在变换的过程中生成树的代价不发生增长。换句话说，如果生成树变换序列为

$$T=T_0 \rightarrow T_1 \rightarrow T_2 \rightarrow \ldots \rightarrow T_k=T'$$

则对所有的 $i<k$，代价(T_{i+1})≤代价(T_i)。

(c) 考虑如下一个以边权重各不相同的无向图为输入的局部搜索算法：

```
Let T be any spanning tree of G
while there is an edge-swap (e,e') which reduces
cost(T):
  T ← T + e − e'
return T
```

请证明该过程总是能返回一个最小生成树，并说明它最多需要多少次迭代？

9.6　在最小 Steiner 树(MINIMUM STEINER TREE)问题中，输入包括：图 $G=(V, E)$，给定每对节点间的距离 d_{uv}；以及一组特定的终止节点集合 $V' \subseteq V$。目标是求包含 V'的最小代价树。该树可以包含也可以不包含 $V-V'$中的节点。

假设实例的输入为一个度量函数(参见 9.2.2 节的度量性质定义)。请证明，如果忽略非终止节点并且仅要求返回 V'上的最小生成树，则最小 Steiner 树问题存在逼近比例为 2 的高效近似算法。(提示：参见 TSP 的近似算法。)

9.7　在多路分割问题中，输入为一个无向图 $G=(V, E)$和一组终止节点 $s_1, s_2, \ldots, s_k \in V$。目标是求 E 的一个最小子集，使得移除它后所有的终止节点分属于不同的部件。

(a) 证明当 $k=2$ 时该问题可在多项式时间内求解。

(b) 对于 $k=3$ 的情形，请给出一个逼近比例最多为 2 的近似算法。

(c) 请为多路分割设计一个局部搜索算法。

9.8 在最大 SAT 问题中，给定一组子句，我们要求一个能够满足尽可能多的子句的赋值。

(a) 请证明如果该问题能在多项式时间内求解，则 SAT 也能。

(b) 下面是一个非常朴素的程序

```
for each variable:
  set its value to either 0 or 1 by flipping a coin
```

假设输入包含 m 个子句，其中第 j 个子句包含 k_j 个文字。请证明利用这个简单的算法程序得到的可被满足子句的期望数值为

$$\sum_{j=1}^{m}\left(1-\frac{1}{2^{k_j}}\right) \geq \frac{m}{2}$$

换句话说，它的期望逼近比例为 2！并且如果每个子句都包含 k 个问题，则该逼近比例将被改进为 $1+1/(2^k-1)$。

(c) 您能使该算法成为一个确定性算法吗？(提示：转而采用为每个变量掷硬币的方法，以针对该变量选择能使最多的原本尚未满足的子句得以满足的值。最终会有多大比例的子句得到满足呢？)

9.9 在最大分割问题中，给定一个无向图 $G=(V, E)$，其每条边 e 的权重为 $w(e)$，我们希望将 V 分割为两个集合 S 和 $V\text{-}S$，使得两个集合之间边的总权重最大。

对每个 $S\subseteq V$，定义 $w(S)$为所有满足$|S\cap\{u, v\}|=1$ 的边$\{u, v\}$的权重之和。显然，最大分割将对应于 V 所有子集中使 $w(S)$最大的一个。

考虑如下的局部搜索算法：

```
start with any S ⊆ V
while there is a subset S' ⊆ V such that
  |(S' − S) ∪ (S − S')| = 1 and w(S') > w(S) do:
    set S = S'
```

(a) 证明它是最大分割问题逼近比例为 2 的近似算法。

(b) 它是个多项式时间算法吗？

9.10 如果一个局部搜索算法总是能返回最优解，则我们称之为精确的。例如习题 9.5 中介绍的最小生成树的局部搜索算法就是精确的。此外，单纯形法也可视为针对线性规划的一个精确的局部搜索算法。

(a) 请证明 TSP 的 2-改变局部搜索算法不是精确的。

(b) 对$\left\lceil \frac{n}{2} \right\rceil$-改变的局部搜索算法重复以上证明，其中 n 为城市数。

(c) 证明(n-1)改变的局部搜索算法是精确的。

(d) 如果 A 是一个优化问题，定义 A-改进(A-IMPROVEMENT)为如下的搜索问题：给定 A 的实例 x 以及 A 的一个解 s，求 x 的另一个代价较优的解(或者报告其不存在，从而 s 为最优)。例如，在 TSP-改进问题中，我们给定距离矩阵和一条旅行路线，然后确定是否还存在更好的路线，如果存在，则求出该路线。结论是：TSP-改进问题是 **NP**-完全问题，同样地，集合覆盖-改进问题也是，请证明后者。

(e) 我们说一个局部搜索算法具有多项式规模迭代是指其中循环的总运行时间为多项式规模的。举例来说，以上 TSP 的(n-1)-改变局部搜索算法就不具有多项式规模迭代。请证明，除非 **P=NP**，TSP 和集合覆盖问题都不存在具有多项式规模迭代的精确的局部搜索算法。

chapter 10

量 子 算 法

本书以世界上最古老且使用最广泛的运算法则(数的加法和乘法)和一个古老的难题——因子分解——作为开篇。作为本书的最后一章，在这里我们改变一下风格：给出一个最新的算法，一个用以解决因子分解问题的有效算法——量子算法。

顾名思义，量子算法需要用量子计算机来执行。

量子物理是在基本粒子层次上描述微观自然界的奇妙且神秘的理论。量子计算机，即基于量子物理原理的计算机，与基于我们所熟悉的经典物理原理进行运算的传统计算机有着本质不同，这是 20 世纪 90 年代主要发现之一。令人惊讶的是，量子计算机具有指数级增长的强大运算能力：下文中我们将可以看到，量子计算机能在多项式时间内求解因子分解问题！因此有句话，有了量子计算机之后，当前基于 Internet 的安全商务系统(基于 RSA 密码体系)将不再是安全的。

10.1　量子位元、叠加状态和度量

本节我们首先介绍一下量子物理的基本特征，这是我们理解量子计算机如何工作原理的必要知识。[1]

在普通的计算机芯片中，位在物理意义上表示电路上的高低电压。然而，能存储这种信息的方式有很多——例如，氢原子的状态。原子中的单个电子可以处于基态(最低能量结构)，也可以处于激发态(一个高能量结构)。我们可以分别将这两个状态编码为位值 0 和 1。

下面我们介绍一些量子物理概念。我们将电子的基态表示为$|0\rangle$，因为基态对应

1　该领域是非常深奥的，以至于著名物理学家 Richard Feynman 曾经说过“我觉得我可以肯定地说：没有一个人真正理解量子物理”。因此，仅仅读完本节内容之后，读者将很难理解该理论达到一定的深度！但是，有兴趣的读者可以进一步阅读本书最后推荐的读物。

于位值 0，类似地将激发态表示为$|1\rangle$。它们是经典物理中电子的两种可能状态。很多量子物理中违背人类直观感受的现象都是由叠加原理导致的，该原理指出：如果一个量子系统能处于上述两个状态中的一个，则它也可以处于这两个状态的任意线性叠加。例如，电子的状态完全可能是$\frac{1}{\sqrt{2}}|0\rangle+\frac{1}{\sqrt{2}}|1\rangle$或$\frac{1}{\sqrt{2}}|0\rangle-\frac{1}{\sqrt{2}}|1\rangle$；或者形如$\alpha_0|0\rangle+\alpha_1|1\rangle$的无穷种组合中的任意一个。系数$\alpha_0$称为状态$|0\rangle$的振幅(amplitude)，类似地，$\alpha_1$为$|1\rangle$的振幅。如果以上这些还不足以让人觉得新奇的话，更奇怪的是这些系数还可以取复数值，只要它们满足归一化条件即可：$|\alpha_0|^2+|\alpha_1|^2=1$。例如，$\frac{1}{\sqrt{5}}|0\rangle+\frac{2i}{\sqrt{5}}|1\rangle$(其中$i$表示复数的虚部单位，等于$\sqrt{-1}$)是完全正确可行的量子状态！叠加状态$\alpha_0|0\rangle+\alpha_1|1\rangle$是量子计算机中信息编码的基本单元(如图 10-1)，我们将其称为量子位元。

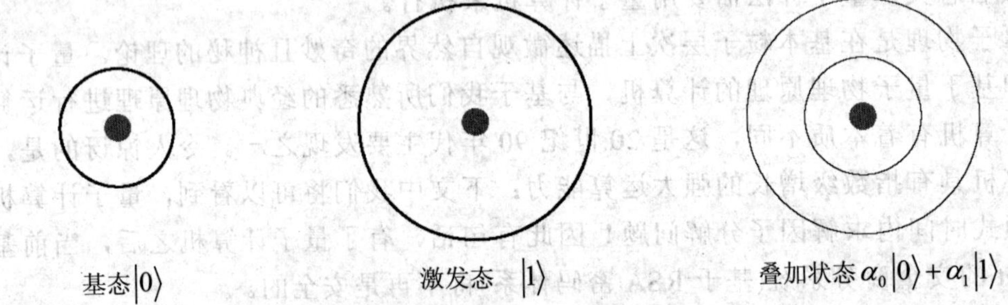

图 10-1 一个电子可以处于基态也可以处于激发态。在量子物理中使用的 Dirac 表示法中，这两种状态分别记为$|0\rangle$和$|1\rangle$。但是叠加原理告诉我们，电子实际上可以处于这两种状态的线性组合状态：$\alpha_0|0\rangle+\alpha_1|1\rangle$。这个组合给我们的第一印象是系数$\alpha$表示概率，它们是两个和为 1 的非负实数。但是叠加原理强调它们可以是任意的复数，只需要满足范数平方和为 1 的条件

叠加的整个概念认为——电子要么处于基态，要么处于激发态。叠加振幅α_0表示电子倾向于基态的程度。沿着这个思路，我们也许可以认为α_0表示电子处于基态的概率。但是，实际情况并非如此，因为α_0可以是负数，甚至可以是复数。以上仅仅是量子物理最神秘的表现之一，它好像已经超出了我们关于物理世界的直观认识。

然而，线性叠加是电子世界中特有的。为了更好地理解叠加状态，使人们对它有一个大概的印象，我们给出一种度量方法，将该状态变换为单个位表示的信息，即为 0 或 1。如果电子的状态是$\alpha_0|0\rangle+\alpha_1|1\rangle$，那么度量过程的输出是 0 和 1 的概率分别为$|\alpha_0|^2$和$|\alpha_1|^2$(它们满足归一化条件$|\alpha_0|^2+|\alpha_1|^2=1$)。此外，度量过程导致系统状态

的改变：如果输出为 0，则系统的新状态为$|0\rangle$(基态)；如果输出为 1，则系统新状态为$|1\rangle$(激发态)。度量过程扰乱了系统并强迫系统不得不在基态和激发态之间进行选择，这又是一个量子物理的所特有的奇异现象。

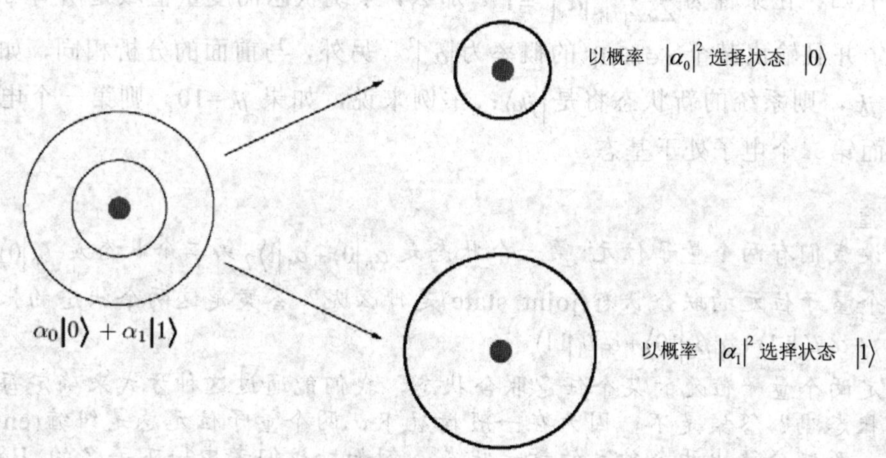

图 10-2 叠加状态的度量过程使得系统必须选定一个特定的状态，选择的概率由状态的振幅确定

叠加原理不仅适用于上述的这类 2 值系统，同样也适用于更一般的 k 值系统。例如，在实际情况中，氢原子的电子可能处于多个能级之一，这些能级由基态开始，依次为第一激发态、第二激发态等等。下面我们考虑由基态和前 k-1 个激发态构成的 k 值系统，这些状态分别记为$|0\rangle,|1\rangle,|2\rangle,\ldots,|k-1\rangle$。在这里，叠加原理可以表示为：系统一般的量子状态是$\alpha_0|0\rangle+\alpha_1|1\rangle+\alpha_2|2\rangle+\ldots+\alpha_{k-1}|k-1\rangle$，其中系数满足归一化条件$\sum_{j=0}^{k-1}|\alpha_j|^2=1$。因此，系统状态的度量结果为一个 0 到 k-1 之间(包含 0 和 k-1)的整数，且其输出为 j 的概率为$|\alpha_j|^2$。前面已经提过，度量会扰乱系统。当前，度量过程使得系统状态实际上是状态$|j\rangle$，也就是说系统被强迫处于第 j 个激发态。

那么我们如何编码 n 位的信息呢？我们可以考虑氢原子的$k=2^n$级状态，但是推荐的选择是使用 n 个量子位元来表示。

首先，我们考虑两个量子位元(也就是说两个氢原子的电子状态)的情况。因为每个电子可能处于基态或激发态，按照经典物理的方法，这两个电子共有四种可能的状态—— 00, 01, 10 和 11，由此可见它们非常适合于用两个位信息表示。但是在量子物理中，叠加原理告诉我们，两个电子的量子状态是上述四个经典状态的线性组合：

$$|\alpha\rangle = \alpha_{00}|00\rangle + \alpha_{01}|01\rangle + \alpha_{10}|10\rangle + \alpha_{11}|11\rangle$$

其中归一化条件为 $\sum_{x\in\{0,1\}^2}|\alpha_x|^2 = 1$[2]。那么，系统状态的度量值域是所有 2 位信息的集合，并且输出某个 $x\in\{0,1\}^2$ 的概率为 $|\alpha_x|^2$。另外，与前面的分析相同，如果度量输出是 jk，则系统的新状态将是 $|jk\rangle$：举例来说，如果 jk=10，则第一个电子处于激发态而第二个电子处于基态。

纠缠

假设我们有两个量子位元：第一个状态是 $\alpha_0|0\rangle+\alpha_1|1\rangle$，第二个状态是 $\beta_0|0\rangle+\beta_1|1\rangle$。那么两个量子位元的联合状态(joint state)是什么呢？答案是这两个状态的张量积：$\alpha_0\beta_0|00\rangle+\alpha_0\beta_1|01\rangle+\alpha_1\beta_0|10\rangle+\alpha_1\beta_1|11\rangle$。

给定两个量子位元的某个任意联合状态，我们能通过这种方式来确定每个量子位元的状态吗？答案是不，因为在一般情况下，两个量子位元总是纠缠(entangled)在一起，不能分解出两个独立的量子状态。例如，我们考虑一下著名的 Bell 状态 $|\psi\rangle=\frac{1}{\sqrt{2}}|00\rangle+\frac{1}{\sqrt{2}}|11\rangle$。它不能被分解为两个单独量子位元的状态(参见习题 10.1)。纠缠是量子力学中最神奇的方面之一，也是量子计算拥有巨大计算能力的最根本原因。

这样就会产生一个很有趣的问题：如果要给出一个局部度量又会怎样呢？例如，如果我们仅仅度量第一个量子位元，其输出为 0 的概率是多少？很简单，与度量两个量子位元的方法完全相同，也即 $\Pr\{\text{第一个位}=0\}=\Pr\{00\}+\Pr\{01\}=|\alpha_{00}|^2+|\alpha_{01}|^2$。那么，这个局部度量将系统的状态归结为几类呢？

以下的答案很好地回答了这个问题。如果度量第一个量子位元的度量输出为 0，那么我们将得到一个新的叠加规则，该规则是通过删除所有与当前输出不一致的 $|\alpha\rangle$ 项(也即第一位是 1 的状态)得到的。因此，新的振幅平方和已经不再是 1 了，我们必须重新将其归一化。在这个例子中，新的状态可以表示为：

$$|\alpha_{\text{new}}\rangle=\frac{\alpha_{00}}{\sqrt{|\alpha_{00}|^2+|\alpha_{01}|^2}}|00\rangle+\frac{\alpha_{01}}{\sqrt{|\alpha_{00}|^2+|\alpha_{01}|^2}}|01\rangle$$

最后，我们考虑更一般的 n 个氢原子的情况。假设 n 是非常小的原子数量，比

2　回顾可知，$\{0,1\}^2$ 表示由四个 2 位二值字符串构成的集合。推广到一般情况，$\{0,1\}^n$ 表示 n 位二值字符串集合。

如 $n=500$。很明显，在经典情况下，500 个电子的状态能用于存储 500 位的信息。但是，500 个量子位元的状态是 2^{500} 个可能的经典状态的线性叠加，可以表示如下：

$$\sum_{x\in\{0,1\}^n} \alpha_x |x\rangle$$

就好像自然界中某处有 2^{500} 张纸片，每个纸片上写下一个复数，正好可以用于记录由这 500 个氢原子构成的系统的状态！进而，在系统状态随时间演化的每一个瞬间，我们可以认为存在某种自然力量将这些纸片上原有的复数值删除并写上新的值。

下面我们考虑一下所有这些操作的结果。2^{500} 是比人们估计的宇宙中元素微粒总数还大的数字。自然界将如此多的信息存储在什么地方了呢？几百个原子的微观量子系统能包含比整个宏观宇宙空间还要多的信息吗？仅仅维持这样一个微小的系统在时间上不断的演化就需自然界付出如此大的代价，无疑再次印证了量子物理是一个令人惊讶的理论。

然而，这个现象中包含了我们进行量子计算的基本动机。毕竟，如果自然界在量子层次上的结果是如此丰富的，那么我们的计算机为什么还一定要基于传统物理呢？为什么不将人们花费大量精力研究的计算系统扩展到量子层次上呢？

但是这里存在一个基本问题：这个指数规模的线性叠加只存在于电子的世界中。对该系统的度量仅能展现出 n 位的信息。前面提到过，系统度量的输出为某个特定的 500 位字符串 x 的概率为 $|\alpha_x|^2$，并且度量之后的新状态正好就是 $|x\rangle$。

10.2 算法设计

量子算法与前面看到的所有算法不同。它的结构反映了 n-量子位元系统的指数量级“**私有空间**”和能通过度量得到的仅仅 n 位信息之间的权衡。

量子算法的输入由 n 个经典位构成，输出也为 n 个经典位。当量子系统还没有被人们从自然界中观察到的时候，人们已经捕捉到了量子效应，并且为了整个人类的利益，人们做了很多异常艰难的工作，这将会为人类带来很大的收益。

如果问题的输入是一个 n 位的字符串 x，则量子计算机会将输入的 n 个量子位元当作状态 $|x\rangle$。然后接下来，实施一系列的量子操作，将 n 个量子位元的状态转换为某个叠加状态 $\sum_y \alpha_y |y\rangle$。最后，通过一个度量，以概率 $|\alpha_y|^2$ 得到某个 n 位的字符串输出 y。由观察可知，这个输出是随机的。不过，正如我们在类似素性测试的随机算法中所见，这并不是一个问题。如果 y 正确的概率足够高，我们可以通过重复

整个处理过程使得算法失败的概率小到忽略不计。

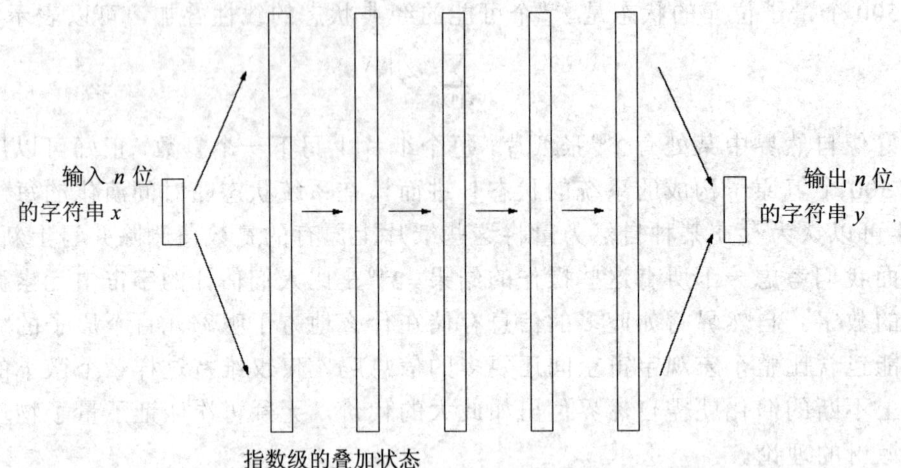

图 10-3 量子算法将 n 个"经典"位作为输入，操作它们用以产生一个由 2^n 个可能状态叠加构成的状态，然后利用这个指数规模的叠加状态得到最终的量子结果，并对结果进行度量，以一定的概率得到一个 n 位的输出。在算法的中间阶段，存在一个基本的操作，我们也可以将其视为处理的一个步骤，它操纵了叠加状态的所有指数多个振幅值

下面我们更进一步探讨算法的量子部分。一些关键的量子操作(下面我们很快将会讨论)可以看成是在一个状态叠加中查找某些模式。正因为如此，为了更好地理解算法，我们将它分解为两个阶段。在第一个阶段中，输入的 n 个经典位被"解包"为一个指数规模的状态叠加。这种专门建立的叠加中包含了某种潜在的模式或规律性，一旦这些模式或规律被检测到，解决问题也就变得易如反掌了。第二阶段由一些适当的量子操作集合构成，然后将对其进行度量，通过度量揭示出隐含的模式。

所有这些现在看起来都非常神秘，但是下面还有更多的细节。在 10.3 节中，我们将对量子计算机能够有效实现的最重要操作—— 量子版本的快速傅立叶变换(FFT)给出一个高层次的描述。然后，我们将描述一些非常适合用这个量子 FFT 来检测的模式，并通过精确地检测一个这样的模式来重新考虑整数 N 的因子分解问题。最后，我们将看到建立量子算法的初始步骤，将输入 N 转化为具有正确模式的指数规模叠加状态。

分解大整数 N 的算法可以看成是一系列的转化过程(以下用黑体表示的内容很快将进行定义)：

- 因子分解可以转化为寻找 1 模 N 的一个**非平凡平方根**。
- 寻找这样的非平凡平方根可以转化为计算随机整数模 N 的**序**。
- 一个整数的序正好就是某个**周期性**叠加的**周期**。
- 最后，叠加的周期可以通过量子 FFT 得到。

下面，我们从最后一步开始。

10.3 量子傅立叶变换

我们先回顾一下第 2 章的快速傅立叶变换(FFT)。它以 M 维复值向量 α(其中 M 为 2 的幂，也就是 $M=2^m$)作为输入，输出一个 M 维复值向量 β：

$$\begin{bmatrix}\beta_0\\ \beta_1\\ \beta_2\\ \vdots\\ \beta_{M-1}\end{bmatrix}=\frac{1}{\sqrt{M}}\begin{bmatrix}1 & 1 & 1 & \cdots & 1\\ 1 & \omega & \omega^2 & \cdots & \omega^{M-1}\\ 1 & \omega^2 & \omega^4 & \cdots & \omega^{2(M-1)}\\ & \vdots & & & \\ 1 & \omega^j & \omega^{2j} & \cdots & \omega^{(M-1)j}\\ & \vdots & & & \\ 1 & \omega^{(M-1)} & \omega^{2(M-1)} & \cdots & \omega^{(M-1)(M-1)}\end{bmatrix}\begin{bmatrix}\alpha_0\\ \alpha_1\\ \alpha_2\\ \vdots\\ \alpha_{M-1}\end{bmatrix}$$

其中，ω是 1 的一个 M 次复数根(公式前面的因子 $\sqrt{M}$ 是额外的，它的作用是保证所有$|\alpha_i|^2$相加为 1，$|\beta_i|^2$也是如此)。虽然一般的处理过程需要用到一个 $O(M^2)$ 的算法，而经典的 FFT 能够在 $O(M\log M)$ 步之内完成计算。正是因为 FFT 带来的这一速度改进才使得数字信号处理变得切实可行。我们下面将看到量子计算机是如何在 $O(\log^2 M)$ 时间内指数倍地更快实现 FFT 算法的！

在此之前，我们应该想想算法是如何在少于 M(输入长度)步操作内实现的？要点在于我们将输入编码为一个叠加状态，也就是 $m=\log M$ 个量子位元，毕竟这个叠加状态包含了 2^m 个振幅值。在早前我们介绍的概念中，我们可以将叠加状态表示为 $|\alpha\rangle=\sum_{j=0}^{M-1}\alpha_j|j\rangle$，其中 α_j 是对应于正常方式下的整数 j 的 m 位二值字符串的振幅。对于这种处理方法，也存在一个很重要的观点：$|j\rangle$概念实际上是另一种向量表示方法，向量中每个分量的下标可以通过特定的括号标记显式写出来。

从输入叠加状态$|\alpha\rangle$开始，量子傅立叶变换(QFT)共有 $m=\log M$ 个步骤。在每一步中，叠加状态不断变化，以至于它能编码与传统 FFT 相同步骤的中间结果(传统 FFT 电路也有 $m=\log M$ 个步骤，图 10-4 中回顾了第 2 章的相关内容)。我们将在 10.5

节中看到，量子傅立叶变换的每个步骤可以在 m 次量子操作内完成。因此最终，在完成了这 m 个步骤，也即 $m^2 = \log^2 M$ 次基本量子操作之后，我们可以得到 QFT 的期望输出相对应的叠加状态 $|\beta\rangle$。

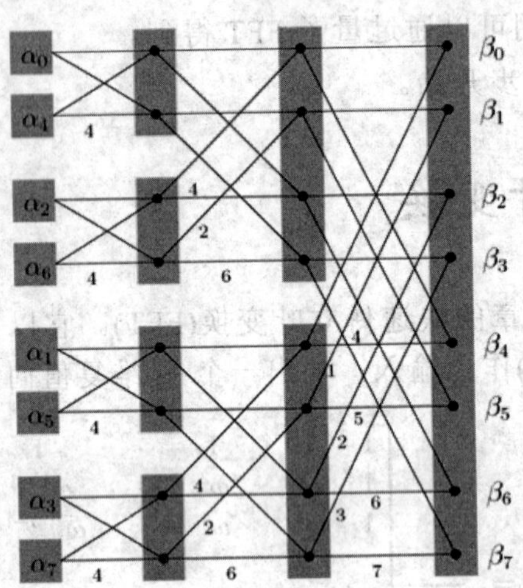

图 10-4　第 2 章中的传统 FFT 电路。输入为 M 位二值向量，它将顺序经过 $m = \log M$ 步的处理过程

到目前为止，我们只是考虑了 QFT 的优越性——令人惊讶的速度。下面我们来分析一下其中的细节。传统 FFT 算法实际输出 M 个复数 $\beta_0,\ldots,\beta_{M-1}$。相反，QFT 算法的输出为一个叠加状态 $|\beta\rangle = \sum_{j=0}^{M-1} \beta_j |j\rangle$，并且我们在前面也曾看到，该叠加状态的振幅是量子系统的私有空间的一部分。

因此，处理 QFT 这个结果的唯一方法是度量它！并且，度量系统的状态只需要使用 $m = \log M$ 个传统比特：输出 j 的概率为 $|\beta_j|^2$。

因此，与 QFT 这个名称相比，该算法更准确的名称应该是量子傅立叶采样 (quantum Fourier sampling)。而且，虽然在本节中我们将处理的问题限制在 $M = 2^m$ 的情况下，实际上算法可以处理任意 M 值的问题。我们对算法总结如下：

输入：$m = \log M$ 个量子比特的叠加状态 $|\alpha\rangle = \sum_{j=0}^{M-1} \alpha_j |j\rangle$。

方法：使用 $O(m^2) = O(\log^2 M)$ 次量子操作实现量子 FFT，得到叠加状态 $|\beta\rangle = \sum_{j=0}^{M-1} \beta_j |j\rangle$。

输出：服从概率分布 $\Pr[j] = |\beta_j|^2$ 的随机 m 位二值数 j(其中，$0 \le j \le M-1$)。

通过量子傅立叶采样，我们可以快速地粗略了解传统 FFT 的输出，量子傅立叶采样只需要检查输出向量中的较大分量。实际上，我们甚至不需要知道该分量的值，而只需知道它在向量中的序数就可以了。那么我们将如何使用这些很不充分的信息呢？在 FFT 的哪些应用中只需知道输出向量中较大分量的序数就已足够了呢？这将是我们下一步要探讨的问题。

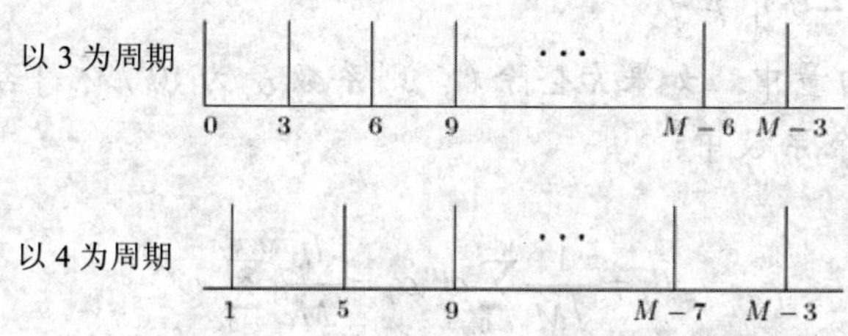

图 10-5 周期性叠加状态的例子

10.4 周期性

假设 QFT 的输入$|\alpha\rangle=(\alpha_0,\alpha_1,\ldots,\alpha_{M-1})$满足下面的关系：只要$i\equiv j \bmod k$(其中 k 为能整除 M 的整数)，则有$\alpha_i=\alpha_j$。也就是说，数组α由M/k个长度为k的序列$(\alpha_0,\alpha_1,\ldots,\alpha_{k-1})$的重复构成的。此外，假设$k$个数$\alpha_0,\alpha_1,\ldots,\alpha_{k-1}$中恰好只有一个不为 0，不妨记为$\alpha_j$。因此，我们可以说$|\alpha\rangle$具有周期性，且周期为$k$，偏移量为$j$(参见图 10-5)。

由此可知，如果输入向量是周期性的，我们可以使用量子傅立叶采样计算其周期。该计算过程基于如下事实(证明过程将在后面的灰色方框中给出)：

假设量子傅立叶采样的输入具有周期性，周期为k(k能整除 M)，则输出为长度为 M/k 的多个重复中的一个，并且它等于 k 个长度为 M/k 的重复中任意一个的几率相同。

周期向量的傅立叶变换

假设向量$|\alpha\rangle=(\alpha_0,\alpha_1,\ldots,\alpha_{M-1})$具有周期性，周期为$k$，并且该向量没有偏移(也就是说非零项为$\alpha_0,\alpha_k,\alpha_{2k},\ldots$)。则有，

$$|\alpha\rangle = \sum_{j=0}^{M/k-1} \sqrt{\frac{k}{M}} |jk\rangle。$$

下面我们可以证明傅立叶变换$|\beta\rangle = (\beta_0, \beta_1, \ldots, \beta_{M-1})$也是周期变换，周期为$M/k$，而且也没有偏移。

命题： $|\beta\rangle = \frac{1}{\sqrt{k}} \sum_{j=0}^{k-1} \left|\frac{jM}{k}\right\rangle$。

证明：在输入向量中，如果k整除ℓ，则系数α_ℓ为$\sqrt{k/M}$，否则为 0。我们将此公式代入$|\beta\rangle$的第 j 个系数中：

$$\beta_j = \frac{1}{\sqrt{M}} \sum_{\ell=0}^{M-1} \omega^{j\ell} \alpha_\ell = \frac{\sqrt{k}}{M} \sum_{i=0}^{M/k-1} \omega^{jik}。$$

该和式$1+\omega^{jk}+\omega^{2jk}+\omega^{3jk}+\cdots$中的各项构成一个几何级数，该级数共有 M/k 项，公比为ω^{jk}(回顾第 2 章的内容可知，ω是单位元的一个 M 次复根)。此时存在两种情况：如果公比为 1，也就是当 $jk \equiv 0 \bmod M$ 时，级数的和退化为项的个数。如果公比不为 1，我们可以使用几何级数求和的常用公式求得该级数的和为$\frac{1-\omega^{jk(M/k)}}{1-\omega^{jk}} = \frac{1-\omega^{Mj}}{1-\omega^{jk}} = 0$。

因此，如果 M 整除 jk，则 β_j 为 $1/\sqrt{k}$，否则为 0。

更一般的情况，我们考虑如下具有周期性的原始叠加状态，其周期为k，并且存在一定的偏移$l<k$：

$$|\alpha\rangle = \sum_{j=0}^{M/k-1} \sqrt{\frac{k}{M}} |jk+l\rangle。$$

然后，与上面类似，我们也可以证明傅立叶变换$|\beta\rangle$正好在M/k处振幅值不为 0。

命题： $|\beta\rangle = \frac{1}{\sqrt{k}} \sum_{j=0}^{k-1} \omega^{ljM/k} \left|\frac{jM}{k}\right\rangle$。

该命题的证明与上面的命题证明非常相似(请参见习题 10.5)。

从上面的分析，我们可以得出结论：任何周期为 k 的周期性叠加状态经过 QFT 后，结果为一个数组，该数组中的元素只在M/k的整数倍位置上不为 0，其他元素均为 0，而且这些非零系数的绝对值都相等。因此，如果我们需要对这些输出进行采样，我们得到的序数都是M/k的倍数，一共有 k 个这样的序数，每个被采样的概率都是$1/k$。

此时，我们不禁会有这样一个想法：通过重复采样多次(重复地以周期性叠加状态为输入，并对其进行傅立叶采样)，并计算所有输出序数的最大公因数，我们将会以很高的概率得到数字 M/k，然后我们就可以从中得到输入周期 k。

对上述分析，下面我们给出更精确的描述。

引理：假设 s 个相互独立的样本服从均匀分布：

$$0,\frac{M}{k},\frac{2M}{k},\ldots,\frac{(k-1)M}{k}$$

则这些样本的最大公因数是M/k的概率至少为$1-k/2^s$。

证明：本结论不成立的唯一条件是：所有的样本都是 $j{\cdot}M/k$ 的倍数，其中 j 是某个大于 1 的整数。从而，当 $j\geqslant 2$ 时，某个特定样本是 $j{\cdot}M/k$ 的倍数的概率最多为$1/j\leqslant 1/2$，因此所有样本都是 $j{\cdot}M/k$ 的倍数的概率最多为$1/2^s$。

上面我们只是考虑了特定数字 j 的情况，在某个 $j\leqslant k$ 的条件下，这种最坏情况发生的概率最多等于对 j 取不同值的概率求和，即最坏情况的概率一定不超过$k/2^s$。

由上述证明过程可知，我们可以通过将 s 设为 $\log M$ 的某一适当的倍数，而将引理不成立的概率减小到我们期望的水平。

10.5 量子电路

我们已知量子计算机在执行傅立叶变换时比传统计算机快指数倍。量子计算机到底是什么样子的？量子电路的组成是什么，它又是怎样做到执行傅立叶变换如此之快呢？

10.5.1 基本量子门

一个基本量子操作与传统电路中的基本门操作(类似于“与门”或者“非门”)是相似的。它是基于一个或者两个量子位元来计算的。一个重要的例子是 Hadamard 门，我们用 H 来表示，其操作针对单个量子位元进行。如果输入为$|0\rangle$，则该门的输

出为 $H(|0\rangle)=\frac{1}{\sqrt{2}}|0\rangle+\frac{1}{\sqrt{2}}|1\rangle$。如果输入为 $|1\rangle$，则该门的输出为 $H(|1\rangle)=\frac{1}{\sqrt{2}}|0\rangle-\frac{1}{\sqrt{2}}|1\rangle$。图形表示如下：

$$|0\rangle \text{—}\boxed{\text{H}}\rightarrow \tfrac{1}{\sqrt{2}}|0\rangle+\tfrac{1}{\sqrt{2}}|1\rangle \qquad |1\rangle \text{—}\boxed{\text{H}}\rightarrow \tfrac{1}{\sqrt{2}}|0\rangle-\tfrac{1}{\sqrt{2}}|1\rangle$$

注意到，在以上任意一种情况下，输出量子位元的度量为 0 和度量为 1 的概率均为 1/2。然而，如果 Hadamard 门的输入是任意的叠加状态 $\alpha_0|0\rangle+\alpha_1|1\rangle$，输出会怎样呢？这决定于量子物理的线性特征，输出将是叠加状态 $\alpha_0 H(|0\rangle)+\alpha_1 H(|1\rangle)=\frac{\alpha_0+\alpha_1}{\sqrt{2}}|0\rangle+\frac{\alpha_0-\alpha_1}{\sqrt{2}}|1\rangle$。因此，如果我们以 Hadamard 门的输出作为该门的输入，则最终得到的输出量子位元即为最初的输入位。

另外一个基本的门是控制非门，可以记为 CNOT 门。它是对两个量子位元进行操作的，第一个作为控制量子位元，第二个作为目标量子位元。当且仅当 CNOT 门的第一个量子位元为 1 时，该门将第二个电子位元的取值进行翻转。也就是说 $CNOT(|00\rangle)=|00\rangle$；$CNOT(|10\rangle)=|11\rangle$：

$$|00\rangle \;\text{[CNOT]}\; |00\rangle \qquad |10\rangle \;\text{[CNOT]}\; |11\rangle$$

还有另外一种基本门电路——控制相位门，我们将在讨论 QFT 量子电路的后续章节中对其进行描述。

至此，我们还需考虑如下问题：假设我们有一个关于 n 个量子位元的量子状态 $|\alpha\rangle=\sum_{x\in\{0,1\}^n}\alpha_x|x\rangle$。如果我们只对其第一个量子位元应用 Hadamard 门操作，那么该量子状态的 2^n 个振幅中将有多少个发生变化？答案会让您感到惊讶——所有振幅都发生了变化！这个新的叠加状态变为 $|\beta\rangle=\sum_{x\in\{0,1\}^n}\beta_x|x\rangle$，其中 $\beta_{0y}=\frac{\alpha_{0y}+\alpha_{1y}}{\sqrt{2}}$；$\beta_{1y}=\frac{\alpha_{0y}-\alpha_{1y}}{\sqrt{2}}$。当我们进一步分析该结果时就会发现，对第一个量子位元的量子操作分别对 $n-1$ 位下标逐个进行处理。因此，原来状态中的振幅 α_{0y} 和 α_{1y} 被变换为 $(\alpha_{0y}+\alpha_{1y})/\sqrt{2}$ 和 $(\alpha_{0y}-\alpha_{1y})/\sqrt{2}$。正是这一特点使得量子傅立叶变换的指数倍加速成为可能。

10.5.2 量子电路的两种基本类型

量子电路通常将某个 n 量子位元的数作为输入，输出相同数目的量子位元。在下图中，这 n 个量子位元分别用从左到右的 n 条线段来表示。量子电路是由作用于单个量子位元或成对量子位元上的一系列的基本量子门操作(包括上文讨论过的几种量子门操作)的应用构成的。

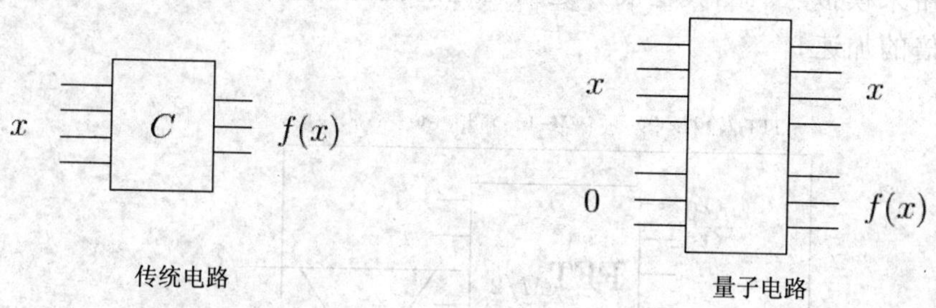

传统电路　　量子电路

从较高的层次来看，在量子算法的实际设计中，我们使用了两种基本功能的量子电路：

量子傅立叶变换　量子电路将 n 量子位元的某个状态 $|\alpha\rangle$ 作为输入，对该状态应用 QFT，输出为状态 $|\beta\rangle$。

传统函数　考虑一个输入为 n 位、输出为 m 位的函数 f，并且假设我们有一个传统电路，其输出为 $f(x)$。那么，存在一个量子电路，其输入为 n 位的字符串 x(字符串的最后 m 位用 0 填补)，输出为 x 和 $f(x)$。

这样，该量子电路的输入可以是基于 n 位字符串 x 的叠加状态 $\sum_x |x, 0^k\rangle$，此时输出为 $\sum_x |x, f(x)\rangle$。习题 10.7 将会探讨该电路是如何由基本量子门构成的。对量子电路的理解如果能够达到这一较高层次，则本章后文的阅读将变得容易了。如果您不想了解 QFT 量子电路的细节内容，可以略过下一小节。

10.5.3　量子傅立叶变换电路

首先，我们重新画出传统 FFT 电路的示意图(引自 2.6.4 节)，图中 FFT 电路以 M 维向量为输入，该电路包含了两个以 $M/2$ 维向量为输入的 FFT 电路，两者中的每一个都由一些简单门电路构成。

下面，让我们看看如何在量子系统上进行类似的处理。系统的输入是 $m = \log M$ 个量子位元，其中蕴含了 2^m 个振幅信息。因此，我们可以将输入分解为偶数位和奇数位，就像前面图中显示的一样，这个划分仅用一个量子位元(最后一个量子位元)就可以决定了。那么，我们如何将输入分解为偶数位和奇数位，并应用递归电路对每个分解得到的每一半输入计算其 $FFT_{M/2}$？答案是显然的：只需将量子电路 $QFT_{M/2}$

应用于剩余的 $m-1$ 个量子位元即可。这一结论的实际意义在于：可以将 $QFT_{M/2}$ 分别应用于所有 $x0$ 形式和 $x1$ 形式的 m 位字符串(各自分别存在 $M/2$ 个字符串)的叠加状态，并且两个应用过程彼此独立。因此，两个递归传统电路完全可以被一个单独的量子电路来模拟—— 当我们展开递归处理过程时，量子电路执行 FFT 的过程就能取得指数倍的加速！

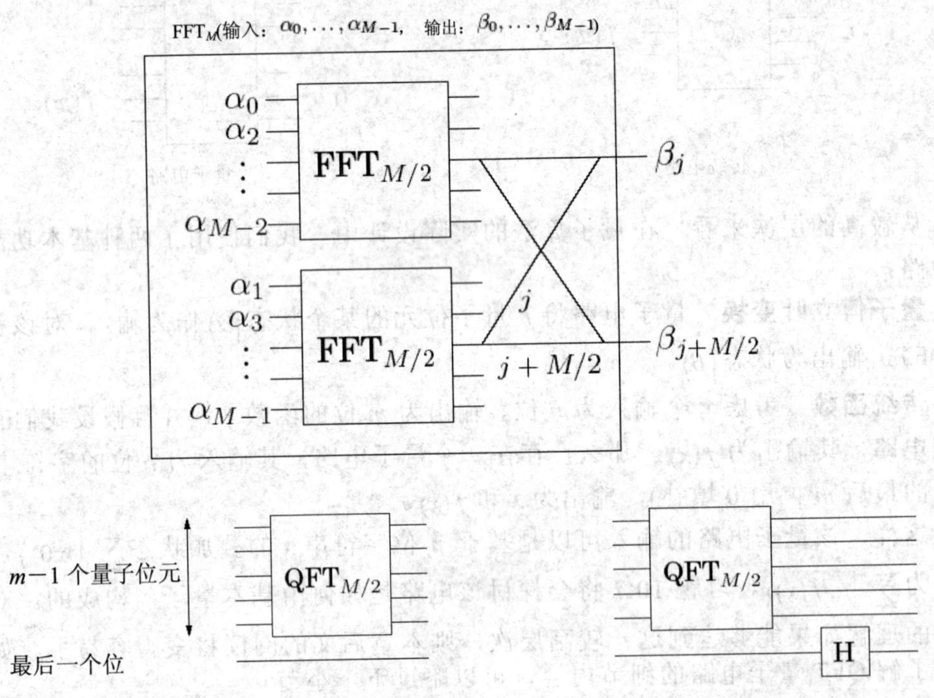

我们再来考虑传统 FFT 电路迭代调用 $FFT_{M/2}$ 之后进行的门操作：标记着 j 和 $M/2+j$ 的电线是成对的，暂时忽略对第 $M/2+j$ 根电线上值施加的相位，我们必须将这一对电线上的值相加或者相减以分别得到第 j 个和第 $M/2+j$ 个输出。然而，量子电路是如何得到这 M 个传统门操作得到的结果的呢？其实很简单：只需对第一个量子位元执行 Hadamard 门操作即可！回顾前面讨论的内容(参见 10.5.1 节)可知，对于剩下的 $m-1$ 个量子位元 x 的所有可能取值情况，字符串 $0x$ 和 $1x$ 被配成一对。从二值表示的意义上讲，意味着我们将 x 和 $M/2+x$ 进行配对。另外，Hadamard 门操作的效果在于：对于每一对输入量子位元，原来输出的振幅信息分别被替换为量子位元的和与差(当然，还需要用 $1/\sqrt{2}$ 进行归一化)。这样一来，QFT 基本上不需要任何门电路!

相比而言，对于每个 j，我们对施加到第 $M/2+j$ 根电线上值的相位进行分析需要多点的工作量。注意到，只有当第一个量子位元为 1 时，必须对其施加相位 ω^j。因此，如果将 j 表示为 $m-1$ 位 $j_1\ldots j_{m-1}$，则有 $\omega^j=\prod_{l=1}^{m-1}\omega^{2^l j_l}$。从而，施加相位 ω^j 可以转化为对第 l 根(l 取不同的值)电线分别进行如下操作：如果第 l 个量子位元为 1 且第一个量子位元也为 1，则我们将相位 ω^{2^l} 施加于其上。这个过程可以通过另外一个量子门(两量子位元的门)—— 控制相位门来完成。该门的处理过程如下：如果两个输入量子位元都为 1，则该门会对输入施加一个特定的相位因子，否则两个量子位元保持不变。

至此，我们已给出了 QFT 电路的全貌。电路中量子门的个数由公式 $S(m)=S(m-1)+O(m)$ 指定(因此，最终有解 $S(m)=O(m^2)$)。因此，如果 QFT 的输入规模为 $M=2^m$，它将需要 $O(m^2)=O(\log^2 M)$ 次量子操作。

10.6 将因子分解问题转化为周期求解问题

我们已经掌握量子傅立叶变换怎样被用来计算一个周期性叠加状态的周期的过程。下面，我们将给出一系列的简单约简过程，以将因子分解问题转换为一个周期求解问题。

给定一个整数 N。1 模 N 的一个非平凡平方根定义为(参见习题 1.36 和 1.40)：**任意**满足条件 $x^2\equiv 1 \bmod N$ 且 $x\not\equiv\pm 1 \bmod N$ 的整数 x。如果我们能够找到 1 模 N 的一个非平凡平方根，那么就能很容易地将 N 分解为两个非平凡因子的乘积(重复这个过程将会求得 N 的所有因子)。

引理：如果 x 是 1 模 N 的一个非平凡平方根，则 $\gcd(x+1,N)$ 为 N 的一个非平凡因子。

证明：$x^2\equiv 1 \bmod N$ 表明 N 能整除 $(x^2-1)=(x+1)(x-1)$。但是又因为 $x\neq\pm 1 \bmod N$ 导致 N 不能整除 $(x+1)$ 和 $(x-1)$ 中的任何一个。因此，N 必须有一个与 $(x+1)$ 和 $(x-1)$ 相伴的非平凡因子。特别地，$\gcd(x+1,N)$ 是 N 的一个非平凡因子。

例：取 N=15，有 $4^2\equiv 1 \bmod 15$，但 $4\neq\pm 1 \bmod 15$。因此 $\gcd(4-1,N)=3$ 和 $\gcd(4+1,N)=5$ 都是 15 的非平凡因子。

为了完善因子分解与周期的联系，我们需要另外一个概念。定义 x 模 N 的序为

满足条件 $x^r \equiv 1 \bmod N$ 的最小正整数 r。例如，2 mod 15 的序为 4。

计算随机数 x mod N 的序与求解非平凡平方根的问题是非常相关的，从而与因子分解问题非常相关。这就是它们之间的联系。

引理：取 N 为一个奇合数，它至少有两个不同的质因子，令 x 为在 0 到 $N-1$ 区间内均匀地选取的随机整数。如果 $\gcd(x,N)=1$，则 $x \bmod N$ 的序 r 为偶数的概率至少为 1/2；并且 r 为偶数时，$x^{r/2}$ 为 1 mod N 的非平凡平方根。

该引理的证明我们留作习题。它告诉我们，如果能计算出随机数 $x \bmod N$ 的序 r，那么 r 为偶数的概率和 $x^{r/2}$ 是 1 模 N 的一个非平凡平方根的概率都将非常大。如果 r 为偶数，则 $\gcd(x^{r/2}+1,N)$ 为 N 的一个因子。

例：如果 x=2 且 $N=15$，因为 $2^4 \equiv 1 \bmod 15$，故 2 的序为 4。将上式中 2 的幂指数减半，同时，我们将得到 1 mod 15 的一个非平凡平方根：$2^2 \equiv 4 \neq \pm 1 \bmod 15$。因此我们可以通过计算 $\gcd(4+1,15)=5$ 来得到 15 的一个因子。

到此，我们已经将一个因子分解问题约简为求序问题。后者的优势在于它本身具备一个周期函数：给定 N 和 x，考虑函数 $f(a)=x^a \bmod N$。如果 r 是 x 的序，则有 $f(0)=f(r)=f(2r)=\cdots=1$，类似的，有 $f(1)=f(r+1)=f(2r+1)=\cdots=x$。由此可见，$f$ 具有周期性，周期为 r。我们可以使用 1.2.2 节中的重复平方算法有效地计算该周期。因此，为了对 N 进行因子分解，我们需要做的就是找出使用函数 f 建立一个周期为 r 的周期性叠加状态的方法；从而我们就能使用 10.3 节中的量子傅立叶采样求得 r 值。这个过程将在下面的灰色方框中给出。

构建一个周期性叠加状态

这里我们探讨一下如何使用周期函数 $f(a)=x^a \bmod N$ 构建一个周期性叠加状态。构建过程如下：

- 首先，将两个量子寄存器初始化为 0。
- 计算第一个寄存器值模 M 后的量子傅立叶变换，得到基于 0 和 $M-1$ 之间所有数的一个叠加状态：$\frac{1}{\sqrt{M}}\sum_{a=0}^{M-1}|a,0\rangle$。这是因为初始叠加状态可以认为具有周期 M，所以变换本身可以认为具有周期 1。
- 下面计算函数 $f(a)=x^a \bmod N$。使用量子电路来完成该计算，将第一个寄存器的值 a 作为函数 f 的输入，第二个寄存器(初始状态为 0)作为结果寄存器。应用该量子电路之后，两个寄存器状态为：$\sum_{a=0}^{M-1}\frac{1}{\sqrt{M}}|a,f(a)\rangle$。

- 然后，我们度量第二个寄存器的值。它给出了针对第一个寄存器值的一个周期性叠加状态，周期为 r，也就是 f 的周期。原因如下：

因为 f 是个周期为 r 的周期函数，对于第一个寄存器的每一个第 r 个值，相应的第二个寄存器中的值是相同的。因此，对第二个寄存器值的度量为 $f(k)$，其中 k 是处于 0 到 $r-1$ 之间的随机数。那么在该度量过程之后第一个寄存器的状态是什么呢？在回答这个问题之前，我们先回顾一下本章前面提到过的局部度量规则。此时第一个寄存器处于这样的叠加状态，状态中的 a 值要和第二个寄存器的度量结果一致。然而这些 a 值恰好为 k、$k+r$、$k+2r$、…、$k+M-r$。所以第一个寄存器的输出状态为周期性叠加状态 $|\alpha\rangle$，周期为 r，而 r 正是我们要计算的 x 的序！

10.7 因子分解的量子算法

下面我们将本章前面讲述的关于因子分解量子算法的分析总结一下(如图 10-6)。由于我们可以在多项式时间内测试一个输入是否是质数或质数的幂，所以不妨假设输入的素性测试已经进行完毕，测试结果表明输入是一个奇合数，且该数至少有两个不同的质因子。

输入：一个奇合数 N。

输出：N 的一个因子。

1. 在 $1 \leqslant x \leqslant N-1$ 范围内均匀随机地选择一个 x 值。

2. 令 M 为接近 N 的 2 的一个幂(这样选取的原因此处我们不提及了，不过最好选择 $M \approx N^2$)。

3. 重复下面的操作 $s = 2\log N$ 次：

(a) 首先，两个量子寄存器初始都置为 0。第一个量子寄存器要求足够大，可以存储模 M 的数，第二个寄存器存储模 N 的数。

(b) 使用周期性函数 $f(a) \equiv x^a \bmod N$ 创建一个长度为 M 的周期性叠加状态 $|\alpha\rangle$，具体操作如下(详细细节请参见下面的灰色方框)：

i. 对第一个寄存器值进行 QFT，得到叠加状态 $\sum_{a=0}^{M-1} \frac{1}{\sqrt{M}} |a,0\rangle$。

ii. 利用量子电路计算 $f(a) = x^a \bmod N$，得到叠加状态 $\sum_{a=0}^{M-1} \frac{1}{\sqrt{M}} \left|a, x^a \bmod N\right\rangle$。

iii. 度量第二个寄存器值。此时，第一个寄存器中存储着周期性叠加状态 $|\alpha\rangle = \sum_{j=0}^{M/r-1} \sqrt{\frac{r}{M}} |jr+k\rangle$，其中 k 表示在 0 和 $r-1$ 之间的随机偏移值(回顾前述内容可

知，r 为 x 模 N 的序)。

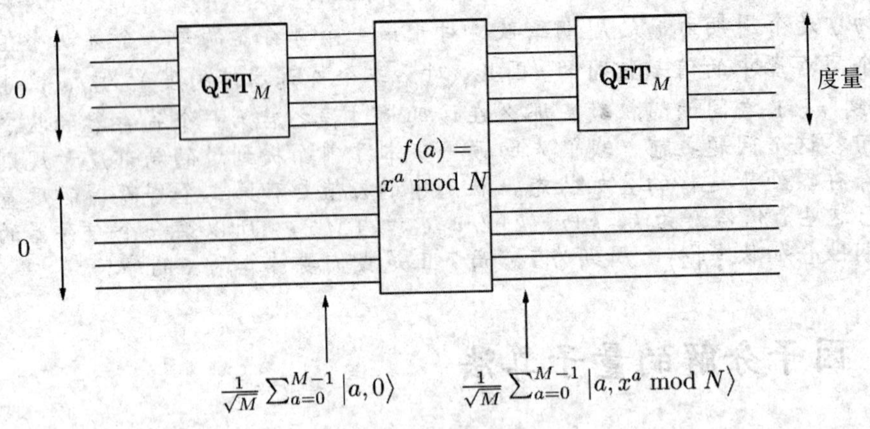

图 10-6 量子因子分解

(c) 对叠加状态$|\alpha\rangle$进行傅立叶采样，得到 0 到 $M-1$ 之间的一个序数值。

令 g 为输出序数 $j_1,\ldots,j_s$ 的最大公因数。

4. 如果 M/g 为偶数，则计算 $\gcd(N, x^{M/2g}+1)$，如果它是 N 的一个非平凡因子，则输出它，否则返回步骤 1。

从前面的引理可知，该方法至少能处理 x 所有取值的一半情况，因此，在找到 N 的一个因子之前，整个处理过程平均仅仅需要重复两次。

但这只是该算法的一个方面。如果我们必须处理数 M，还存在一个问题是非常不明确的：M 作为 FFT 的规模，必须是 2 的幂。并且我们求解周期的算法中，周期必须要整除 M，因此该周期也应当是 2 的幂。然而在上述处理过程中，周期是 x 的序，它肯定不是 2 的一个幂！

不过，该算法仍能正常工作，其原因是：即使一个周期向量的周期不能整除 M，量子傅立叶变换也能求得该周期。然而个中缘由并不像周期能整除 M 的情况的缘由那么清晰，因此我们不准备就此进行深入探讨。

令 $n=\log N$ 为输入 N 的位数。算法运行时间决定于步骤 3 的重复次数——$2\log N = O(n)$。由于模的求幂操作需要 $O(n^3)$ 步操作(参见 1.2.2 节)，而量子傅立叶变换需要 $O(n^2)$ 步操作，因此量子因子分解算法的总运行时间为 $O(n^3\log n)$。

计算机科学和量子物理的交叉

在计算机科学的早期，人们怀疑是否存在比用基本门电路组成的计算机更加强大的机器。但是，20 世纪 70 年代之后这个问题就被认为已完全解决。实现了 von Neumann 体系的基于硅的计算机显然是胜利者，并且基于其他方法设计的计算机被公认为与 von Neumann 计算机在运行时间上有多项式等价关系。换言之，在任一台计算机上需要 T 步操作的一个计算任务在另一台计算机上需要的操作步数至多是 T 的多项式。这一基本原理被称为扩展邱奇-图灵论题(the extended Church-Turing thesis)。量子计算机打破了这个基本论题，从而对我们关于计算机的大多数基本假设提出了质疑。

到底能否构建量子计算机呢？这是一个挑战，它令全世界范围内很多研究小组在不竭工作，这样的研究小组通常由物理学家和计算机科学家组成。其中的主要难点在于量子叠加状态是非常微弱的，需要很好的防护措施，以免被环境中不利的度量方法所破坏。在这方面有了一些进展，但是都很缓慢：到目前为止，公开的最有前景的量子计算是使用核磁共振(NMR)技术将数 15 的因子分解为 3 和 5。即使在这一实验中，仍存在这样的疑问：量子因子分解算法的思想被忠实实现的程度有多少？未来十年，将是一个让人期待的十年，我们的目标是在物理操作量子比特方面提升我们的能力，并实现量子计算机。

然而还存在另外一种可能：如果所有这些实现量子计算机的努力都失败了怎么办？换一个角度看，这或许将更加有趣，因为它或许会指出量子物理的一些基本缺陷，毕竟量子物理理论已经在过去的一个世纪中没有被挑战和质疑过了。

量子计算的研究动力来源于两个方面：揭开量子物理神秘面纱的冲动和创建新奇的超级计算机的努力，这两方面难分伯仲。

习题

10.1 $|\psi\rangle=\frac{1}{\sqrt{2}}|00\rangle+\frac{1}{\sqrt{2}}|11\rangle$ 是一个著名的“Bell 状态”，一个两量子位元高度纠缠的状态。本题中，我们将研究该状态的一些特殊属性。

(a) 假设这个 Bell 状态能分解为两个量子位元的张量积(回顾前面 10.1 节)，第一个量子位元状态为 $\alpha_0|0\rangle+\alpha_1|1\rangle$，第二个量子位元的状态为 $\beta_0|0\rangle+\beta_1|1\rangle$。请写出振幅 α_0、α_1、β_0 和 β_1 必须满足的四个方程。并证明 Bell 状态是不可分解的。

(b) 对处于状态 $|\psi\rangle$ 的第一个量子位元进行度量的结果是什么？

(c) 度量第一个量子位元之后，对第二个量子位元进行度量的结果是什么？

(d) 如果处于状态$|\psi\rangle$的两个量子位元的度量值差距很大，您能说明(c)的答案为什么是令人惊讶的吗？

10.2 证明下图中的量子电路针对输入$|00\rangle$，输出为 Bell 状态$|\psi\rangle=\frac{1}{\sqrt{2}}|00\rangle+\frac{1}{\sqrt{2}}|11\rangle$：对第一个量子位元进行 Hadamard 门操作，然后对第一个量子位元和第二个量子位元进行 *CNOT* 门操作，其中前者作为控制量子位元，后者作为目标量子位元。

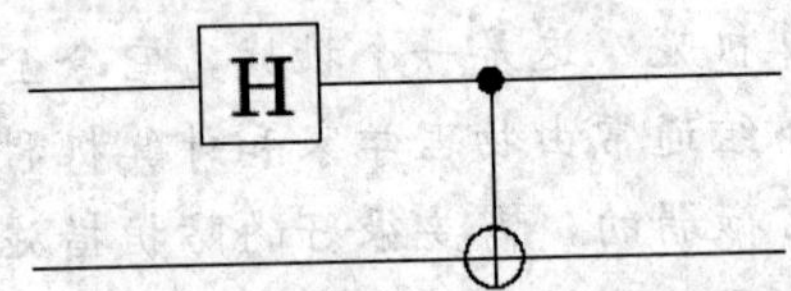

当输入为 10、01 和 11 时(这些状态是其他的 Bell 基准状态)，这个电路的输出是什么？

10.3 均匀叠加状态$\frac{1}{\sqrt{M}}\sum_{j=0}^{M-1}|j\rangle$的量子傅立叶变换模 M 是怎样的？

10.4 状态$|j\rangle$的 QFT 模 M 是怎样的？

10.5 卷积－乘法(Convolution-Multiplication)。假设我们将叠加状态$|\alpha\rangle=\sum_j\alpha_j|j\rangle$偏移 l 得到另外一个叠加状态$|\alpha'\rangle=\sum_j\alpha_j|j+l\rangle$。如果$|\alpha\rangle$的 QFT 结果为$|\beta\rangle$，证明 α' 的 QFT 结果为 β'，其中 $\beta'=\beta_j\omega^{lj}$。并证明如下结论：如果$|\alpha'\rangle=\sum_{j=0}^{M/k-1}\sqrt{\frac{k}{M}}|jk+l\rangle$，则$|\beta'\rangle=\frac{1}{\sqrt{k}}\sum_{j=0}^{k-1}\omega^{ljM/k}|j\,M/k\rangle$。

10.6 证明：如果对 *CNOT* 门的输入和输出进行 Hadamard 门操作，输出是 *CNOT* 门的控制量子位元和目标量子位元互换后的输出。

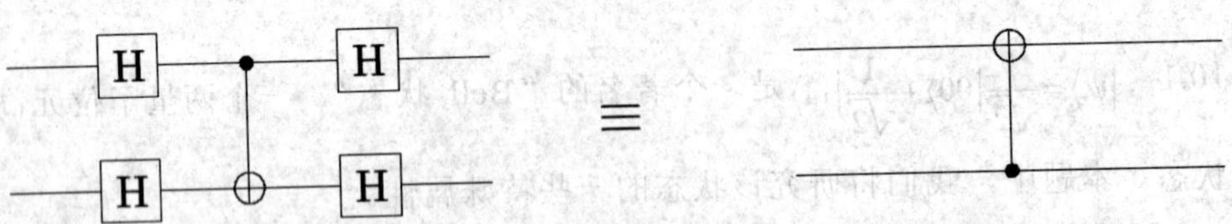

10.7 控制交换门(CONTROLLED SWAP)(*C-SWAP*)以 3 个量子位元作为输入，当且仅当第一个量子位元是 1 时，对第二和第三个量子位元进行互换。

(a) 证明：*NOT*、*CNOT* 和 *C-SWAP* 门都具有自反性。

(b) 说明如何利用 *C-SWAP* 门实现 *AND* 门，也就是说，指定什么样的输入 a、b、

c 给 $C\text{-}SWAP$ 门，才能得到输出结果为 $a \wedge b$？

(c) 如何仅使用(a)中的三个门来实现扇出？即当输入 a 和 0 时，输出为 a 和 a。

(d) 证明：对于任何传统电路 C，都存在一个等价量子电路 Q，其中仅使用 NOT 门和 $C\text{-}SWAP$ 门，使用规则如下：如果 C 针对输入 x，输出 y，则 Q 针对输入 $|x,0,0\rangle$，输出 $|x,y,z\rangle$。(其中，z 是计算过程中产生的无关位元集合。)

(e) 证明：存在一个量子电路 Q^{-1}，针对输入 $|x,y,z\rangle$，输出为 $|x,0,0\rangle$。

(f) 证明：存在一个由 NOT、CNOT 和 C-SWAP 门构成的量子电路 Q'，其输入为 $|x,0,0\rangle$ 而输出为 $|x,y,0\rangle$。

10.8　本题中，我们将证明：如果 $N = pq$ 是两个奇素数的积，且 x 是在 0 到 N －1 范围内均匀随机选取的数，从而满足 $\gcd(x,N)=1$，则 $x \bmod N$ 的序 r 是偶数的概率至少为 3/8，并且 r 是偶数时，$x^{r/2}$ 为 $1 \bmod N$ 的一个非平凡平方根。

(a) 令 p 为一个奇素数，令 x 为一个均匀随机选取的模 p 的数。证明：$x \bmod p$ 的序是偶数的概率至少为1/2。(提示：利用费马小定理，参见 1.3 节。)

(b) 利用中国剩余定理(参见习题 1.37)证明 $x \bmod N$ 的序为偶数的概率至少是 3/4。

(c) 如果 r 是偶数，证明 $x^{r/2} \equiv \pm 1$ 的概率最多为1/2。

历史背景及深入阅读的资料

第 1 章和第 2 章

关于数论的一本经典书籍是

G.H. Hardy and E.M. Wright, Introduction to the Theory of Numbers. Oxford University Press, 1980.

素性测试算法由 Robert Solovay 和 Volker Strassen 在 20 世纪 70 年代中叶提出，而 RSA 密码系统即出现于几年之后。对密码系统有兴趣的读者可以参见

D.R. Stinson, Cryptography: Theory and Practice. Chapman and Hall, 2005.

对随机算法有兴趣的读者可以参见

R. Motwani and P. Raghavan, Randomized Algorithms. Cambridge University Press, 1995.

通用散列函数由 Larry Carter 和 Mark Wegman 在 1979 年提出。矩阵相乘快速算法归功于 Volker Strassen(1969)。Strassen 还与 Arnold Schönhage 一起提出了迄今为止最快的整数乘法算法。它使用了 FFT 的一种变体，通过 $O(n \log n \log\log n)$次比特操作，来对两个 n 位二进制整数相乘。

第 3 章

深度优先搜索以及它的许多应用都是由 John Hopcroft 和 Bob Tarjan 在 1973 年提出——他们因为这一贡献获得了图灵奖(Turing award)，计算机科学领域的最高奖赏。寻找强连通部件的两阶段算法由 Rao Kosaraju 提出。

第 4 章和第 5 章

Dijkstra 算法由 Edsger Dijkstra(1930-2002)在 1959 年提出，而计算最小生成树的第一个算法可以被追溯到捷克数学家 Otakar Boruvka 于 1926 年所作的一篇论文中。针对合并-查找(union-find)数据结构的分析(该分析得到的算法时间界限实际上

要稍微紧于我们曾得到的 $\log^* n$ 的界限)归功于 Bob Tarjan。当时仅为一个研究生的 David Huffman 于 1952 年提出了以其名字命名的编码算法。

第 7 章

单纯形法由 George Danzig(1914-2005)于 1947 年提出，而零和博弈的最小最大定理则是由 John von Neumann(他也被认为是计算机之父)在 1928 年提出的。一本关于线性规划的很棒的书是

V. Chvátal, Linear Programming. W.H. Freeman, 1983.

对博弈论感兴趣的读者可以参见

Martin J. Osborne and Ariel Rubinstrein, A course in game theory. M.I.T. Press, 1994.

第 9 章

NP-完全性的概念最初见于 Steve Cook 的论文中，他于 1971 年证明了 SAT 是 **NP**-完全的；一年之后，Dick Karp 列出了 23 个 **NP**-完全问题(包括本书第 8 章中所有 NP-完全性已得到证明的问题)，毫无疑义地揭示了 **NP**-完全性概念的应用意义(这两人都赢得了图灵奖)。当时在苏联工作的 Leonid Levin，曾独立地证明了一个类似的定理。

下面这本书提供了 **NP**-完全性理论的精彩论述

M.R. Garey and D.S. Johnson, Computers and Intractability: A Guide to the Theory of **NP**-completeness. W.H. Freeman, 1979.

要想对复杂性学科有一个大略掌握，可以参见

C.H. Papadimitriou, Computational Complexity. Addison-Wesley, Reading Massachusetts, 1995.

第 10 章

因式分解的量子算法由 Peter Shor 于 1994 年提出。要想领略针对计算机科学家的关于量子力学的一种比较新颖的介绍，可以参见

http://www.cs.berkeley.edu/~vazirani/quantumphysics.html

如果想看看关于量子计算的介绍，可以参见“Qubits, Quantum Mechanics, and Computers”课程的讲义

http://www.cs.berkeley.edu/~vazirani/cs191.html

麦格劳-希尔教育教师服务表

尊敬的老师：您好！

感谢您对麦格劳-希尔教育的关注和支持！我们将尽力为您提供高效、周到的服务。与此同时，为帮助您及时了解我们的优秀图书，便捷地选择适合您课程的教材并获得相应的免费教学课件，请您协助填写此表，并欢迎您对我们的工作提供宝贵的建议和意见！

麦格劳-希尔教育 教师服务中心

★ 基本信息

姓		名		性别	
学校			院系		
职称			职务		
办公电话			家庭电话		
手机			电子邮箱		
省份		城市		邮编	
通信地址					

★ 课程信息

主讲课程-1		课程性质	
学生年级		学生人数	
授课语言		学时数	
开课日期		学期数	
教材决策日期		教材决策者	
教材购买方式		共同授课教师	
现用教材 书名/作者/出版社			

主讲课程-2		课程性质	
学生年级		学生人数	
授课语言		学时数	
开课日期		学期数	
教材决策日期		教材决策者	
教材购买方式		共同授课教师	
现用教材 书名/作者/出版社			

★ 教师需求及建议

提供配套教学课件 （请注明作者 / 书名 / 版次）			
推荐教材 （请注明感兴趣的领域或其他相关信息）			
其他需求			
意见和建议（图书和服务）			
是否需要最新图书信息	是/否	感兴趣领域	
是否有翻译意愿	是/否	感兴趣领域或 意向图书	

填妥后请选择电邮或传真的方式将此表返回，谢谢！

地址：北京市东城区北三环东路36号环球贸易中心A座702室，教师服务中心，100013
电话：010-5799 7618/7600 传真：010-5957 5582
邮箱：instructorchina@mheducation.com
网址：www.mheducation.com, www.mhhe.com

欢迎关注我们的微信公众号：MHHE0102